国家科学技术学术著作出版基金资助出版

机械结构优化设计的导重法

——理论、方法、程序与工程应用

陈树勋　著

科学出版社
北　京

内 容 简 介

本书主要讲述结构优化设计导重法的基本理论与基本方法、导重法理论与方法的拓展、导重法的敏度分析与寻优迭代计算技术、导重法的基本软件与基本程序，以及导重法在各种天线结构与多种机械产品设计中的实际应用案例. 本书理论与应用并重，并提供了包括导重法应用程序、输入输出文件与应用项目报告等的数字资源.

本书适合电子机械、航空航天、土木建筑、机械工程、机电工程、工程机械与专用汽车等专业的科研人员和高校师生参考，也可作为相关企业技术人员研发的参考书.

图书在版编目（CIP）数据

机械结构优化设计的导重法：理论、方法、程序与工程应用/陈树勋著. —北京：科学出版社，2022. 3

ISBN 978-7-03-070170-1

Ⅰ. ①机… Ⅱ. ①陈… Ⅲ. ①机械设计－结构设计－最优设计 Ⅳ. ①TH122

中国版本图书馆 CIP 数据核字（2021）第 211380 号

责任编辑：郭勇斌 肖 雷 / 责任校对：任苗苗
责任印制：张 伟 / 封面设计：刘云天

科学出版社 出版
北京东黄城根北街 16 号
邮政编码：100717
http://www.sciencep.com
北京中科印刷有限公司 印刷
科学出版社发行 各地新华书店经销
*
2022 年 3 月第 一 版 开本：787×1092 1/16
2023 年 1 月第二次印刷 印张：19
字数：433 000
定价：119.00 元
（如有印装质量问题，我社负责调换）

前　言

机械结构优化设计导重法主要应用于飞机、卫星等航空航天器，精密天线等电子机械、微型机电系统（MEMS），高层钢结构等土木建筑结构，汽车、火车、专用车等各种车辆，装载机、挖掘机等各种工程机械，硫化机、机床等各种通用机械设备，压缩垃圾车、压缩机等环卫机械设备，以及各行业机械产品的结构性能自动优化设计与结构轻量化自动优化设计，属于智能绿色制造重点科技领域的智能研发设计范畴.

机械系统（或机械产品）是由若干具有一定质量与刚度的物件组成，通过可控运动利用机械能（动能、势能）完成其特定功能的整体. 任何机械系统都是由起支撑与受力作用的结构系统，完成可控运动的机构系统以及控制、电气、液压等子系统组成的机电光磁液气一体化工程系统. 结构系统与机构系统是任何机械系统必不可少的主要子系统. 结构系统还是航空航天器、土木建筑物、车辆船舶、机器设备、微型机电系统等工程系统不可或缺的主要子系统. 因此，本书研究的结构优化设计导重法的理论、方法具有广泛适用性，本书的工程应用实例具有广泛的参考价值.

结构是机械产品与设备的承载受力系统. 结构优化是利用电子计算机、结构数值分析技术和现代结构优化计算方法对结构进行自动设计的技术，其目的是寻求结构最优设计方案，完美解决结构变形、应力、刚度、强度、基频等静动力性能与重量（质量）、造价等设计资源间的矛盾，提高产品性能，降低生产成本，提高产品性价比和市场竞争力. 结构优化的实质是合理分配结构所用的设计资源，使材料重量等设计资源在结构空间与构件间合理分配. 结构优化需要对“性能分析—产生新方案—性能再分析”进行反复优化迭代，逐步逼近最优设计. 导重法就是在优化迭代中以“导重”来引导重量等设计资源的分配，达到“各设计变量对应的重量与导重成正比”这一导重准则衡量的最优结构状态.

结构优化所采用的优化理论与方法对各类结构优化问题的适用性、优化效果和计算效率具有至关重要的作用. 结构优化方法有两大类：数学规划法和准则法.

数学规划法包括无约束规划、线性规划、二次规划、非线性规划、离散规划等，其寻优计算是根据当前设计点的局部性态决定寻优方向与步长，难以放开脚步，导致计算量大，收敛慢，优化迭代前几步效果不明显. 数学规划法比较适用于求解显函数优化设计与运筹学优化问题. 对于机械结构中的单个构件与简单零部件的优化与运动机构优化，由于目标函数与约束函数可表示为设计变量的显函数，数学规划法尚且可用，但对一般机械结构优化，由于结构性能目标函数或约束函数往往是设计变量的高次非线性隐函数，需要通过计算量很大的有限元分析等数值分析才能求得，因而每次迭代需要很大的计算量，而机械产品结构设计希望通过较少迭代计算即可获得满意解，并不追求没有多少工程意义的绝对最优解，所以一般的数学规划法已难适用于机械结构优化. 为更有效地求解复杂结构优化问题，发展出一类序列数学规划法，其共性是将代表结构性能的高次非线性隐函数表达为容易计算的显式近似函数，再利用一般数学规划法求解这种显式近似优化问题，将其解作为新设计点完成一次迭代，再对新设计点进行结构分析和敏度分析，构成新的显式近似优化问题，反复迭代，逐步逼近原优化问题最优解. 由于求解显式近似优化问题无须进行结构分析和敏度分析，计算量大大减少. 序列数学规划法还可利用已有的多个设计点的结构分析与敏度分析信息以提高近似函数的近似程度，提高计算效率. 利用多点信息的近似函数一度成为结构优化研究的热点. 序列数学规划法的不足是数学表达与计算程序较为复杂，不利于企业技术人员工程应用. 近年流行的遗传法、退火法、神经元网络法等自然模拟优化方法由于需要大量的结构分析计算，更不适用于机械结构优化设计.

准则法的特征是有预定的衡量结构最优的标准，其优点在于意义明确，收敛快，计算量小，迭代前几步就可以获得很好的优化效果. 准则法分为感性准则法与理性准则法. 满应力法等感性准则法是根据力学感性知识给出结构最优标准，由于脱离严密的最优化条件极值理论，对绝大多数机械结构优化，都不能得到最优解. 理性准则法的准则方程组是按照最优化的条件极值理论直接推导的，国内外广泛流行的虚功法和本书的导重法均属理性准则法. 虚功法的特点是将结构位移表达为虚功形式，虚功法属于理性准则法，应能找到最优解，但其准则方程成立的条件是：载荷对设计变量的导数必须为零，只要载荷随设计变量变化，即对设计变量的导数不为零，虚功准则方程均不能成立. 在航空航天器结构、精密天线结构与高速运转的机械结构等以自重或惯性载荷为主要载荷的结构优化中，由于构件尺寸等设计变量的变化必然会引起结构自重、惯性载荷等由构件质量引起的载荷变化，在结构最优准则推导与敏度分析计算中，这种变化的导数是不容忽略的. 但是，国内外流行的结构优化虚功法[2, 5, 8, 21, 35, 37, 41, 43, 46]由于位移用虚功表达而不得不忽略这种导数，这就使得虚功法的最优准则不准确，将其用于航空航天器结构、精密天线结构与高速运转的机械结构优化时，计算结果与原问题的最优解相差甚远. 不能考虑结构载荷随设计变量变化的导数，是虚功法无法弥补的先天性缺陷.

20 世纪 80 年代初，作者在天线结构优化研究中，为克服虚功法无法考虑自重载荷对设计变量导数的缺陷，创立了在有限设计资源约束条件下尽可能提高结构性能优化问题导重法（Guide-weight Method）[75]. 导重法严格按照有约束优化问题的库恩-塔克（Kuhn-Tucker）最优性条件推导出了最优结构必须满足的导重准则和导重准则方程组，求解导重准则方程组即可使结构得到优化. 由于在导重法中位移采用刚度方程表达，避开了位移用虚功表达无法考虑载荷对设计变量导数这一难以逾越的障碍，保证了导重法的严密性与正确性，真正发挥出了理性准则法可以找到最优解的优越性. 导重准则（Guide-weight Criterion）可表述为“最优结构应当按照导重正比分配重量”，意义明确、表达简洁. 一组构件的导重被定义为优化目标随该组构件设计变量增加而改善的导数与该设计变量的乘积，作者对导重与导重准则的数学物理意义与合理性进行了深入的剖析，并根据导重准则首创了衡量结构最优化程度的定量指标——结构最优性指标.

理性准则法的寻优计算通常归结为采用直接迭代步长因子法求解非线性准则方程组. 求解非线性方程组的直接迭代步长因子法因其简便而经常被人们用于许多问题的数值计算，但长期以来人们对其收敛性缺乏深入的研究. 为保证结构优化迭代算法的可靠性和有效性，作者首次从计算数学理论上深入研究了直接迭代步长因子法的收敛性[85]，证明了一般情况下使迭代收敛的步长因子必定存在，并给出了使迭代收敛的步长因子理论取值范围和规律，提供了在实际计算中步长因子的取值方法. 保证了导重法进行结构优化寻优计算的收敛性，大幅度提高了结构优化计算效率.

20 世纪 80 年代中期，作者创立了求解结构性能约束下尽可能减少所用设计资源的多性态约束优化问题的导重法[79]. 在多性态约束 Kuhn-Tucker 乘子求法上，利用求解变量与乘子对偶问题的二次规划线性互补模型的 Lemker 算法，自动区分了临界约束与非临界约束，从而使导重法兼备了数学规划法与准则法两者的优点，既能使优化效果大幅改善，又能使优化迭代很快收敛.

作者还首创了 K 方根包络函数，通过 K 方根包络函数，导重法成功地将结构优化中数量庞大的应力约束与位移约束转化为对单值强度函数的约束与对单值刚度函数的约束，既提高了结构优化导重法的工程实用性，又保证了优化迭代计算收敛的稳定性和计算效率. 与国际流行的 K-S 熵包络相比，具有表达简明、使用方便的优点.

由于质量（重量）在结构优化中扮演着矛盾的两个方面：一方面，作为设计资源，质量有对改善结构性能有利的一面，质量越大，优化后变形、应力越小，性能越好；另一方面，对于与质量成正比的自重和惯性载荷，质量对改善结构性能还有不利的一面，质量越大，载荷越大，优化后变形、应力越大，性能越坏. 虚功法只能考虑前者，无法考虑后者，因而虚功法的这种缺陷不能看作合理近似，对以惯性载荷或自重载荷为主的航空航天器、大型精密天线、高速运行的车辆和高速运转的机械产品等工程结构优化，虚功法得到的解离最优解相差甚远. 严密推导的导重法克服了虚功法的缺陷，优化效果大幅度提高. 所以说虚功法具有很大的局限性. 而可全面考虑质量在结构优化中扮演矛盾两方面的导重法才具有通用性. 可以说，导重法较虚功法有了实质性进步，大大拓宽了理性准则法的适用范围，为结构优化理论与方法的发展做出了重要贡献. 与虚功法相比，导重法的优化目标与约束不但可以涉及重量、位移与应力，还可涉及虚功法不能处理的模态频率、模态振型等结构静动力构性态. 导重法不仅可对包括杆单元、梁单元、板壳单元与体单元在内的多种机械结构的构件尺寸进行优化设计，还可进行虚功法无能为力的几何形状优化与更高层次的结构拓扑优化.

与数学规划法相比，导重法对大型复杂结构的优化效果与优化效率十分突出. 目前国内外结构有限元分析与优化商用软件如 ANSYS 中的优化设计方法主要是数学规划法，如不用求导的零阶方法，等步长法、随机法，需要求导的一阶方法，梯度法等. 这些方法的优点是适用范围广，缺点是计算量大，收敛慢，优化效果不好，优化迭代的前几步效果不明显. 对于单个简单构件优化尚且可用，对较大型的机械结构优化就无能为力了. 大量的实际计算表明：对同一简单结构优化直接采用 ANSYS 等自带的数学规划法的优化效果与计算效率与采用导重法的优化效果与优化效率相差甚远：采用导重法往往经过 5～7 次优化迭代即可使结构重量下降 25%～40%，采用 ANSYS 自带的数学规划法，经过几十次迭代才能使重量下降 10%～15%，而且对结构单元达到成千上万甚至十多万的较大型的机械产品结构优化，ANSYS 的数学规划法干脆“罢工”，无法进行优化. 与序列数学规划法相比，导重法克服了序列数学规划法数学表达与计算程序复杂的缺点，导重法数学表达简捷，计算程序简单，这对结构优化技术在企业的工程应用和推广带来了很大便利.

20 世纪 80 年代提出导重法后，由于作者一直忙于结构优化的其他理论创新研究[72]，对导重法的推广工作做得不够，导致 2003 年前了解和应用导重法的人较少. 好在经过时间与工程应用实践的考验，导重法已发展成为理论严密、方法完整、优化效果好、计算效率高、工程实用、自成体系、有着广泛应用前景的结构优化通用方法. 目前的导重法可对包括杆、梁、板、壳、实体等各种单元的大型复杂机械工程产品与设备的结构进行优化设计，结构规模、单元数目不受限制. 导重法无论对重量等设计资源作为约束的结构性能优化或以重量等设计资源作为目标的结构轻量化设计，无论是单性态约束或者是多性态约束，均有严密推导的理论、方法和成功应用. 导重法的优化目标与约束不但可包括结构重量、位移、应力，精度、安全度、可靠度，还可包括结构振动的模态频率、模态振型、动力响应等各种静动力性态. 导重法不但适用于结构的构件尺寸优化与几何形状优化，还适用于结构的拓扑优化.

近年来，随着导重法理论、方法的拓展、完善和工程应用的增多，导重法的影响日益扩大. 清华大学、西安交通大学、西安电子科技大学和美国加州大学伯克利分校等高校与三一重工、柳工机械、玉柴机器等企业邀请作者就导重法进行讲学交流. 清华大学学者将导重法用于结构拓扑优化研究并应用于机器人构件与飞行模拟器结构拓扑优化，在《中国科学 E》《机械工程学报》等重要学术期刊上发表十多篇中英文论文[64~69]，专门对采用导重法进行结构拓扑优化进行了深入研究，文中在与国内外其他优化方法比较后认为导重法具有表达形式统一简洁、优化效果好、收敛快和适用范围广的明显优势. 近年来还有不少高校研究生、企业技术人员向作者索要导重法优化计算程序，邀请予以交流辅导等.

导重法的应用对于实现机械行业技术跨越具有十分重要的社会意义. 机械结构优化设计是对结构进行自动设计的技术，可大幅度缩短产品设计周期、提高设计效率和设计质量. 机械产品结构优化的目的是提高产品的性价比和市场竞争力，因而对于经济发展具有十分重要的意义. 目前，在政府引导下，企业产品的计算机辅助设计（CAD）已很普及，结构有限元分析与优化设计属于计算机辅助设计的高级阶段——计算机辅助工程（CAE）. 最近，机械行业推行产品轻量化，结构优化导重法的工程应用成果充分证实了导重法就是机械产品结构轻量化的最好利器. 由于智能制造是从智能研发设计开始的，因此导重法对推动机械行业在智能绿色制造重点科技领域的进步具有重要的社会意义，是具有重大市场实用价值的技术，并可产生巨大的经济效益.

2000 年前，导重法已在大型精密天线结构提高反射面精度的优化设计、中小型天线轻量化优化设计、飞机与卫星的结构强度刚度优化、轻量化设计与全局协调优化、考虑模糊性不确定因素的土木建筑结构抗震优化设计、高层钢结构建筑抗风优化设计中获得许多成功应用成果，产生的经济效益难以统计. 尤其是作者作为高层次人才从北京航空航天大学宇航学院引进到广西大学机械工程学院工作的十多年来，为了服务于广西机械制造业，作者将导重法与结构分析商用软件结合，研制成以 ANSYS 为分析器、以导重法为优化器的工程结构优化设计实用软件 SOGA1，将其应用于装载机、散装水泥车、重型矿用车，压缩垃圾车、拉臂车、轮胎硫化机、压缩机、弹簧实验机、插秧机等十多项机械产品的结构性能优化与轻量化设计制造，取得了显著的效果，获得了大量成功的应用范例，充分验证了导重法的优越性，采用导重法往往只需要 4～7 次迭代即可在满足结构刚度、强度要求前提下使产品结构重量减少 25%～35%，或在结构重量不变的前提下，使结构刚度、强度提高 30%～50%[72, 104~112, 114, 115, 117, 118, 123]，这是虚功法及商用结构分析软件自带的一般数学规划法无法做到的. 例如，对桂林橡机厂生产等多款轮胎硫化机结构进行优化，优化后的 45 吋硫化机最大变形挠度减少 45%，重量减轻 25%；对柳州运力专用汽车公司的二轴、三轴散装水泥车结构进行优化，使其最大应力减少 50%，重量分别减轻 25%和 33%，优化后的罐体形状已被许多厂家广泛模仿采用；对玉柴专用汽车公司的后装式与拉臂式压缩垃圾车进行优化，不但使结构最大应力分别从 254Mpa 和 504Mpa 减少到 180Mpa 以下，还使结构重量分别减轻 23%和 25%，优化后的后装式压缩垃圾车具有科学合理新颖时尚的车箱外形；对玉柴专用汽车公司的两款重型矿山车进行结构优化：使 YC3500 型矿用车在重量不变的前提下，最大应力由大于 700 MPa 下降到 300 MPa 以内，使优化后的 YC3600 型矿用车在整车结构强度有所提高的同时，结构重量减轻 26. 4%. 导重法对机械行业的产品结构优化已产生并将继续产生相当可观的社会效益和经济效益，例如对柳工机械公司的装载机前车架进行优化后应用于多款装载机批量生产销售，产生了巨大的经济效益. 据不完全统计，从 2011 年到 2014 年有企业证明的直接经济效益已超过 74 亿元人民币.

结构分析是结构优化的前提. 近年来，作者在将本书提出的结构优化理论与方法研究成果应用于工程结构优化设计过程中，进行了大量的结构有限元分析等结构数值分析计算. 本书还介绍了作者在机械结构分析方面的创新性研究和对一些结构分析关键问题的深入思考，包括部分结构分析与整机结构分析问题、组装式机械产品结构分析中的接触非线性、螺栓预紧力与轴承等效刚度等问题、结构静动力分析中结构对称性的利用问题、对线性小变形假设的理解与利用问题、结构的无约束平衡与定位约束问题、具有俯仰驱动天线结构的分析技巧问题等[76, 78]，如果对这些问题认识不正确，难免会在结构静动力分析中发生错误或带来不必要的麻烦，相反，如果对这些问题有深刻正确的认识，会给结构分析带来很多方便，甚至会有出乎意料的惊喜. 总之，进行结构有限元分析时，仅仅会商用软件的操作使用是远远不够的，决定结构分析结果合理性与准确程度的关键在于所建模型、载荷、约束与实际情况的符合程度. 对于同一机械产品结构有限元分析问题，由于不同力学功底的人对模型、载荷、约束的不同认识和不同处理，结构分析计算结果会有很大差异，处理不当，分析结果会与实际情况严重不符，会使企业人员丧失对产品结构进行有限元分析与优化设计的信心，反而败坏了结构有限元分析与优化技术的名声.

大型复杂结构优化设计电算软件的研制及上机算题是十分繁重的工作，往往需要花费很多时间和精力，作者在这方面花费的时间和精力不少于用于理论与方法研究所用的时间和精力. 以往人们往往不够重视这方面的工作，有关理论及方法研究的文献也很少述及这方面的工作. 实际上，很多理论方法问题往往必须通过电算才能发现问题，并得到严格考验，从而更加深入和符合实际，有这种体验的人往往在自己的理论与方法未上机计算得到合理结果之前是不能安心的.

近几十年来，学术界在结构分析与优化设计方面取得了许多有价值的理论与方法研究成果，但在制造业的产品设计中获得应用的却不多. 这主要是因为结构分析与优化设计理论具有较大难度，一般企业技术人员较难掌握，此外部分理论研究成果的研究背景与工程实际有较大差距或脱离工程实际，导致难以获得应用. 本书的突出特点是理论学术性与工程应用性都很强. 作者从事科研的目的也正是为了以自己的学识和聪明才智为祖国的发展建设做出贡献，本书若能为此奉献绵薄之力，作者将会感到无限欣慰. 作者发现，虽然有不少高等院校师生和企事业技术人员在从事工程结构的分析设计和教学科研工作，并取得了不少研究成果，但却缺乏系统深入的参考书，故将以上研究成果以及导重法用于天线结构优化的序列程序和用于一般机械产品结构的优化程序有机地组织起来，辅以必要的专业理论基本知识形成本书，以飨读者. 希望本书既能成为反映作者研究成果的专著，又能成为有关工程技术人员和高校师生从事教学、科研、产品设计与优化时可直接利用的参考书.

在本书理论与方法的应用中，我的博士研究生与硕士研究生做了大量的算例与工程应用计算工作，在此深表谢意.

作者将十分感谢读者对本书内容提出的批评指正、讨论意见和改进建议.

陈树勋

2017 年 10 月

目　　录

第二篇 结构优化设计导重法的计算技术

第四篇　结构优化设计导重法在机械产品设计中的应用

第一篇　结构优化设计的导重法

1　结构优化设计导重法基本理论与基本方法

§ 1.1　结构优化设计概述

1.1.1　结构优化设计概要

结构优化设计是利用电子计算机、现代结构分析计算方法和现代结构优化计算方法对结构进行自动设计的技术，属于智能制造的智能研发设计范畴. 结构优化设计可以大幅度提高设计效率和设计质量，缩短产品设计周期，对于我国经济发展具有十分重要的意义.

结构优化设计的目的是寻求结构的最佳设计方案，以完美解决结构刚度、强度等静动力性能与结构重量、造价等设计可用资源之间的矛盾.

结构优化设计的两种模型：

1）在静动力性能满足要求的前提下，最小化结构设计所需的设计资源.

2）在有限的设计资源条件下，最优化结构的静动力性能.

两种优化模型是对偶的.

结构优化设计的实质是合理分配设计资源，对于重量作为设计资源的结构优化问题，结构优化的实质是材料重量在结构空间及构件间的合理分配.

结构优化设计是一个迭代计算的过程，需要进行"结构静动力特性分析—优化迭代产生新设计方案—结构再分析"的反复迭代计算，产生一系列设计方案，逐步逼近最优设计方案.

只有数学理论意义上的最优设计，实际工程中不存在最优设计. 这是因为实际工程产品设计中需要考虑多种目标和各种客观条件约束限制，这些目标和约束往往是相互制约的，并且具有局限性、主观性和可变性，还有目标、约束和作为寻优基础的各种信息所具有的不确定性，这些因素都导致在实际的工程结构设计中不存在绝对的"最优解". 实际工程结构设计中应当按照结构软设计理论与结构模糊优化的理论方法追求"满足满意解"[72, 73].

按照一般优化理论与方法求出的结构最优设计方案具有理论指导意义. 实际工程中的企业方可根据该最优设计方案结合企业实际情况产生更加符合工程实际的结构设计方案.

1.1.2　结构优化设计的数学模型与特点

遍及机械工程、航空航天、土木工程、车辆船舶、机器设备等领域的具有广泛一般性

的工程结构优化设计的数学模型可表达为

求

$$\boldsymbol{X}=[x_1,x_2,\cdots,x_n,\cdots,x_N]^{\mathrm{T}} \tag{1-1}$$

最小化

$$f(\boldsymbol{X}) \tag{1-2}$$

并满足

$$h_i(\boldsymbol{X})=0 \quad (i=1,2,\cdots,I) \tag{1-3}$$

与

$$g_j(\boldsymbol{X})\leqslant 0 \quad (j=1,2,\cdots,J) \tag{1-4}$$

及

$$\boldsymbol{X}^L\leqslant\boldsymbol{X}\leqslant\boldsymbol{X}^U . \tag{1-5}$$

简记为

$$\begin{cases}\text{Find} & \boldsymbol{X}=[x_1,x_2,\cdots,x_n,\cdots,x_N]^{\mathrm{T}}\\ \min & f(\boldsymbol{X})\\ \text{s.t.} & h_i(\boldsymbol{X})=0 \quad (i=1,2,\cdots,I)\\ & g_j(\boldsymbol{X})\leqslant 0 \quad (j=1,2,\cdots,J)\\ & \boldsymbol{X}^L\leqslant\boldsymbol{X}\leqslant\boldsymbol{X}^U\end{cases}$$

式中 $\boldsymbol{X}=[x_1,x_2,\cdots,x_n,\cdots,x_N]^{\mathrm{T}}$ 为 N 维实数设计变量组成的设计向量，包括杆件截面积、板厚等构件尺寸变量、结构几何形状尺寸变量、结构拓扑变量等多种设计变量；$f(\boldsymbol{X})$ 为结构重量或结构其他静动力特性决定的目标函数；$h_i(\boldsymbol{X})$ $(i=1,2,\cdots,I)$ 与 $g_j(\boldsymbol{X})$ $(j=1,2,\cdots,J)$ 为由结构位移、构件应力等静动力性态与结构谐振频率、重量等静动力特性决定的约束函数，I 与 J 分别为等式与不等式约束数目；$\boldsymbol{X}^L$ 与 $\boldsymbol{X}^U$ 分别为由设计向量各分量的下限与上限构成的向量，$\boldsymbol{X}^L\leqslant\boldsymbol{X}\leqslant\boldsymbol{X}^U$ 为设计变量范围约束，表示设计向量的各个分量都不能超出它的上下限.

结构优化设计的主要特点是：作为目标函数与约束函数的结构静动力性态（位移、应力等）与结构静动力特性（谐振频率等），一般是结构设计变量的高次非线性隐函数，一般要通过有限元分析等现代结构数值分析方法才能求得.

目前的机械优化设计教材[33]均只涉及轴、弹簧等单个构件优化，连杆、凸轮等运动机构优化，齿轮、变速箱等零部件优化，尚未涉及机械结构的优化设计. 而单个构件优化、运动机构优化与零部件优化的目标函数与约束函数可通过材料力学、机构运动学与机械原理等相关计算公式表示为设计变量的显函数，无须动用有限元分析等结构现代数值分析计算方法，采用一般的数学规划法即可求解这类较简单的机械优化设计问题.

与上述一般机械优化设计相比，结构优化设计具有较高的难度，必须采用特有的优化设计方法.

1.1.3　结构优化设计方法概述

结构优化所采用方法对各类结构优化问题的适用性、优化效果和计算效率具有至关重要的作用. 结构优化方法有两大类：数学规划法和准则法.

1. 数学规划法

1）数学规划法是求解优化问题的基本方法，不仅适用于求解一般优化设计问题，还适用于经济管理、生产存储、物流调度、计划决策等运筹学优化问题.

数学规划主要包括无约束规划、线性规划、二次规划、非线性规划、几何规划、动态规划、整数规划与离散规划等. 上述各种数学规划有不需要求导的直接法和需要求导的间接法[20].

数学规划法的寻优迭代计算通式为

$$\boldsymbol{X}^{(k+1)}=\boldsymbol{X}^{(k)}+\alpha^{(k)}\times\boldsymbol{S}^{(k)}. \tag{1-6}$$

式中 $\boldsymbol{X}^{(k)}$与$\boldsymbol{X}^{(k+1)}$分别为第 k 次迭代前后的设计向量；$\boldsymbol{S}^{(k)}$为决定第 k 次迭代方向的单位向量，$\left\|\boldsymbol{S}^{(k)}\right\|=1$；$\alpha^{(k)}$为决定第 k 次迭代步长的标量，$\alpha^{(k)}\times\boldsymbol{S}^{(k)}$为第 k 次迭代设计点的移动向量. 数学规划各种迭代计算方法的关键在于确定$\boldsymbol{S}^{(k)}$与$\alpha^{(k)}$，使得

$$\lim_{k\to\infty}\boldsymbol{X}^{(k)}=\boldsymbol{X}^{*},\ \lim_{k\to\infty}f(\boldsymbol{X}^{(k)})=f(\boldsymbol{X}^{*}) \tag{1-7}$$

式中 $\boldsymbol{X}^{*}$ 为最优设计方案.

数学规划法的寻优计算过程如同“盲人下山”，是根据当前设计点的函数值与梯度向量等局部性态决定寻优迭代的方向与步长，试探而下，难以放开脚步. 数学规划法的优点是有较好的数学基础，适用范围广，理论上能找到最优解；数学规划法的缺点是计算量大，收敛慢，优化迭代的前几步优化效果不够明显. 因而数学规划法主要适用于求解变量数目少的显函数优化设计问题与运筹学优化问题.

2）对于机械优化设计中的单个构件优化、运动机构优化与零部件优化，由于其目标函数与约束函数可通过材料力学、机构运动学与机械原理等相关计算公式表示为设计变量的显函数，数学规划尚可用于这类机械优化设计问题. 但对于具有多变量高次非线性隐式目标函数与约束函数的机械工程、航空航天、土木工程、车辆船舶、机器设备等领域的结构优化设计问题，一般的数学规划法已难以适应. 一般的数学规划法不适用于结构优化设计的原因在于：与机械优化设计的单个构件优化、运动机构优化与零部件优化相比，结构优化是具有多变量、多约束、多单元、多工况的大规模的优化设计问题，结构的静动力性态与特性要通过计算量较大的有限元分析等现代数值分析计算才能求得，结构优化的每次迭代需要较大的计算工作量，而工程设计往往希望通过少数几次优化迭代计算即可获得工程上足够满意的解，并不追求没有工程意义的绝对的最优解. 而数学规划法计算量大，收敛慢，优化迭代前几步优化效果不够明显的缺点决定了它不适用于求解工程结构优化设计问题.

3）为更有效地求解工程结构优化设计问题，一方面是采用后面论述的最优准则法，另一方面是在原有数学规划法的基础上发展出一类序列数学规划法. 序列数学规划法包括序列线性规划法、序列二次规划法、序列非线性规划法等. 序列数学规划法的共同之处是在对当前设计点进行结构分析与敏度（导数）分析之后，将代表结构性态特性的非线性隐式目标函数或（与）约束函数在当前设计点附近利用泰勒级数等表示为非线性次数较低的显式近似函数或容易计算的显式非线性近似函数，然后利用一般数学规划迭代算法求解这种具有显式近似目标函数与或（与）约束函数的优化问题，将其解作为新的设计点完成一次原结构优化设计问题的优化迭代. 然后再对新的设计点进行结构分析与敏度分析，利用上述方法构成新的具有显式近似函数的优化问题，再次利用一般数学规划迭代算法求解得到更新的设计点，如此反复迭代计算，逐步逼近原结构优化问题的最优解. 由于在利用一般数学规划迭代算法求解这种具有显式近似函数的优化问题时，无须进结构性态有限元分析与敏度分析等现代数值分析计算，而是利用上述近似函数即可直接计算出结构的性态特性及其敏度，所以与一般数学规划法相比，序列数学规划法用于结构优化所需的结构分析与敏度分析计算工作量大大减少. 序列非线性数学规划法的另一优点是可以利用多个已有设计点的结构分析与敏度分析信息，提高显式目标函数或（与）约束函数的近似程度，从而提高结构优化的计算效率[51]. 序列非线性数学规划法和利用多点信息的近似函数形式进行分析一度成为结构优化研究的热点，涌现出 Haftka 的两点投影法、Fadel 的两点指数法、Sui Yun-Kang 的两点有理近似法、Rusmussen 的多点积累信息函数、Wang Li-Ping 多点样条逼近函数、Haftka 及 Huang Hai 的 Hermit 插值多项式近似函数等. 序列数学规划法的缺点是数学表达与计算程序复杂，尤其是采用多点近似函数的序列非线性数学规划法[51].

2. 最优准则法

1）结构优化最优准则法的关键在于有预先给定的衡量结构最优的标准，即结构最优的准则，可使优化迭代计算“定向”进行. 各种最优准则往往可通过准则方程组来描述. 对于给定的准则方程组 $\boldsymbol{X}=\boldsymbol{F}(\boldsymbol{X})$，最优准则法的寻优迭代计算通式为

$$\boldsymbol{X}^{(k+1)}=\boldsymbol{F}(\boldsymbol{X}^{(k)}) \tag{1-8}$$

$\boldsymbol{F}(\boldsymbol{X}^{(k)})-\boldsymbol{X}^{(k)}$ 相当于数学规划法迭代通式中第 k 次迭代设计点的移动向量 $\alpha^{(k)}\times\boldsymbol{S}^{(k)}$. 为使迭代收敛，常用的步长因子法迭代通式为

$$\boldsymbol{X}^{(k+1)}=\alpha\boldsymbol{F}(\boldsymbol{X}^{(k)})+(1-\alpha)\boldsymbol{X}^{(k)} \tag{1-9}$$

选择适当的步长因子，即可保证迭代收敛[72, 85]，即使得

$$\lim_{k\to\infty}\boldsymbol{X}^{(k)}=\boldsymbol{X}^*,\ \lim_{k\to\infty}f(\boldsymbol{X}^{(k)})=f(\boldsymbol{X}^*)$$

式中 $\boldsymbol{X}^*$ 为最优解.

最优准则法好比“眼睛复明的盲人下山”，可以放开脚步，大步前进. 最优准则法的优点在于意义明确，收敛快，计算工作量小，尤其是优化迭代的前几步优化效果就很明显，即可获得工程上足够满意的解. 至于最优准则法的缺点，且看后面的详细分析.

2）结构优化准则法分为感性准则法与理性准则法，较早的结构优化准则法是感性准则法，包括满应力准则法、满应变能准则法、满约束准则法等. 感性准则法的共同特点是根据结构力学感性知识给出衡量结构最优的标准，所以感性准则法又可称为力学准则法. 例如满应力准则法认为所有构件的实际应力达到材料许用应力的结构就是最轻结构. 感性准则法是不可靠的，采用感性准则法进行结构优化，虽有一定的优化效果，但对绝大多数工程结构优化设计问题，都不能得到原优化问题的最优解. 这是因为结构优化设计问题实质上是数学中的条件极值问题，其最优解应按等式约束优化的拉格朗日条件与不等式约束优化的库恩—塔克条件来衡量，感性准则法的优化准则没有从数学条件极值理论出发给出，所以是不可靠的.

3）满应力准则法. 下面简单介绍影响较大的感性准则法——满应力准则法[25]，讨论其适用范围与存在的问题. 由于满应力准则法计算简便，并有一定优化效果，在工程中仍有一定的应用价值.

满应力准则法又称等强度准则法，它是对几何布局形状已经确定的结构进行构件尺寸优化设计的方法，该方法主要适用于杆系结构，尤其是桁架结构，其优化目标是使结构重量最轻，体积最小.

设桁架结构各杆截面积为 $A_n(n=1,2,\cdots,N)$，结构重量或体积为 $W(\boldsymbol{X})=\sum_n c_n A_n$，其中 c_n 为正值常数；第 n 杆件实际承受的最大应力为 $\sigma_n(\boldsymbol{A})=p_n/A_n$，其中 p_n 为第 n 杆件在所有工况下所承受的最大内力的绝对值，第 n 杆件相应工况的许用应力为 $[\sigma]_n$，则其优化设计的数学模型可表为

$$\begin{cases} \text{Find} & \boldsymbol{A}=[A_1,A_2,\cdots,A_n,\cdots,A_N]^{\mathrm{T}} \\ \min & W(\boldsymbol{A})=\sum_n c_n A_n \\ \text{s.t.} & \sigma_n(\boldsymbol{A})=p_n/A_n\leqslant[\sigma]_n \qquad (n=1,2,\cdots,N) \\ & A_n\geqslant 0 \qquad (n=1,2,\cdots,N) \end{cases} \tag{1-10}$$

满应力准则认为所有杆件的实际应力达到其许用应力 $p_n/A_n=[\sigma]_n\ (n=1,2,\cdots,N)$ 的结构就是最优结构，其求解步骤为：

①给定初始设计，令 $k=0$；

②对该结构进行结构分析，求出各杆件在所有工况下实际承受的最大应力

$$\sigma_n^{(k)}=p_n^{(k)}/A_n^{(k)} \qquad (n=1,2,\cdots,N) \tag{1-11}$$

③检验是否满足满应力准则：

$$\sigma_n^{(k)}=p_n^{(k)}/A_n^{(k)}=[\sigma]_n \qquad (n=1,2,\cdots,N) \tag{1-12}$$

如满足，停止计算，输出满应力解 $A_n^*=A_n^{(k)}=p_n^{(k)}/[\sigma]_n \quad (n=1,2,\cdots,N)$；否则转④；

④求各杆件最大应力与其相应许用应力的比值

$$\beta_n^{(k)}=\sigma_n^{(k)}/[\sigma]_n \qquad (n=1,2,\cdots,N) \tag{1-13}$$

如 $\beta_n^{(k)}$ 小于 1 说明第 n 杆件材料未充分利用，应减少其截面积；如 $\beta_n^{(k)}$ 大于 1 说明第 n 杆超载，应增加其截面积；

⑤修改各杆截面积：

$$A_n^{(k+1)} = A_n^{(k)}\beta_n^{(k)} = p_n^{(k)} / [\sigma]_n \quad (n = 1,2,\cdots,N) \tag{1-14}$$

即可达到如 $\beta_n^{(k)}$ 小于 1 减少第 n 杆截面积，如 $\beta_n^{(k)}$ 大于 1 增加第 n 杆截面积的目的；

⑥令 $k = k+1$，转②.

对于静定结构，各杆件所承受的内力 $p_n^{(k)}$ 与截面积无关，迭代一次即可得到满应力解 $A_n^{(k+1)} = p_n^{(k)} / [\sigma]_n = p_n^{(k+1)} / [\sigma]_n (n = 1,2,\cdots,N)$；对于静不定结构，各杆件所承受的内力 $p_n^{(k+1)}$ 随截面积变化而变化，即 $p_n^{(k+1)} \neq p_n^{(k)} (n = 1,2,\cdots,N)$，所以 $A_n^{(k+1)} = p_n^{(k)} / [\sigma]_n \neq \ p_n^{(k+1)} / [\sigma]_n$ $(n = 1,2,\cdots,N)$，迭代一次不能得到满应力解，必须反复迭代计算多次才能求得满应力解.

可以证明：只有对静定桁架结构，并且仅有应力约束临界时，满应力解才是式（1-10）所示优化模型的最优解[25]. 实际工程结构优化设计在绝大多数情况下不符合以上条件，所以满应力解并非一般结构优化问题的最优解.

4）结构优化的理性准则法包括国内外流行的以位移用虚功表达为特点的虚功法[2, 5, 21]和作者创立的导重法等. 理性准则法的最优准则是按照等式约束优化问题的拉格朗日条件或不等式约束优化问题的库恩-塔克条件直接推导出来的，理性准则法符合数学条件极值理论，故可称为数学准则法. 理性准则法保持了感性准则法意义明确，收敛快，计算工作量小，尤其是优化迭代的前几步优化效果就很明显的优点，克服了感性准则法脱离数学极值理论的缺点，采用理性准则法进行结构优化设计应能得到原结构优化问题的最优解. 但遗憾的是，虚功法由于将结构位移表达为虚功形式，在推导优化准则时不得不忽略结构载荷对设计变量的导数，导致其优化准则并不准确. 对于土木工程结构等以外载荷为主要载荷的结构优化设计，虚功法尚且可用，但对于航空航天器结构、大型精密天线结构、高速运行的车辆结构、高速运转的机械结构，由于结构载荷是以与结构质量成正比的惯性载荷或自重载荷为主，忽略这类载荷对设计变量的导数会对优化效果带来很大影响，虚功法用于这类结构优化设计所得到的解离原结构优化问题的最优解相差甚远，下节将详细介绍虚功法的推导过程并对其先天性缺陷进行详细讨论.

不少人在论文综述中以讹传讹地认为准则法存在：①不严密、不可靠、不能找到最优解，②要人为区别临界约束与非临界约束，③应用范围狭窄等缺点. 这只是早期感性准则法的缺点，这些缺点在以后发展起来的理性准则法中均已克服. 前面已经论述了 20 世纪 50 年代提出的感性准则法的不严密、不可靠，不能找到最优解的缺点和 20 世纪 70 年代提出的虚功法准则不准的缺陷，1980 年，钱令希等[14]提出了一种对多单元、多工况、多约束问题进行优化的虚功法，由于这种方法采用二次规划法求解拉格朗日乘子，克服了早期的虚功法不能有效区分临界约束与非临界约束的缺点，但却无法克服虚功法准则不准的先天性缺陷.

3. 导重法

作者 20 世纪 80 年代初创立的导重法[74]是严密推导的理性准则法，完全克服了虚功法的缺陷，真正发挥出了结构优化理性准则法的优越性. 导重准则是严格按照不等式约束条件极值理论推导出来的意义明确、表达简洁的结构最优准则，由于在导重法的敏度分析中结构位移采用刚度方程表达，因而避开了位移用虚功法表达无法考虑载荷随设计变量变化导数这一难以逾越的障碍，成功地考虑了设计变量变化引起载荷变化的导数，保证了导重准则作为结构最优准则的正确性；导重法采用二次规划中求解线性互补问题的莱姆克（Lemker）算法求解多个约束的库恩-塔克乘子，从而自动区分了临界约束与非临界约束；导重法的设计变量除杆件截面、抗剪板厚度等构件尺寸外，还可包括虚功法不能处理的几何形状变量和结构拓扑变量；导重法的目标与约束，不但可以涉及结构重量、位移与应力，还可涉及虚功法不能处理的结构谐振频率、动力响应. 所以说导重法在很多方面改进了现有的结构优化最优准则法，融合了理性准则法与数学规划法的优点，使结构优化准则法的应用范围大为扩展，成为一种优秀的结构优化新方法.

采用导重法进行结构优化设计最后归结为非线性准则方程组的求解，采用直接迭代步长因子法，只要适当选取“步长”，即可保证迭代收敛. 对这种迭代方法，作者在 1981 年就从理论和计算实践上进行了探讨，证明了使迭代收敛的步长因子一定存在，并给出了步长因子的实际取值方法[74, 85]. 为了克服步长因子迭代算法需要人为选取步长因子的缺点，作者又提出了求解非线性方程组的拟埃特金算法和埃特金—陈算法，二者都是不用人为干预的迭代算法[72, 102]，后者具有更高的计算效率.

导重法诞生以来，对很多大型精密天线结构、航空航天器结构、土木建筑结构进行了优化设计，都得到了很满意的优化效果[71, 72]. 采用导重法往往是优化迭代的第一步就达到了采用虚功法优化多次迭代最后达到的优化水平. 大量工程应用实例验证了导重法具有表达简洁、意义明确、收敛快，尤其是优化迭代的前几步优化效果就很明显的优点，是工程实用的优化效果好、优化效率高的优秀结构优化设计方法. 近年来作者又将导重法与结构分析商用软件结合，研制成以 ANSYS 为分析器、以导重法为优化器的工程结构优化设计实用软件 SOGA，并将其应用于工程机械、专用汽车和机器设备等机械产品的整机结构优化设计，获得了大量成功应用的范例，充分验证了导重法的优越性，采用导重法往往只需要 4～6 次迭代即可在满足结构刚度、强度要求的前提下使产品结构重量减少 25%～35%或在结构重量不变的前提下，使结构刚度、强度提高 30%～50%[93, 104, 112, 114, 115, , 117, 118, 123]，这是虚功法及一般数学规划法无法做到的.

§ 1.2 结构优化设计极值理论的几个关键问题

由于结构优化设计本质上是数学中的条件极值问题，其最优解必须满足等式约束优化的拉格朗日条件或不等式约束优化的库恩-塔克条件，本节给出等式约束优化拉格朗日条件与不等式约束优化库恩-塔克条件的几何意义，深入剖析两者差异的机理所在，并给出最优解目标函数值对约束界灵敏度的表达及其数学证明，为优化方法的创新、等式约束与不等式约束的转换以及优化迭代的控制提供依据.

1.2.1　等式约束优化局部极值必要条件——拉格朗日条件的意义

（1）等式约束优化设计问题的数学模型

$$\begin{cases} \text{Find} & \boldsymbol{X}=[x_1,x_2,\cdots,x_n,\cdots,x_N]^{\mathrm{T}} \\ \min & f(\boldsymbol{X}) \\ \text{s.t.} & h_i(\boldsymbol{X}) = 0 \qquad (i=1,2,\cdots,I) \\ & \boldsymbol{X}^L \leqslant \boldsymbol{X} \leqslant \boldsymbol{X}^U \end{cases} \tag{1-15}$$

（2）极值必要条件——拉格朗日条件（Lagrange condition）

构造拉格朗日函数

$$L = f(\boldsymbol{X}) + \sum_{i=1}^{I} \lambda_i h_i(\boldsymbol{X}) \tag{1-16}$$

式中 λ_i 为相应等式约束 $h_i(\boldsymbol{X})=0$ 的拉格朗日乘子. 式（1-15）所示等式约束优化问题的极值必要条件——驻点条件为：

在极值点 $\boldsymbol{X}^*$

① $\dfrac{\partial L}{\partial x_n}=\dfrac{\partial f}{\partial x_n}+\sum\limits_{i=1}^{I}\lambda_i\dfrac{\partial h_i}{\partial x_n}\begin{cases}\leqslant 0 & (x_n^*=x_n^U) \\ =0 & (x_n^L < x_n^* < x_n^U) \\ \geqslant 0 & (x_n^*=x_n^L)\end{cases}\quad (n=1,2,\cdots,N)$，

当 $\boldsymbol{X}^L < \boldsymbol{X}^* < \boldsymbol{X}^U$ 时，$\nabla L = \nabla f(\boldsymbol{X}) + \sum\limits_{i=1}^{I} \lambda_i \nabla h_i(\boldsymbol{X}) = 0$　　（1-17）

诸 $\nabla h_i(\boldsymbol{X})\quad (i=1,2,\cdots,I)$ 线性独立且相容，此为正则条件；

② $h_i(\boldsymbol{X})=0\quad (i=1,2,\cdots,I)$；

③ $\boldsymbol{X}^L \leqslant \boldsymbol{X} \leqslant \boldsymbol{X}^U$.

（3）拉格朗日条件的几何意义

由上述拉格朗日条件的式（1-17），得

$$-\nabla f(\boldsymbol{X}) = \sum_{i=1}^{I} \lambda_i \nabla h_i(\boldsymbol{X}) \qquad (\boldsymbol{X}^L < \boldsymbol{X}^* < \boldsymbol{X}^U) \tag{1-18}$$

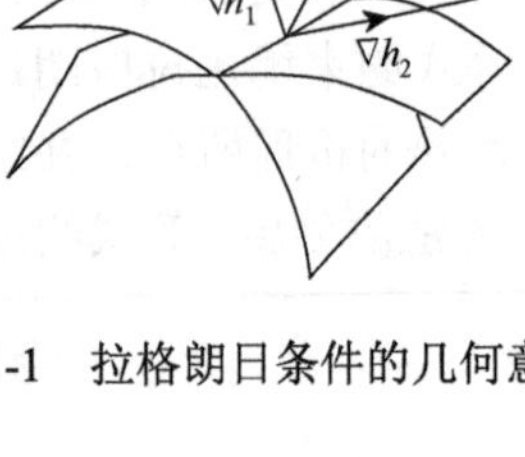

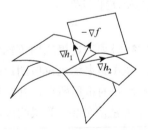

图 1-1　拉格朗日条件的几何意义

式（1-18）说明在满足设计变量范围限制的闭区间内的极值点 $\boldsymbol{X}^*$ 上，目标函数的负梯度 $-\nabla f$ 可表为诸约束函数梯度的线性组合，即目标函数的负梯度 $-\nabla f$ 落在诸约束函数梯度张成的线性空间里，如图 1-1 所示. 这是因为诸约束函数的梯度 $\nabla h_i(\boldsymbol{X})\quad (i=1,2,\cdots,I)$ 及其张成的线性空间必垂直于诸约束面的公共交线，如果目标函数负梯度 $-\nabla f$ 不在诸约束函数梯度张成的线性空间里，它在诸约束面公共交线上的投影必不为零，设计点沿该投影方向上移动，既不违反所有约束，又可使目标函数下降，这说明原

极值点并非真正的极值点，所以在真正的极值点 $\boldsymbol{X}^*$ 上目标函数负梯度 $-\nabla f$ 一定要落在诸约束函数梯度张成的线性空间里.

（4）拉格朗日乘子取值正负与目标函数、约束函数的关系

为图示方便，以二维设计空间（$N=2$）的单约束（$I=1$）优化问题为例，由 $\nabla f+\lambda\nabla h=0$，得 $\lambda=-\nabla f/\nabla h$，通过图 1-2 可说明拉格朗日乘子取值正负与目标函数约束函数关系.

图 1-2 的（a）、（b）、（c）分别为 $\lambda<0$、$\lambda=0$、$\lambda>0$ 三种情况，图中从左上到右下的曲线表示约束函数 $h=0$ 的图线，其左下方与右上方分别为约束函数 $h>0$ 与 $h<0$ 的区域；椭圆族表示目标函数的等值线族，其中心为目标函数的无约束极值点 $\boldsymbol{X}^{**}$；原优化问题的最优解为有约束极值点 $\boldsymbol{X}^*$，$\boldsymbol{X}^*$ 一定在约束函数 $h=0$ 的曲线上；$-\nabla f$ 为最优点 $\boldsymbol{X}^*$ 上目标函数 f 的负梯度，它指向目标函数下降即无约束极值点 $\boldsymbol{X}^{**}$ 所在的方向，∇h 为最优点 $\boldsymbol{X}^*$ 上约束函数 h 的梯度，它指向约束函数上升即 $h>0$ 所在的方向，二者的起点都在最优点 $\boldsymbol{X}^*$ 上并垂直于 $h=0$ 约束线，二者之比就是拉格朗日乘子 λ 的值.

1）在图 1-2（a）中，目标函数的无约束极值点 $\boldsymbol{X}^{**}$ 在约束函数 $h<0$ 的区域内；最优解即有约束极值点 $\boldsymbol{X}^*$ 上目标函数的负梯度 $-\nabla f$ 与约束函数的梯度 ∇h 方向相反，作为二者之比的拉格朗日乘子 λ 必为负值. 图 1-2（a）还说明：对于优化问题的最优解，如果 $\lambda<0$，说明若允许约束函数值下降，目标函数还可进一步得到改善.

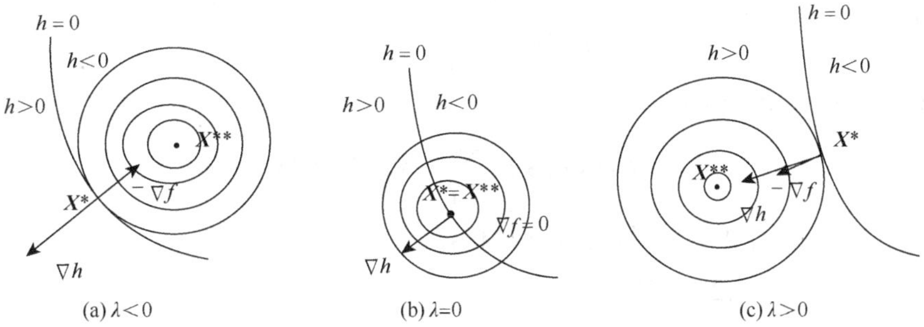

图 1-2 拉格朗日乘子取值正负与目标函数约束函数的关系

2）在图 1-2（b）中，目标函数的无约束极值点 $\boldsymbol{X}^{**}$ 在约束函数 $h=0$ 的约束线上，并与最优解即有约束极值点 $\boldsymbol{X}^*$ 重合；由于该点是无约束极值点 $\boldsymbol{X}^{**}$，其目标函数的负梯度 $-\nabla f$ 必为零，尽管约束函数的梯度 ∇h 非零，但作为二者之比的拉格朗日乘子 λ 必为零. 图 1-2（b）还说明：对于优化问题的最优解，如果 $\lambda=0$，说明约束函数值无论是上升还是下降，目标函数都不能再得到改善.

3）在图 1-2（c）中，目标函数的无约束极值点 $\boldsymbol{X}^{**}$ 在约束函数 $h>0$ 的区域内；最优解即有约束极值点 $\boldsymbol{X}^*$ 上目标函数的负梯度 $-\nabla f$ 与约束函数的梯度 ∇h 方向相同，作为二者之比的拉格朗日乘子 λ 必为正值. 图 1-2（c）还说明：对于优化问题的最优解，如果 $\lambda>0$，说明若允许约束函数值上升，目标函数还可进一步得到改善.

1.2.2 不等式约束优化局部极值必要条件——库恩-塔克条件的意义

1951 年提出的库恩-塔克条件是优化设计极值理论的核心内容，对优化理论的发展具有十分重要的理论意义与实践意义.

（1）不等式约束优化设计问题的数学模型

$$\begin{cases} \text{Find} & \boldsymbol{X}=[x_1,x_2,\cdots,x_n,\cdots,x_N]^{\mathrm{T}} \\ \min & f(\boldsymbol{X}) \\ \text{s.t.} & g_j(\boldsymbol{X})\leqslant 0 \qquad (j=1,2,\cdots,J) \\ & \boldsymbol{X}^L\leqslant \boldsymbol{X}\leqslant \boldsymbol{X}^U \end{cases} \tag{1-19}$$

（2）极值必要条件——库恩-塔克条件（Kuhn-Tucker condition）

构造拉格朗日函数

$$L=f(\boldsymbol{X})+\sum_{j=1}^{J}\lambda_j g_j(\boldsymbol{X}) \tag{1-20}$$

式中 λ_j 称为相应不等式约束 $g_j(\boldsymbol{X})\leqslant 0$ 的库恩-塔克乘子. 式（1-19）所示不等式约束优化问题的极值必要条件——驻点条件为在极值点 X^*.

1）$$\frac{\partial L}{\partial x_n}=\frac{\partial f}{\partial x_n}+\sum_{j=1}^{J}\lambda_j\frac{\partial g_j}{\partial x_n}\begin{cases}\leqslant 0 & (x_n^*=x_n^U) \\ =0 & (x_n^L<x_n^*<x_n^U) \\ \geqslant 0 & (x_n^*=x_n^L)\end{cases} \qquad (n=1,2,\cdots,N) \tag{1-21}$$

当 $\boldsymbol{X}^L<\boldsymbol{X}^*<\boldsymbol{X}^U$ 时，

$$\nabla L=\nabla f(\boldsymbol{X})+\sum_{j=1}^{J}\lambda_j\nabla g_j(\boldsymbol{X})=0 \tag{1-22}$$

诸 $\nabla g_j(\boldsymbol{X}) \quad (j=1,2,\cdots,J)$ 线性独立且相容；

2）$\lambda_j\geqslant 0 \quad (j=1,2,\cdots,J)$　（1-23）

3）$$\lambda_j g_j(\boldsymbol{X})=0,\ \text{且}\begin{cases}\text{当 } g_j(\boldsymbol{X})<0 \text{ 时，} \lambda_j=0 \\ \text{当 } g_j(\boldsymbol{X})=0 \text{ 时，} \lambda_j\geqslant 0\end{cases} \qquad (j=1,2,\cdots,J) \tag{1-24}$$

4）$g_j(\boldsymbol{X})\leqslant 0 \quad (j=1,2,\cdots,J)$　（1-25）

5）$\boldsymbol{X}^L\leqslant \boldsymbol{X}\leqslant \boldsymbol{X}^U$.

（3）库恩-塔克条件的几何意义

由上述库恩-塔克条件的式（1-22）与式（1-23），得

$$-\nabla f(\boldsymbol{X}^*)=\sum_{j=1}^{J}\lambda_j\nabla g_j(\boldsymbol{X}) \quad (\lambda_j\geqslant 0, j=1,2,\cdots,J) \quad (\boldsymbol{X}^L<\boldsymbol{X}^*<\boldsymbol{X}^U) \tag{1-26}$$

式（1-26）说明：在满足设计变量范围限制的闭区间内的极值点 X^* 上，目标函数的负梯度 $-\nabla f$ 可表为诸约束函数梯度的非负系数线性组合，即目标函数的负梯度 $-\nabla f$ 落在诸约束函数梯度 ∇g_j $(j=1,2,\cdots,J)$ 构成的棱锥内，如图 1-3 所示.

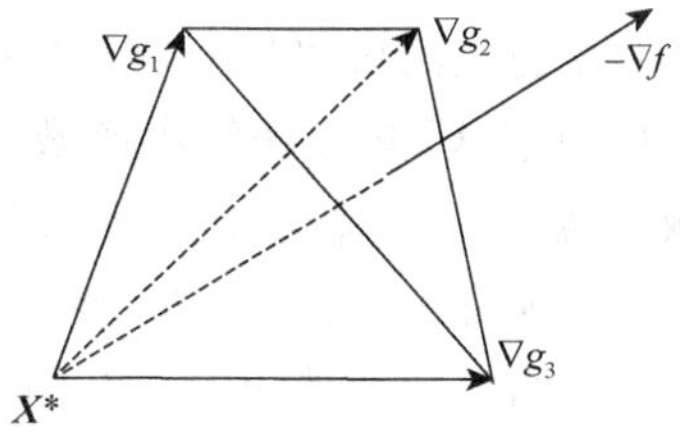

图 1-3 库恩–塔克条件的几何意义

（4）库恩–塔克乘子取值非负与目标函数、约束函数的关系

为图示方便，仍以二维设计空间（$N=2$）的单约束（$I=1$）优化问题为例. 由 $\nabla f+\lambda\nabla g=0$，得 $\lambda=-\nabla f/\nabla g$，通过图 1-4 可说明库恩–塔克乘子取值非负与目标函数、约束函数的关系，剖析库恩–塔克乘子取值非负的原因.

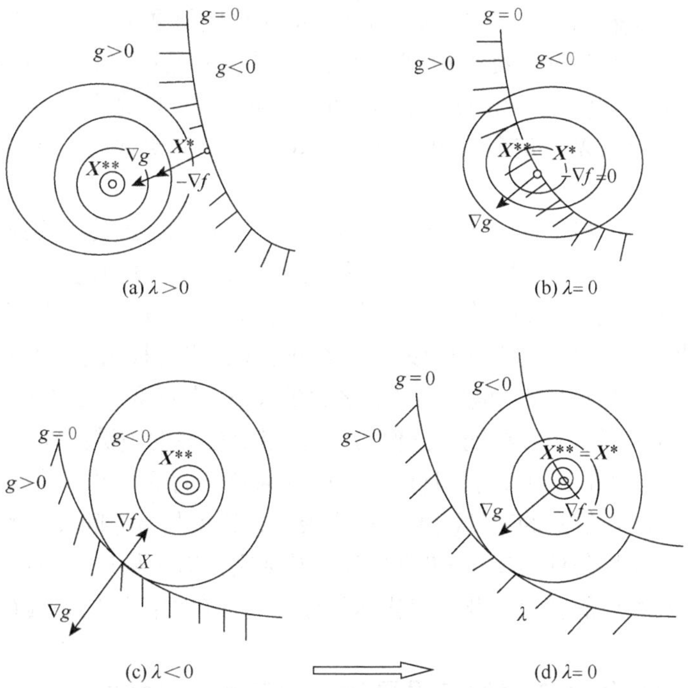

图 1-4 库恩–塔克乘子取值非负与目标函数、约束函数的关系

在图 1-4 的（a）、（b）、（c）、（d）中从左上到右下的曲线表示约束函数 $g=0$ 的图线，其左下方与右上方分别为约束函数 $g>0$ 与 $g<0$ 的区域；椭圆族表示目标函数的等值线族，其中心为目标函数的无约束极值点 $\boldsymbol{X}^{**}$；原优化问题的最优解为有约束极值点 $\boldsymbol{X}^{*}$，优化约束条件要求 $\boldsymbol{X}^{*}$ 一定在约束函数 $g=0$ 的曲线上或者在约束函数 $g<0$ 的区域内；$-\nabla f$ 为最优点 $\boldsymbol{X}^{*}$ 上目标函数 f 的负梯度，它指向目标函数下降即无约束极值点 $\boldsymbol{X}^{**}$ 所在的方向，∇g 为最优点 $\boldsymbol{X}^{*}$ 上约束函数 g 的梯度，它指向约束函数上升即 $g>0$ 所在的方向，二者的起点都在最优点 $\boldsymbol{X}^{*}$ 上并垂直于约束函数等值线，二者之比就是拉格朗日乘子 λ 的值.

1）在图 1-4（a）中，目标函数的无约束极值点 $\boldsymbol{X}^{**}$ 在约束函数 $g>0$ 的区域内；约束条件 $g\leqslant 0$ 决定最优解即有约束极值点 $\boldsymbol{X}^{*}$ 必须在约束函数 $g=0$ 的曲线上，不能进入约束函数 $g>0$ 目标函数更优的区域，$\boldsymbol{X}^{*}$ 点上目标函数的负梯度 $-\nabla f$ 与约束函数的梯度 ∇g 方向相同，作为二者之比的库恩-塔克乘子 λ 必为正值. 图 1-4（a）还说明：对于优化问题的最优解，如果 $\lambda>0$，说明若允许约束函数值上升，目标函数还可进一步得到改善.

2）在图 1-4（b）中，目标函数的无约束极值点 $\boldsymbol{X}^{**}$ 在约束函数 $g=0$ 的约束线上，并与最优解即有约束极值点 $\boldsymbol{X}^{*}$ 重合；由于该点是无约束极值点 $\boldsymbol{X}^{**}$，其目标函数的负梯度 $-\nabla f$ 必为零，尽管约束函数的梯度 ∇g 非零，但作为二者之比的库恩-塔克乘子 λ 必为零. 图 1-4（b）还说明：对于优化问题的最优解，如果 $\lambda=0$，说明约束函数值无论是上升还是下降，目标函数都不能再得到改善.

3）在图 1-4（c）中，目标函数的无约束极值点 $\boldsymbol{X}^{**}$ 在约束函数 $g<0$ 的区域内；如果如图所示设计点 X 仍在约束函数 $g=0$ 的曲线上，则该设计点 X 上目标函数的负梯度 $-\nabla f$ 与约束函数的梯度 ∇g 方向相反，作为二者之比的拉格朗日乘子 λ 必为负值；但是约束条件 $g\leqslant 0$ 允许设计点进入约束函数 $g<0$ 目标函数更优的区域，可见约束函数 $g=0$ 曲线上的设计点 X 不是原优化问题的最优解，所以这种库恩-塔克乘子 λ 为负值的情况是不会出现的，该设计点 X 一定会向约束函数 $g<0$ 目标函数更优的区域内移动，直至出现图 1-4（d）的情况.

4）图 1-4（d）是从图 1-4（c）演化过来的，由于目标函数的无约束极值点 $\boldsymbol{X}^{**}$ 在约束函数 $g<0$ 的区域内，设计点 X 一定会向约束函数 $g<0$ 目标函数更优的区域内移动，一直移动到目标函数的无约束极值点 $\boldsymbol{X}^{**}$ 上，才是原优化问题的最优解即有约束极值点 $\boldsymbol{X}^{*}$. 这时无约束极值点 $\boldsymbol{X}^{**}$ 与有约束极值点 $\boldsymbol{X}^{*}$ 重合，该点目标函数的负梯度 $-\nabla f$ 必为零，尽管约束函数的梯度 ∇g 非零，但作为二者之比的库恩-塔克乘子 λ 必为零.

以上图示与剖析揭示了拉格朗日条件与库恩-塔克条件的关键区别——后者乘子必须非负的原因. 上面对乘子、约束与目标间关系的几何意义的解释具有广泛一般性，读者可仿此推知多个等式与不等式约束情况下，相应乘子、约束与目标间关系的几何意义.

深刻理解拉格朗日条件与库恩-塔克条件及其区别，对于构造更加有效的优化方法、等式约束与不等式约束的转换以及对优化迭代过程进行合理的调控等具有重要意义.

1.2.3 最优解目标函数值对约束界灵敏度的表达及其数学证明

下面给出优化设计最优解目标函数值对诸约束界的导数组成的梯度与诸约束库恩-塔克乘子向量关系的数学表达，并给出其数学证明.

【命题】 对于具有多个不等式约束的数学规划：

$$\begin{cases}\text{Find} & \boldsymbol{X}=[x_1,x_2,\cdots,x_N]^{\mathrm{T}}\\ \min & f(\boldsymbol{X})\\ \text{s. t.} & g_j(\boldsymbol{X})\leqslant b_j \qquad (j=1,2,\cdots,J)\end{cases}\tag{1-27}$$

其目标函数最优值对诸约束界的梯度向量等于诸约束的负库恩-塔克乘子向量，即对最优

解 X^*，存在以下数学关系：

$$\nabla_B \boldsymbol{f} = \left[\frac{\partial f}{\partial b_1}, \frac{\partial f}{\partial b_2}, \cdots, \frac{\partial f}{\partial b_J}\right]^{\mathrm{T}} = -[\lambda_1, \lambda_2, \cdots, \lambda_J]^{\mathrm{T}} = -\boldsymbol{\lambda} \tag{1-28}$$

【证明】 对式（1-27）所示的数学规划，构成拉格朗日函数

$$L = f + \sum_{j=1}^{J} \lambda_i (g_j - b_j) = f + (\boldsymbol{G} - \boldsymbol{B})^{\mathrm{T}} \boldsymbol{\lambda} \tag{1-29}$$

式中

$$\boldsymbol{G} = [g_1, g_2, \cdots, g_J]^{\mathrm{T}} \tag{1-30}$$

$$\boldsymbol{B} = [b_1, b_2, \cdots, b_J]^{\mathrm{T}} \tag{1-31}$$

令

$$\nabla \boldsymbol{G}(\boldsymbol{X}) = [\nabla g_1(\boldsymbol{X}), \nabla g_2(\boldsymbol{X}), \cdots, \nabla g_J(\boldsymbol{X})]^{\mathrm{T}} \tag{1-32}$$

最优解 X^* 的库恩-塔克条件为：

1）$\nabla L(\boldsymbol{X}) = \nabla f(\boldsymbol{X}) + [\nabla \boldsymbol{G}(\boldsymbol{X})]^{\mathrm{T}} \boldsymbol{\lambda} = 0$ （1-33）

2）$\boldsymbol{\lambda} \geqslant 0$ （1-34）

3）$\boldsymbol{G} \leqslant \boldsymbol{B}$ （1-35）

4）$\lambda_j (g_j - b_j) = 0 \quad (j = 1, 2, \cdots, J)$ （1-36）

令

$$\nabla_B L = \left[\frac{\partial L}{\partial b_1}, \frac{\partial L}{\partial b_2}, \cdots, \frac{\partial L}{\partial b_J}\right]^{\mathrm{T}} \tag{1-37}$$

$$\nabla_B f = \left[\frac{\partial f}{\partial b_1}, \frac{\partial f}{\partial b_2}, \cdots, \frac{\partial f}{\partial b_J}\right]^{\mathrm{T}} \tag{1-38}$$

$$\nabla_B g_j = \left[\frac{\partial g_j}{\partial b_1}, \frac{\partial g_j}{\partial b_2}, \cdots, \frac{\partial g_j}{\partial b_J}\right]^{\mathrm{T}} \quad (j = 1, 2, \cdots, J) \tag{1-39}$$

$$\nabla_B \lambda_j = \left[\frac{\partial \lambda_j}{\partial b_1}, \frac{\partial \lambda_j}{\partial b_2}, \cdots, \frac{\partial \lambda_j}{\partial b_J}\right]^{\mathrm{T}} \quad (j = 1, 2, \cdots, J) \tag{1-40}$$

$$\nabla_B \boldsymbol{G} = [\nabla_B g_1, \nabla_B g_2, \cdots, \nabla_B g_J]^{\mathrm{T}} \tag{1-41}$$

$$\nabla_B \boldsymbol{\lambda} = [\nabla_B \lambda_1, \nabla_B \lambda_2, \cdots, \nabla_B \lambda_J]^{\mathrm{T}} \tag{1-42}$$

$$\boldsymbol{J}_{BX} = \begin{bmatrix} \dfrac{\partial x_1}{\partial b_1} & \cdots & \dfrac{\partial x_N}{\partial b_1} \\ \vdots & & \vdots \\ \dfrac{\partial x_1}{\partial b_J} & \cdots & \dfrac{\partial x_N}{\partial b_J} \end{bmatrix}_{J \times N} \tag{1-43}$$

$$\nabla \boldsymbol{\lambda} = [\nabla \lambda_1, \nabla \lambda_2, \cdots, \nabla \lambda_J]^{\mathrm{T}} \tag{1-44}$$

根据式（1-29）和以上各式，得

$$\begin{aligned}\nabla_B L &= \nabla_B f + (\nabla_B \lambda)^{\mathrm{T}}(\boldsymbol{G}-\boldsymbol{B}) + (\nabla_B \boldsymbol{G}-\boldsymbol{E})^{\mathrm{T}}\lambda \\ &= J_{BX}\nabla f + (\nabla_B \lambda)^{\mathrm{T}}(\boldsymbol{G}-\boldsymbol{B}) + J_{BX}(\nabla \boldsymbol{G})^{\mathrm{T}}\lambda - \lambda \\ &= J_{BX}[\nabla f + (\nabla \boldsymbol{G})^{\mathrm{T}}\lambda] + (\nabla_B \boldsymbol{\lambda})^{\mathrm{T}}(\boldsymbol{G}-\boldsymbol{B}) - \lambda\end{aligned} \tag{1-45}$$

式中 $\boldsymbol{E}$ 为单位阵. 在最优解点 $\boldsymbol{X}^*$，按照库恩-塔克条件式（1-33），得

$$\nabla_B L = (\nabla_B \lambda)^{\mathrm{T}}(\boldsymbol{G}-\boldsymbol{B}) - \lambda \tag{1-46}$$

对于临界约束，有

$$g_j - b_j = 0 \tag{1-47}$$

对于非临界约束，由于 $\lambda_j = 0$，有

$$\nabla_B \lambda_j = 0 \tag{1-48}$$

于是，可得

$$(\nabla_B \lambda)^{\mathrm{T}}(\boldsymbol{G}-\boldsymbol{B}) = 0 \tag{1-49}$$

代入式（1-45），可得

$$\nabla_B L = -\lambda \tag{1-50}$$

注意到库恩-塔克条件式（1-36），在 $\boldsymbol{X}^*$ 点有

$$L(\boldsymbol{X}^*) = f(\boldsymbol{X}^*) \tag{1-51}$$

故有

$$\nabla_B f = -\lambda \tag{1-52}$$

证毕.

其实不难证明，无论是等式约束优化还是不等式约束优化，目标函数最优值对某约束界的导数都等于该约束的负乘子，即如果乘子 $\lambda<0$，目标函数最优值对该约束界的导数为正，约束界下降使最优解约束函数值下降，目标函数最优值可进一步下降而得到改善；如果乘子 $\lambda>0$，目标函数最优值对该约束界的导数为负，约束界上升使最优解约束函数值上升，目标函数最优值可进一步下降而得到改善. 这些结论与前面对乘子取值正负与目标函数、约束函数的关系讨论的结论完全一致.

根据最优解目标函数值对约束界的灵敏度不但为优化方法的创新、等式约束与不等式约束的转换以及优化迭代的调控提供依据，还可以把握不同约束界对最优解目标函数值的影响程度，便于在工程结构优化中考虑是否适当放松那些对最优解目标函数值影响较小约束的限制；该灵敏度表达还对工程结构系统全局协调优化的求解带来便利[72].

§ 1.3 虚功法及其缺陷

结构优化虚功法的特点是结构位移采用虚功表达. 我们把推导结构最优准则时结构位移采用虚功表达的准则法称为虚功法. 早期的理性准则法或数学准则法均为虚功法，例如，加拉加尔（Gallagher）[2]、大连工学院[46]、上海科技大学王生洪[37, 41]、北京航空航天大学夏人伟[21]等单位与研究者有关论著中的结构优化准则法均为虚功法. 由此可见，虚功法是国内外流传很广的结构优化理性准则法.

1.3.1 位移的虚功表达

以桁架结构为例研究虚功法. 桁架结构在真实载荷作用下任一节点自由度方向的真实位移 u 可表达为

$$u = u \times 1 = \sum_{n=1}^{N} \frac{N_n^P \cdot N_n^V \cdot L_n}{E_n \cdot A_n} = \sum_{n=1}^{N} \Delta_n^P \cdot N_n^V = \sum_{n=1}^{N} \Delta_n^V \cdot N_n^P \tag{1-53}$$

式中，E_n 为第 n 杆件的弹性模量；L_n 与 A_n 分别为第 n 杆件的杆长与截面积；N_n^P 为第 n 杆件在结构真实载荷作用下的内力；N_n^V 为第 n 杆件在结构虚载荷作用下的内力，该虚载荷是施加于位移 u 相应节点上并与位移 u 方向一致的单位虚载荷；N 为结构杆件总数. 该公式的意义为：该单位虚载荷对真实位移 u 所作的虚功 $u\times1$ 等于该虚功引起的结构内所有杆件的虚应变能 $(N_n^P \cdot N_n^V \cdot L_n)/(E_n \cdot A_n)$ 之和，各杆件的该虚应变能既可表示为真实变形与虚内力的乘积 $\Delta_n^P \cdot N_n^V$，也可表示为虚变形与真实内力的乘积 $\Delta_n^V \cdot N_n^P$.

1.3.2 单个位移约束结构优化的虚功准则

1. 数学模型

对于几何布局形状已定的桁架结构，只具有单个位移约束的重量最轻化设计的数学模型可表为

$$\begin{cases} \text{Find} & \boldsymbol{A} = [A_1, A_2, \cdots, A_n, \cdots, A_N]^{\mathrm{T}} \\ \min & W(\boldsymbol{A}) = \sum\limits_{n} \gamma_n L_n A_n \\ \text{s.t.} & u(\boldsymbol{A}) = [u] \end{cases} \tag{1-54}$$

其中，γ_n 为 A_n 对应的比重，$[u]$为对单个位移 $u(\boldsymbol{A})$的约束限，其他符号意义同前.

构造该优化问题的拉格朗日函数

$$L = W(\boldsymbol{A}) + \lambda\{u(\boldsymbol{A}) - [u]\} \tag{1-55}$$

2. 极值必要条件

对于式（1-54）所示的等式约束优化问题，根据其最优解的拉格朗日必要条件，应有

$$\frac{\partial L}{\partial A_n} = \frac{\partial W}{\partial A_n} + \lambda \frac{\partial u}{\partial A_n} = 0 \quad (n = 1, 2, \cdots, N) \tag{1-56}$$

代入 W 与 u 的表达式

$$W = \sum_{n} \gamma_n L_n A_n \tag{1-57}$$

$$u = \sum_{j=1}^{N} \frac{N_j^P \cdot N_j^V \cdot L_j}{E_j \cdot A_j} \tag{1-58}$$

可得

$$\frac{\partial L}{\partial A_n}=\gamma_n L_n-\lambda\frac{N_n^P\cdot N_n^V\cdot L_n}{E_n\cdot A_n^2}+\lambda\sum_{j=1}^{N}\left(\frac{\partial N_j^P}{\partial A_n}\cdot N_j^V+\frac{\partial N_j^V}{\partial A_n}\cdot N_j^P\right)\frac{l_j}{E_jA_j}=0\quad(n=1,2,\cdots,N)\tag{1-59}$$

3. 对于静定结构

虚功法的文献认为：对于静定结构，任一杆件的实内力 N_j^P 与虚内力 N_j^V 是不随杆件截面积设计变量 A_n 变化的，即

$$\frac{\partial N_j^P}{\partial A_n}=\frac{\partial N_j^V}{\partial A_n}=0\tag{1-60}$$

于是有

$$\frac{\partial L}{\partial A_n}=\gamma_n L_n-\lambda\frac{N_n^P\cdot N_n^V\cdot L_n}{E_n\cdot A_n^2}=0\quad(n=1,2,\cdots,N)\tag{1-61}$$

讨论：

1）$\frac{\partial N_j^V}{\partial A_n}=0$ 是对的，因为它是静定结构在不变的单位虚载荷作用下的内力.

2）$\frac{\partial N_j^P}{\partial A_n}=0$ 是有问题的，因为如果结构的真实载荷包括构件自身质量引起的自重载荷或惯性载荷，则随着杆件截面积设计变量 A_n 变化，结构真实载荷必然发生变化，即使是静定结构，当真实载荷发生变化时，内力 N_j^P 也必然要发生变化，即 $\frac{\partial N_j^P}{\partial A_n}\neq 0$. 所以，对实际载荷包括结构自重载荷或惯性载荷的结构优化，式（1-61）不能成立，即

$$\frac{\partial L}{\partial A_n}=\gamma_n L_n-\lambda\frac{N_n^P\cdot N_n^V\cdot L_n}{E_n\cdot A_n^2}\neq 0\quad(n=1,2,\cdots,N)\tag{1-62}$$

4. 对于静不定结构

对于静不定结构，即使载荷不变化，任一杆件的实内力 N_j^P 与虚内力 N_j^V 也要随杆件截面积设计变量 A_n 变化而改变，即

$$\frac{\partial N_j^P}{\partial A_n}\neq 0,\quad \frac{\partial N_j^V}{\partial A_n}\neq 0\tag{1-63}$$

虚功法的文献认为，尽管如此，下列和式仍然等于零：

$$\sum_{j=1}^{N}\frac{\partial N_j^P}{\partial A_n}\cdot\frac{N_j^V L_j}{E_jA_j}=0\tag{1-64}$$

$$\sum_{j=1}^{N}\frac{\partial N_j^V}{\partial A_n}\cdot\frac{N_j^P L_j}{E_j A_j}=0 \tag{1-65}$$

这是因为上两式表达的是与结构内自身平衡内力系$\left\{\dfrac{\partial N_j^p}{\partial A_n}\right\}$与$\left\{\dfrac{\partial N_j^V}{\partial A_n}\right\}$相应的零载荷所做的虚功，这种虚功是等于零的.

5. 自身平衡力系

有关文献认为，列向量$\left\{\dfrac{\partial N_j^p}{\partial A_n}\right\}$与$\left\{\dfrac{\partial N_j^V}{\partial A_n}\right\}$之所以是自身平衡力系，是因为

$$\left\{\frac{\partial N_j^p}{\partial A_n}\right\}=\lim_{\Delta A_n\to 0}\frac{\left\{N_j^p(A_n+\Delta A_n)\right\}}{\Delta A_n}-\lim_{\Delta A_n\to 0}\frac{\left\{N_j^p(A_n)\right\}}{\Delta A_n} \tag{1-66}$$

虽然$\left\{N_j^p(A_n+\Delta A_n)\right\}$和$\left\{N_j^p(A_n)\right\}$是对应于截面变量分别为$A_n+\Delta A_n$和 A_n 两个不同结构的内力系，但都是在同样的实际外载荷 P 作用下产生的，即都是与同样的一组结构节点外载荷 P 相平衡的，因此两者之差是与零外力相平衡的，即两者之差是自身平衡力系（表 1-1）. 而$\left\{\dfrac{\partial N_j^p}{\partial A_n}\right\}$相当于零外力引起的内力系，零外力的虚功是等于零的，因此

$$\sum_{j=1}^{N}\frac{\partial N_j^P}{\partial A_n}\cdot\frac{N_j^V L_j}{E_j A_j}=0 \tag{1-67}$$

同理

$$\sum_{j=1}^{N}\frac{\partial N_j^V}{\partial A_n}\cdot\frac{N_j^P L_j}{E_j A_j}=0 \tag{1-68}$$

于是，对于静不定结构，有关文献认为$\dfrac{\partial L}{\partial A_n}=\gamma_n L_n-\lambda\dfrac{N_n^P\cdot N_n^V\cdot L_n}{E_n\cdot A_n^2}=0$仍然成立.

表 1-1　自身平衡力系表解

图示	变量值	内力系	载荷
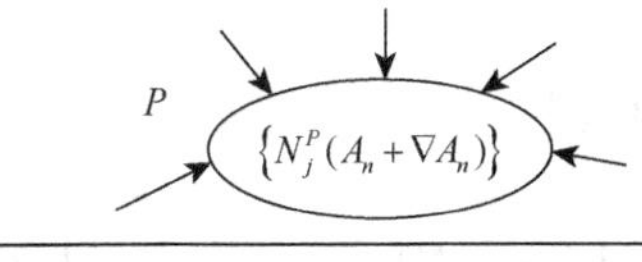	$A_n+\Delta A_n$	$\{N_j^P(A_n+\Delta A_n)\}$	P
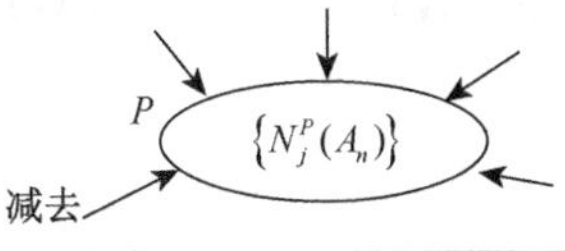	减去 A_n	减去 $\{N_j^P(A_n)\}$	减去 P
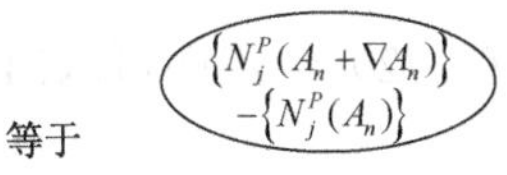	等于 ΔA	等于 $\{N_j^P(A_n+\Delta A_n)\}-\{N_j^P(A_n)\}$	等于 0

从有关文献的以上论述可见，对于静不定结构，也必须认为外载荷 **P** 不随设计变量变化，即外载荷 **P** 对设计变量的导数为零，$\frac{\partial L}{\partial A_n}=\gamma_n L_n-\lambda\frac{N_n^P\cdot N_n^V\cdot L_n}{E_n\cdot A_n^2}=0$ 才能成立. 故可得到以下结论：

1）无论是静定结构，还是静不定结构，只要结构载荷随设计变量变化，即结构载荷对设计变量的导数不为零，则 $\frac{\partial L}{\partial A_n}=\gamma_n L_n-\lambda\frac{N_n^P\cdot N_n^V\cdot L_n}{E_n\cdot A_n^2}=0$ 的结论都不能成立.

2）不能考虑结构载荷对设计变量的导数，是虚功法准则推导过程中无法弥补的先天性缺陷.

3）对于航空航天器结构、大型精密天线结构、高速运行的车辆与机械设备等以自重或惯性载荷为主要载荷的结构优化，由于虚功准则不准，虚功法用于这类结构优化设计所得到的解离原结构优化问题的最优解相差甚远.

6. *虚功准则方程组*

虽然虚功法不适用于航空航天器结构、大型精密天线结构、高速运行的车辆与机械设备等以自重或惯性载荷为主要载荷的结构优化，但对不以自重及惯性载荷为主要载荷的土木工程结构等，$\frac{\partial L}{\partial A_n}=\gamma_n L_n-\lambda\frac{N_n^P\cdot N_n^V\cdot L_n}{E_n\cdot A_n^2}=0$ 仍可近似成立，可由此式推导虚功法的准则方程组：

由上式可得

$$A_n=\sqrt{\lambda\cdot\frac{N_n^P\cdot N_n^V}{E_n\cdot\gamma_n}}\quad(n=1,2,\cdots,N)\tag{1-69}$$

为求 λ，将式（1-69）代入约束条件 $u(\boldsymbol{A})=[u]$，即

$$u=\sum_{j=1}^{N}\frac{N_j^P\cdot N_j^V\cdot L_j}{E_j\cdot A_j}=\frac{1}{\sqrt{\lambda}}\sum_{j=1}^{N}L_j\sqrt{\frac{N_j^P\cdot N_j^V\cdot\gamma_j}{E_j}}=[u]\tag{1-70}$$

可得

$$\sqrt{\lambda}=\frac{1}{[u]}\sum_{j=1}^{N}L_j\sqrt{\frac{N_j^P\cdot N_j^V\cdot\gamma_j}{E_j}}\tag{1-71}$$

将式（1-71）代入式（1-69）可得虚功法的虚功准则方程组：

$$A_n=\frac{1}{[u]}\left[\sum_{j=1}^{N}L_j\sqrt{\frac{N_j^P N_j^V\gamma_j}{E_j}}\right]\cdot\sqrt{\frac{N_n^P N_n^V}{E_n\lambda_n}}\quad(n=1,2,\cdots,N)\tag{1-72}$$

7. *迭代求解公式*

（1）对于静定结构，由于内力 N_j^P 与 N_j^V 不随 A_n 变化，按式（1-72）一步即可求出最优结构.

（2）对于静不定结构，由于内力 N_j^P 与 N_j^V 要随 A_n 变化，故需采用迭代算法求解.

对式（1-72）所示非线性方程组，采用直接迭代法求解的公式为

$$A_n^{(k+1)}=\left\{\frac{1}{[u]}\left[\sum_{j=1}^{N}L_j\sqrt{\frac{N_j^P N_j^V\gamma_j}{E_j}}\right]\cdot\sqrt{\frac{N_n^P N_n^V}{E_n\gamma_n}}\right\}^{(k)}\quad(n=1,2,\cdots,N)\tag{1-73}$$

反复迭代，直至收敛.

（3）迭代求解的困难.

1）迭代式（1-73）中有开平方运算，要求被开方值必须为正数，而在实际结构优化迭代计算中，被开方值不一定为正. 有些文献认为这是因为设计变量变化过大造成的，为避免负数开方的困难，迭代中需采用“运动框”限制设计变量的变化量[35, 37, 41, 43, 46].

2）从数学上讲，采用直接迭代法求解非线性虚功准则方程组有着严格的收敛条件：该非线性方程组一阶偏导组成的雅克比矩阵的谱半径必须小于 1. 采用形如式（1-73）所示的直接迭代公式进行结构优化迭代计算时，由于准则方程组通常不满足该收敛条件，迭代计算过程往往会剧烈跳荡，难以收敛. 为保证迭代计算收敛，可采用如下形式的步长因子迭代：

$$A_n^{(k+1)}=\alpha\left\{\frac{1}{[u]}\left[\sum_{j=1}^{N}L_j\sqrt{\frac{N_j^P N_j^V\gamma_j}{E_j}}\right]\cdot\sqrt{\frac{N_n^P N_n^V}{E_n\gamma_n}}\right\}^{(k)}+(1-\alpha)A_n^{(k)}\quad(n=1,2,\cdots,N)\tag{1-74}$$

作者对步长因子迭代法可以保证迭代收敛的原理和步长因子取值方法进行过详细探讨，有关内容将在本书第二篇详加介绍.

3）必须注意：1）和 2）中采取的措施均为促使求解准则方程组的迭代计算能够收敛的措施，这些措施无法避免准则不准对优化结果的影响，弥补不了虚功法的先天缺陷. 这是因为虚功法的先天缺陷来自舍去了载荷对设计变量的导数项，无论怎样限制自变量的变化范围也丝毫无法改变舍去载荷对设计变量导数给优化准则带来的误差，因而也就无法克服虚功准则公式本身的先天性缺陷，绝不会使最后收敛的符合虚功准则公式的解所对应的目标函数值更好一些. 切勿将两者混为一谈.

8. 虚功法应用范围的局限

虚功法的特征是位移的虚功表达，对于具有多个位移约束及应力约束的杆板类结构优化可以推导出相应的虚功法，大连工学院研制的 DDDU 就是这种多变量、多约束、多工况结构优化虚功法的应用程序. 由于在位移的虚功表达式中，结构位移是构件尺寸变量的显式函数，采用虚功法进行结构优化设计，不必进行敏度分析计算，但却要进行虚内力或虚应力计算.

虚功法应用范围的局限在于以下几个方面.

1）如前所述，对于航空航天器结构、大型精密天线结构、高速运行的车辆与机械设备结构等以自重或惯性载荷为主要载荷的结构优化，由于虚功法具有准则不准的先天缺陷，会对优化效果带来严重影响[35, 37, 41, 43, 46]，故不适用于以上结构的优化设计.

2）不能对非杆板类结构进行结构优化.

3）不能进行结构几何形状优化.

4）不能进行结构拓扑优化.

5）不能进行结构谐振频率与动力响应等结构动力优化.

造成 2）～5）局限的根本原因就在于，按照位移的虚功表达形式，无法推导以上多种情况的虚功准则方程. 由于虚功法应用范围有很大限制，必须甩开位移的虚功表达，推导更严密、适用范围更广的理性准则法.

§ 1.4　结构构件尺寸优化的导重法

本节首先介绍作者 1981 年提出的仅具有单个性态约束——重量约束的结构优化导重法，以便深刻理解导重准则的意义及导重在结构优化中所起到的重要作用.

1.4.1　数学模型与极值条件

具有单个性态约束——重量约束的结构优化设计数学模型为

$$\begin{cases} \text{Find} & \boldsymbol{X}=[x_1,x_2,\cdots,x_n,\cdots,x_N]^{\mathrm{T}} \\ \min & f(\boldsymbol{X}) \\ \text{s.t.} & W(\boldsymbol{X})\leqslant W_0 \\ & \boldsymbol{X}^L\leqslant \boldsymbol{X}\leqslant \boldsymbol{X}^U \end{cases} \tag{1-75}$$

式中，设计向量 $\boldsymbol{X}$ 可包括杆截面积与板厚等构件尺寸变量，目标函数 $f(X)$ 可为任意结构性态函数，如天线精度、基频、安全度、可靠度等，W、W_0 分别为结构重量和重量约束上限，$\boldsymbol{X}^L$ 与 $\boldsymbol{X}^U$ 分别为由设计向量各分量的下限与上限构成的向量.

构造拉格朗日函数：

$$L=f(\boldsymbol{X})+\lambda[W(\boldsymbol{X})-W_0] \tag{1-76}$$

式（1-75）所示优化问题最优解的库恩-塔克必要条件是：在最优解 X^* 点，

1）$$\frac{\partial L}{\partial x_n}=\frac{\partial f}{\partial x_n}+\lambda\frac{\partial W}{\partial x_n}\begin{cases}\leqslant 0 & (x_n^*=x_n^U) \\ =0 & (x_n^L<x_n^*<x_n^U) \quad (n=1,2,\cdots,N) \\ \geqslant 0 & (x_n^*=x_n^L)\end{cases} \tag{1-77}$$

当 $\boldsymbol{X}^L<\boldsymbol{X}^*<\boldsymbol{X}^U$ 时，$\nabla L=\nabla f(\boldsymbol{X})+\lambda\nabla W(\boldsymbol{X})=0$；　（1-78）

2）$\lambda\geqslant 0$；　（1-79）

3）$$\lambda[W(\boldsymbol{X})-W_0]=0,\ \begin{Bmatrix}\text{当}\ W(\boldsymbol{X})<W_0\ \text{时，}\lambda=0 \\ \text{当}\ W(\boldsymbol{X})=W_0\ \text{时，}\lambda\geqslant 0\end{Bmatrix}; \tag{1-80}$$

4）$W(\boldsymbol{X})-W_0\leqslant 0$；　（1-81）

5）$\boldsymbol{X}^L \leqslant \boldsymbol{X} \leqslant \boldsymbol{X}^U$. （1-82）

1.4.2 导重准则

1. 通式

结合本优化问题的特点（单性态约束——重量约束），从式（1-78）出发推导结构最优准则，通过迭代控制保证库恩-塔克必要条件 1）～5）全部得到满足. 由式（1-78）得

$$\frac{\partial L}{\partial x_n}=\frac{\partial f}{\partial x_n}+\lambda\frac{\partial W}{\partial x_n}=0 \tag{1-83}$$

将上式写为

$$-\frac{\dfrac{\partial f}{\partial x_n}}{\dfrac{\partial W}{\partial x_n}}=\frac{-x_n\dfrac{\partial f}{\partial x_n}}{x_n\dfrac{\partial W}{\partial x_n}}=\lambda \tag{1-84}$$

令

$$G_{x_n}=-x_n\frac{\partial f}{\partial x_n} \tag{1-85}$$

$$H_{x_n}=\frac{\partial W}{\partial x_n} \tag{1-86}$$

于是得到

$$x_n=\frac{G_{x_n}}{\lambda H_{x_n}} \quad (n=1,2,\cdots,N) \tag{1-87}$$

上式即为任意设计变量 x_n 的最优准则通式.

2. 设计变量 x_n 为杆件的截面积 A_n

对于具有 N_A 个杆件截面积变量的杆系结构（包括杆单元与梁单元），将上面的 x_n 均换为 A_n，则有

$$G_{A_n}=-A_n\frac{\partial f}{\partial A_n} \tag{1-88}$$

$$H_{A_n}=\frac{\partial W}{\partial A_n}=L_n\gamma \tag{1-89}$$

其中 L_n 为截面积等于 A_n 的第 n 组杆件长度之和，γ为杆件材料比重.

将式（1-88）、式（1-89）代入式（1-87），得

$$A_n=\frac{G_{A_n}}{\lambda L_n\gamma} \tag{1-90}$$

于是第 n 组杆件重量为

$$W_n = A_n L_n \gamma = \frac{G_{A_n}}{\lambda} \tag{1-91}$$

桁架结构总重量为

$$W = \sum_{n=1}^{N_A} A_n L_n \gamma \tag{1-92}$$

下面由约束条件求 λ. 对于式（1-75）所示具有重量不等式约束 $W(\boldsymbol{X}) \leqslant W_0$ 的优化问题，先按等式约束 $W(\boldsymbol{X}) = W_0$ 处理，然后在优化迭代计算中按照约束乘子与目标函数、约束函数的关系加以调控，以保证约束乘子非负，即可实现不等式约束 $W(\boldsymbol{X}) \leqslant W_0$. 由式（1-91）与式（1-92），注意到 $W(\boldsymbol{X}) = W_0$ 得

$$W = \frac{1}{\lambda} \sum_{n=1}^{N_A} G_{A_n} = W_0 \tag{1-93}$$

由此可定库恩-塔克乘子 λ 为

$$\lambda = \sum_{n=1}^{N_A} \frac{G_{A_n}}{W_0} \tag{1-94}$$

令

$$G = \sum_{n=1}^{N_A} G_{A_n} \tag{1-95}$$

将式（1-95）代入式（1-94），得

$$\lambda = \frac{G}{W_0} \tag{1-96}$$

将式（1-96）代入式（1-91），得

$$W_n = \frac{G_{A_n}}{G} W_0 \quad (n = 1, 2, \cdots, N_A) \tag{1-97}$$

观察式（1-88），$G_{A_n} = -A_n \dfrac{\partial f}{\partial A_n}$，其中 $-\dfrac{\partial f}{\partial A_n}$ 反映了目标函数 f 随设计变量 A_n 增加而下降（改善）的速率，$-A_n \dfrac{\partial f}{\partial A_n} = G_{A_n}$ 是上述作用按设计变量 A_n 的加权，式（1-97）反映了最优结构应按照 G_{A_n} 的值正比分配各组构件重量这一原则，G_{A_n} 具有引导结构重量在构件间的分配趋于最优的作用，所以称 G_{A_n} 为第 n 组杆件的“导重”，G 称为结构的“总导重”，称 H_{A_n} 为第 n 组杆件的“容重”. 于是式（1-97）具有如下简洁明确的意义：

最优结构应按各组构件的导重正比分配各组构件的重量.

这就是结构优化“导重准则”的基本阐述. 最后由式（1-91）、式（1-96）得到

$$A_n = \frac{G_{A_n} W_0}{G L_n \gamma} \quad (n = 1, 2, \cdots, N_A) \tag{1-98}$$

此即求解最优结构杆件截面积变量的准则方程组.

3. 设计变量 x_n 为板厚度 t_n

对于含有杆梁与二维板的组合结构，设计变量还可包括 N_t 个板厚变量，此处的二维板可包括平面应力板（抗剪板）、平面应变板、抗弯板和壳板. 这时相应地有

$$G_{t_n} = -t_n \frac{\partial f}{\partial t_n} \tag{1-99}$$

称为第 n 组板的导重；

$$H_{t_n} = \frac{\partial W}{\partial t_n} = a_n \gamma \tag{1-100}$$

称为第 n 组板的容重，其中 a_n 为板厚等于 t_n 的第 n 组板的面积之和，γ为材料比重；

$$W_n = a_n t_n \gamma = G_{t_n}/\lambda \tag{1-101}$$

为第 n 组板的重量. 由结构总重量

$$W = \frac{1}{\lambda}\left(\sum_{n=1}^{N_A} G_{A_n} + \sum_{n=1}^{N_t} G_{t_n}\right) = G/\lambda = W_0 \tag{1-102}$$

可得

$$\lambda = \frac{G}{W_0} \tag{1-103}$$

$$W_n = \frac{G_{t_n}}{G} W_0 \tag{1-104}$$

由式（1-101）与式（1-103）可得求解最优结构抗剪板厚度的准则方程为

$$t_n = \frac{G_{t_n} W_0}{G a_n \gamma} \quad (n = 1, 2, \cdots, N_t) \tag{1-105}$$

上式中 N_t 为板厚度设计变量的数目. 式（1-97）与式（1-104）两者形式完全相同.

可见，对于只含与构件重量成正比的设计变量的结构优化，均符合以下导重准则：

最优结构应按各组构件的导重正比分配结构重量.

由于本导重准则是由不等式约束极值问题的库恩-塔克必要条件直接推导出的优化准则，故不同于未必能找到最优解的满应力、满应变能等感性准则，而是一种确能对应最优解的理性准则.

后面的内容还将表明：就广义而言，导重准则对于含有结构几何形状变量等与构件重量不成正比的设计变量的结构优化以及多性态约束结构优化也都是适用的. 而且对与单元重量（质量）成正比的拓扑变量，导重准则也同样适用.

1.4.3 迭代求解

1. 导重准则方程组

由于最优结构必须满足导重准则，导重法寻求最优设计就首先从求解导重准则方程组

做起. 对于杆板组合结构，总数为 N 的设计变量可同时包括 N_A 个杆截面积变量与 N_t 个板厚度变量，由导重准则方程式（1-98）与式（1-105）可得求解最优结构所有设计变量的导重准则方程组：

$$\begin{cases} A_n = \dfrac{G_{A_n} W_0}{G L_n \gamma} & (n = 1, 2, \cdots, N_A) \\ t_n = \dfrac{G_{t_n} W_0}{G a_n \gamma} & (n = N_A + 1, \cdots, N) \end{cases} \tag{1-106}$$

2. 敏度分析问题

在求解导重准则方程组之前，必须先计算导重与容重. 导重、容重均由位移、应力等结构性态或重量、基频等结构特性对设计变量的导数决定，结构性态与结构特性对设计变量的导数在结构优化中称为敏度，结构优化中计算敏度的过程称为敏度分析.

优化设计的大多数方法(例如数学规划法利用导数的间接法和几乎所有的结构优化序列数学规划法等)都需要进行导数计算，敏度分析是利用这些优化方法进行优化设计计算过程中的必不可少的重要环节. 结构优化的虚功法虽然不需要敏度分析，却需要计算虚载荷引起的构件内力，而且导致了准则不准的缺陷. 结构优化的敏度分析可以通过计算结构分析刚度方程中的结构性态与结构特性对设计变量的导数来实现，这样就可避免位移利用虚功表达不能准确求导的弊病，保证结构优化导重法的严密性. 关于结构优化敏度分析的具体方法和技巧，将在后面的第二篇中详细介绍.

3. 迭代求解公式

式（1-106）所示导重准则方程组可归结为形如 $\boldsymbol{X} = \boldsymbol{F}(\boldsymbol{X})$的非线性方程组，可采用形如 $\boldsymbol{X}^{(k+1)} = \boldsymbol{F}(\boldsymbol{X}^{(k)})$ 的直接迭代计算来求解，即可利用以下迭代算式求解：

$$x_n^{(k+1)} = \left(\frac{G_{x_n} W_0}{G H_{x_n}} \right)^{(k)} \quad (n = 1, 2, \cdots, N) \tag{1-107}$$

上式右边为当前设计点有关量的算式，左边为新的设计点.

采用上述直接迭代法求解非线性方程组有着严格的收敛条件：该非线性方程组一阶偏导组成的雅克比方阵的谱半径必须小于 1. 由于结构优化准则方程组通常不满足该收敛条件，按式（1-107）进行直接迭代计算往往难以收敛. 为保证寻优迭代计算收敛，一般采用形如 $\boldsymbol{X}^{(k+1)} = \alpha \boldsymbol{F}(\boldsymbol{X}^{(k)}) + (1-\alpha)\boldsymbol{X}^{(k)}$ 的步长因子迭代法求解，即利用以下迭代算式求解：

$$x_n^{(k+1)} = \alpha \left(\frac{G_{x_n} W_0}{G H_{x_n}} \right)^{(k)} + (1-\alpha)\, x_n^{(k)} = \varphi_n^{(k)} \quad (n = 1, 2, \cdots, N) \tag{1-108}$$

只要适当选取步长因子 α，即可保证迭代计算很快趋于收敛. 作者对步长因子迭代算法可以保证迭代收敛的原理、步长因子取值范围和步长因子取值方法等进行了详细深入的探讨，有关内容在本书第二篇详加介绍.

§ 1.5 导重与导重准则的意义、合理性与迭代控制

1.5.1 导重的意义与重量不等式约束的控制

由式（1-93）、式（1-102）可以看出：准则方程组是按重量等式约束 $W(\boldsymbol{X}) = W_0$ 推导的，这将导致在设计变量允许范围内优化迭代求得的最优解的结构重量等于重量约束限 W_0，而等式约束优化问题的极值条件为拉格朗日条件，该条件对等式约束乘子的取值无非负要求，所以在迭代中可能出现$\lambda>0$，$\lambda=0$ 和$\lambda<0$ 三种情况. 但式（1-75）所示原问题的约束是重量不等式约束 $W(\boldsymbol{X})\leqslant W_0$，相应的库恩-塔克条件要求$\lambda\geqslant 0$，即$\lambda<0$ 的情况是不容许出现的. 怎样才能使利用导重法寻优得到的最优点 X^* 上λ的取值不小于零，从而实现原优化问题的重量不等式约束呢？由式（1-96）、式（1-103）可以看出

$$\lambda = \frac{G}{W_0} \tag{1-109}$$

由于 W_0 为正，λ总是与总导重 G 同号，所以我们可从导重的意义着手深入剖析此问题.

1. 导重的意义

先看构件尺寸设计变量的导重 $G_{x_n} = -x_n \dfrac{\partial f}{\partial x_n}$. 当 $G_{x_n} > 0$ 时，由于 $x_n > 0$，有 $\dfrac{\partial f}{\partial x_n} < 0$，说明随 x_n 的增大，即随着具有该设计变量的构件重量 W_n 的增加，目标函数f会下降而得到改善，所以优化设计迭代过程中该设计变量 x_n 应当增大，即具有该设计变量的构件重量应当增加. 当α与 G 同号时，优化迭代式（1-108）必能使导重 G_{x_n} 越大的设计变量 x_n 通过迭代越是增加，直到各组构件的重量 W_n 与其设计变量的导重 G_{x_n} 成正比时，结构才能达到最优. 可见在导重法的优化迭代中，导重 G_{x_n} 确能起到引导各组构件重量 W_n 重新合理分配从而使结构趋于最优的作用. 这正是“导重”一词的意义.

再考虑结构总导重 G 的意义，由于总导重 $G = \sum G_{x_n}$，总导重 G 的意义就是所有设计变量导重 G_{x_n} 意义的综合. 既然 $G_{x_n} > 0$ 说明具有该设计变量的构件重量 W_n 增加可以使目标函数f得到改善，那么 $G>0$ 就说明结构总重量 W 增加可以使目标函数 f进一步改善，但由于有重量约束 $W(\boldsymbol{X})\leqslant W_0$ 限制，决定了结构总重量 W 只能等于重量约束限 W_0 而不能再增加，这时该约束对目标的进一步改善起到了制约作用而成为临界约束 $W(\boldsymbol{X}) = W_0$. 当 $G<0$ 时，说明结构总重量 W 减少可以使目标函数f进一步改善，由于原结构优化问题的重量不等式约束 $W(\boldsymbol{X})\leqslant W_0$ 允许结构总重量 W 小于重量约束限 W_0，所以这时应当减少结构重量，以使目标函数 f 进一步改善，以致结构重量不等式约束 $W(\boldsymbol{X})\leqslant W_0$ 不临界，即 $W(\boldsymbol{X})< W_0$.

2. 总导重与重量约束乘子

式（1-109）表明，总导重 G 总是与重量约束乘子λ同号，所以我们可从§ 1.2 中乘子λ

取值正负与目标函数f、约束函数的关系进一步深入剖析此问题.

1）当$\lambda>0$时，如下图 1-5（a）所示，最优解$\boldsymbol{X}^*$必在的重量不等式约束 $W(\boldsymbol{X})\leqslant W_0$的临界约束$W(\boldsymbol{X})=W_0$线上，无约束最优点$\boldsymbol{X}^{**}$在$W(\boldsymbol{X})>W_0$的非可行域内，目标函数负梯度$-\nabla f$与约束函数梯度$\nabla W$方向相同，由于式（1-78）$-\nabla f/\nabla W=\lambda>0$，故由此可知：当$\lambda$取正值时，重量不等式约束临界$W(\boldsymbol{X})=W_0$. 由于$\lambda>0$时$G>0$，这与$G$取正值时结构总重量$W$增加可以使目标函数$f$进一步改善的结论完全一致，充分说明了导重的意义与优化极值理论完全相符.

2）当$\lambda<0$时，如图 1-5（b）所示，无约束最优点$\boldsymbol{X}^{**}$在$W(\boldsymbol{X})<W_0$的可行域内. 这时如果仍保持结构总重量W等于重量约束限W_0不变，则其解$\boldsymbol{X}$点仍在$W(\boldsymbol{X})=W_0$的约束线上，$\boldsymbol{X}$点上目标函数负梯度$-\nabla f$与约束函数梯度∇W反向，而$\lambda=-\nabla f/\nabla W<0$，故$\lambda$取负值. 由于$\lambda<0$时$G<0$，这与$G$小于零时结构总重量$W$减少可以使目标函数$f$进一步改善的结论完全一致，又充分说明了导重的意义与优化极值理论完全相符.

3）由于原优化问题是不等式约束$W(\boldsymbol{X})\leqslant W_0$，即允许结构重量$W$小于重量约束限$W_0$，所以当$\lambda<0$时，设计点$\boldsymbol{X}$应当向$W(\boldsymbol{X})<W_0$的范围内移动，一直移动到的无约束最优解$\boldsymbol{X}^{**}$上取得原结构优化问题的最优解$\boldsymbol{X}^*$，如图 1-5（c）所示. 这时约束$W(\boldsymbol{X})\leqslant W_0$不临界，即$W(\boldsymbol{X})<W_0$，且由于$\nabla f=0$，$\lambda=-\nabla f/\nabla W=0$而不再小于 0.

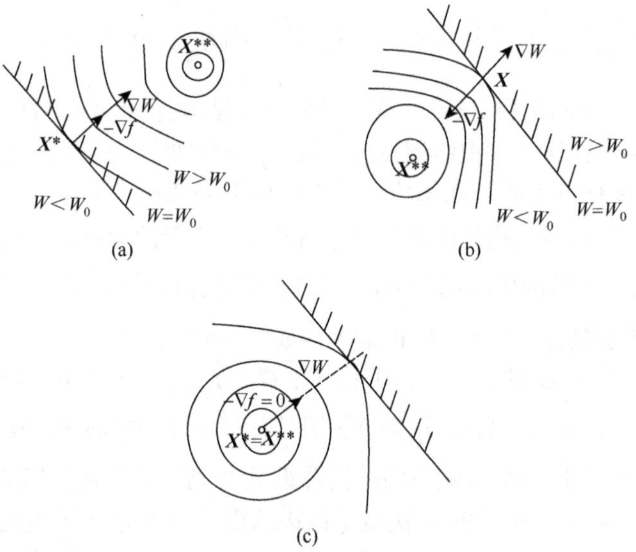

图 1-5　总导重、重量约束乘子与优重设计

3. 保重设计与优重设计

那么怎么才能在$G<0$，$\lambda<0$的情况下，使设计点$\boldsymbol{X}$向$W(\boldsymbol{X})<W_0$的范围内移动，实现不等式约束呢？由上面分析可知，当$G<0$，$\lambda<0$时，如果使结构总重量下降，使设计点$\boldsymbol{X}$从图 1-5（b）的点X移向图 1-5（c）的$\boldsymbol{X}^{**}$点，即可使λ上升，达到$\lambda=0$，$G=0$，所以，应通过射线步迭代控制，使结构总重量下降. 具体做法是在迭代计算的式（1-108）

右端乘以重量削减因子η ($0<\eta<1$)，而采用如下迭代公式：

$$x_n^{(k+1)} = \eta \times \varphi_n^{(k)} \quad (n = 1, 2, \cdots, N) \tag{1-110}$$

这样做，既减轻了结构总重量，实现了不等式约束，又能使目标函数进一步改善，称之为优重设计；否则结构总重量保持不变，称之为保重设计，它对应于 $W = W_0$ 的等式重量约束情况. 优重设计控制必能在$\lambda<0$ 时，通过减少结构总重量，使λ上升，直到实现$\lambda \geqslant 0$，使式（1-79）～式（1-81）所示的库恩-塔克第 2）～4）条件得到满足.

优重设计也正好与前面§1.2 中“**目标函数最优值对约束界的导数等于该约束的负乘子**”的理论一致：当 $\lambda<0$ 时，目标函数最优值对该重量约束界的导数为正，最优解的结构总重量 W 比原重量约束界 W_0 更小时，目标函数最优值可进一步得到改善.

在后面介绍的某 8 米天线的优化设计中，在上述思想的指导下，采用优重设计不但使天线精度目标比保重设计更好，而且结构总重量还下降了 20%.

1.5.2　导重准则的意义与合理性

导重准则指出：**最优结构应按各组构件的导重正比分配结构重量**，即对杆截面变量，当 $G_{A_1} : G_{A_2} : \cdots : G_{A_N} = W_1 : W_2 : \cdots : W_N$ 时结构最优. $G_{A_n} = (-\partial f / \partial A_n) A_n$ 为 A_n 的导重，其中 $-\partial f / \partial A_n$ 反映了目标函数f随设计变量 A_n 的增大而改善的速率. 改善速率 $-\partial f / \partial A_n$ 越大，对目标改善的贡献越大，应当分的重量越多，这好理解. 但为什么不是直接按改善速率 $-\partial f / \partial A_n$ 分配结构重量，而是按照它与截面变量的乘积即导重 $G_{A_n} = (-\partial f / \partial A_n) A_n$ 分配重量呢？

为了更深刻地揭示导重准则的意义与合理性，我们换个观察角度：

对式（1-75）所示的原优化问题，将设计变量换为各组构件重量 $[W_1, W_2, \cdots, W_n, \cdots, W_N]^{\mathrm{T}}$，则原优化设计问题的数学模型变成：

$$\begin{cases} \text{Find} & \boldsymbol{X} = [W_1, W_2, \cdots, W_n, \cdots, W_N]^{\mathrm{T}} \\ \min & f(\boldsymbol{X}) \\ \text{s.t.} & W(\boldsymbol{X}) = \sum_{n=1}^{N} W_n \leqslant W_0 \\ & \boldsymbol{X}^L \leqslant \boldsymbol{X} \leqslant \boldsymbol{X}^U \end{cases} \tag{1-111}$$

这个模型就是寻求各组构件重量的最优分配，这与导重准则直接相关. 其拉格朗日函数仍为

$$L = f(\boldsymbol{X}) + \lambda [W(\boldsymbol{X}) - W_0] \tag{1-112}$$

由极值条件

$$\frac{\partial L}{\partial W_n} = \frac{\partial f}{\partial W_n} + \lambda \frac{\partial W}{\partial W_n} = \frac{\partial f}{\partial W_n} + \lambda = 0 \tag{1-113}$$

得

$$-\frac{\partial f}{\partial W_n}=\lambda \quad (n=1,2,\cdots,N) \tag{1-114}$$

这说明：作为最优结构，当目标函数 f 随各组构件重量 W_n 的增大而改善的速率完全相同时，结构重量的分配才是最优的，设计向量即重量分配才无须再作变动. 这是因为，在总重量不变的前提下，这组构件的重量增加多少，其余构件的重量就得减少多少，这组构件重量的增加对目标的贡献完全等于其余构件重量减少给目标带来的损失.

上式两端乘以 W_n，得

$$W_n\lambda=-W_n\frac{\partial f}{\partial W_n}=G_{W_n} \quad (n=1,2,\cdots,N) \tag{1-115}$$

就是各组件重量的导重，由上式得

$$W_n=\frac{G_{W_n}}{\lambda} \quad (n=1,2,\cdots,N) \tag{1-116}$$

由重量约束

$$\sum_{n=1}^{N}W_n=\sum_{n=1}^{N}\frac{G_{W_n}}{\lambda}=\frac{G}{\lambda}=W_0 \tag{1-117}$$

得

$$\frac{1}{\lambda}=\frac{W_0}{G} \tag{1-118}$$

回代上式，得

$$W_n=\frac{G_{W_n}}{G}W_0 \quad (n=1,2,\cdots,N) \tag{1-119}$$

这与原导重准则完全一致：**最优结构应按各组构件的导重正比分配结构重量**.

很容易解释为什么最优结构要按导重 $(-\partial f/\partial W_n)\times W_n=G_{W_n}$ 分配重量，而不是按 f 随各组重量 W_n 的增大而改善的速率 $(-\partial f/\partial W_n)$（可称为贡献率）分配重量，即调整分配重量 W_n 时，不但要考虑贡献率 $(-\partial f/\partial W_n)$ 大小，还要考虑当前实际重量 W_n 的大小.

考虑两种极端情况：在当前重量 W_n 相同，贡献率 $(-\partial f/\partial W_n)$ 不同时，肯定不是最优结构，贡献率 $(-\partial f/\partial W_n)$ 大者，应当多分重量，通过迭代计算，导重数值的相对大小就会引导结构重量重新分配，使结构趋于最优；当贡献率 $(-\partial f/\partial W_n)$ 相同，重量 W_n 不同时，由于贡献率 $(-\partial f/\partial W_n)$ 相同时的结构就是最优结构，说明当前的重量分配就是最优的，重量大者就该大，重量小者就该小，这时的迭代计算不会使结构重量再发生变化；对于贡献率 $(-\partial f/\partial W_n)$ 与重量 W_n 两者都不同而导致导重 $(-\partial f/\partial W_n)\times W_n=G_{W_n}$ 不同的情况，就由以上两种极端情况所代表的因素来共同决定重量的再分配.

由于

$$G_{W_n}=-\frac{\partial f}{\partial W_n}W_n=-\frac{\partial f}{L_n\gamma\partial A_n}L_n\gamma A_n=-\frac{\partial f}{\partial A_n}A_n=G_{A_n} \tag{1-120}$$

可见，重量 W_n 的导重与截面 A_n 的导重完全相等. 所以为什么不是直接按改善速率 $-\partial f/\partial A_n$ 分配结构重量，而是按照它与截面变量的乘积即导重 $G_{A_n}=(-\partial f/\partial A_n)A_n$ 分配重量，就可根据上式并按照前面的推理过程得到解释了.

1.5.3 结构最优性指标

按照导重准则，最优结构应按各组构件导重正比分配各组构件重量，由此还可推出“**最优结构各组构件导重与重量之比都应等于结构总导重与结构总重量之比**”的结论，即

$$\frac{G_{x_n}}{W_{x_n}}=\frac{G}{W}\quad (n=1,2,3,\cdots,N) \tag{1-121}$$

反之，各组构件导重与各组构件重量之比如果不等于结构总导重与结构总重量之比，就不是最优结构. 这样各组构件导重与各组构件重量之比与结构总导重与结构总重量之比的均方差

$$\sigma=\sqrt{\sum_{n=1}^{N}\frac{W_{x_n}}{W}\left(\frac{G_{x_n}}{W_{x_n}}-\frac{G}{W}\right)^2} \tag{1-122}$$

就可作为结构优化程度的度量，对同一结构优化问题，该均方差越大，结构越远离最优；该均方差越小，结构越接近最优；均方差为零时，结构达到最优.

为消除不同结构优化问题对该均方差的影响，可引入无量纲量

$$Q=\sigma/[G/W]=W\sigma/G \tag{1-123}$$

将其定义为结构最优性指标.

1.5.4 迭代控制

利用式（1-108）进行导重法迭代寻优计算，随着迭代的逐步收敛，各设计变量趋于满足导重准则方程组. 迭代计算中为了保证设计点严格满足式（1-75）所示原结构优化问题的最优解必要条件——式（1-77）～式（1-82）所示的库恩-塔克五个条件和实际工程问题的限制，除了前面介绍的式（1-110）相应的优重控制以外，还必须进行如下迭代控制.

1. 主动件与被动件控制

在优化过程中，由于种种原因某些构件的尺寸是不能变化的. 这些不参加优化的构件，称为被动件. 扣除被动件重量 W_m，主动件重量应当为 $W_a=W-W_m$，总导重也只应取主动件导重之和，记作 G_a. 于是迭代公式（1-108）应改为

$$x_n^{(k+1)}=\alpha\left(\frac{G_{x_n}W_a}{G_aH_{x_n}}\right)^{(k)}+(1-\alpha)x_n^{(k)}=\varphi_n^{(k)}\quad (n=1,2,\cdots,N) \tag{1-124}$$

2. 变量范围控制

由于工艺等方面的原因，对结构优化各设计变量取值范围往往有一定的限制，此即优

化模型式（1-75）中的变量范围约束 $\boldsymbol{X}^L \leqslant \boldsymbol{X} \leqslant \boldsymbol{X}^U$，其分量形式为

$$x_n^L \leqslant x_n \leqslant x_n^U \quad (n=1,2,\cdots,N) \tag{1-125}$$

利用式（1-124）进行导重法迭代寻优计算中控制诸变量 $x_n(n=1,2,\cdots,N)$ 的方法如下：

1）当 $x_n^L < \varphi_n^{(k)} < x_n^U$ 时，令

$$x_n^{(k+1)} = \varphi_n^{(k)} \tag{1-126}$$

即可保证式（1-77）的

$$\frac{\partial L}{\partial x_n} = 0 \quad \left(x_n^L < x_n^* < x_n^U\right) \tag{1-127}$$

得到保证. 这当然是因为导重准则方程组式（1-124）本来就是由它推得的. 其几何意义如图 1-6（a）所示.

2）当 $\varphi_n^{(k)} < x_n^L$ 时，令

$$x_i^{(k+1)} = x_n^L \tag{1-128}$$

即可保证式（1-77）的

$$\frac{\partial L}{\partial x_n} \geqslant 0 \quad \left(x_i^* = x_n^L\right) \tag{1-129}$$

得到保证，其几何意义如图 1-6（b）所示.

3）当 $\varphi_n^{(k)} > x_n^U$ 时，令

$$x_i^{(k+1)} = x_n^U \tag{1-130}$$

即可保证式（1-77）的

$$\frac{\partial L}{\partial x_n} \leqslant 0 \quad \left(x_i^* = x_n^U\right) \tag{1-131}$$

得到保证，其几何意义如图 1-6（c）所示.

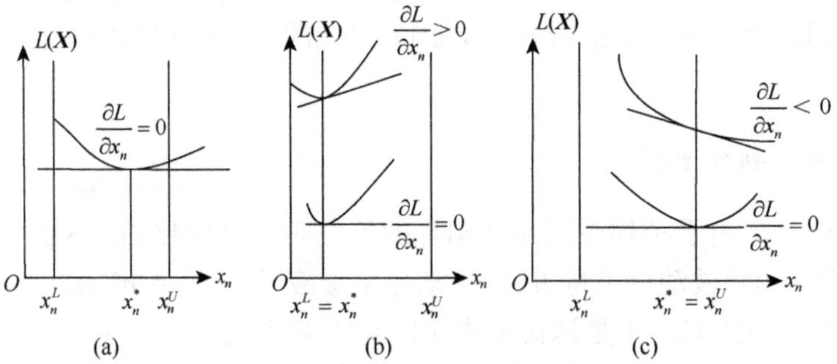

图 1-6 变量范围限制与库恩-塔克条件

可见，通过变量范围控制，可使最优解完全满足库恩-塔克条件中第 1）、第 5）条件.

1.5.5 重量约束结构优化的导重法计算框图

重量约束结构优化导重法的主要计算步骤流程如图 1-7 所示.

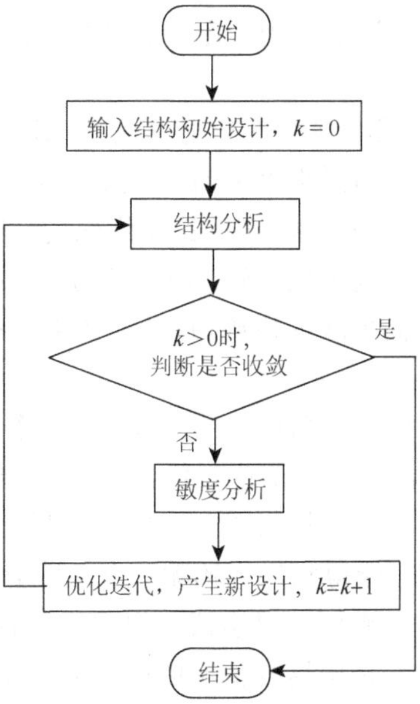

图 1-7 重量约束结构优化导重法框图

§ 1.6 关于虚功法与导重法的深入讨论

1.6.1 概述

决定理性准则法优化效果与优化效率的两个关键问题是：

1）所推出的准则方程组是否严密准确. 如果准则不准，就找不到问题的最优解，优化效果不可能很好.

2）所采用的求解非线性准则方程组的算法能否保证快速收敛. 计算量小，收敛快，迭代前几步优化效果就要很明显，这些要求对于需要进行计算量很大的有限元分析计算的工程结构优化尤为重要.

本节围绕上述两个关键问题对虚功法和导重法进行深入研究讨论，通过深入仔细分析两者准则方程的推导过程与算式指出：

1）虚功法由于不得不忽略结构载荷对设计变量的导数而导致准则不准，对于广泛存在的以自重或惯性载荷为主要载荷的工程结构优化，虚功法得到的解离原优化问题最优解相差甚远. 这是因为：在结构优化中，质量作为设计资源有改善结构性能的一面，但质量会引起自重与惯性载荷等，因而质量还会有导致结构性能劣化的矛盾的另一面. 虚功准则方程组忽略了载荷对设计变量的导数，不能考虑质量导致结构性能劣化的矛盾的另一面，虚功法的这种缺陷不能看作是合理近似，而是一种本质性的缺陷. 对于航空航天器、高速运行的车辆、机械和高精度天线等以自重和惯性载荷为主的一大类工程结构，这种忽略导致虚功法得到的解离最优解相差甚远. 导重法是严密推导的理性准则法，克服了虚功法准则不准的缺陷，拓宽了理性准则法的适用范围，优化效果较虚功法大幅提高，并在工程应用实例中[71, 72]得到验证.

2）虚功法采用直接迭代法求解非线性准则方程组，计算中可能出现负数开平方问题，为避免负数开方，虚功法迭代中需采用“运动框”限制设计变量的变化量. 直接迭代法求解非线性方程组由于有严格的收敛条件，工程结构优化的准则方程组常常难以满足该收敛条件，为此在其基础上采用步长因子法求解. 但“运动框”和步长因子法都是为了促使迭代计算收敛到准则方程组的解而采取的措施，这些措丝毫弥补不了虚功法准则不准的先天性缺陷.

有趣的是：在后面给出的载荷包括自重的三杆、五杆桁架等简单结构优化算例中，对同一优化问题，分别采用虚功法与导重法进行优化计算，居然可以得到同样的最优化计算结果. 与导重准则方程组相比，虚功法的准则方程缺少设计变量变化导致载荷变化引起的位移对设计变量的导数，怎么可能得到最优解呢？令人费解. 本文从对拉格朗日极值条件意义的深入剖析出发解释了这种看似不可思议的问题，给出考虑载荷对设计变量的导数时虚功法也可求得最优解的条件，指出这种情况的确可能存在，但随着节点与杆件的增多，导重法与虚功法优化结果的差异就会变大，十杆、十五算例验证了这一点，在实际工程结构优化中两者的计算结果差异就会更大.

1.6.2　再论虚功法的缺陷

1. 具有重量约束和位移最小化目标的虚功准则方程组

为与前面的导重法对照，研究重量约束位移最小化优化模型的虚功准则方程组.

以桁架结构为例给出虚功准则方程组的基本形式. 桁架结构在实际载荷 $\boldsymbol{P}$ 作用下，任一位移 u 如式（1-53）所示可表达为

$$u=\sum_{n=1}^{N}\frac{N_n^P\cdot N_n^V\cdot L_n}{E\cdot A_n} \tag{1-132}$$

其中，E、A_n、L_n、N_n^P、N_n^V 分别为材料弹性模量、第 n 杆件截面积、杆长、结构实际载荷与虚载荷作用下的内力. 虚载荷是与位移 u 的节点及方向一致的单位虚载荷，N 为结构杆件总数.

对于重量约束位移最小化优化模型

$$\begin{cases}\text{Find} & \boldsymbol{A}=[A_1,A_2,\cdots,A_n,\cdots,A_N]^{\mathrm{T}}\\ \min & u(\boldsymbol{A})\\ \text{s.t.} & W(\boldsymbol{A})=\sum\limits_{n=1}^{N}\gamma L_n A_n=[W]\end{cases} \tag{1-133}$$

其中，γ 为材料密度，$[W]$为对结构重量 W（$\boldsymbol{A}$）的约束限. 构造拉格朗日函数

$$L=u(\boldsymbol{A})+\lambda W(\boldsymbol{A}) \tag{1-134}$$

根据拉格朗日条件，最优点应满足：

$$\frac{\partial L}{\partial A_n}=\frac{\partial u}{\partial A_n}+\lambda\frac{\partial W}{\partial A_n}=0 \quad (n=1,2,\cdots,N) \tag{1-135}$$

分别代入位移 u 与质量 W 的数学表达，可得

$$\frac{\partial L}{\partial A_n}=\sum_{j=1}^{N}\frac{\partial N_j^P}{\partial A_n}\cdot\frac{N_j^V L_j}{EA_j}+\sum_{j=1}^{N}\frac{\partial N_j^V}{\partial A_n}\frac{N_j^P L_j}{EA_j}-\frac{N_n^P\cdot N_n^V\cdot L_n}{E\cdot A_n^2}+\lambda\gamma L_n= 0 \quad (n=1,2,\cdots,N) \tag{1-136}$$

虚功法认为：对于静定结构，内力是不随杆截面变量变化的，即

$$\frac{\partial N_j^V}{\partial A_n}=0 \tag{1-137}$$

$$\frac{\partial N_j^P}{\partial A_n}=0 \tag{1-138}$$

对于静不定结构，虽然内力随截面变化，但下列和式仍为零，即

$$\sum_{j=1}^{N}\frac{\partial N_j^P}{\partial A_n}\cdot\frac{N_j^V L_j}{EA_j}=0 \tag{1-139}$$

$$\sum_{j=1}^{N}\frac{\partial N_j^V}{\partial A_n}\cdot\frac{N_j^P L_j}{EA_j}=0 \tag{1-140}$$

这是因为它们分别是与自身平衡内力系 $\left\{\partial N_j^p/\partial A_n\right\}$ 与 $\left\{\partial N_j^V/\partial A_n\right\}$ 相应的零载荷所做的零虚功. 例如，$\left\{\partial N_j^p/\partial A_n\right\}$ 之所以是自身平衡力系，是因为

$$\left\{\frac{\partial N_j^p}{\partial A_n}\right\}=\lim_{\Delta A_n\to 0}\frac{\left\{N_j^p(A_n+\Delta A_n)\right\}}{\Delta A_n}-\lim_{\Delta A_n\to 0}\frac{\left\{N_j^p(A_n)\right\}}{\Delta A_n} \tag{1-141}$$

虽然 $\left\{N_j^p(A_n+\Delta A_n)\right\}$ 和 $\left\{N_j^p(A_n)\right\}$ 是对应于截面分别为（$A_n+\Delta A_n$）和 A_n 两个不同结构的内力系，但都是在同样外载荷 P 作用下产生的.（详细解释还可见§ 1.3.）

因此，由式（1-136），考虑到由式（1-137）到式（1-140），可得

$$\frac{\partial L}{\partial A_n}=\lambda\gamma L_n-\frac{N_n^P\cdot N_n^V\cdot L_n}{E\cdot A_n^2}=0 \tag{1-142}$$

由式（1-142）解得

$$A_n=\frac{1}{\sqrt{\lambda}}\sqrt{\frac{N_n^p N_n^v}{E\gamma}} \tag{1-143}$$

代入式（1-133）中的重量约束，可得

$$\frac{1}{\sqrt{\lambda}}=\frac{[W]}{\sum_{n=1}^{N}\gamma L_n\sqrt{\frac{N_n^p N_n^v}{E\gamma}}} \tag{1-144}$$

回代式（1-143），可得优化模型式（1-133）的求解杆截面变量的虚功准则方程组：

$$A_n = \frac{[W]\sqrt{N_n^p N_n^v}}{\sum_{j=1}^{N} \gamma L_j \sqrt{N_j^p N_j^v}} \quad (n = 1, 2, \cdots, N) \tag{1-145}$$

2. 虚功法的缺陷

实际上，对于载荷包括自重或惯性等与质量有关载荷的结构优化，上述虚功准则存在重要缺陷：因为随着变量 A_n 的变化，单位虚载荷虽然不变，但结构实际载荷必然要发生变化，即使是静定结构，内力也必然要变化，故式（1-138）不能成立；对于静不定结构，当变量从 A_n 变为 $A_n + \Delta A_n$ 时，实际载荷 $\boldsymbol{P}$ 也要随之变化，$\left\{N_j^p(A_n)\right\}$ 和 $\left\{N_j^p(A_n + \Delta A_n)\right\}$ 并不是在同一外载荷 $\boldsymbol{P}$ 作用下产生的，因此，式（1-139）也不能成立. 所以位移对设计变量的导数应该是：

$$\frac{\partial u}{\partial A_n} = \sum_{j=1}^{N} \frac{\partial N_j^P}{\partial A_n} \cdot \frac{N_j^V L_j}{E A_j} - \frac{N_n^P \cdot N_n^V \cdot L_n}{E \cdot A_n^2} \tag{1-146}$$

上式右边第一项为杆截面 A_n 变化导致载荷 $\boldsymbol{P}$ 变化引起的位移 u 对杆截面 A_n 的导数，第二项为杆截面变化导致结构刚度变化引起的位移对杆截面的导数，两项之和才是位移 u 对杆截面 A_n 的完整导数. 而第一、第二项恰好分别代表重量对结构优化影响的矛盾的两个方面. 故可得到以下结论：

1）无论静定结构，还是静不定结构，只要载荷随设计变量变化，即载荷对设计变量的导数不为零，作为虚功法寻优基础的式（1-142）都不能成立，式（1-145）所示虚功准则方程组都是不准确的. 不能考虑载荷对设计变量导数，是虚功法推导中无法弥补的先天性缺陷.

2）虚功准则方程组不能考虑载荷对设计变量的导数不能简单地看作是合理近似. 因为结构质量有作为设计资源对改善结构性能有利的一面，质量越大，优化后结构的变形、应力越小，结构性能越好；但是，对自重、惯性载荷为主的结构，质量对改善结构性能还有不利的一面，质量越大，载荷越大，变形、应力越大，结构性能越差. 虚功准则方程组只能考虑前者，即式（1-146）中右边的第二项，不能考虑后者，即式（1-146）中右边的第一项. 由于不能考虑质量矛盾作用的另一方面，导致虚功法用于工程结构优化所得到的解远离原问题最优解.

3）无论对于作为结构优化最早研究对象的航空航天器，还是对于广泛应用的汽车、高速列车等车辆船舶、精密天线及高速运行的机械产品设备等以自重、惯性等为主要载荷的众多工程结构，由于虚功准则不准，虚功法用于这类结构优化设计所得到的解离原结构优化问题的最优解相差甚远. 只有对后面给出的特别简单的桁架优化算例，虚功法才能得到最优解，其原因后面将给出深入剖析.

3. 虚功法的迭代计算的困难

对于位移最小化优化模型式（1-133）的虚功准则方程组式（1-145），采用直接迭代求解的算式为

$$A_n^{(k+1)}=\left[\frac{[W]\sqrt{N_n^p N_n^v}}{\sum_{j=1}^{N}\gamma L_j\sqrt{N_j^p N_j^v}}\right]^{(k)} \quad (n=1,2,\cdots,N) \tag{1-147}$$

对于类似于式（1-54）的具有位移约束的重量最小化优化模型：

$$\begin{cases}\text{Find} & \boldsymbol{A}=[A_1,A_2,\cdots,A_n,\cdots,A_N]^{\mathrm{T}}\\ \min & W(\boldsymbol{A})=\sum_{n=1}^{N}\gamma L_n A_n\\ \text{s.t.} & u(\boldsymbol{A})=[u]\end{cases} \tag{1-148}$$

可推得求解杆截面的虚功准则方程组为

$$A_n=\frac{\sqrt{N_n^P N_n^V}}{[u]E}\left[\sum_{j=1}^{N}L_j\sqrt{N_j^P N_j^V}\right] \quad (n=1,2,\cdots,N) \tag{1-149}$$

采用直接迭代求解的算式为：

$$A_n^{(K+1)}=\left[\frac{\sqrt{N_n^P N_n^V}}{[u]E}\sum_{j=1}^{N}L_j\sqrt{N_j^P N_j^V}\right]^{(K)} \quad (n=1,2,\cdots,N) \tag{1-150}$$

以式（1-149）与式（1-150）两算式右边为当前设计点算式，左边为新设计点. 上述虚功准则方程组的直接迭代求解计算存在以下困难：

①迭代式（1-149）与式（1-150）中有开平方项计算，要求被开方值必须为正数，而在实际迭代计算中，被开方值不一定为正，为避免负数开方的困难，迭代中需采用“运动框”限制设计变量的变化量[35, 37, 41, 46].

②无论是虚功法还是导重法最后都归结为形式如下的非线性准则方程组求解

$$\boldsymbol{X}=\boldsymbol{F}(\boldsymbol{X}) \tag{1-151}$$

采用形如

$$\boldsymbol{X}^{(k+1)}=\boldsymbol{F}(\boldsymbol{X}^{(k)}) \quad (k=1,2,3,\cdots) \tag{1-152}$$

的直接迭代法求解. 这在数学上是不动点映射问题，该问题有着严格的收敛条件[6, 38, 85]，即该非线性方程组的矢量函数 $\boldsymbol{F}(\boldsymbol{X})$的一阶偏导数构成的雅克比方阵的谱半径必须小于1. 由于工程结构优化准则方程组常常不满足该收敛条件，直接迭代计算往往会剧烈跳荡而无法收敛. 为保证理性准则法寻优迭代计算收敛，可在直接迭代法基础上采用形如

$$\boldsymbol{X}^{(k+1)}=\alpha\boldsymbol{F}(\boldsymbol{X}^{(k)})+(1-\alpha)\boldsymbol{X}^{(k)} \tag{1-153}$$

的步长因子迭代法求解. 其中$\alpha\neq 0$取实数，称为步长因子.

本书第二篇第四章将对步长因子迭代法的收敛条件、步长因子法可以使迭代计算收敛的原理以及可使迭代收敛的步长因子取值范围进行深入的理论探讨和数学证明，并给出步长因子的实际取值方法. 大量工程结构优化迭代计算实践表明：只要适当选取步长因子，即可保证理性准则法寻优迭代计算很快趋于收敛.

必须注意：本节①和②中采取的措施均是为了促使迭代计算收敛到准则方程组的解，丝毫施弥补不了虚功法的先天性缺陷，切勿将二者混为一谈.

1.6.3　结构优化导重法与虚功法的关键差异

对于与虚功法优化模型式（1-133）相对应的导重法优化模型式（1-75），在求解形如式（1-106）的导重准则方程组前，必须先计算形如式（1-88）的导重，这需要计算位移、应力、基频等结构性态函数 $f(\boldsymbol{X})$ 对设计变量的敏度（导数）. 为克服虚功法无法考虑载荷敏度的缺陷，导重法的敏度计算必须甩开形如式（1-132）的位移虚功表达，而是从结构分析的刚度方程 $\boldsymbol{KU}=\boldsymbol{P}$（其中 $\boldsymbol{K}$、$\boldsymbol{U}$、$\boldsymbol{P}$ 分别为结构刚度、位移与载荷阵）出发，例如结构位移向量 $\boldsymbol{U}$ 对任意设计变量的敏度由下式计算：

$$\frac{\partial \boldsymbol{U}}{\partial x_n}=\boldsymbol{K}^{-1}\frac{\partial \boldsymbol{P}}{\partial x_n}-\boldsymbol{K}^{-1}\frac{\partial \boldsymbol{K}}{\partial x_n}\boldsymbol{U} \tag{1-154}$$

上式右边第一项对应虚功法无法考虑的式（1-146）右边第一项，上式右边第二项对应虚功法可以考虑的式（1-146）右边第二项. 这就使得导重法可以全面、准确地考虑结构质量所扮演的矛盾两方面对结构优化的影响，虚功法却不能. 从而使导重法优化效果比虚功法有大幅提高. 各种结构性态函数的敏度分析具体方法和技巧详见第二篇第三章.

1.6.4　三杆与五杆桁架优化问题

某三杆桁架结构如图 1-8 所示，杆件弹性模量 $E=2\times10^5$MPa，比重 $\gamma=8\times10^4$kN/m^3. 节点 4 载荷除向下的 30N 外还有桁架自重引起的载荷. 质量约束界为 $[W]=30$kg，杆截面积不得小于 1×10^{-10}m^2，求使节点 4 向下位移 u 最小化的三杆截面积最优设计. 初始的三杆截面积均为 4×10^{-4}m^2，结构初分析可求得初始重量 W、位移 u 分别为 11.420kg、1.911×10^{-6}m.

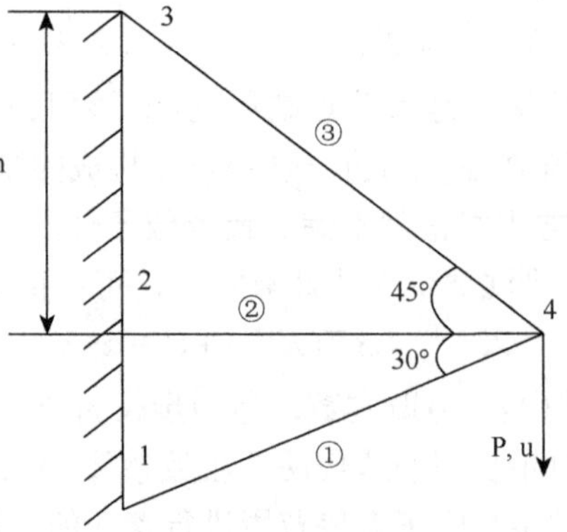

图 1-8　三杆桁架

分别采用导重法和虚功法进行步长因子法迭代求解，步长因子取 0.15，优化计算结果见表 1-2，可见两种方法的最优解是相同的.

表 1-2 三杆算例优化结果

	导重法	虚功法
A_1	$1.299\times10^{-3}m^2$	$1.299\times10^{-3}m^2$
A_2	$1.000\times10^{-10}m^2$（零杆）	$1.000\times10^{-10}m^2$（零杆）
A_3	$1.591\times10^{-3}m^2$	$1.591\times10^{-3}m^2$
W	30.0kg	30.0kg
u	$1.072\times10^{-6}m^2$	$1.072\times10^{-6}m^2$

某五杆桁架结构如图 1-9 所示，各杆弹性模量、比重、初始各杆截面积、4 点不变外载、质量约束界、最小截面限等与三杆桁架算例完全一样. 考虑桁架杆件自重，求使节点 4 向下位移 u 最小化的五杆截面积最优设计，结构初分析可求得初始重量 W、位移 u 分别为 18.651kg、3.415×10^{-6}m.

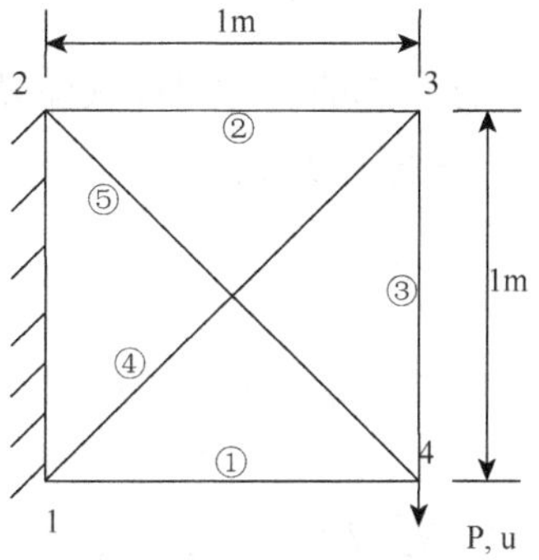

图 1-9 五杆桁架

分别采用导重法和虚功法进行步长因子法迭代求解，步长因子取 0.2，优化计算结果见表 1-3，可见两种方法的最优解也是相同的.

表 1-3 五杆算例优化结果

	导重法	虚功法
A_1	$1.250\times10^{-3}m^2$	$1.250\times10^{-3}m^2$
A_2	$1.000\times10^{-10}m^2$（零杆）	$1.844\times10^{-10}m^2$（零杆）
A_3	$1.000\times10^{-10}m^2$（零杆）	$1.000\times10^{-10}m^2$（零杆）
A_4	$1.264\times10^{-10}m^2$（零杆）	$2.608\times10^{-10}m^2$（零杆）
A_5	$1.768\times10^{-3}m^2$	$1.768\times10^{-3}m^2$
W	30.0kg	30.0kg
u	$2.160\times10^{-6}m$	$2.160\times10^{-6}m$

1.6.5 不能考虑载荷对设计变量导数的虚功法也可求得最优解的条件

上面的三、五杆桁架优化算例，虚功法不能考虑设计变量变化导致自重载荷变化引起的位移对设计变量的导数，为什么也可得到与导重法同样的最优解，可从对拉格朗日条件的深入剖析出发给出解释，并可给出不能考虑载荷对设计变量导数的虚功法也可求得最优解的条件.

对于式（1-133）给出的具有质量约束和位移最小化目标的优化模型，式（1-135）所示拉格朗日条件含义的本质是：存在常数λ（拉格朗日乘子），对于所有设计变量，式（1-135）均能成立，即目标函数负梯度与约束函数梯度的方向相同，两梯度的各个分量比例都等于该常数λ，而作为拉格朗日条件的式（1-135）并不限定该常数λ的数值.

在虚功法给出的作为寻优计算基础的虚功准则式（1-142）中，令

$$u_n^K = -\frac{N_n^P \cdot N_n^V \cdot L_n}{E \cdot A_n^2} < 0 \tag{1-155}$$

u_n^K是杆截面变化导致结构刚度变化引起的位移对杆截面导数，因为杆截面增大结构刚度加强，位移减少，所以它是负的. 于是虚功准则式（1-142）可简记为：

$$\frac{\partial L}{\partial A_n} = u_n^K + \lambda \gamma_n L_n = 0 \quad (n = 1, 2, \cdots, N) \tag{1-156}$$

而按照位移对设计变量导数的准确表达式（1-146），式（1-133）的拉格朗日条件式（1-135）应该是

$$\frac{\partial L}{\partial A_n} = \sum_{j=1}^{N} \frac{\partial N_j^P}{\partial A_n} \cdot \frac{N_j^V L_j}{E A_j} - \frac{N_n^P \cdot N_n^V \cdot L_n}{E \cdot A_n^2} + \mu \gamma_n L_n = 0 \quad (n = 1, 2, \cdots, N) \tag{1-157}$$

而不是式（1-142）或式（1-156）所示的虚功准则，两者的拉格朗日乘子μ与λ不同.

令

$$u_n^P = \sum_{j=1}^{N} \frac{\partial N_j^P}{\partial A_n} \cdot \frac{N_j^V L_j}{E_j A_j} > 0 \tag{1-158}$$

u_n^P是虚功法无法考虑的设计变量变化导致质量载荷变化引起的位移对设计变量的导数，因为杆截面增大结构质量载荷增大，位移增加，所以它是正的. 于是拉格朗日条件准确表达式（1-157）可简记为

$$\frac{\partial L}{\partial A_n} = u_n^P + u_n^K + \mu \gamma_n L_n = 0 \quad (n = 1, 2, \cdots, N) \tag{1-159}$$

对同一具有质量载荷的结构优化，式（1-159）与式（1-156）的乘子不同，即$\mu \neq \lambda$. 虚功法要想求得最优解，由式（1-156）出发得到的解必须满足式（1-159），即两式对所有的设计变量必须同时成立.

设

$$u_n^p / u_n^k = c \quad (\text{常数}) \quad (n = 1, 2, \cdots, N) \tag{1-160}$$

根据式（1-155）、式（1-158）和式（1-159），可以判定 c 是绝对值小于 1 的负数. 将虚功准则式（1-156）乘以$(c+1)$可得

$$u_n^p + u_n^K + (c+1)\lambda\gamma_n L_n = 0 \quad (n = 1, 2, \cdots, N) \tag{1-161}$$

令

$$\mu = (c+1)\,\lambda < \lambda \tag{1-162}$$

代入式（1-161），准确表达式（1-159）即可得到满足.

故对考虑载荷对设计变量导数的结构优化，虚功法可找到准确最优解的条件是：对所有设计变量，由设计变量变化导致质量载荷变化引起的位移敏度与该变量变化导致结构刚度变化引起的位移敏度之比必须等于同一个实数. 即必须满足式（1-160）.

在前面的三、五杆桁架优化算例中，之所以虚功法也能得与导重法同样的最优解，就是因为满足了上述条件. 例如在三杆桁架优化中，最优结构非零杆（一、三杆）之式（1-160）所示比例均等于–0.833 3. 五杆桁架算例中，最优结构非零杆（一、五杆），式（1-160）所示比例也均等于–0.833 3. 前面有足够数据可供读者验证.

可见上述三、五杆算例都满足式（1-160）条件. 随着节点与杆件的增多，以上条件不再满足，虚功法与导重法优化结果的差异就会拉大，下面的十杆、十五算例验证了这一点，对应实际工程结构优化，两者的差异更大.

1.6.6 十杆桁架优化

十杆平面桁架结构尺寸与节点、杆件编号如图 1-10 所示，弹性模量、比重等参数与三杆桁架算例一致，结构载荷除考虑节点 5 向下不变外载 $P = 50$N 之外，还有所有杆件的自重. 质量约束界为$[W] = 30$kg，杆截面积不得小于 $1\times10^{-10}\text{m}^2$，求使节点 5 向下位移 u 最小化的十杆截面积最优设计. 初始杆截面积均为 $4\times10^{-4}\text{m}^2$，结构初始质量 W、位移 u 分别为 37.302kg、2.252×10^{-5}m.

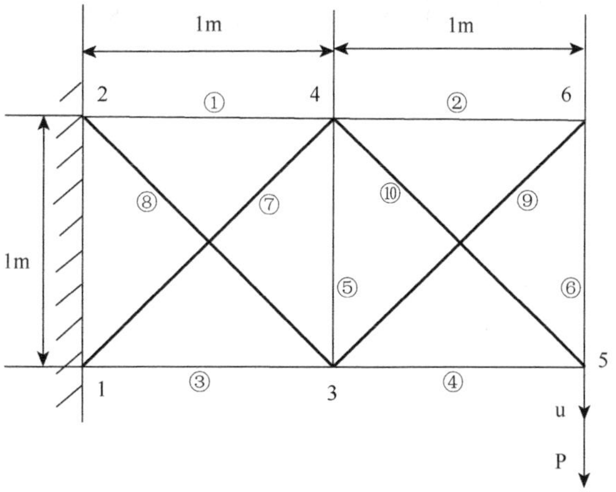

图 1-10 十杆桁架

分别采用虚功法与导重法的迭代算式进行优化计算，步长因子取 0.2，表 1-4 为二者的计算结果. 可以看出，在满足质量约束的前提下，虚功法位移优化结果比导重法优化结果大 18.19%，导重法优化结果明显优于虚功法，并通过验算最优化指标证实导重法已找到本问题最优解. 虚功法得不到最优解说明其解不满足式（1-168），例如 $u_1^p/u_1^k=-0.321\,6$，$u_3^p/u_3^k=-0.279\,9$，二者就不相等.

表 1-4　十杆算例优化结果

	导重法	虚功法
A_1	$1.094\times10^{-3}\text{m}^2$	$7.859\times10^{-4}\text{m}^2$
A_2	$1.000\times10^{-10}\text{m}^2$（零杆）	$1.069\times10^{-4}\text{m}^2$
A_3	$5.836\times10^{-4}\text{m}^2$	$5.892\times10^{-4}\text{m}^2$
A_4	$2.660\times10^{-4}\text{m}^2$	$2.709\times10^{-4}\text{m}^2$
A_5	$1.000\times10^{-10}\text{m}^2$（零杆）	$3.491\times10^{-6}\text{m}^2$
A_6	$1.000\times10^{-10}\text{m}^2$（零杆）	$6.740\times10^{-5}\text{m}^2$
A_7	$9.208\times10^{-4}\text{m}^2$	$5.591\times10^{-4}\text{m}^2$
A_8	$3.552\times10^{-7}\text{m}^2$	$2.710\times10^{-4}\text{m}^2$
A_9	$1.000\times10^{-10}\text{m}^2$（零杆）	$1.507\times10^{-4}\text{m}^2$
A_{10}	$3.569\times10^{-4}\text{m}^2$	$3.827\times10^{-4}\text{m}^2$
W	30.005kg	30.018kg
u	$1.127\times10^{-5}\text{m}$	$1.332\times10^{-5}\text{m}$

本十杆桁架最优结构各非零杆的式（1-168）所示比值不再相等，这是因为最优结构非零杆（一、三、四、七、十杆）的自重并不都直接作用在承受外载荷的节点 5 上. 而上述三、五杆算例最优解非零杆的自重都是直接作用在承受外载荷的节点 4 上.

如将十杆桁架改为三跨十五杆桁架，质量约束 80kg，其他数据不变，虚功法位移优化结果比导重法优化结果之差从十杆的 18.19%增大到 33.68%. 复杂工程结构两法优化计算结果差异更大[71, 72, 75, 80, 81].

2　结构优化设计导重法的拓展

§ 2.1　结构形状优化的导重法

在§ 1.4 中，以杆件截面积和二维板厚度等与结构重量成正比的设计变量结构优化为例推导出了可以表述为最优结构应按导重正比分配结构重量的结构优化导重准则，本节给出具有与结构重量不成正比的结构几何形状变量的结构优化导重准则.

结构几何形状变量指影响结构形状的设计变量，如圆柱形结构的半径、高度以及长方体结构的长度、宽度等. 结构几何形状优化是较结构构件尺寸（杆截面、板厚）优化较高层次的优化，具有更好的优化效果.

根据式（1-85）给出的任意设计变量 x_n 的导重公式，对于具有 N_v 个几何形状变量的结构，相应于第 n 几何形状变量 v_n 有

$$G_{v_n} = -v_n \frac{\partial f}{\partial v_n} \tag{2-1}$$

称为第 n 几何形状变量的导重；

$$H_{v_n} = \frac{\partial W}{\partial v_n} \tag{2-2}$$

称为第 n 几何形状变量的容重；由式（1-87）得

$$v_n H_{v_n} = G_{v_n} / \lambda = \mathring{W}_{v_n} \tag{2-3}$$

称为第 n 几何形状变量的广义重量.

由于结构总重量 W 不是结构几何形状变量 v_n 的线性函数，故可对重量约束作线性化处理：当设计变量仅为结构几何形状变量时，设各次迭代总重量增量为零，如各次迭代结构几何形状变量变化不大，此增量可近似表示为如下全微分形式：

$$\Delta W \approx dW = \sum_{n=1}^{N_v} \frac{\partial W}{\partial v_n} dv_n \approx \sum_{n=1}^{N_v} H_{v_n} \left(v_n^{(k+1)} - v_n^{(k)} \right) = 0 \tag{2-4}$$

其中，上标 k、$k+1$ 表示迭代次数. 由于优化迭代收敛时，结构几何形状变量几乎不再变化，式（2-4）与以下各式均为准确等式，即在最优点 $\boldsymbol{X}^*$ 上，以下各式严格成立，所以这种约束线性化处理不会影响导重准则的正确性.

由上式得

$$\sum_{n=1}^{N_v} H_{v_n} v_n^{(k+1)} = \sum_{n=1}^{N_v} H_{v_n} v_n^{(k)} = \mathring{W} \tag{2-5}$$

为广义总重量. 注意到 $G=\sum_{n=1}^{N_v} G_{v_n}$ 为总导重，将式（2-3）代入式（2-5），可得

$$\lambda = G\Big/\overset{\circ}{W} \tag{2-6}$$

再代回式（2-3），可得

$$\overset{\circ}{W}_{v_n} = v_n H_{v_n} = \frac{G_{v_n}}{G}\overset{\circ}{W} \tag{2-7}$$

$\overset{\circ}{W}_{v_n}$ 为结构第 n 几何形状变量的广义重量，可见上式仍广义地符合“最优结构应按照导重正比分配结构重量”导重准则.

最后得到求解结构几何形状变量的准则方程组为

$$v_n = \frac{G_{v_n}\overset{\circ}{W}}{GH_{v_n}} \quad (n=1,2,\cdots,N_v) \tag{2-8}$$

它具有杆截面、板厚等结构尺寸变量优化准则方程组式（1-98）、式（1-105）同样的形式. 在§5.4 中有圆柱形结构以半径与高度为设计变量的结构形状优化表达.

§ 2.2 结构拓扑优化的导重法

结构拓扑优化是结构优化领域富有挑战性的研究课题之一，也是结构优化领域的研究热点. 结构拓扑优化是结构在给定外部载荷和边界约束条件下，寻求材料在结构设计空间内的最优拓扑分布. 连续体结构拓扑优化的实质是材料重量（质量）在设计空间内的合理分配，决定哪里有材料，哪里没材料；杆系结构拓扑优化的实质是材料重量（质量）在节点间的合理分配，决定结构哪些节点间有杆件，哪些节点间无杆件. 总之，是由“有”或“无”的{0, 1}二值逻辑决定的取舍问题. 结构拓扑优化的做法通常是先将{0, 1}二值逻辑决定的离散设计变量处理为[0, 1]实数区间内任意取值的连续设计变量问题，按连续变量优化后，根据变量相对值决定由{0, 1}二值逻辑对应的取舍.

目前研究较多的连续体结构拓扑优化方法有均匀化方法、SIMP 变密度法、ESO 渐进结构法、ICM 方法及水平集方法等[59-71]. 导重法在一般工程结构的尺寸、形状优化设计中已获得很多应用[71-72]，但在拓扑优化领域的研究和应用较少. 2011 年清华大学学者刘辛军等将导重法与 SIMP 变密度法结合，研究了单工况及多工况载荷作用下连续体结构的拓扑优化问题，获得了良好优化效果，并指出与其他拓扑优化方法相比，导重法具有公式简单、收敛速度快、优化效果好、通用性强等优点[64-70].

本节研究导重法在连续体结构和杆系结构拓扑优化中的应用，重新详细推导将导重法与 SIMP 法结合用于求解质量（重量）约束柔度最小化和多位移约束质量（重量）最小化连续体拓扑优化问题的导重准则公式，该公式较已有文献[64-70]的公式更加规范，意义更加明了. 根据本文推导出的有关公式还可得到如下结论：在结构拓扑优化中导重准则体现为“最优拓扑结构应按各单元的应变能正比分配结构质量”，物理意义十分明确. 本文还给出了相应算例，计算结果表明，导重法不仅适用于传统的结构尺寸优化与结构形状优化，

还可很好地求解连续体结构和杆系结构的拓扑优化问题，并具有公式简单、通用性强、收敛快、优化效果好等优点.

2.2.1　质量约束柔度最小化的连续体结构拓扑优化的数学模型

将前面§ 1.4 给出的重量约束结构优化导重法与 SIMP 法结合可直接用于求解连续结构拓扑优化的一个典型问题：在结构质量（重量）不超过给定值的前提下寻求结构最优拓扑，使结构应变能最小化，其数学模型为

$$\begin{cases}\text{Find} & \boldsymbol{\rho}=[\rho_1,\rho_2,\cdots,\rho_N]^{\mathrm{T}}\\ \min & f(\boldsymbol{\rho})=P^{T}U\\ \text{s. t.} & M(\boldsymbol{\rho})=\gamma\sum_{n=1}^{N}\rho_n v_n\leqslant c\,M_0\\ & 0<\rho_{\min}\leqslant\rho_n\leqslant 1\qquad(n=1,2,\cdots,N)\end{cases}\tag{2-9}$$

此优化模型与式（1-75）所示重量约束结构优化模型完全一致，可采用导重法求解. 其中，设计变量 ρ_n 为连续体第 n 单元的相对密度. 该单元质量和弹性模量为 $M_n=\rho_n\gamma v_n$，$E_n=\rho_n^{\beta}E$，其中 γ、v_n、β 和 E 分别为材料密度、第 n 单元的体积、惩罚因子和弹性模量. 随着每次优化迭代设计变量的变化，各单元弹性模量也要随之更新；$M(\boldsymbol{\rho})$ 与 M_0 分别为结构的实际质量与初始质量，$c<1$ 为拓扑优化质量折减因子；$\rho_{\min}$ 为防止刚阵奇异的变量下限，一般可取 0.001；最小化的目标函数为反映结构柔度的函数：

$$f(\boldsymbol{\rho})=\boldsymbol{P}^{\mathrm{T}}\boldsymbol{U}=\boldsymbol{U}^{\mathrm{T}}\boldsymbol{K}\boldsymbol{U}\tag{2-10}$$

它是结构的虚应变能，等于构实应变能的二倍. 载荷不变前提下，应变能越小，结构柔度越小，结构刚度越大. $\boldsymbol{P}$、$\boldsymbol{U}$ 分别为结构载荷阵与结构位移阵（二者之一为虚），$\boldsymbol{K}$ 是结构总体刚阵. 根据 SIMP 法，

$$\boldsymbol{K}=\sum_{n=1}^{N}\boldsymbol{K}_n=\sum_{n=1}^{N}\rho_n^{\beta}\boldsymbol{K}_{no}\tag{2-11}$$

其中，$\boldsymbol{K}_n$ 与 $\boldsymbol{K}_{no}$ 分别为第 n 单元扩充为总体刚阵相同阶数的实际刚阵与初始刚阵.

2.2.2　导重法求解

由式（2-10）得

$$\frac{\partial f}{\partial\rho_n}=\boldsymbol{P}^{\mathrm{T}}\frac{\partial\boldsymbol{U}}{\partial\rho_n}+\left(\frac{\partial\boldsymbol{P}}{\partial\rho_n}\right)^{\mathrm{T}}\boldsymbol{U}\tag{2-12}$$

由刚度方程 $\boldsymbol{KU}=\boldsymbol{P}$ 得

$$\frac{\partial\boldsymbol{U}}{\partial\rho_n}=\boldsymbol{K}^{-1}\left(\frac{\partial\boldsymbol{P}}{\partial\rho_n}-\frac{\partial\boldsymbol{K}}{\partial\rho_n}\boldsymbol{U}\right)\tag{2-13}$$

代入式（2-12）可得

$$\frac{\partial f}{\partial \rho_n}=\boldsymbol{U}^{\mathrm{T}}\left(\frac{\partial \boldsymbol{P}}{\partial \rho_n}-\frac{\partial \boldsymbol{K}}{\partial \rho_n}\boldsymbol{U}\right)+\left(\frac{\partial \boldsymbol{P}}{\partial \rho_n}\right)^{\mathrm{T}}\boldsymbol{U} \tag{2-14}$$

对于载荷不随 ρ_n 变化的结构优化

$$\frac{\partial f}{\partial \rho_n}=-\boldsymbol{U}^{\mathrm{T}}\frac{\partial \boldsymbol{K}}{\partial \rho_n}\boldsymbol{U}=-\beta\rho_n^{\beta-1}\boldsymbol{U}^{\mathrm{T}}\boldsymbol{K}_{no}\boldsymbol{U} \tag{2-15}$$

于是可得设计变量 ρ_n 的容重和导重，分别为：

$$H_{\rho_n}=\frac{\partial M}{\partial \rho_n}=\gamma v_n \tag{2-16}$$

$$G_{\rho_n}=-\rho_n\frac{\partial f}{\partial \rho_n}=\beta\boldsymbol{U}^{\mathrm{T}}\rho_n^{\beta}\boldsymbol{K}_{no}\boldsymbol{U}=\beta\,\boldsymbol{U}^{\mathrm{T}}K_n\boldsymbol{U} \tag{2-17}$$

其中，$\boldsymbol{U}^{\mathrm{T}}\boldsymbol{K}_n\boldsymbol{U}$ 为第 n 单元的虚应变能. 总导重为：

$$G=\sum_{n=1}^{N}G_n=\sum_{n=1}^{N}\beta\boldsymbol{U}^{\mathrm{T}}\boldsymbol{K}_n\boldsymbol{U}=\beta\boldsymbol{U}^{\mathrm{T}}\boldsymbol{K}\boldsymbol{U} \tag{2-18}$$

其中，$\boldsymbol{U}^{\mathrm{T}}\boldsymbol{K}\boldsymbol{U}$ 为结构虚应变能.

由于第一章给出的结构优化导重准则是最优结构应按导重正比分配结构重量，在本节拓扑优化中前两个公式表明导重与应变能成正比. 可见对于本拓扑优化问题，在载荷不随 ρ_n 变化时，导重准则体现为：在结构拓扑优化迭代中应按各单元的应变能分配结构质量. 最优拓扑结构应按应变能分布决定质量分布与取舍，保留应变能大的单元，舍弃应变能过小的单元.

对于考虑自重与惯性载荷的结构拓扑优化，载荷会随 ρ_n 变化，这时的导重等于

$$G_{\rho_n}=-\rho_n\frac{\partial f}{\partial \rho_n}=\beta\boldsymbol{U}^{\mathrm{T}}\boldsymbol{K}_n\boldsymbol{U}-\rho_n\boldsymbol{U}^{\mathrm{T}}\frac{\partial \boldsymbol{P}}{\partial \rho_n} \tag{2-19}$$

$$G=\sum_{n=1}^{N}G_{\rho_n}=\beta\boldsymbol{U}^{\mathrm{T}}\boldsymbol{K}\boldsymbol{U}-\boldsymbol{U}^{\mathrm{T}}\sum_{n=1}^{N}\rho_n\frac{\partial \boldsymbol{P}}{\partial \rho_n} \tag{2-20}$$

由式（1-108），本拓扑优化问题求解的迭代式为

$$\rho_n^{(k+1)}=\left\{\begin{array}{ll}1 & (\rho_n\geqslant 1)\\ \alpha\left(\dfrac{G_{\rho_n}\,cM_0}{G\,\gamma v_n}\right)^{(k)}+(1-\alpha)\rho_n^{(k)} & (\rho_{\min}<\rho_n<1)\\ \rho_{\min} & (\rho_n\leqslant\rho_{\min})\end{array}\right\}\quad(n=1,2,\cdots,N) \tag{2-21}$$

2.2.3 算例

如图 2-1 所示 0.3m×0.1m×0.01m 矩形板，左端固定，右端中点集中载荷 $P=1000\mathrm{N}$. 将结构离散为 60×20 个四节点矩形单元，材料密度为 $2.7\times10^3\ \mathrm{kg/m^3}$，弹性模量 $E=6.889\times10^{10}\ \mathrm{Pa}$，

泊松比为 0.3，结构质量折减因子 $c=0.5$，步长因子 $\alpha=0.5$，惩罚因子 $\beta=3.4$.

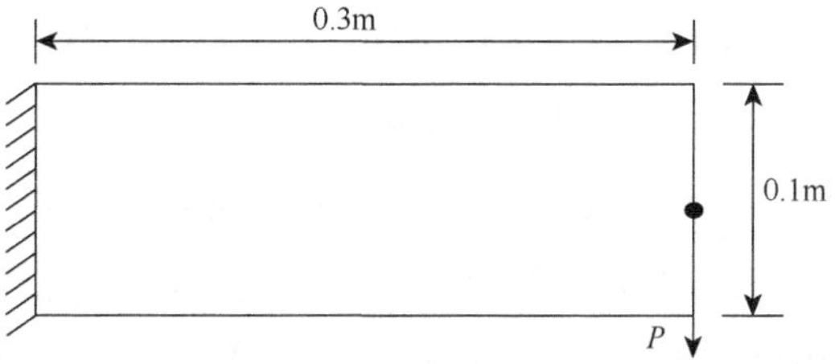

图 2-1 初始设计区域

图 2-2 为本文经过 30 次迭代后得到的拓扑结构；图 2-3 和图 2-4 分别为结构柔度目标函数和结构总重量的迭代曲线.

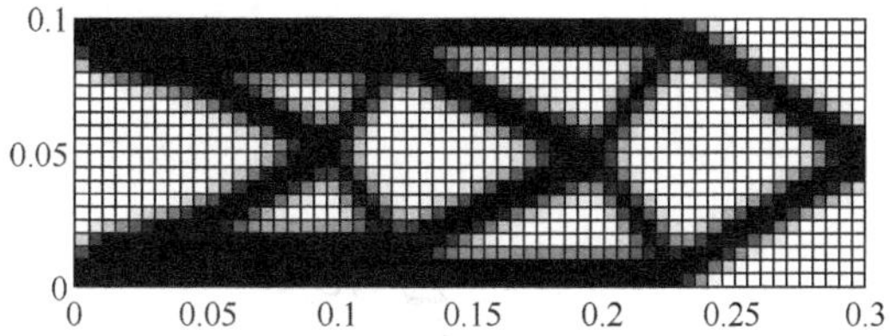

图 2-2 最优拓扑结构

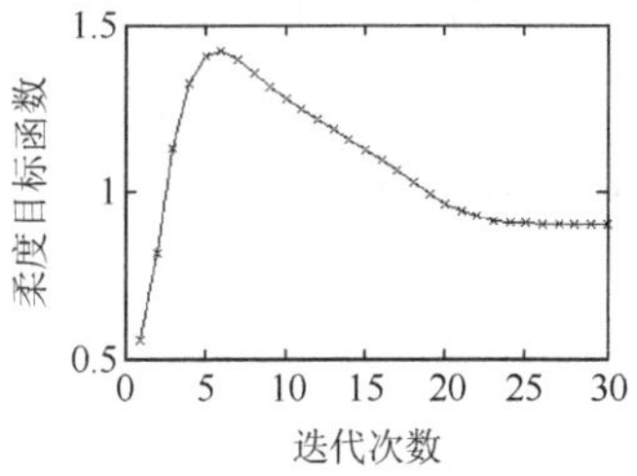

图 2-3 柔度目标函数迭代曲线

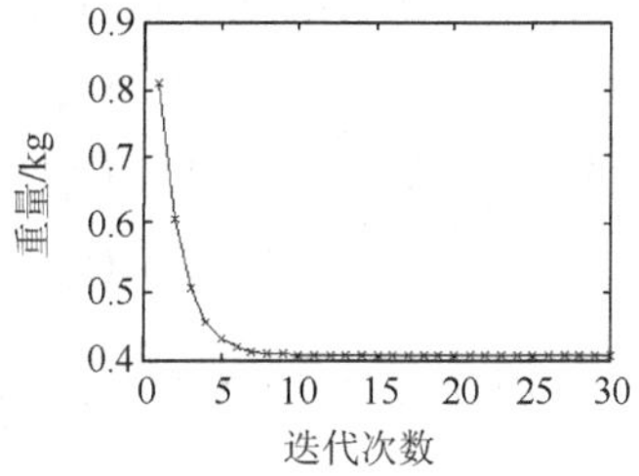

图 2-4 结构总重量迭代曲线

§ 2.3 多性态约束结构优化的导重法

许多工程中的结构优化问题是在静力、动力、刚度、强度多种性态约束下的最轻重量设计，这是具有多个性态约束的一般结构优化设计问题. 为解决这类具有广泛一般性的结构优化设计问题，1983 年作者将前面提出的单性态约束导重法推广为可以求解具有如下模型结构优化设计问题的多性态约束导重法.

2.3.1 多性态约束结构优化的数学模型

具有多个性态约束的一般结构优化设计问题的数学模型可以表达为

$$\begin{cases} \text{Find} & \boldsymbol{X}=[x_1,x_2,\cdots,x_n,\cdots,x_N]^{\mathrm{T}} \\ \min & f(\boldsymbol{X}) \\ \text{s.t.} & g_j(\boldsymbol{X}) \leqslant 0 \quad (j=1,2,\cdots,J) \\ & \boldsymbol{X}^L \leqslant \boldsymbol{X} \leqslant \boldsymbol{X}^U \end{cases} \tag{2-22}$$

其中，$\boldsymbol{X}=[x_1,x_2,\cdots,x_n,\cdots,x_N]^{\mathrm{T}}$ 为 N 维设计变量组成的向量，包括构件尺寸变量、几何形状变量以及结构拓扑变量等多种设计变量；$f(\boldsymbol{X})$为结构总重量或精度、强度、安全度、谐振频率. 应变能等结构特性决定的目标函数；$g_j(\boldsymbol{X})$ 可为位移、应力等结构静动力性态或精度、强度、安全度、谐振频率等多种结构静动力特性约束函数；$\boldsymbol{X}^L \leqslant \boldsymbol{X} \leqslant \boldsymbol{X}^U$ 为设计变量范围约束，$\boldsymbol{X}^L$ 与 $\boldsymbol{X}^U$ 分别为由设计向量各分量的下限与上限构成的向量；J 为不等式约束总数，由于任何等式约束可化为一对不等式约束，故上式具有广泛的一般性.

2.3.2 极值条件

构造拉格朗日函数

$$L=f(\boldsymbol{X})+\sum_{j=1}^{J}\lambda_j g_j(\boldsymbol{X}) \tag{2-23}$$

式中，$\lambda_j\ (j=1\sim J)$称为相应不等式约束 $g_j(\boldsymbol{X})\leqslant 0$ 的库恩–塔克乘子.

式（2-22）所示多性态约束结构优化问题的最优解必要条件为：在最优点 $\boldsymbol{X}^*$，

1）$$\frac{\partial L}{\partial x_n}=\frac{\partial f}{\partial x_n}+\sum_{j=1}^{J}\lambda_j\frac{\partial g_j}{\partial x_n}\begin{Bmatrix} \leqslant 0 & (x_n^*=x_n^U) \\ =0 & (x_n^L<x_n^*<x_n^U) \\ \geqslant 0 & (x_n^*=x_n^L) \end{Bmatrix} \quad (n=1,2,\cdots,N), \tag{2-24}$$

即当 $\boldsymbol{X}^L<\boldsymbol{X}^*<\boldsymbol{X}^U$ 时，$\nabla L=\nabla f(\boldsymbol{X})+\sum_{j=1}^{J}\lambda_j\nabla g_j(\boldsymbol{X})=0$ （2-25）

2）$\lambda_j \geqslant 0 \quad (j=1,2,\cdots,J)$ （2-26）

3）$$\lambda_j\, g_j(\boldsymbol{X})=0,\ 且\begin{Bmatrix} 当\, g_j(\boldsymbol{X})<0\,时, & \lambda_j=0 \\ 当\, g_j(\boldsymbol{X})=0\,时, & \lambda_j\geqslant 0 \end{Bmatrix} \quad (j=1,2,\cdots,J) \tag{2-27}$$

4）$g_j(\boldsymbol{X})\leqslant 0 \quad (j=1,2,\cdots,J)$ （2-28）

5）$\boldsymbol{X}^L \leqslant \boldsymbol{X} \leqslant \boldsymbol{X}^U$. （2-29）

2.3.3 导重准则

从式（2-25）的 $\dfrac{\partial L}{\partial x_n}=0$ 推导导重准则，由式（2-24）得

$$\frac{-\sum_{j=1}^{J}\lambda_j\frac{\partial g_j}{\partial x_n}}{\frac{\partial f}{\partial x_n}}=\frac{-\sum_{j=1}^{J}\lambda_j x_n\frac{\partial g_j}{\partial x_n}}{x_n\frac{\partial f}{\partial x_n}}=1 \tag{2-30}$$

类似于前面的单性态约束导重法，令

$$H_{x_n}=\frac{\partial f}{\partial x_n} \tag{2-31}$$

为设计变量 x_n 的容重；

$$\mathring{W}_{x_n}=x_n H_{x_n} \tag{2-32}$$

为设计变量 x_n 的广义重量；

$$G_{x_n}^j=-x_n\frac{\partial g_j}{\partial x_n} \tag{2-33}$$

为设计变量 x_n 的 j 约束导重；

$$G^j=\sum_{i=1}^{N}G_{x_n}^j \tag{2-34}$$

为 j 约束的总导重.

将式（2-31）、式（2-33）代入式（2-30），得

$$x_n=\sum_{j=1}^{J}\lambda_j G_{x_n}^j/H_{x_n}\quad (n=1,2,\cdots,N) \tag{2-35}$$

即为求解任意设计变量 x_n 的最优准则方程组.

由式（2-32）和式（3-35），得

$$\mathring{W}_{x_n}=\sum_{j=1}^{J}\lambda_j G_{x_n}^j\quad (i=1,2,\cdots,N) \tag{2-36}$$

即可得推广了的导重准则：

最优结构各设计变量的广义重量与其各约束导重成非负系数线性齐次组合关系. 也可简称：

最优结构各设计变量的广义重量与其各约束导重成广义正比关系.

前面给出的单性态约束导重准则为其特例.

为保证迭代收敛，采用步长因子迭代法求解式（2-35）所示准则方程组：

$$x_n^{(k+1)}=\alpha\left(\sum_{j=1}^{J}\lambda_j G_{x_n}^j/H_{x_n}\right)^{(k)}+(1-\alpha)x_n^{(k)}\quad (n=1,2,\cdots,N) \tag{2-37}$$

2.3.4 库恩-塔克乘子的求法

下面由约束条件求库恩-塔克乘子 $\lambda_j(j=1,2,\cdots,J)$．考虑到约束 $g_j(\boldsymbol{X})\leqslant 0$，迭代中应有

$$g_j^{(k+1)}=g_j^{(k)}+\Delta g_j^{(k)}\leqslant 0 \tag{2-38}$$

其中，$\Delta g_j^{(k)}$ 为第 k 次迭代中约束函数 $g_j(\boldsymbol{X})$ 的增量.

$g_j(\boldsymbol{X})$ 一般是设计向量 $\boldsymbol{X}$ 的非线性函数，对约束进行线性化处理，将此增量表为如下全微分形式，由式（2-38），可得

$$\Delta g_j^{(k)}\cong dg=\sum_{n=1}^{N}\frac{\partial g_j}{\partial x_n}dx_n\cong\sum_{n=1}^{N}\frac{\partial g_j}{\partial x_n}\left(x_n^{(k+1)}-x_n^{(k)}\right)\leqslant -g_j^{(k)} \tag{2-39}$$

由于优化迭代收敛时，迭代前后设计变量几乎不变，增量完全等于全微分，上式为准确表达，故在最优点，以下各式严格成立，上述线性化不影响所推导的导重准则的准确性.

由式（2-39），得

$$\sum_{n=1}^{N}\frac{\partial g_j}{\partial x_n}x_n^{(k+1)}\leqslant\sum_{n=1}^{N}\frac{\partial g_j}{\partial x_n}x_n^{(k)}-g_j^{(k)}=-\left(G^j+g_j\right)^{(k)} \tag{2-40}$$

将式（2-37）代入上式，得

$$\sum_{n=1}^{N}\frac{\partial g_j}{\partial x_n}\left(\alpha\sum_{l=1}^{J}\lambda_l G_{x_n}^l\Big/H_{x_n}\right)^{(k)}+(1-\alpha)\sum_{n=1}^{N}\frac{\partial g_j}{\partial x_n}x^{(k)}\leqslant -\left(G^j+g_j\right)^{(k)} \tag{2-41}$$

进一步推导，可以得到

$$-\alpha\sum_{n=1}^{N}G_{x_n}^j\sum_{l=1}^{J}\lambda_l G_{x_n}^l\Big/\mathring{W}_{x_n}+(\alpha-1)G^j\leqslant -\left(G^j+g_j\right) \tag{2-42}$$

$$-\alpha\sum_{l=1}^{J}\lambda_l\sum_{n=1}^{N}G_{x_n}^j G_{x_n}^l\Big/\mathring{W}_{x_n}\leqslant -\left(\alpha G^j+g_j\right) \tag{2-43}$$

即

$$\sum_{l=1}^{J}\lambda_l\sum_{n=1}^{N}G_{x_n}^j G_{x_n}^l\Big/\mathring{W}_{x_n}\geqslant G^j+g_j/\alpha\quad (j=1,2,\cdots,J) \tag{2-44}$$

式（2-44）即为求解诸库恩-塔克乘子 $\lambda_l(l=1,2,\cdots,J)$ 的线性不等式方程组，其矩阵形式为

$$\boldsymbol{B\lambda}\geqslant\boldsymbol{G} \tag{2-45}$$

式中，$\boldsymbol{\lambda}=[\lambda_1,\lambda_2,\cdots,\lambda_J]^{\mathrm{T}}$，$\boldsymbol{G}=[G_1,G_2,\cdots,G_J]^{\mathrm{T}}$，$\boldsymbol{B}=[B_{jl}]_{J\times J}$，其中

$$G_j=G^j+g_j/\alpha \tag{2-46}$$

$$B_{jl}=\sum_{n=1}^{N}\left(G_{x_n}^{j}G_{x_n}^{l}\Big/\overset{\circ}{W}_{x_n}\right) \tag{2-47}$$

下面给出以库恩–塔克乘子$\boldsymbol{\lambda}=[\lambda_1,\lambda_2,\cdots,\lambda_J]^{\mathrm{T}}$为未知向量的不等式线性方程组式（2-45）的求解方法：

由库恩–塔克条件的式（2-27）知，在由式（2-45）求$\lambda_j(j=1,2,\cdots,J)$时应满足

$$\text{当}\sum_{l=1}^{m}B_{jl}\lambda_l > G_j\text{时，}\lambda_j=0; \tag{2-48}$$

$$\text{当}\sum_{l=1}^{J}B_{jl}\lambda_l = G_j\text{时，}\lambda_j\geqslant 0. \tag{2-49}$$

按式（2-48）和式（2-49）求解式（2-45）等价于求解下面的二次规划问题：

$$\left.\begin{array}{ll}\text{求} & \boldsymbol{\lambda}=[\lambda_1,\lambda_2,\cdots,\lambda_J]^{\mathrm{T}}\\ \text{使得} & \varphi(\boldsymbol{\lambda})=\dfrac{1}{2}\boldsymbol{\lambda}^{\mathrm{T}}\boldsymbol{B}\boldsymbol{\lambda}-\boldsymbol{G}^{\mathrm{T}}\boldsymbol{\lambda}\to\min\\ \text{并满足} & \boldsymbol{\lambda}\geqslant 0\end{array}\right\} \tag{2-50}$$

按照数学规划理论，式（2-50）与式（2-22）是设计变量X与约束乘子λ的对偶优化问题. 容易推得式（2-50）优化问题的库恩–塔克条件为

$$\begin{cases}\boldsymbol{\mu}-B\boldsymbol{\lambda}=-G\\ \boldsymbol{\mu}\geqslant 0,\boldsymbol{\lambda}\geqslant 0\\ \mu_j\times\lambda_j=0 \qquad (j=1,2,\cdots,J)\end{cases} \tag{2-51}$$

式中，$\boldsymbol{\mu}=[\mu_1,\mu_2,\cdots,\mu_J]^{\mathrm{T}}$，不难看出，式（2-51）恰好等价于式（2-45）和式（2-48）、式（2-49）. 而式（2-51）是以$\boldsymbol{\mu}$、$\boldsymbol{\lambda}$为变量的线性互补问题，可采用类似于线性规划单纯形算法的莱姆克（Lemker）算法求解，具体解法见文献[15-16]. 本专著的附件中给出了该莱姆克（Lemker）算法的源程序.

由莱姆克算法求得诸库恩–塔克乘子$\lambda_j(j=1,2,\cdots,J)$后，代入式（2-37）即可完成一次迭代，反复迭代直到使准则方程组式（2-35）得到满足，式（2-37）迭代式收敛，找到原结构优化设计问题式（2-22）的最优解$\boldsymbol{X}^*$.

2.3.5 优化迭代控制与多性态约束导重法计算框图

以上库恩–塔克乘子解法保证了式（2-25）至式（2-28）所示原优化问题库恩–塔克条件的满足，而式（2-24）与式（2-29）库恩–塔克条件的满足可通过如下类似于§ 1.5 的变量范围控制实现：根据式（2-37），令

$$\varphi_n^{(k)}=\alpha\left(\sum_{j=1}^{J}\lambda_j G_{x_n}^{j}\Big/H_{x_n}\right)^{(k)}+(1-\alpha)x_n^{(k)} \quad (n=1,2,\cdots,N) \tag{2-52}$$

当$x_n^L<\varphi_n^{(k)}<x_n^U$时，令

$$x_n^{(k+1)} = \varphi_n^{(k)} \tag{2-53}$$

当 $\varphi_n^{(k)} < x_n^L$ 时，令

$$x_n^{(k+1)} = x_n^L \tag{2-54}$$

当 $\varphi_n^{(k)} > x_n^U$ 时，令

$$x_n^{(k+1)} = x_n^U \tag{2-55}$$

从上面可以看出，多性态约束结构优化的导重法既具有广泛的一般性，又成功地解决了多个库恩-塔克乘子的求法问题，从而在优化中可以有效地自动区分有效的临界约束与无效的不临界约束，保证了最优解完全符合式（2-24）～式（2-29）所示的所有库恩-塔克的条件，再次体现了导重法的严密性、通用性.

具有多个性态约束结构优化导重法的主要计算步骤流程框图如图 2-5 所示.

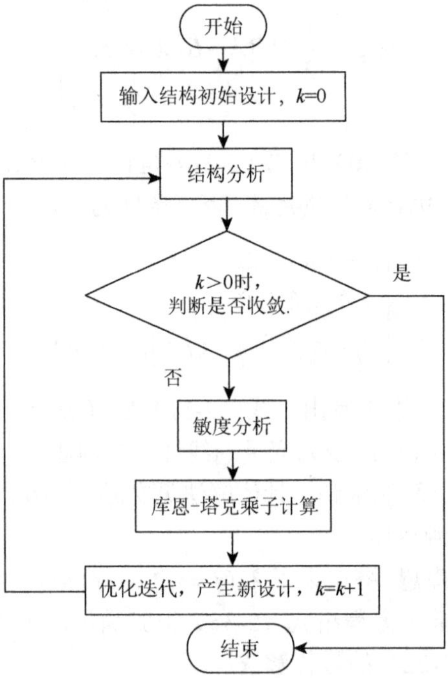

图 2-5　多性态约束结构优化导重法计算框图

§ 2.4　多约束结构拓扑优化的导重法

2.4.1　多位移约束质量最小化连续体结构拓扑优化

1. 数学模型

多位移约束结构质量最小化的连续体结构拓扑优化数学模型为:

$$\begin{cases} \text{Find} \quad \boldsymbol{\rho} = [\rho_1, \rho_2, \cdots, \rho_N]^{\mathrm{T}} \\ \min \quad f(\boldsymbol{\rho}) = M(\boldsymbol{\rho}) = \gamma \sum_{n=1}^{N} \rho_n v_n \\ \text{s.t.} \quad g_j(\boldsymbol{\rho}) = u_j(\boldsymbol{\rho}) - u_{j0} \leqslant 0 \qquad (j = 1, 2, \cdots, J) \\ \qquad 0 < \rho_{\min} \leqslant \rho_n \leqslant 1 \qquad (n = 1, 2, \cdots, N) \end{cases} \tag{2-56}$$

式中，$u_j(\boldsymbol{\rho})$ 为结构第 j 位移约束的位移，u_{j0} 为其约束上限，J 为位移约束数目，其他符号与式（2-9）相同. 此优化模型与§ 2.3 给出的多性态约束结构优化数学模型完全一致，可采用导重法求解.

2. 导重法求解

设计变量 ρ_n 的容重为

$$H_{\rho_n} = \frac{\partial M}{\partial \rho_n} = \frac{\partial \gamma \sum_{i=1}^{N} \rho_n v_n}{\partial \rho_n} = \gamma v_n \tag{2-57}$$

由结构分析方程 $\boldsymbol{KU} = \boldsymbol{P}$ 得

$$\frac{\partial \boldsymbol{U}}{\partial \rho_n} = \boldsymbol{K}^{-1}\left(\frac{\partial \boldsymbol{P}}{\partial \rho_n} - \frac{\partial \boldsymbol{K}}{\partial \rho_n}\boldsymbol{U}\right) \tag{2-58}$$

等式两边左乘行向量 $\boldsymbol{e}_j^{\mathrm{T}} = [0, \cdots, 1, \cdots, 0]$，其中只有与 u_j 相应的第 j 元素为 1，其余元素为 0，可得

$$\frac{\partial u_j}{\partial \rho_n} = \boldsymbol{e}_j^{\mathrm{T}} \boldsymbol{K}^{-1}\left(\frac{\partial \boldsymbol{P}}{\partial \rho_n} - \frac{\partial \boldsymbol{K}}{\partial \rho_n}\boldsymbol{U}\right) \tag{2-59}$$

两边转置，注意刚阵对称性，得

$$\frac{\partial u_j}{\partial \rho_n} = \left(\frac{\partial \boldsymbol{P}^{\mathrm{T}}}{\partial \rho_n} - \boldsymbol{U}^{\mathrm{T}} \frac{\partial \boldsymbol{K}}{\partial \rho_n}\right)\boldsymbol{K}^{-1} e_j \tag{2-60}$$

将 e_j 视为虚载荷，则 e_j 引起的虚位移为

$$\boldsymbol{K}^{-1} e_j = \boldsymbol{U}^{Vj} \tag{2-61}$$

代入式（2-60）得

$$\frac{\partial u_j}{\partial \rho_n} = \left(\frac{\partial \boldsymbol{P}^{\mathrm{T}}}{\partial \rho_n} - \boldsymbol{U}^{\mathrm{T}} \frac{\partial \boldsymbol{K}}{\partial \rho_n}\right)\boldsymbol{U}^{Vj} \tag{2-62}$$

如果载荷不随 ρ_n 变化，由式（2-11）、式（2-62）可得，

$$\frac{\partial u_j}{\partial \rho_n} = -\boldsymbol{U}^{\mathrm{T}} \frac{\partial K}{\partial \rho_n}\boldsymbol{U}^{Vj} = -\beta \rho_n^{\beta-1} \boldsymbol{U}^{\mathrm{T}} \boldsymbol{K}_{no} \boldsymbol{U}^{Vj} \tag{2-63}$$

设计变量 ρ_n 的第 j 位移约束导重等于

$$G_{\rho_n}^{j} = -\rho_n \frac{\partial u_j}{\partial \rho_n} = \beta \boldsymbol{U}^{\mathrm{T}} \rho_n^{\beta} \boldsymbol{K}_{no} \boldsymbol{U}^{Vj} = \beta \boldsymbol{U}^{\mathrm{T}} \boldsymbol{K}_n \boldsymbol{U}^{Vj} \tag{2-64}$$

$\boldsymbol{U}^{\mathrm{T}}\boldsymbol{K}_n\boldsymbol{U}^{Vj}$ 为虚载荷 e_j 引起的第 n 单元虚应变能.

如果载荷随 ρ_n 变化，ρ_n 的 j 约束导重为

$$G_{\rho_n}^{j}=-\rho_n\frac{\partial u_j}{\partial\rho_n}=\beta\boldsymbol{U}^{\mathrm{T}}\boldsymbol{K}_n\boldsymbol{U}^{Vj}-\rho_n\frac{\partial\boldsymbol{P}^{\mathrm{T}}}{\partial\rho_n}\boldsymbol{U}^{Vj} \tag{2-65}$$

由式（2-37），本拓扑优化问题求解的迭代式为：

$$\rho_n^{(k+1)}=\begin{cases}1 & (\rho_n\geqslant 1)\\ \alpha\left(\sum\limits_{j=1}^{J}\lambda_j G_{\rho_n}^{j}\big/H_{\rho_n}\right)^{(k)}+(1-\alpha)\rho_n^{(k)} & (\rho_{\min}<\rho_n<1)\\ \rho_{\min} & (\rho_n\leqslant\rho_{\min})\end{cases}$$
$$(n=1,2,\cdots,N) \tag{2-66}$$

3. 算例

图 2-6 是一个初始设计区域为 0.48m×0.24m 的矩形平面板，厚度为 0.005m，材料弹性模量为 6.889×10^{10}Pa，泊松比为 0.3，密度为 2.7×10^{3}kg/m^{3}. 左下端固支，右下端简支，A、B、C 三点分别受到 $P=5000$N 的集中力作用. A、B、C 三点的位移约束为向下垂直位移均不大于 0.4mm，将该平面板划分为 48×24 个四边形矩形单元，步长因子 $\alpha=0.4$，惩罚因子 $\beta=3.4$. 图 2-7 为求得的最优拓扑结构，图 2-8 为结构重量迭代变化曲线，经过 20 次迭代后，结构重量目标趋于稳定. 图 2-9 为 A、B、C 点处位移迭代变化曲线. 三点位移曲线基本重合，经过 10 次迭代后，各位移均稳定达到约束限.

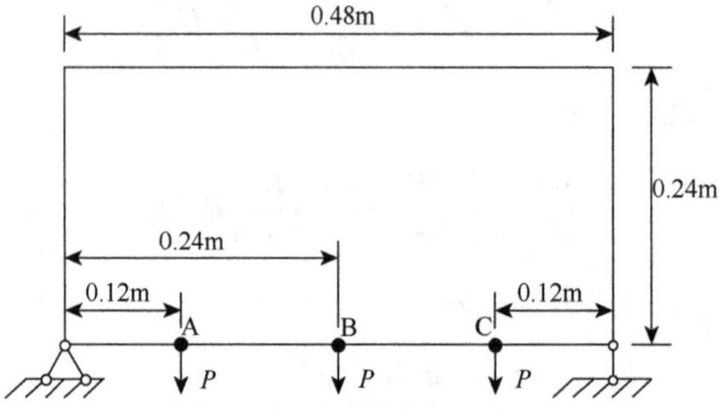

图 2-6　初始设计区域

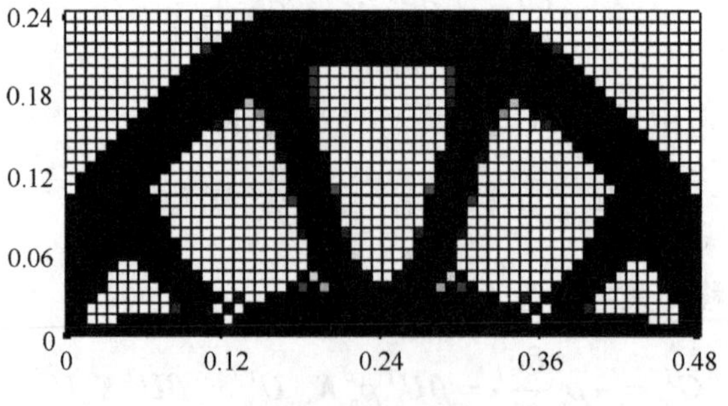

图 2-7　最优拓扑结构

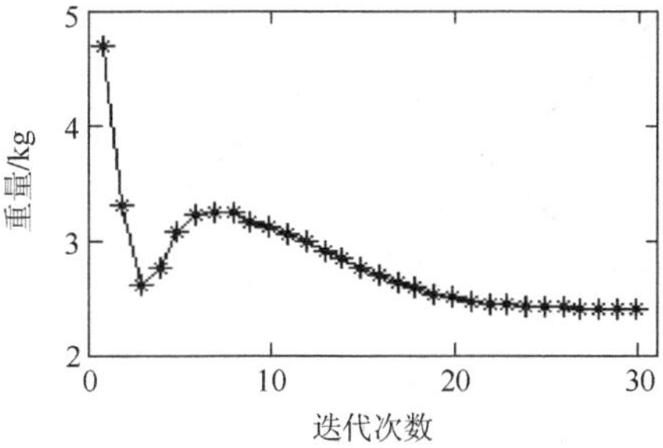

图 2-8 结构重量迭代曲线

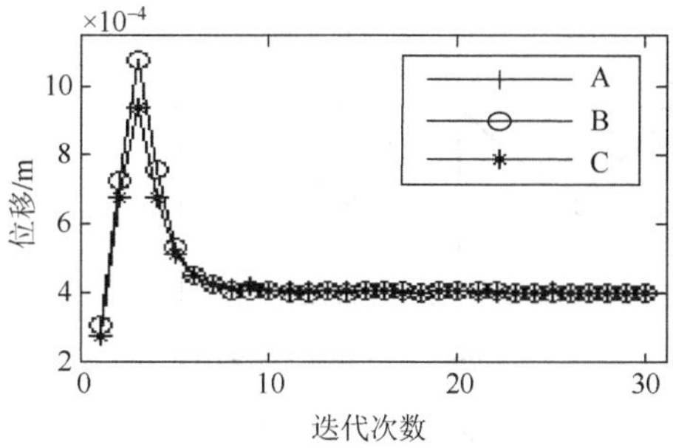

图 2-9 位移约束迭代曲线

2.4.2 多约束重量最小化杆系体结构拓扑优化

杆系结构拓扑优化相对简单，其实质是材料重量（质量）在节点间的合理分配，决定哪些节点间有构件，哪些节点间无构件. 为此可将杆截面积作为设计变量，优化迭代后由各杆截面积相对值来决定杆件取舍. 如果这样得到的杆系结构几何可变，则保留维持几何不变必须的杆件.

具有各杆应力约束与各节点位移约束的重量最小化桁架结构拓扑优化模型为：

$$\begin{cases} \text{Find} \quad \boldsymbol{A}=[A_1,A_2,\cdots,A_N]^{\mathrm{T}} \\ \min \quad W(\boldsymbol{A})=\sum_{n=1}^{N}\rho_n A_n L_n \\ \text{s.t.} \quad \sigma_n-[\sigma]\leqslant 0 \quad (N=1,2,\cdots,N) \\ \qquad\quad u_i-[u]\leqslant 0 \quad (i=1,2,\cdots,I) \end{cases} \tag{2-67}$$

常见的十杆桁架如图 2-10 所示，各杆材料相同，密度为 $2.77\times10^3\text{kg/m}^3$，弹性模量为 $6.89\times10^{10}\text{Pa}$，各杆许用应力$[\sigma]=172.4\text{MPa}$，载荷 $P=444.5\text{kN}$，$L=9.144\text{m}$，各节点位移约束上限$[u]=50.8\text{mm}$，杆截面积下限为 $6.45\times10^{-5}\text{m}^2$.

采用§2.3 节多约束导重法按式（2-67）模型求解此桁架结构拓扑优化问题. 优化结果如表 2-1 所示. 显然②、⑤、⑥及⑨杆的截面积均达到设计变量下限，且比其他杆件小得多，故将它们舍弃，最后可得到此桁架的最优拓扑结构如图 2-11 所示.

表 2-1 杆截面积优化结果 （单位：cm^2）

A_1	A_2	A_3	A_4	A_5
20.482	0.645	14.634	9.991	0.645
A_6	A_7	A_8	A_9	A_{10}
0.645	14.587	4.851	0.645	14.022

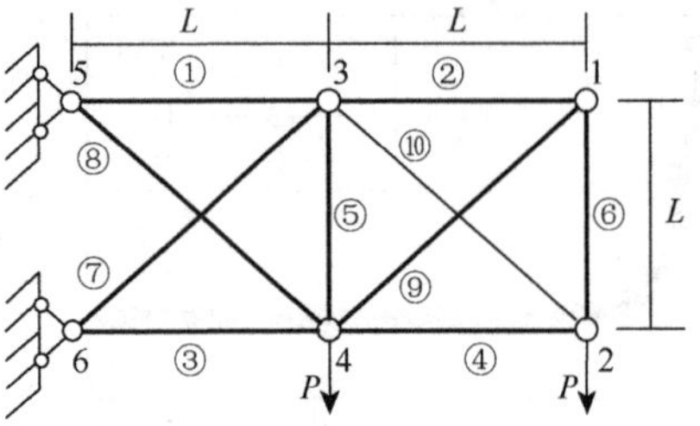

图 2-10 平面十杆桁架结构

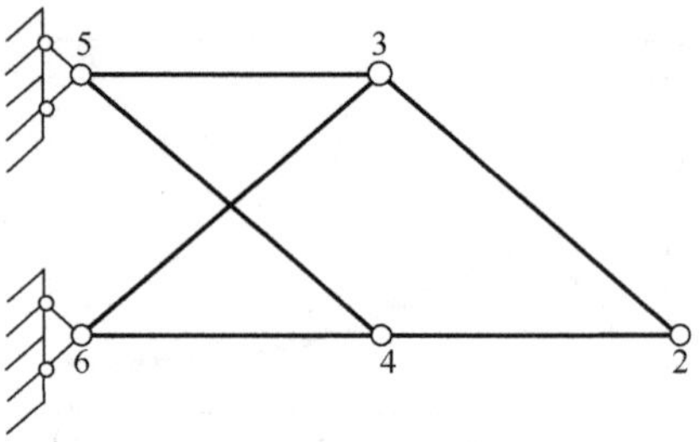

图 2-11 最优拓扑结构

§ 2.5 方根包络函数与结构特征应力

2.5.1 问题的提出

在一般结构多约束优化设计的模型式（2-22）中，约束条件 $g_j(\boldsymbol{X}) \leqslant 0$ $(j = 1,2,\cdots,J)$ 往往可能包括构件应力、节点位移等结构性态约束，对于实际工程结构优化设计，构件应力约束与节点位移约束的数目可能多达成百上千甚至更多. 例如对于桁架结构，考虑强度与稳定性的杆件拉应力约束与压应力约束为

$$\begin{cases} \sigma_j \leqslant [\sigma_j]^U & (j = 1,2,\cdots,J_e) \\ \sigma_j \geqslant [\sigma_j]^L & (j = 1,2,\cdots,J_e) \end{cases} \tag{2-68}$$

式中，J_e 为结构所包含的杆件数目. 实际工程结构可能包括大量具有各种单元性质的构件，对于梁单元、板壳单元、实体单元，应力约束的数目会更多. 如此多的应力约束在优化中处理起来会很不方便，由于它们要对应 J 个库恩-塔克乘子的求解，而 J 将是一个很大的数，前面给出的求解该乘子的线性不等式方程组式（2-45）的阶数将会很高，以致需要的计算量很大. 即使是采用其他结构优化方法，也会使对临界约束的确定带来很大不便. 对于所有的构件应力约束或所有的位移约束，由于约束性质、量纲、数量级等均很相似，能否分别用一个约束来代替这些数目庞大的应力约束或位移约束呢？如能做到，无疑会给工程结构优化计算带来很大的便利. 后面提出的均方根包络函数成功地解决了这一问题.

现代结构优化设计对约束缩减采用的策略有两种：一种是将同类约束化为一个约束，另一种是将所有的约束化为一个约束. 采取的方法有最大约束法和包络函数法.

最大约束法是对 J 个约束：

$$g_j(\boldsymbol{X}) \leqslant 0 \quad (j = 1,2,\cdots,J) \tag{2-69}$$

采用

$$\max_j \{g_j(\boldsymbol{X})\} = g_m(\boldsymbol{X}) \leqslant 0 \tag{2-70}$$

一个约束来代替，该约束函数 $g_m(\boldsymbol{X})$ 是非连续可微的.

包络函数法是采用包络函数来代替式（2-69）所示的多个约束. 包络函数是多个约束函数的综合函数，被包络的各个约束函数对其都有影响，并具有连续可微性. 20 世纪

80 年代中期开始，国内外常采用的包络函数多为 K-S 熵包络函数[56]，该包络函数的表达式可归结为：

$$C(\boldsymbol{X}) = \frac{1}{\rho}\times\ln\left\{\sum_{j=1}^{J}\exp[\rho\times g_j(\boldsymbol{X})]\right\} \tag{2-71}$$

式中，$\rho \geqslant 1$为给定常数. 由式（2-71），可得

$$C(\boldsymbol{X}) = \frac{1}{\rho}\times\ln\left\{\sum_{\substack{j=1\\ j\neq m}}^{J}\exp[\rho\times g_j(\boldsymbol{X})] + \exp[\rho\times g_m(\boldsymbol{X})]\right\}$$

$$\geqslant \frac{1}{\rho}\times\ln\{\exp[\rho\times g_m(\boldsymbol{X})]\} = g_m(\boldsymbol{X}) \tag{2-72}$$

而

$$C(\boldsymbol{X}) \leqslant \frac{1}{\rho}\times\ln\{J\times\exp[\rho\times g_m(\boldsymbol{X})]\} = g_m(\boldsymbol{X}) + \frac{1}{\rho}\times\ln(J) \tag{2-73}$$

因此

$$g_m(\boldsymbol{X}) \leqslant C(\boldsymbol{X}) \leqslant g_m + \frac{1}{\rho}\times\ln(J) \tag{2-74}$$

可见熵包络函数大于诸被包络约束函数的最大者，且当ρ趋于无穷大时，熵包络函数趋于诸约束的最大者.

2.5.2 方根包络函数

1983 年开始，作者在结构优化中创造并使用了一种全新的包络函数——方根包络函数[71, 100]. 下面给出这种包络函数的表达、性质和使用技巧.

对于连续可微的多个约束函数 $g_j(\boldsymbol{X}) \leqslant b \quad (b > 0, g_j > 0, j = 1,2,\cdots,J)$，$k$ 次和方根包络函数 $B(\boldsymbol{X})$ 与 k 次均方根包络函数 $C(\boldsymbol{X})$ 分别取为

$$B(\boldsymbol{X}) = \left\{\sum_{j=1}^{J}[g_j(\boldsymbol{X})]^k\right\}^{1/k} \tag{2-75}$$

$$C(\boldsymbol{X}) = \left\{\frac{1}{J}\times\sum_{j=1}^{J}[g_j(\boldsymbol{X})]^k\right\}^{1/k} \tag{2-76}$$

其中 $k \geqslant 1$ 为给定常数. k 次和方根包络函数 $B(\boldsymbol{X})$ 是诸被包络约束函数的 k 次方之和的 k 次方根；k 次均方根包络函数 $C(\boldsymbol{X})$ 是诸被包络约束函数的 k 次方平均数的 k 次方根，它们都是连续可微的. $g_j(\boldsymbol{X})$ 越大者对 $B(\boldsymbol{X})$、$C(\boldsymbol{X})$ 的数值影响越大，参数 k 越大，这种影响作用越大. 若 $g_m(\boldsymbol{X})$ 是约束函数 $g_j(\boldsymbol{X}) \leqslant 0\ (j = 1,2,\cdots,J)$ 中最大者，则有

$$B(X)=\left\{g_m^k(\boldsymbol{X})+\sum_{\substack{j=1\\j\neq m}}^{J}[g_j(\boldsymbol{X})]^k\right\}^{1/k}$$
$$=g_m(\boldsymbol{X})\times\left\{1+\sum_{\substack{j=1\\j\neq m}}^{J}[g_j(\boldsymbol{X})/g_m(\boldsymbol{X})]^k\right\}^{1/k}\geqslant g_m(\boldsymbol{X}) \tag{2-77}$$

$$C(\boldsymbol{X})=\left\{\frac{1}{J}\times g_m^k(\boldsymbol{X})+\frac{1}{J}\times\sum_{\substack{j=1\\j\neq m}}^{J}[g_j(\boldsymbol{X})]^k\right\}^{1/k}$$
$$=g_m(\boldsymbol{X})\times\left\{\frac{1}{J}+\frac{1}{J}\times\sum_{\substack{j=1\\j\neq m}}^{J}[g_j(\boldsymbol{X})/g_m(\boldsymbol{X})]^k\right\}^{1/k}\leqslant g_m(\boldsymbol{X}) \tag{2-78}$$

即

$$C(\boldsymbol{X})\leqslant g_m(\boldsymbol{X})\leqslant B(\boldsymbol{X}) \tag{2-79}$$

可见 k 次和方根包络函数 $B(\boldsymbol{X})$ 大于诸约束的最大者 $g_m(\boldsymbol{X})$，即 k 次和方根包络函数是外包络；而 k 次均方根包络函数 $C(\boldsymbol{X})$ 小于诸约束的最大者 $g_m(\boldsymbol{X})$，即 k 次均方根包络函数是内包络. 由于 $g_j(\boldsymbol{X})/g_m(\boldsymbol{X})<1$，由式（2-77）与式（2-78）可知：当 k 趋于无穷大时，k 次和方根包络函数 $B(\boldsymbol{X})$ 与 k 次均方根包络函 $C(\boldsymbol{X})$ 都趋于诸约束的最大者 $g_m(\boldsymbol{X})$.

k 次和方根包络函数 $B(\boldsymbol{X})$ 与 k 次均方根包络函数 $C(\boldsymbol{X})$ 对诸设计变量导数构成的梯度分别为

$$\nabla B(\boldsymbol{X})=\left\{\sum_{j=1}^{J}[g_j(\boldsymbol{X})]^k\right\}^{\frac{1}{k}-1}\times\sum_{j=1}^{J}\{[g_j(\boldsymbol{X})]^{k-1}\times\nabla g_j(\boldsymbol{X})\} \tag{2-80}$$

$$\nabla C(\boldsymbol{X})=\frac{1}{J}\times\left\{\frac{1}{J}\times\sum_{j=1}^{J}[g_j(\boldsymbol{X})]^k\right\}^{\frac{1}{k}-1}\times\sum_{j=1}^{J}\{[g_j(\boldsymbol{X})]^{k-1}\times\nabla g_j(\boldsymbol{X})\} \tag{2-81}$$

利用包络函数可将同类约束化为一个约束，也可将所有的约束化为一个约束，甚至可将优化设计中的所有约束与所有目标化为一个综合函数[56].

与熵包络函数相比，方根包络函数具有表达简捷、意义明确、使用方便的优点，大量结构优化应用实例证实了这种方根包络函数的有效性和优越性.

2.5.3 构件的等效应力

以桁架杆件为例，引入构件的等效应力概念. 对其他构件，也不难仿此构造相应的等效应力.

设第 j 杆件的等效应力 $R_j(\boldsymbol{X})$ 为

$$R_j(\boldsymbol{X}) = \left|\sigma_j(\boldsymbol{X})\right| / (\varphi_j \psi_j) \tag{2-82}$$

其中，$\sigma_j(\boldsymbol{X})$为j杆的实际应力；ψ_j为j杆材料许用拉应力$[\sigma_j]^U$与结构标定材料许用拉应力$[\sigma]$之比，即

$$\psi_j = [\sigma_j]^U / [\sigma] \tag{2-83}$$

如果所有构件材料相同，则$\psi_j = 1 \quad (j = 1, 2, \cdots, J)$；式（2-82）中$\varphi_j$为第$j$杆的压杆稳定折减系数，对于拉杆$\varphi_j = 1$，对于压杆，它是杆件长度$l_j$与回转半径$\rho_j$的函数：

$$\varphi_j = \varphi_j(l_j, \rho_j) \tag{2-84}$$

文献[14]给出了不同材料，不同截面形式压杆稳定折减系数的经验计算公式. 例如，对于以 A3 钢材料的无缝钢管，当$l_j/\rho_j \leqslant 200$时，有

$$\varphi_j = 0.41\cos\left(\frac{\pi l_j}{200\rho_j}\right) + 0.6 \tag{2-85}$$

而$\rho_j = 0.8A_j^{0.55}$，代入上式，得

$$\varphi_j = 0.41\cos\left(\frac{\pi}{160} l_j A_j^{-0.55}\right) + 0.6 \tag{2-86}$$

上式须满足$l_j A_j^{-0.55} \leqslant 160$. 利用杆件的等效应力$R_j(\boldsymbol{X})$，可以将式（2-68）所示的应力约束表达为

$$R_j(\boldsymbol{X}) \leqslant R_0 \quad (j = 1, 2, \cdots, J_e) \tag{2-87}$$

式中，R_0一般为标定材料的许用拉应力$[\sigma]$，如果工程对构件应力要求更严，R_0也可取为由工程确定的小于$[\sigma]$的某一数值.

很明显，式（2-68）与式（2-87）均等效于如下单个约束：

$$\max_j\{R_j(\boldsymbol{X})\} \leqslant R_0 \tag{2-88}$$

但等效应力$R_j(\boldsymbol{X})$最大的杆件是哪个杆，结构分析前是不知道的，尤其是$R_j(\boldsymbol{X})$最大的杆在优化迭代中可能是变动的，即$\max_j\{R_j(\boldsymbol{X})\}$不是连续可微的. 如用式（2-88）代替式（2-87）进行优化迭代计算，可能每迭代一步，$R_j(\boldsymbol{X})$最大杆变动一次，这将严重影响应力约束式（2-87）的满足和结构优化迭代计算的收敛速度，所以这种替代并不能给结构优化带来多大好处. 因此，应采用包络函数把最大等效应力表达为与所有构件等效应力$R_j(\boldsymbol{X})$（尤其是$R_j(\boldsymbol{X})$较大者）都有关系的连续可微的包络函数形式. 为此，作者引入了引入结构特征应力概念.

2.5.4　结构的特征应力

利用k次均方根包络函数定义结构的特征应力. 对于一般工程结构优化设计，设其结构的（k次）特征应力$R(\boldsymbol{X})$与各构件等效应力$R_j(\boldsymbol{X})$有如下函数关系：

$$R(\boldsymbol{X}) = \left(\sum_{j=1}^{J} R_j^k(\boldsymbol{X}) / J\right)^{1/k} \times \xi = C_R(\boldsymbol{X}) \times \xi \tag{2-89}$$

式（2-89）中

$$C_R(\boldsymbol{X}) = \left(\sum_{j=1}^{J} R_j^k(\boldsymbol{X}) \Big/ J \right)^{1/k} \tag{2-90}$$

是结构各构件等效应力 $R_j(\boldsymbol{X})$ 的 k 次均方根包络函数；

式（2-89）中

$$\xi = \max_j \{R_j(\boldsymbol{X})\} \Big/ C_R(\boldsymbol{X}) \tag{2-91}$$

于是，结构的特征应力 $R(\boldsymbol{X})$ 在数值上等于各构件等效应力 $R_j(\boldsymbol{X})$ 的最大者，但在表达上与结构各构件的等效应力 $R_j(\boldsymbol{X})$（尤其是 $R_j(\boldsymbol{X})$ 较大者）都有一定关系优化中对式（2-89）的 $R(\boldsymbol{X})$ 求导时，$R_j(\boldsymbol{X})$ 视为变量，ξ 视为常数，即 ξ 在同一次迭代中保持不变，但在各次迭代中由结构应力分析求得各 $R_j(\boldsymbol{X})$ 后，由式（2-91）计算出的 ξ 数值是各不相同的.

式（2-89）、式（2-90）中 k 取正整数. 当 $k=1$ 时，$\xi > 1$，$C_R(\boldsymbol{X}) = \sum R_j(\boldsymbol{X}) / J$，诸 $R_j(\boldsymbol{X})$ 的 k 次均方根 $C_R(\boldsymbol{X})$ 等于诸 $R_j(\boldsymbol{X})$ 的平均数；当 $k=\infty$ 时，$\xi=1$，$C_R(\boldsymbol{X}) = \max\{R_j\}$，诸 $R_j(\boldsymbol{X})$ 的 k 次均方根 $C_R(\boldsymbol{X})$ 等于诸 $R_j(\boldsymbol{X})$ 中的最大者；k 值越大，诸 $R_j(\boldsymbol{X})$ 的 k 次均方根 $C_R(\boldsymbol{X})$ 的数值越是接近于最大等效应力 $\max\{R_j\}$，ξ 越接近于 1，结构的特征应力越是取决于诸 $R_j(\boldsymbol{X})$ 中的较大者. k 的数值在优化中一般可取 6～12，过大、过小都可能影响优化迭代的收敛速度.

利用结构特征应力，可将结构优化应力约束式（2-68）、式（2-87）与式（2-88）代之以对结构特征应力的约束：

$$R(\boldsymbol{X}) \leqslant R_0 \tag{2-92}$$

即用一个单值的结构特性约束替代了数目庞大的结构性态约束. 后面的算例表明，这种替代是很成功的.

由于式（2-92）反映了结构的强度约束，也可将 $R(\boldsymbol{X})$ 称为结构强度函数. 另外，顺便提及：由于结构特征应力 $R(\boldsymbol{X})$ 与各构件等效应力 $R_j(\boldsymbol{X})$ 的较大者有关，在后面的多目标优化中，还可以 $R_0/R(\boldsymbol{X})$ 作为结构安全度，引入了结构安全度目标. 优化中随着安全度的提高，诸构件应力的最大者下降，应力分布趋于均匀，结构应力储备增加，抗御意外载荷的能力增强，这对工程设计是十分重要的，这再次显示了引入结构特征应力的优越性.

2.5.5 结构的特征位移与精度函数

工程结构优化设计中还可能存在数目庞大的位移约束：

$$u_j(\boldsymbol{X}) \leqslant [u_j] \quad (j=1,2,\cdots,J) \tag{2-93}$$

例如，天线结构优化中对天线反射面节点位移的约束、机床结构优化中对刀具运行面位移的约束、航空飞行器结构优化中对气动表面位移的约束，这些精密结构的位移约束对于保证与结构功能密切相关的结构形状具有重要意义. 对于这些结构位移约束也可仿照前面对结构构件应力约束的处理办法，引入等效位移 $D_j(\boldsymbol{X})$ 与结构特征位移 $D(\boldsymbol{X})$. 等效位移 $D_j(\boldsymbol{X})$ 可定义为

$$D_j(\boldsymbol{X}) = \left|u_j(\boldsymbol{X})\right| \times [u] \Big/ \left|[u_j]\right| \tag{2-94}$$

式中 $u_j(\boldsymbol{X})$、$[u_j]$ 与 $[u]$ 分别为第 j 位移、对第 j 位移的约束限和诸位移约束限的最大值. 于是式（2-93）所示位移约束可表示为

$$D_j(\boldsymbol{X}) \leqslant [u] \quad (j = 1,2,\cdots,J) \tag{2-95}$$

或

$$\max_j\{u_j(\boldsymbol{X})\} \leqslant [u] \tag{2-96}$$

结构（k 次）特征位移 $D(\boldsymbol{X})$ 可定义为

$$D(\boldsymbol{X}) = \left(\sum_{j=1}^{J} D_j^k(\boldsymbol{X}) \Big/ J\right)^{1/k} \times \vartheta = C_D(\boldsymbol{X}) \times \vartheta \tag{2-97}$$

式（2-97）中

$$C_D(\boldsymbol{X}) = \left(\sum_{j=1}^{J} D_j^k(\boldsymbol{X}) \Big/ J\right)^{1/k} \tag{2-98}$$

是所有等效位移 $D_j(\boldsymbol{X})$ 的 k 次均方根包络函数；

式（2-97）中

$$\vartheta = \max_j\{D_j(\boldsymbol{X})\} \Big/ C_D(\boldsymbol{X}) \tag{2-99}$$

通过结构特征位移 $D(\boldsymbol{X})$ 将式（2-93）和式（2-95）所示的数目庞大的位移约束转化为对结构特征位移的约束：

$$D(\boldsymbol{X}) \leqslant D_0 \tag{2-100}$$

式中，D_0 一般为诸位移约束限的最大值$[u]$. 对于式（2-93）所示的一般结构位移约束，结构特征位移 $D(\boldsymbol{X})$ 的指数 k 与特征应力约束一样可取为 6～12 左右.

对于某些精密结构，位移约束可能有特定的表达，例如对大型精密天线结构优化，位移约束是对反射面节点位移所引起误差的二次均方根数值的约束，这时结构特征位移 $D(\boldsymbol{X})$ 的指数 k 取 2，ϑ 取 1. 由于结构特征位移 $D(\boldsymbol{X})$ 可以反映精密结构的精密程度，结构特征位移 $D(\boldsymbol{X})$ 也可称为结构精度函数. 后面还将详细介绍各种天线结构精度函数的各种不同表达.

§ 2.6 结构最轻化优化设计

2.6.1 结构多约束最轻化优化设计

最常见的工程结构静动力多性态约束最轻化优化设计问题的数学模型为

求各种设计变量

$$\boldsymbol{X} = [x_1, x_2, \cdots, x_n, \cdots, x_N]^{\mathrm{T}} \tag{2-101}$$

最小化重量目标

$$W(\boldsymbol{X}) \tag{2-102}$$

并满足位移约束

$$u_m(\boldsymbol{X}) \leqslant [u]^U \quad (m=1,2,\cdots,M) \tag{2-103}$$

自振基频约束

$$\omega^2(\boldsymbol{X}) \geqslant \omega_0^2 \tag{2-104}$$

拉应力约束

$$\sigma_j(\boldsymbol{X}) \leqslant [\sigma_j]^U \quad (j=1,2,\cdots,J_e) \tag{2-105}$$

压应力约束

$$\sigma_j(\boldsymbol{X}) \geqslant [\sigma_j]^L \quad (j=1,2,\cdots,J_e) \tag{2-106}$$

变量范围约束

$$\boldsymbol{X}^L \leqslant \boldsymbol{X} \leqslant \boldsymbol{X}^U \tag{2-107}$$

式中，$\boldsymbol{X}=[x_1,x_2,\cdots,x_n,\cdots,x_N]^{\mathrm{T}}$ 可包括构件尺寸变量与几何形状变量等；$\omega(\boldsymbol{X})$ 为结构最低固有频率对应的角频率，ω_0 别为其约束限；$\sigma_j(\boldsymbol{X})$ 为构件 j 的应力，$[\sigma_j]^U$、$[\sigma_j]^L$ 分别为其许用拉、压应力.

利用上节给出的应力与位移包络函数——特征应力强度函数 $R(X)$ 与特征位移精度函数 $D(\boldsymbol{X})$，可将式（2-101）至式（2-107）所示的工程结构静动力最轻化设计数学模型表达为如下简洁形式：

$$\begin{cases} \text{Find} & \boldsymbol{X}=[x_1,x_2,\cdots,x_n,\cdots,x_N]^{\mathrm{T}} \\ \min & W(\boldsymbol{X}) \\ \text{s.t.} & g_1(\boldsymbol{X})=D(\boldsymbol{X})-D_0 \leqslant 0 \\ & g_2(\boldsymbol{X})=\omega_0^2-\omega^2(\boldsymbol{X}) \leqslant 0 \\ & g_3(\boldsymbol{X})=R(\boldsymbol{X})-R_0 \leqslant 0 \\ & \boldsymbol{X}^L \leqslant \boldsymbol{X} \leqslant \boldsymbol{X}^U \end{cases} \tag{2-108}$$

式（2-108）是仅具有三个性态约束的结构优化问题，可按照前面给出的多性态约束导重法求解. 按照式（2-37）可得式（2-108）优化问题求解的迭代格式为

$$x_n^{(k+1)}=\alpha\left[\left(\lambda_1 G_{x_n}^1+\lambda_2 G_{x_n}^2+\lambda_3 G_{x_n}^3\right)\Big/H_{x_n}\right]^{(k)}+(1-\alpha)x_n^{(k)} \quad (n=1,2,\cdots,N) \tag{2-109}$$

由式（2-45）知，求解式（2-109）中库恩-塔克乘子 λ_1、λ_2、λ_3 的线性不等式方程组为

$$\begin{bmatrix} \sum\limits_{n=1}^{N}(G_{x_n}^1 G_{x_n}^1\Big/\mathring{W}_{x_n}) & \sum\limits_{n=1}^{N}(G_{x_n}^1 G_{x_n}^2\Big/\mathring{W}_{x_n}) & \sum\limits_{n=1}^{N}(G_{x_n}^1 G_{x_n}^3\Big/\mathring{W}_{x_n}) \\ \sum\limits_{n=1}^{N}(G_{x_n}^2 G_{x_n}^1\Big/\mathring{W}_{x_n}) & \sum\limits_{n=1}^{N}(G_{x_n}^2 G_{x_n}^2\Big/\mathring{W}_{x_n}) & \sum\limits_{n=1}^{N}(G_{x_n}^2 G_{x_n}^3\Big/\mathring{W}_{x_n}) \\ \sum\limits_{n=1}^{N}(G_{x_n}^3 G_{x_n}^1\Big/\mathring{W}_{x_n}) & \sum\limits_{N=1}^{N}(G_{x_n}^3 G_{x_n}^2\Big/\mathring{W}_{x_n}) & \sum\limits_{n=1}^{N}(G_{x_n}^3 G_{x_n}^3\Big/\mathring{W}_{x_n}) \end{bmatrix} \times \begin{Bmatrix} \lambda_1 \\ \lambda_2 \\ \lambda_3 \end{Bmatrix} \geqslant \begin{Bmatrix} G^1+g_1/\alpha \\ G^2+g_2/\alpha \\ G^3+g_3/\alpha \end{Bmatrix} \tag{2-110}$$

然后化为其相应的线性互补问题，采用莱姆克算法[15, 16]即可求得λ_1、λ_2、λ_3，代入式(2-109)完成一次迭代，反复迭代，直到求出足够满意的解.

2.6.2 结构单约束最轻化设计

作为工程结构静动力多性态约束最轻化设计问题的特例，常用的工程结构单性态约束最轻化设计的数学模型为

$$\begin{cases}\text{Find} & \boldsymbol{X}=[x_1,x_2,\cdots,x_n,\cdots,x_N]^{\mathrm{T}}\\ \min & W(\boldsymbol{X})\\ \text{s.t.} & g(\boldsymbol{X})\leqslant 0\\ & \boldsymbol{X}^L\leqslant \boldsymbol{X}\leqslant \boldsymbol{X}^U\end{cases}\tag{2-111}$$

式中约束函数$g(\boldsymbol{X})$可为结构的任意静动力性态约束，例如，可以是一般机械产品结构优化最常用的特征应力约束，即$g(\boldsymbol{X})=R(\boldsymbol{X})-R_0\leqslant 0$.

很明显，式（2-111）是式（2-108）的特例，因而求其解可以完全套用式（2-109）和式（2-110），即

$$x_n^{(k+1)}=\alpha\left(\lambda G_{x_n}/H_{x_n}\right)^{(k)}+(1-\alpha)x_n^{(k)}\tag{2-112}$$

其中λ由下式决定：

$$\left[\sum_{n=1}^{N}(G_{x_n}G_{x_n}\Big/\mathring{W}_{x_n})\right]\lambda=B\lambda\geqslant G+g/\alpha\tag{2-113}$$

即

$$\lambda\geqslant(G+g/\alpha)/B=(G+g/\alpha)\Big/\left[\sum_{n=1}^{N}(G_{x_n}G_{x_n}\Big/\mathring{W}_{x_n})\right]\tag{2-114}$$

考虑到式（2-48）与式（2-49），当式（2-114）右端非负时，

$$\lambda=\frac{G+g/\alpha}{B}=\frac{G+g/\alpha}{\sum\limits_{n=1}^{N}(G_{x_n}G_{x_n}\Big/\mathring{W}_{x_n})}\geqslant 0\tag{2-115}$$

当式（2-114）右端为负值时，λ取为零. 按前面§1.5对乘子、约束与目标间关系的讨论以及优重设计理论，这时只要通过射线步减少结构重量，必能使式（2-114）右端数值由负值回升为零，从而求得非负乘子. 按式（2-112）反复迭代，直到求得式（2-111）所示优化问题的最优解.

由式（2-112）求得的最优解有

$$\mathring{W}_{x_n}=H_{x_n}\times x_n=\lambda\times G_{x_n}\tag{2-116}$$

对于杆截面与板厚等与重量成正比的设计变量，则有

$$W_{x_n}=H_{x_n}\times x_n=\lambda\times G_{x_n}\tag{2-117}$$

$$W=\sum W_{x_n}=\lambda\times\sum G_{x_n}=\lambda\times G\tag{2-118}$$

仍满足

$$W_{x_n} / W = G_{x_n} / G \quad (n=1,2,\cdots,N) \tag{2-119}$$

即仍然满足“最优结构应按导重正比分配结构重量”的导重准则，各组构件导重与重量之比与结构总导重与结构总重量之比的均方差：

$$\sigma = \sqrt{\sum_{n=1}^{N} \frac{W_{x_n}}{W} \left(\frac{G_{x_n}}{W_{x_n}} - \frac{G}{W} \right)^2} \tag{2-120}$$

与

$$Q = \sigma / [G/W] = W\sigma / G \tag{2-121}$$

仍可作为度量结构优化程度的最优性指标. 该指标越大，结构越远离最优；该指标越小，结构越接近最优；该指标为零时，结构达到最优.

结构单性态约束最轻化设计模型式（2-111）是式（1-75）所示重量约束结构优化设计的对偶问题. 一个是结构重量不变，最优化结构性能（减小最大应力、挠度，或提高强度、刚度、基频等）；另一个是结构性能不变，最轻化结构重量. 两者仅仅是优化目标与性态约束发生了对调，这两种优化设计问题可以互称为对偶优化设计问题. 两者优化的本质都是“结构重量合理分配”，都满足“最优结构应按各组构件的导重正比分配结构重量”的导重准则. 它们形式简练，容易应用，都是机械结构优化设计工程应用最常见的数学模型形式.

2.6.3 各性态约束导重的计算

按照导重法的式（2-37）、式（2-45）、式（2-109）、式（2-110）、式（2-112）与式（2-114）求解工程结构最优化设计之前，必须先计算各设计变量的容重 H_{x_n} 与广义重量 $\mathring{W}_{x_n}$ 以及对各性态约束的导重 $G_{x_n}^j$ 与总导重 G^j. 由于结构重量一般都是设计变量的显函数，容重与广义重量可按照式（2-31）与式（2-32）求得. 下面重点讨论各性态函数导重的计算.

1. 精度函数的导重

由式（2-33）、式（2-34）与式（2-108）知，精度函数总导重 G^1 与其对各设计变量的导重 $G_{x_n}^1$ 为

$$G^1 = \sum_{n=1}^{N} G_{x_n}^1 \tag{2-122}$$

$$G_{x_n}^1 = -x_n \frac{\partial D(\boldsymbol{X})}{\partial x_n} \tag{2-123}$$

在前面的 2.5 节中，将结构精度函数定义为结构特征位移 $D(\boldsymbol{X})$，由其计算表达式（2-97），可求其对各设计变量的导数或称敏度：

$$\begin{aligned}\frac{\partial D(\boldsymbol{X})}{\partial x_n} &= \vartheta\frac{1}{k}\left(\sum_{j=1}^{J}D_j^k(\boldsymbol{X})\Big/J\right)^{\left(\frac{1}{k}-1\right)}\sum_{j=1}^{J}\frac{k}{J}D_j^{k-1}(\boldsymbol{X})\frac{\partial D_j(\boldsymbol{X})}{\partial x_n}\\ &= \frac{\vartheta}{J}\left(\sum_{j=1}^{J}D_j^k(\boldsymbol{X})\Big/J\right)^{\left(\frac{1}{k}-1\right)}\sum_{j=1}^{J}D_j^{k-1}(\boldsymbol{X})\frac{\partial D_j(\boldsymbol{X})}{\partial x_n}\end{aligned} \tag{2-124}$$

由式（2-94）可以计算 $\dfrac{\partial D_j(\boldsymbol{X})}{\partial x_n}=\pm\dfrac{\partial u_j(\boldsymbol{X})}{\partial x_n}\times[u]\Big/\left|[u_j]\right|$ （2-125）

最后归结为结构位移对设计变量的导数 $\partial u_j(\boldsymbol{X})/\partial x_n$ ，即敏度的计算，敏度计算是结构优化计算重要内容，内容丰富，将在第二篇专门介绍.

对于大型高精度天线结构优化，精度函数是对反射面节点位移所引起误差的二次均方根值，这时精度函数 $D(\boldsymbol{X})$ 的指数 k 取 2，ϑ 取 1，将在后面详细介绍.

2. *动力基频函数的导重*

由式（2-33）、式（2-34）与式（2-108）可知

$$G^2=\sum_{n=1}^{N}G_{x_n}^2 \tag{2-126}$$

$$G_{x_n}^2=-x_n\frac{\partial(-\omega^2(\boldsymbol{X}))}{\partial x_n}=x_n\frac{\partial\omega^2(\boldsymbol{X})}{\partial x_n} \tag{2-127}$$

对于动力基频敏度 $\partial\omega^2/\partial x_n$ 的计算，可利用结构动力学方程：

$$\boldsymbol{K\Phi}-\omega^2\boldsymbol{M\Phi}=(\boldsymbol{K}-\omega^2\boldsymbol{M})\boldsymbol{\Phi}=0 \tag{2-128}$$

其中，$\boldsymbol{K}$ 为结构刚度矩阵，$\boldsymbol{M}$ 为结构质量阵，而 ω 和 $\boldsymbol{\Phi}$ 分别为结构谐振圆频率和归一化振型，它们由结构动力学模态分析求得. 归一化要求

$$\boldsymbol{\Phi}^{\mathrm{T}}\boldsymbol{M\Phi}=1 \tag{2-129}$$

令

$$\boldsymbol{K}-\omega^2\boldsymbol{M}=\boldsymbol{H} \tag{2-130}$$

代入式（2-128），得

$$\boldsymbol{H\Phi}=0 \tag{2-131}$$

以 $\boldsymbol{\Phi}^{\mathrm{T}}$ 左乘上式，再对 x_n 求偏导，注意到 $\boldsymbol{H\Phi}=0$ ，可得

$$2\frac{\partial\boldsymbol{\Phi}^{\mathrm{T}}}{\partial x_n}\boldsymbol{H\Phi}+\boldsymbol{\Phi}^{\mathrm{T}}\frac{\partial\boldsymbol{H}}{\partial x_n}\boldsymbol{\Phi}=\boldsymbol{\Phi}^{\mathrm{T}}\frac{\partial\boldsymbol{H}}{\partial x_n}\boldsymbol{\Phi}=0 \tag{2-132}$$

由式（2-130）知

$$\frac{\partial\boldsymbol{H}}{\partial x_n}=\frac{\partial\boldsymbol{K}}{\partial x_n}-\omega^2\frac{\partial\boldsymbol{M}}{\partial x_n}-\frac{\partial\omega^2}{\partial x_n}\boldsymbol{M} \tag{2-133}$$

将式（2-133）代入式（2-132），注意到式（2-129）可得动力基频敏度计算公式为

$$\frac{\partial\omega^2}{\partial x_n}=\boldsymbol{\Phi}^{\mathrm{T}}\left(\frac{\partial\boldsymbol{K}}{\partial x_n}-\omega^2\frac{\partial\boldsymbol{M}}{\partial x_n}\right)\boldsymbol{\Phi} \tag{2-134}$$

式中，结构质量矩阵与刚度矩阵的敏度 $\partial\boldsymbol{K}/\partial x_n$ 、$\partial\boldsymbol{M}/\partial x_n$ 计算将在第二篇的敏度分析中

介绍. 于是，动力基频导重计算可在结构动力模态分析之后顺利进行.

3. 结构特征应力约束的导重

由式（2-33）、式（2-34）与式（2-108）知

$$G^3 = \sum_{n=1}^{N} G^3_{x_n} \tag{2-135}$$

$$G^3_{x_n} = -x_n \frac{\partial R(\boldsymbol{X})}{\partial x_n} \tag{2-136}$$

由结构特征应力 $R(\boldsymbol{X})$ 的表达式，即式（2-89），可求其敏度：

$$\begin{aligned}\frac{\partial R(\boldsymbol{X})}{\partial x_i} &= \xi \frac{1}{k}\left(\sum_{j=1}^{J} R_j^k(\boldsymbol{X})/J\right)^{\left(\frac{1}{k}-1\right)} \sum_{j=1}^{J} \frac{k}{J} R_j^{k-1}(\boldsymbol{X}) \frac{\partial R_j(\boldsymbol{X})}{\partial x_n} \\ &= \frac{\xi}{J}\left(\sum_{j=1}^{J} R_j^k(\boldsymbol{X})/J\right)^{\left(\frac{1}{k}-1\right)} \sum_{j=1}^{J} R_j^{(k-1)}(\boldsymbol{X}) \frac{\partial R_j(\boldsymbol{X})}{\partial x_n}\end{aligned} \tag{2-137}$$

对于桁架结构拉杆

$$\frac{\partial R_j(\boldsymbol{X})}{\partial x_n} = \frac{1}{\psi_j} \frac{\partial \sigma_j(\boldsymbol{X})}{\partial x_n} \tag{2-138}$$

对于桁架结构压杆

$$\frac{\partial R_j(\boldsymbol{X})}{\partial x_n} = \frac{1}{\psi_j}\left(\frac{\sigma_j}{\varphi_j^2} \frac{\partial \varphi_j}{\partial x_n} - \frac{1}{\varphi_j} \frac{\partial \sigma_j(\boldsymbol{X})}{\partial x_n}\right) \tag{2-139}$$

当 x_n 为桁架杆截面积 A_n 时，

$$\frac{\partial \sigma_j(\boldsymbol{X})}{\partial A_n} = \frac{E_j}{l_j} \sum_{e=1}^{E} c_{je} \frac{\partial \boldsymbol{u}_e}{\partial A_n} \tag{2-140}$$

其中 E_j、l_j 为 j 杆的弹性模量与长度，c_{je} 为 j 杆伸长方向与 e 位移方向夹角的余弦，E 为有关位移的总数，式中位移的敏度 $\partial \boldsymbol{u}_e / \partial A_n$ 将在下一篇介绍.

由式（2-86）所示压杆稳定折减系数的表达，可求其敏度 $\partial \varphi_j / \partial x_n$，对于杆截面设计变量：

$$\frac{\partial \varphi_j}{\partial A_n} = 0.41 \sin\left(\frac{\pi}{160} l_j A_j^{-0.55}\right) \times \frac{0.55\pi l_j}{160} A_j^{-1.55} \tag{2-141}$$

将式（2-138）至式（1-241）代入式（2-137）即可求得结构特征应力函数的导重.

§ 2.7　导重法使目标改善约束满足的机理

为什么通过结构优化导重法可以快速计算出结构优化数学模型既能满足约束条件又能使优化目标达到最优的设计呢？可以从以下几方面得到论证.

2.7.1 导重准则与导重的引导作用

通过导重法可快速得到结构优化数学模型满足约束条件下最优解的根本原因在于导重法是基于导重准则进行寻优计算的. 导重准则是衡量结构设计是否最优的标准：最优结构应当按照导重正比分配结构重量. 导重准则是全面考虑了有约束极值理论的库恩-塔克条件严密推导出来的（见 1.4 节），在导重准则的推导中，既能从拉格朗日函数梯度为零出发使优化目标趋于最优，又能从约束条件出发求乘子保证约束的满足，并通过优重设计的迭代调控，保证了所有库恩-塔克条件的满足. 在设计空间为凸集的情况下，设计只要满足导重准则就是相应优化模型的最优解，所幸工程中常见的机械结构优化数学模型的连续变量设计空间都是凸集合.

导重准则的关键量是作者定义的导重. 1.5 节深入论述了导重、总导重的意义以及导重准则的合理性，详细剖析了导重法中依靠导重引导结构设计既能满足约束条件又能使结构趋于最优的机理，并给出了衡量结构优化程度的最优性指标.

2.7.2 导重法迭代式的引导作用

利用导重法进行结构优化归结为形如式（1-106）、式（2-8）、式（2-35）等的导重准则方程组的求解. 采用直接迭代法求解导重准则方程组的典型迭代式形如式（1-108）. 从式（1-107）可以看出导重越大的设计变量迭代后可以变得越大，从而使对应的重量变得越大；反之，导重越小的设计变量迭代后可以变得越小，从而使对应的重量变得越小，所以通过迭代求解准则方程组即可在导重的引导下使得结构按导重正比分配重量，达到使结构趋于最优的目的.

由于采用直接迭代法求解非线性方程组有着严格的收敛条件，准则方程组通常不满足其收敛条件，为保证迭代计算收敛，采用形如式（1-108）、式（2-37）的步长因子迭代法求解. 只要适当选取步长因子，即可保证迭代计算很快趋于收敛. 在第二篇中，作者将对步长因子迭代算法可以保证迭代收敛的原理、步长因子取值范围和步长因子取值方法等进行详细探讨.

2.7.3 步长因子迭代式对目标改善和约束满足的调控作用

以结构单约束最轻化设计寻优迭代式（2-112）为例，讨论步长因子迭代式对目标改善和约束满足的调控作用.

请注意步长因子 $\alpha=0$ 或步长因子很小时结构单性态约束最轻化设计迭代情况：

将式（2-115）代入式（2-112）得单性态约束最轻化设计的设计变量迭代式为

$$x_n^{(k+1)}=\alpha\left(\left(G+\frac{g}{\alpha}\right)\frac{G_{x_n}}{BH_{x_n}}\right)^{(k)}+(1-\alpha)x_n^{(k)} \tag{2-142}$$

即

$$x_n^{(k+1)} = \left((\alpha G + g)\frac{G_{x_n}}{BH_{x_n}} \right)^{(k)} + (1-\alpha)x_n^{(k)} \tag{2-143}$$

当 $\alpha = 0$ 时，

$$x_n^{(k+1)} = \left(g \times \frac{G_{x_n}}{BH_{x_n}} \right)^{(k)} + x_n^{(k)} \neq x_n^{(k)} \tag{2-144}$$

式（2-144）说明：即使步长因子 $\alpha = 0$，通过迭代设计变量也会变化，二者之差为

$$x_n^{(k+1)} - x_n^{(k)} = \left(g \times \frac{G_{x_n}}{BH_{x_n}} \right)^{(k)} \tag{2-145}$$

这将导致：即使步长因子 $\alpha = 0$，迭代后结构重量并不等于迭代前结构重量，二者之差为

$$W_n^{(k+1)} - W_n^{(k)} = \sum_{n=1}^{N}\left(x_n^{(k+1)} - x_n^{(k)} \right) \times H_{x_n}^{(k)} = (g \times G / B)^{(k)} \tag{2-146}$$

式（2-146）说明：当 G、B 都是正值，且 $g>0$ 即性态约束越界时，由于重量目标与性态约束是相互制约的，结构重量增加就会使性态约束由越界的不满足状态趋于回到不越界的满足状态，式（2-146）恰好说明这时即使步长因子 $\alpha = 0$，迭代后结构总重量也会增加，由于式（2-143）对步长因子的连续性，当步长因子为较小正值时，也会有类似情况；反之，当 $g<0$ 即性态约束处于不临界的满足状态时，与性态约束临界满足状态相比，结构总重量还有下降的余地，式（2-146）恰好说明在这种情况下即使步长因子 $\alpha = 0$，迭代后结构总重量也会下降.

这就从另一角度揭示出导重法求解准则方程组步长因子迭代式在优化迭代过程中，既能使优化目标下降，又能使约束得到满足的机理所在.

第二篇　结构优化设计导重法的计算技术

3　结构优化敏度分析

§ 3.1　结构静动力分析基本方程

3.1.1　概述

在第一章中，作者详细论述了由于结构优化虚功法的结构位移采用虚功表达导致优化准则不准和应用范围受限的缺陷，创立了全新的结构优化导重法. 为保证导重法的严密性，位移等结构性态的敏度分析必须甩开位移的虚功表达，立足于结构有限元分析等现代结构分析方法.

结构性态的敏度即结构性态对设计变量的偏导数计算方法有两种：解析法和差分法. 解析法是求准确导数，在本章后面重点详细介绍敏度分析的解析法之前，先介绍敏度分析的差分法. 结构性态 $f(\boldsymbol{X})$ 对设计变量 $x_n(n=1,2,\cdots,N)$ 的敏度即偏导数可以通过计算以下差分得到：

$$[f(\boldsymbol{X}+\Delta x_n)-f(\boldsymbol{X})]/\Delta x_n \approx \partial f(\boldsymbol{X})/\partial x_n \quad (n=1,2,\cdots,N) \tag{3-1}$$

当 Δx_n 足够小时，上式左端的差分就与偏导数足够接近. 由于在最优点迭代收敛，Δx_n 可以足够小，所以在优化迭代中使用差分敏度并不影响优化准则的正确性和解的最优性. 差分法的优点是简单可靠，缺点是计算工作量比解析法大，每个设计变量的差分敏度都需要进行一次结构性态重分析.

利用结构分析软件采用差分法可以方便可靠地计算性态函数对设计变量差分敏度. 具体做法是：给定结构当前设计点的所有设计变量，利用结构分析软件进行结构性态分析计算，得到结构当前设计点的所有性态数值，即可得到上式中的 $f(\boldsymbol{X})$，将当前设计点的第 n 设计变量 x_n 改为$(x_n+\Delta x_n)$，其他设计变量不变，再次利用结构分析软件进行结构性态分析计算，得到第 n 设计变量变化后的所有结构性态数值，即可得到上式中的 $f(\boldsymbol{X}+\Delta x_n)$，从而按上式完成所有结构性态对 x_n 的敏度计算，而后再改变另一设计变量值进行结构分析，求另一设计变量的差分敏度. 可见，按上式进行差分敏度分析计算时，根本不需要知道分析软件结构性态函数的具体表达和计算过程. 所以差分敏度分析除了计算量大的缺点以外，是一种很好的敏度分析方法.

遗憾的是，工程结构有限元分析的计算工作量很大，结构优化设计计算过程所需要的结构分析次数是衡量结构优化方法好坏的重要标准之一. 由于所有设计变量的解析敏度几乎可在同一次结构分析中完成，所以解析敏度分析需要的结构分析次数大大减少. 故结构优化敏度分析的根本出路还在于解析敏度分析.

3.1.2 静力分析方程

求结构在不随时间变化的静载荷作用下发生位移的分析方程为

$$\boldsymbol{KU}=\boldsymbol{P} \tag{3-2}$$

其中：

$$\boldsymbol{U}=[u_1,u_2,\cdots,u_m,\cdots,u_M]^{\mathrm{T}} \tag{3-3}$$

为未知的节点位移列阵，M 为结构位移自由度总数，如果是空间桁架，M 等于结构节点数目的 3 倍，如果为空间刚架或板壳、实体等连续体结构，M 等于节点数目的六倍，各位移自由度的排列顺序：按节点号从小到大排列，同一节点按先平移自由度，后转角自由度排列，如下：

$$\boldsymbol{U}=[u_1, v_1, w_1, \theta_{x1}, \theta_{y1}, \theta_{z1}, u_2, v_2, w_2, \theta_{x2}, \theta_{y2}, \theta_{z2}, \cdots]^{\mathrm{T}}$$

$$\boldsymbol{P}=[p_1,p_2,\cdots,p_m,\cdots,p_M]^{\mathrm{T}} \tag{3-4}$$

为已知的节点载荷列阵，$\boldsymbol{P}$ 阵与 $\boldsymbol{U}$ 阵阶数同为 M，其节点与自由度排列顺序必须与 U 阵完全相同：按节点号从小到大排列，同一节点按先力后力矩排列. 结构载荷包括与结构质量无关的外力载荷和与结构质量有关的质量载荷，如重力、惯性力、过载、离心力等. 在多工况下，载荷阵为列数等于工况数的矩阵.

$$\boldsymbol{K}=\sum \boldsymbol{R}_e^{\mathrm{T}}\boldsymbol{K}_e\boldsymbol{R}_e \tag{3-5}$$

为结构刚度矩阵，其中 $\boldsymbol{K}_e$ 为第 e 单元在局部坐标中的单元刚度矩阵，$\boldsymbol{R}_e$ 为从第 e 单元局部坐标到结构总体坐标的坐标转换矩阵. 约束好的结构刚度矩阵是大型、对称、稀疏、带状、正定的 $M\times M$ 阶方阵，其节点与自由度排列顺序按行、按列均与 $\boldsymbol{U}$ 相同.

静力分析方程式（3-2）是弹性力等于外力的静力平衡方程，该方程的刚度矩阵已经考虑了弹性物理条件与几何位移协调条件. 静力分析计算是由已知的结构刚度矩阵 $\boldsymbol{K}$ 与结构载荷阵 $\boldsymbol{P}$，通过求解式（3-2）所示的大型线性方程组，求得未知的结构位移 $\boldsymbol{U}$. 形式上可表示为

$$\boldsymbol{U}=\boldsymbol{K}^{-1}\boldsymbol{P} \tag{3-6}$$

由于阶数太高，实际上并不真正计算刚度矩阵的逆阵 $\boldsymbol{K}^{-1}$，而是采用 LD 分解回代或波前法等线性代数计算方法计算结构位移 $\boldsymbol{U}$.

结构第 e 单元的应力

$$\boldsymbol{\sigma}_e=\boldsymbol{S}_e\boldsymbol{U}_e=\boldsymbol{D}_e\boldsymbol{B}_e\boldsymbol{U}_e \tag{3-7}$$

其中 $\boldsymbol{\sigma}_e$ 为单元应力向量，$\boldsymbol{S}_e$ 为单元应力矩阵，$\boldsymbol{U}_e$ 为结构分析求得的单元节点位移.

$\boldsymbol{S}_e = \boldsymbol{D}_e \boldsymbol{B}_e$，其中 $\boldsymbol{D}_e$、$\boldsymbol{B}_e$ 分别为单元物理矩阵与单元应变矩阵.

杆系结构第 e 单元的应力还可表示为

$$\boldsymbol{\sigma}_e = \boldsymbol{T}_e \boldsymbol{N}_e = \boldsymbol{T}_e \boldsymbol{K}_e \boldsymbol{R}_e \boldsymbol{U}_e \tag{3-8}$$

其中 $\boldsymbol{N}_e$ 为单元节点内力向量，其维数与单元自由度总数相同；$\boldsymbol{T}_e$ 为与截面特性有关的局部坐标内力-应力转换矩阵，如桁架杆单元杆为 $1/A_e$；梁单元为由 $1/A_e$、$1/W_X$、$1/W_Y$，…等元素组成的矩阵. $\boldsymbol{\sigma}_e$ 可能是一项，如桁架杆单元为拉压应力 N_e/A_e；也可能是多项，如梁单元不同点上的拉压、各向弯曲、扭转应力 N_e/A_e、$\pm M_X / W_X$、$\pm M_Y / W_Y,\cdots$.

$\boldsymbol{K}_e \boldsymbol{R}_e \boldsymbol{U}_e$ 为节点位移引起单元变形的单元节点内力向量，其中 $\boldsymbol{K}_e$、$\boldsymbol{R}_e$、$\boldsymbol{U}_e$ 分别为局部坐标单元刚阵、坐标转换矩阵和由结构分析所求得的单元节点位移.

3.1.3 动力分析方程

（1）动力分析的一般性方程

$$\boldsymbol{K}\boldsymbol{U} + \boldsymbol{C}\boldsymbol{U}' + \boldsymbol{M}\boldsymbol{U}'' = \boldsymbol{F}(t) \tag{3-9}$$

其中 $\boldsymbol{U}$、$\boldsymbol{U}'$、$\boldsymbol{U}''$ 为节点位移及其对时间的一阶导数和二阶导数；$\boldsymbol{K}$、$\boldsymbol{C}$、$\boldsymbol{M}$ 分别为结构刚度矩阵、阻尼矩阵与质量矩阵；$\boldsymbol{F}(t)$ 为外载荷阵，$\boldsymbol{F}$ 是时间的函数.

动力分析方程式（3-9）也是力的平衡方程，它表示结构变形弹性力、质点振动阻尼力与质点振动惯性力三者之和等于外载荷. 结构动力分析是计算结构在动态载荷 $\boldsymbol{F}(t)$ 作用下时域内的位移 $\boldsymbol{U}(t)$ 和相应的应力，结构动力分析还可计算频域内的结构频率响应与谱响应等.

式（3-9）所示方程具有广泛一般性，可包括结构静动力分析的各种情况. 在静力分析时，由于载荷 $\boldsymbol{F}$ 与节点位移 $\boldsymbol{U}$ 不随时间变化，位移对时间的一阶导数 $\boldsymbol{U}'$ 与二阶导数 $\boldsymbol{U}''$ 均为零，式（3-9）即成为式（3-2）所示静力分析方程形式.

（2）模态分析方程

结构自由振动时，外载荷 $\boldsymbol{F}(t)$ 与阻尼矩阵 $\boldsymbol{C}$ 为零，动力分析方程式（2-9）变成

$$\boldsymbol{K}\boldsymbol{\phi} + \boldsymbol{M}\boldsymbol{\phi}'' = (\boldsymbol{K} - \omega^2 \boldsymbol{M})\boldsymbol{\phi} = 0 \tag{3-10}$$

式（3-10）即为计算结构自由振动频率与振型的模态分析方程. 式中 ω、$\boldsymbol{\phi}$ 分别为结构振动的角频率和相应的振型. 求振动模态（ω^2、$\boldsymbol{\phi}$）是结构的广义特征值计算问题，ω^2、$\boldsymbol{\phi}$ 分别为结构的广义特征值与特征向量. 结构的模态总数等于结构的自由度总数，一般只计算决定结构动力刚度的频率最低的几阶模态. 结构模态分析计算常采用子空间迭代法，它可求出结构的最低 N 阶基频和相应的振型，并可采用斯多姆序列检查校核求得的模态是否有遗漏. 更先进的模态分析方法是波前法，或称“拟波前子空间迭代法”.

常用的振型归一化方程为

$$\boldsymbol{\phi}^{\mathrm{T}} \boldsymbol{M} \boldsymbol{\phi} = 1 \tag{3-11}$$

对高层建筑结构，振型归一化方程也可能采用如下形式：

$$\max_{i}\{\phi_i\}=1 \tag{3-12}$$

即令振型中的节点位移最大值为 1.

§ 3.2 结构位移与构件应力的敏度分析

结构位移与构件应力敏度分析是计算结构位移与构件应力对优化设计变量的偏导数.

3.2.1 结构位移敏度分析

位移敏度分析是结构优化中最基本、最常用的敏度分析. 位移敏度分析计算有以下两种方法：

1. *求全位移敏度的敏度载荷法*[71, 74]

由式（3-2）所示的结构静力分析方程 $\boldsymbol{KU}=\boldsymbol{P}$，两边对设计变量 x_n 求偏导，注意矩阵运算的顺序性，可得

$$\frac{\partial \boldsymbol{K}}{\partial x_n}\boldsymbol{U}+\boldsymbol{K}\frac{\partial \boldsymbol{U}}{\partial x_n}=\frac{\partial \boldsymbol{P}}{\partial x_n} \tag{3-13}$$

由式（3-13）得

$$\frac{\partial \boldsymbol{U}}{\partial x_n}=\boldsymbol{K}^{-1}\left(\frac{\partial \boldsymbol{P}}{\partial x_n}-\frac{\partial \boldsymbol{K}}{\partial x_n}\boldsymbol{U}\right) \tag{3-14}$$

设

$$\tilde{\boldsymbol{P}}_n=\frac{\partial \boldsymbol{P}}{\partial x_n}-\frac{\partial \boldsymbol{K}}{\partial x_n}\boldsymbol{U} \tag{3-15}$$

称为设计变量 x_n 的敏度载荷，它是一个列阵. 则式（3-14）可表示为

$$\frac{\partial \boldsymbol{U}}{\partial x_n}=\boldsymbol{K}^{-1}\tilde{\boldsymbol{P}}_n \tag{3-16}$$

由式（3-16）知

$$\boldsymbol{K}\left(\frac{\partial \boldsymbol{U}}{\partial x_n}\right)=\tilde{\boldsymbol{P}}_n \tag{3-17}$$

即全位移列阵 $\boldsymbol{U}$ 随设计变量 x_n 变化的敏度列阵 $\partial\boldsymbol{U}/\partial x_n$，它可看作是结构在设计变量 x_n 的

敏度载荷 $\tilde{\boldsymbol{P}}_n$ 作用下产生的位移列阵.

令

$$[\tilde{P}_1, \tilde{P}_2, \cdots, \tilde{P}_n, \cdots, \tilde{P}_N] = \tilde{\boldsymbol{P}} \tag{3-18}$$

$\tilde{\boldsymbol{P}}$ 是 $M\times N$ 阶矩阵, M 与 N 分别为结构自由度总数与设计变量总数. 则计算全位移列阵 $\boldsymbol{U}$ 对所有设计变量敏度的公式可表示为

$$\boldsymbol{K}\left(\frac{\partial \boldsymbol{U}}{\partial \boldsymbol{X}}\right) = \tilde{\boldsymbol{P}} \tag{3-19}$$

计算

$$\frac{\partial \boldsymbol{U}}{\partial \boldsymbol{X}} = \boldsymbol{K}^{-1}\tilde{\boldsymbol{P}} \tag{3-20}$$

即全位移 $\boldsymbol{U}$ 对所有设计变量 $\boldsymbol{X} = [x_1, x_2, \cdots, x_n, \cdots, x_N]^{\mathrm{T}}$ 的敏度 $\partial \boldsymbol{U}/\partial \boldsymbol{X}$，它可看作是结构在 $M\times N$ 阶敏度载荷矩阵 $\tilde{\boldsymbol{P}}$ 作用下产生的位移，它也是一个 $M\times N$ 阶矩阵.

说明:

1）本方法用于求所有节点位移即全位移的敏度，对于涉及位移较多的结构优化，如对涉及多点位移决定的位移精度、构件应力等的结构优化尤其适用.

2）式（3-20）中虽然有 $\boldsymbol{K}^{-1}$，但实际计算时，并不需要对刚度矩阵 $\boldsymbol{K}$ 求逆，也不必作对刚度矩阵作 LD 分解，只要在结构分析[式（3-6）]时将 $\boldsymbol{K}$ 的 LD 分解结果存起来，然后在敏度分析时，利用原来的 LD 分解结果回代即可. 一个设计变量相当于一种工况，回代 N 次即可求得 N 个设计变量的全位移敏度.

3）式（3-15）中 $\partial \boldsymbol{P}/\partial x_n$ 一般并不为 0，尤其对于天线结构、航空航天器结构、高速运转的精密机械结构等，由于与结构质量成正比的自重载荷或惯性载荷是其主要载荷，结构设计变量变化必然引起结构质量的重新分布，$\partial \boldsymbol{P}/\partial x_n$ 绝对不可忽略，很多结构优化方法尤其是虚功法认为它为零，必然会使优化效果受到很大影响，这也正是导重法较虚功法优越的关键之一.

4）按照式（3-14）计算全位移敏度之前，需要先计算结构刚度矩阵与载荷阵的敏度，结构刚度矩阵与载荷阵的敏度计算方法将在后面介绍.

2. 求单个位移敏度的虚载荷法

由式（3-2）所示的结构静力分析方程 $\boldsymbol{KU} = \boldsymbol{P}$，两边对设计变量 x_n 求偏导，注意矩阵运算的顺序性，可得

$$\frac{\partial \boldsymbol{K}}{\partial x_n}\boldsymbol{U} + \boldsymbol{K}\frac{\partial \boldsymbol{U}}{\partial x_n} = \frac{\partial \boldsymbol{P}}{\partial x_n} \tag{3-21}$$

由式（3-21）得

$$\frac{\partial \boldsymbol{U}}{\partial x_n}=\boldsymbol{K}^{-1}\left(\frac{\partial \boldsymbol{P}}{\partial x_n}-\frac{\partial \boldsymbol{K}}{\partial x_n}\boldsymbol{U}\right) \tag{3-22}$$

为得到全位移向量 $\boldsymbol{U}$ 中的某一指定的单个位移 u_m 对设计变量的敏度 $\partial u_m/\partial x_n$ 对式（3-22）两边左乘行向量

$$\boldsymbol{e}^{\mathrm{T}}=[0,\cdots,1,\cdots,0] \tag{3-23}$$

该行阵中只有与 u_m 相应的第 m 元素为 1，其余元素为 0，可得

$$\frac{\partial u_m}{\partial x_n}=\boldsymbol{e}^{\mathrm{T}}\boldsymbol{K}^{-1}\frac{\partial \boldsymbol{P}}{\partial x_n}-\boldsymbol{e}^{\mathrm{T}}\boldsymbol{K}^{-1}\frac{\partial \boldsymbol{K}}{\partial x_n}\boldsymbol{U} \tag{3-24}$$

两边转置，注意到刚度矩阵的对称性，可得

$$\frac{\partial u_m}{\partial x_n}=\frac{\partial \boldsymbol{P}^{\mathrm{T}}}{\partial x_n}\boldsymbol{K}^{-1}\boldsymbol{e}-\boldsymbol{U}^{\mathrm{T}}\frac{\partial \boldsymbol{K}}{\partial x_n}\boldsymbol{K}^{-1}\boldsymbol{e} \tag{3-25}$$

将 $\boldsymbol{e}$ 视为施加于结构上的虚载荷，它引起的虚位移为

$$\boldsymbol{K}^{-1}\boldsymbol{e}=\boldsymbol{U}^{\mathrm{V}} \tag{3-26}$$

则式（3-25）可表示为

$$\frac{\partial u_m}{\partial x_n}=\left(\frac{\partial \boldsymbol{P}^{\mathrm{T}}}{\partial x_n}-\boldsymbol{U}^{\mathrm{T}}\frac{\partial \boldsymbol{K}}{\partial x_n}\right)\boldsymbol{U}^{\mathrm{V}}\quad (m=1\sim M,\ n=1\sim N) \tag{3-27}$$

说明：

1）本方法用于求某一指定位移 u_m 的敏度，而一般结构优化要求的位移敏度一般绝非仅一个位移 u_m 的敏度.

2）由式（3-26）求虚载荷 $\boldsymbol{e}$ 引起的虚位移 $\boldsymbol{U}^{\mathrm{V}}$，需要利用刚度矩阵 $\boldsymbol{K}$ 原来的 LD 分解结果回代一次，如需求多个位移敏度，则需回代多次.

3）很多文献中[51]都舍去了式（3-27）中的 $\partial \boldsymbol{P}^{\mathrm{T}}/\partial x_n$，这对惯性载荷为主的天线结构、航空航天器结构、高速运转的精密机械结构等会造成很大误差.

4）按照式（3-27）计算单个位移敏度之前，需要先计算结构刚度矩阵与载荷阵的敏度，结构刚度矩阵与载荷阵的敏度计算方法将在后面给出.

3.2.2　构件应力敏度分析

按照式（2-7）结构第 e 单元的应力为

$$\boldsymbol{\sigma}_e=\boldsymbol{S}_e\boldsymbol{U}_e=\boldsymbol{D}_e\boldsymbol{B}_e\boldsymbol{U}_e \tag{3-28}$$

其中 $\boldsymbol{\sigma}_e$ 为单元应力向量，$\boldsymbol{S}_e$ 为单元应力矩阵，$\boldsymbol{U}_e$ 为结构分析求得的单元节点位移.

$S_e = D_e B_e$，其中 D_e、B_e 分别为单元弹性物理矩阵与单元应变矩阵. 结构第 e 单元的应力的敏度为

$$\frac{\partial \boldsymbol{\sigma}_e}{\partial x_n} = \frac{\partial \boldsymbol{D}_e}{\partial x_n}\boldsymbol{B}_e\boldsymbol{U}_e + \boldsymbol{D}_e\frac{\partial \boldsymbol{B}_e}{\partial x_n}\boldsymbol{U}_e + \boldsymbol{D}_e\boldsymbol{B}_e\frac{\partial \boldsymbol{U}_e}{\partial x_n} \tag{3-29}$$

其中单元弹性物理矩阵 $\boldsymbol{D}_e$ 与构件材料性质有关，对构件材料不变的结构优化设计，其敏度为零. 单元应变矩阵 $\boldsymbol{B}_e$ 与单元形状有关，对杆截面、板厚等构件尺寸变量，其敏度为零.

杆系结构第 e 单元的应力还可表示为

$$\boldsymbol{\sigma}_e = \boldsymbol{T}_e\boldsymbol{N}_e = \boldsymbol{T}_e\boldsymbol{K}_e\boldsymbol{R}_e\boldsymbol{U}_e \tag{3-30}$$

其中 $\boldsymbol{N}_e$ 为单元节点内力向量，其维数与单元自由度总数相同；$\boldsymbol{T}_e$ 为与截面特性有关的局部坐标内力-应力转换矩阵，对桁架杆单元杆为 $1/A_e$；对梁单元为由 $1/A_e$、$1/W_X$、$1/W_Y$…元素组成的矩阵，$\boldsymbol{K}_e$、$\boldsymbol{R}_e$、$\boldsymbol{U}_e$ 分别为局部坐标单元刚阵、坐标转换阵和由结构分析所求得的单元节点位移. 杆系结构第 e 单元应力的敏度为

$$\frac{\partial \boldsymbol{\sigma}_e}{\partial x_n} = \frac{\partial \boldsymbol{T}_e}{\partial x_n}\boldsymbol{K}_e\boldsymbol{R}_e\boldsymbol{U}_e + \boldsymbol{T}_e\frac{\partial \boldsymbol{K}_e}{\partial x_n}\boldsymbol{R}_e\boldsymbol{U}_e + \boldsymbol{T}_e\boldsymbol{K}_e\frac{\partial \boldsymbol{R}_e}{\partial x_n}\boldsymbol{U}_e + \boldsymbol{T}_e\boldsymbol{K}_e\boldsymbol{R}_e\frac{\partial \boldsymbol{U}_e}{\partial x_n} \tag{3-31}$$

其中 $\partial \boldsymbol{U}_e/\partial x_n$ 为前述结构全位移敏度中相应于该单元位移的部分；$\partial \boldsymbol{K}_e/\partial x_n$、$\partial \boldsymbol{R}_e/\partial x_n$ 分别为单元刚阵与坐标转换阵的敏度，将在下节给出. $\partial \boldsymbol{T}_e/\partial x_n$ 为应力转换阵的敏度，与构件截面特性及相应应力的位置有关，对构件尺寸变量的敏度非零. 在以上各项中，根据单元性质的不同（杆、梁）和变量性质的不同（构件尺寸变量、几何变量等），可能某些项为 0.

结构构件单元内任一点的复合应力按第四强度理论取 Von-Mises 应力为

$$\boldsymbol{\sigma}_{A_e} = \sqrt{\boldsymbol{\sigma}_e^2 + 3\boldsymbol{\tau}_e^2} \tag{3-32}$$

其敏度为

$$\frac{\partial \boldsymbol{\sigma}_{A_e}}{\partial x_n} = \frac{1}{\boldsymbol{\sigma}_{A_e}}\left[\boldsymbol{\sigma}_e\frac{\partial \boldsymbol{\sigma}_e}{\partial x_n} + 3\boldsymbol{\tau}_e\frac{\partial \boldsymbol{\tau}_e}{\partial x_n}\right] \tag{3-33}$$

式中正应力 $\boldsymbol{\sigma}_e$ 与剪应力 $\boldsymbol{\tau}_e$ 的敏度可按前面应力敏度分析公式计算.

§ 3.3　刚度矩阵与载荷阵的敏度分析

3.3.1　桁架结构刚度矩阵与载荷阵对杆件截面积变量 A_n 的敏度

结构总体刚度矩阵 $\boldsymbol{K}$ 与扩充为总刚阶数的单元刚阵 $\boldsymbol{K}_e$ 的关系可表示为

$$\boldsymbol{K}=\sum_{e=1}^{E}\boldsymbol{K}_e \tag{3-34}$$

其中，E 为结构单元总数. 由于杆单元的刚度矩阵与杆截面积成正比，故

$$\frac{\partial \boldsymbol{K}}{\partial A_n}=\sum_{e=1}^{E_n}\frac{\partial \boldsymbol{K}_e}{\partial A_n}=\frac{1}{A_n}\sum_{e=1}^{E_n}\boldsymbol{K}_e \tag{3-35}$$

其中，E_n 为截面积为 A_n 的杆件总数，$\boldsymbol{K}_e$ 为杆单元刚度矩阵.

与桁架杆单元类似，由于平面应力与平面应变板单元的刚度矩阵与板厚变量也成正比，故其敏度也有类似的表达

$$\frac{\partial \boldsymbol{K}}{\partial t_n}=\sum_{e=1}^{E_n}\frac{\partial \boldsymbol{K}_e}{\partial t_n}=\frac{1}{t_n}\sum_{e=1}^{E_n}\boldsymbol{K}_e \tag{3-36}$$

其中，E_n 为板厚为 t_n 的平面应力板单元总数，$\boldsymbol{K}_e$ 为平面应力板单元刚度矩阵.

对于包括杆单元与梁单元的杆系结构，自重载荷的敏度为

$$\frac{\partial \boldsymbol{P}}{\partial A_n}=\frac{1}{2}\gamma\begin{Bmatrix}\vdots\\0\\\vdots\\\sum_{e=1}^{E}l_e\\\vdots\\0\\\vdots\end{Bmatrix} \tag{3-37}$$

其中，右端列阵除与截面积等于 A_n 的杆相连的节点对应的方向向下的元素非零外，其余元素均为零，E 为与该节点相连截面积等于 A_n 的杆件总数. 仿照式（3-37）不难推得任意结构的自重载荷阵或惯性载荷阵对构件尺寸变量的敏度表达.

3.3.2　含梁单元结构刚度矩阵对尺寸变量的敏度

1. 梁单元设计变量的选取

在节点坐标给定梁单元长度不变情况下，梁单元的刚度特性和应力分布与梁单元截面的细节尺寸成非线性关系，如图 3-1 所示工字梁细节尺寸为梁宽 x_1、梁高 x_2 以及上下突缘和腹板厚度 x_3、x_4 等. 严格地讲，这些细节尺寸都应作为设计变量. 所以含梁单元结构的优化具有设计变量多，非线性次数高的特点.

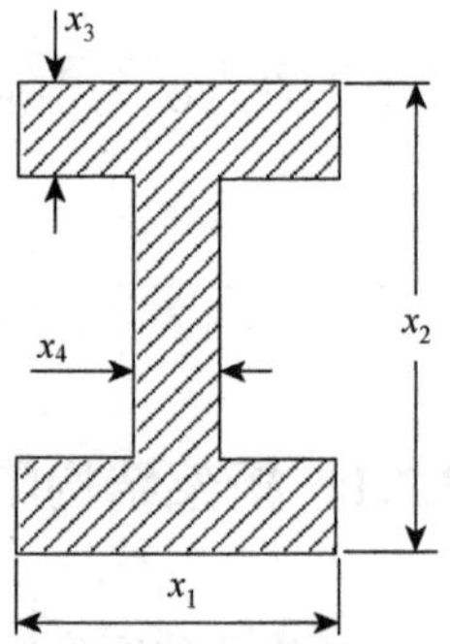

图 3-1　梁单元细节变量

在建筑、桥梁等工程结构设计中，由于常使用标准型材，可

将梁截面惯性矩（J_x、J_y、J_z）及截面积（A）等处理为一个独立设计变量（如截面积 A）的近似函数，如可认为 $J_x = aA^b$（a、b 均为常数）等，这样，梁元就只具有一个构件尺寸设计变量即杆件截面积变量，从而使问题得以简化. 对于要求严格的飞行器等精密结构，由于构件可根据实际需要加工，为提高计算精度和优化效果，梁单元就具有了多个细节尺寸变量，即形状设计变量.

2. 刚度矩阵 $\boldsymbol{K}$ 对梁单元截面细节尺寸变量 x_n 的敏度

由于结构总体刚度矩阵 $\boldsymbol{K}$ 与梁单元局部坐标刚度矩阵 $\boldsymbol{K}_e$ 的关系可表为

$$\boldsymbol{K} = \sum_{e=1}^{E} (\boldsymbol{R}_e^{\mathrm{T}} \boldsymbol{K}_e \boldsymbol{R}_e) \tag{3-38}$$

其中，$\boldsymbol{R}_e$ 为坐标转换阵，E 为结构单元总数，$\boldsymbol{K}_e$ 为如式（3-39）所示的梁单元局部坐标刚度矩阵. 注意，式（3-38）中的叠加是将 $\boldsymbol{R}_e^{\mathrm{T}} \boldsymbol{K}_e \boldsymbol{R}_e$ 扩充为总体刚度矩阵阶数后的叠加.

$$\boldsymbol{K}_e = \begin{bmatrix}
\frac{AE}{L} & 0 & 0 & 0 & 0 & 0 & \frac{-AE}{L} & 0 & 0 & 0 & 0 & 0 \\
0 & \frac{12EJ_z}{L^3} & 0 & 0 & 0 & \frac{6EJ_z}{L^2} & 0 & \frac{-12EJ_z}{L^3} & 0 & 0 & 0 & \frac{6EJ_z}{L^2} \\
0 & 0 & \frac{12EJ_y}{L^3} & 0 & \frac{-6EJ_y}{L^2} & 0 & 0 & 0 & \frac{-12EJ_y}{L^3} & 0 & \frac{-6EJ_y}{L^2} & 0 \\
0 & 0 & 0 & \frac{GJ_x}{L} & 0 & 0 & 0 & 0 & 0 & \frac{-GJ_x}{L} & 0 & 0 \\
0 & 0 & \frac{-6EJ_y}{L^2} & 0 & \frac{4EJ_y}{L} & 0 & 0 & 0 & \frac{6EJ_y}{L^2} & 0 & \frac{2EJ_y}{L} & 0 \\
0 & \frac{6EJ_z}{L^2} & 0 & 0 & 0 & \frac{4EJ_z}{L} & 0 & \frac{-6EJ_z}{L^2} & 0 & 0 & 0 & \frac{2EJ_z}{L} \\
\frac{-AE}{L} & 0 & 0 & 0 & 0 & 0 & \frac{AE}{L} & 0 & 0 & 0 & 0 & 0 \\
0 & \frac{-12EJ_z}{L^3} & 0 & 0 & 0 & \frac{-6EJ_z}{L^2} & 0 & \frac{12EJ_z}{L^3} & 0 & 0 & 0 & \frac{-6EJ_z}{L^2} \\
0 & 0 & -\frac{12EJ_y}{L^3} & 0 & \frac{6EJ_y}{L^2} & 0 & 0 & 0 & \frac{12EJ_y}{L^3} & 0 & \frac{6EJ_y}{L^2} & 0 \\
0 & 0 & 0 & -\frac{GJ_x}{L} & 0 & 0 & 0 & 0 & 0 & \frac{GJ_x}{L} & 0 & 0 \\
0 & 0 & \frac{-6EJ_y}{L^2} & 0 & \frac{2EJ_y}{L} & 0 & 0 & 0 & \frac{6EJ_y}{L^2} & 0 & \frac{4EJ_y}{L} & 0 \\
0 & \frac{6EJ_z}{L^2} & 0 & 0 & 0 & \frac{2EJ_z}{L} & 0 & \frac{-6EJ_z}{L^2} & 0 & 0 & 0 & \frac{4EJ_z}{L}
\end{bmatrix} \tag{3-39}$$

含梁单元结构刚度矩阵 $\boldsymbol{K}$ 对截面细节变量 x_n 的敏度为

$$\frac{\partial \boldsymbol{K}}{\partial x_n}=\sum_{e=1}^{E}\boldsymbol{R}_e^{\mathrm{T}}\frac{\partial \boldsymbol{K}_e}{\partial x_n}\boldsymbol{R}_e \tag{3-40}$$

梁单元局部坐标刚度矩阵 $\boldsymbol{K}_e$ 对截面细节变量 x_n 的敏度为

$$\frac{\partial \boldsymbol{K}_e}{\partial x_n}=\frac{\partial \boldsymbol{K}_e}{\partial A}\frac{\partial A}{\partial x_n}+\frac{\partial \boldsymbol{K}_e}{\partial J_x}\frac{\partial J_x}{\partial x_n}+\frac{\partial \boldsymbol{K}_e}{\partial J_y}\frac{\partial J_y}{\partial x_n}+\frac{\partial \boldsymbol{K}_e}{\partial J_z}\frac{\partial J_z}{\partial x_n} \tag{3-41}$$

其中，A 为第 e 梁单元截面积，J_x、J_y、J_z 分别为截面局部坐标内的轴向扭转惯性矩与两惯性主轴方向弯曲惯矩，具有 $J_x \leqslant J_y+J_z$．令 $\boldsymbol{K}_e^A=\dfrac{\partial \boldsymbol{K}_e}{\partial A}$、$\boldsymbol{K}_e^x=\dfrac{\partial \boldsymbol{K}_e}{\partial J_x}$、$\boldsymbol{K}_e^y=\dfrac{\partial \boldsymbol{K}_e}{\partial J_y}$、$\boldsymbol{K}_e^z=\dfrac{\partial \boldsymbol{K}_e}{\partial J_z}$，它们的具体表达为式（3-42）～式（3-45）．

$$\boldsymbol{K}_e^A=\begin{bmatrix}
\frac{E}{L} & 0 & 0 & 0 & 0 & 0 & -\frac{E}{L} & 0 & 0 & 0 & 0 & 0\\
0 & & & & & & 0 & & & & & \\
0 & & & & & & 0 & & & & & \\
0 & & & 0 & & & 0 & & & 0 & & \\
0 & & & & & & 0 & & & & & \\
0 & & & & & & 0 & & & & & \\
-\frac{E}{L} & 0 & 0 & 0 & 0 & 0 & \frac{E}{L} & 0 & 0 & 0 & 0 & 0\\
0 & & & & & & 0 & & & & & \\
0 & & & & & & 0 & & & & & \\
0 & & & 0 & & & 0 & & & 0 & & \\
0 & & & & & & 0 & & & & & \\
0 & 0 & 0 & 0 & 0 & 0 & 0 & 0 & 0 & 0 & 0 & 0
\end{bmatrix} \tag{3-42}$$

$$\boldsymbol{K}_e^x=\begin{bmatrix}
 & & & 0 & & & & & & 0 & & \\
 & 0 & & 0 & & & 0 & & & 0 & & 0\\
 & & & 0 & & & & & & 0 & & \\
0 & 0 & 0 & \frac{G}{L} & 0 & 0 & 0 & 0 & 0 & -\frac{G}{L} & 0 & 0\\
 & & & 0 & & & & & & 0 & & \\
 & & & 0 & & & & & & 0 & & \\
 & 0 & & 0 & & & 0 & & & 0 & & 0\\
 & & & 0 & & & & & & 0 & & \\
 & & & 0 & & & & & & 0 & & \\
0 & 0 & 0 & -\frac{G}{L} & 0 & 0 & 0 & 0 & 0 & \frac{G}{L} & 0 & 0\\
 & 0 & & 0 & & & 0 & & & 0 & & 0\\
 & & & 0 & & & & & & 0 & &
\end{bmatrix} \tag{3-43}$$

$$
\boldsymbol{K}_e^y = \begin{bmatrix}
0 & 0 & 0 & 0 & 0 & 0 & 0 & 0 & 0 & 0 & 0 & 0 \\
0 & 0 & 0 & 0 & 0 & 0 & 0 & 0 & 0 & 0 & 0 & 0 \\
0 & 0 & \frac{12E}{L^3} & 0 & -\frac{6E}{L^2} & 0 & 0 & 0 & -\frac{12E}{L^3} & 0 & -\frac{6E}{L^2} & 0 \\
0 & 0 & 0 & 0 & 0 & 0 & 0 & 0 & 0 & 0 & 0 & 0 \\
0 & 0 & -\frac{6E}{L^2} & 0 & \frac{4E}{L} & 0 & 0 & 0 & \frac{6E}{L^2} & 0 & \frac{2E}{L} & 0 \\
0 & 0 & 0 & 0 & 0 & 0 & 0 & 0 & 0 & 0 & 0 & 0 \\
0 & 0 & 0 & 0 & 0 & 0 & 0 & 0 & 0 & 0 & 0 & 0 \\
0 & 0 & 0 & 0 & 0 & 0 & 0 & 0 & 0 & 0 & 0 & 0 \\
0 & 0 & -\frac{12E}{L^3} & 0 & \frac{6E}{L^2} & 0 & 0 & 0 & \frac{12E}{L^3} & 0 & \frac{6E}{L^2} & 0 \\
0 & 0 & 0 & 0 & 0 & 0 & 0 & 0 & 0 & 0 & 0 & 0 \\
0 & 0 & -\frac{6E}{L^2} & 0 & \frac{2E}{L} & 0 & 0 & 0 & \frac{6E}{L^2} & 0 & \frac{4E}{L} & 0 \\
0 & 0 & 0 & 0 & 0 & 0 & 0 & 0 & 0 & 0 & 0 & 0
\end{bmatrix} \tag{3-44}
$$

$$
\boldsymbol{K}_e^z = \begin{bmatrix}
0 & 0 & 0 & 0 & 0 & 0 & 0 & 0 & 0 & 0 & 0 & 0 \\
0 & \frac{12E}{L^3} & 0 & 0 & 0 & \frac{6E}{L^2} & 0 & -\frac{12E}{L^3} & 0 & 0 & 0 & \frac{6E}{L^2} \\
0 & 0 & 0 & 0 & 0 & 0 & 0 & 0 & 0 & 0 & 0 & 0 \\
0 & 0 & 0 & 0 & 0 & 0 & 0 & 0 & 0 & 0 & 0 & 0 \\
0 & 0 & 0 & 0 & 0 & 0 & 0 & 0 & 0 & 0 & 0 & 0 \\
0 & \frac{6E}{L} & 0 & 0 & 0 & \frac{4E}{L} & 0 & -\frac{6E}{L^2} & 0 & 0 & 0 & \frac{2E}{L} \\
0 & 0 & 0 & 0 & 0 & 0 & 0 & 0 & 0 & 0 & 0 & 0 \\
0 & -\frac{12E}{L^2} & 0 & 0 & 0 & -\frac{6E}{L^2} & 0 & \frac{12E}{L^3} & 0 & 0 & 0 & -\frac{6E}{L^2} \\
0 & 0 & 0 & 0 & 0 & 0 & 0 & 0 & 0 & 0 & 0 & 0 \\
0 & 0 & 0 & 0 & 0 & 0 & 0 & 0 & 0 & 0 & 0 & 0 \\
0 & 0 & 0 & 0 & 0 & 0 & 0 & 0 & 0 & 0 & 0 & 0 \\
0 & \frac{6E}{L^2} & 0 & 0 & 0 & \frac{2E}{L} & 0 & -\frac{6E}{L^2} & 0 & 0 & 0 & \frac{4E}{L}
\end{bmatrix} \tag{3-45}
$$

于是式（3-41）可表为 $\dfrac{\partial \boldsymbol{K}_e}{\partial x_n} = \boldsymbol{K}_e^A \dfrac{\partial A}{\partial x_n} + \boldsymbol{K}_e^x \dfrac{\partial J_x}{\partial x_n} + \boldsymbol{K}_e^y \dfrac{\partial J_y}{\partial x_n} + \boldsymbol{K}_e^z \dfrac{\partial J_z}{\partial x_n}$ （3-46）

而 A_j、J_x、J_y、J_z 对截面细节变量 x_n 的导数不难根据实际截面形状的数学表达直接求得，将式（3-42）～式（3-45）代入式（3-46），即可求得含梁单元结构刚度矩阵 $\boldsymbol{K}$ 对截面细节变量 x_n 的敏度.

3.3.3 含梁单元结构质量矩阵对尺寸变量的敏度

含梁元结构质量阵为

$$\boldsymbol{M}=\sum_{e=1}^{E}\boldsymbol{R}_e^{\mathrm{T}}\boldsymbol{M}_e\boldsymbol{R}_e \tag{3-47}$$

其中，$\boldsymbol{M}_e$ 为第 e 梁元的质量矩阵，注意式（3-47）中的叠加将 $\boldsymbol{R}_e^{\mathrm{T}}\boldsymbol{M}_e\boldsymbol{R}_e$ 扩充为总纲阶数后的叠加. $\boldsymbol{M}_e$ 的较精确的表达为

$$\boldsymbol{M}_e=\frac{\gamma\, l_e A_e}{420}\begin{bmatrix}
140 & & & & & & 70 & & & & & \\
 & 156 & & & & 22l_e & & 54 & & & & -13l_e \\
 & & 156 & & -22l_e & & & & 54 & & 13l_e & \\
 & & & \dfrac{140J_x}{A_e} & & & & & & \dfrac{70J_x}{A_e} & & \\
 & & -22l_e & & 4l_e^2 & & & & -13l_e & & -3l_e^2 & \\
 & 22l_e & & & & 4l_e^2 & & 13l_e & & & & -3l_e^2 \\
70 & & & & & & 140 & & & & & \\
 & 54 & & & & 13l_e & & 156 & & & & -22l_e \\
 & & 54 & & -13l_e & & & & 156 & & 22l_e & \\
 & & & \dfrac{70J_x}{A_e} & & & & & & \dfrac{140J_x}{A_e} & & \\
 & & 13l_e & & -3l_e^2 & & & & 22l_e & & 4l_e^2 & \\
 & -13l_e & & & & -3l_e^2 & & -22l_e & & & & 4l_e^2
\end{bmatrix} \tag{3-48}$$

其中，γ 为材料密度，l_e、A_e、J_x 分别为第 e 梁元长度、截面积和轴向惯性矩. 可以看出，$\boldsymbol{M}_e$ 中仅 A_e、J_x 与截面细节变量有关，故它对 x_n 的导数 $\partial\boldsymbol{M}_e/\partial x_n$ 不难求得，进而可得到

$$\frac{\partial\boldsymbol{M}}{\partial x_n}=\sum_{e=1}^{E}\boldsymbol{R}_e^{\mathrm{T}}\frac{\partial\boldsymbol{M}_e}{\partial x_n}\boldsymbol{R}_e \tag{3-49}$$

3.3.4 板壳结构刚度矩阵对板厚变量的敏度

板壳单元刚度矩阵可分解为平面应力板单元刚度矩阵与抗弯板单元刚度矩阵，即

$$\boldsymbol{K}_e^s=\boldsymbol{K}_e^p+\boldsymbol{K}_e^b \tag{3-50}$$

其中，$\boldsymbol{K}_e^s$、$\boldsymbol{K}_e^p$、$\boldsymbol{K}_e^b$ 分别为板壳单元刚度矩阵及其分解成的平面应力板单元刚度矩阵与抗弯板单元刚度矩阵. 因此，板壳结构刚度矩阵对板厚变量 t_n 的敏度可表达为

$$\frac{\partial\boldsymbol{K}_e^s}{\partial t_n}=\frac{\partial\boldsymbol{K}_e^p}{\partial t_n}+\frac{\partial\boldsymbol{K}_e^b}{\partial t_n} \tag{3-51}$$

其中，平面应力板单元刚度矩阵与单元板厚变量 t_n 成正比关系，而抗弯板单元刚度矩阵与单元板厚变量 t_n 的三次方成正比，故板壳单元刚度矩阵的敏度可表为

$$\frac{\partial\boldsymbol{K}_e^s}{\partial t_n}=\frac{\boldsymbol{K}_e^p}{t_n}+3\frac{\boldsymbol{K}_e^b}{t_n} \tag{3-52}$$

3.3.5　刚度矩阵对结构几何形状变量的敏度

结构几何形状变量指影响结构形状的设计变量，如圆柱形结构的高度、半径等. 结构几何形状优化是较结构构件尺寸（杆截面、板厚）优化更高层次的优化，具有更好的优化效果.

根据结构刚度矩阵 $\boldsymbol{K}$ 与梁单元局部坐标刚度矩阵 $\boldsymbol{K}_e$ 的关系 $\boldsymbol{K}=\sum_{e=1}^{E}(\boldsymbol{R}_e^{\mathrm{T}}\boldsymbol{K}_e\boldsymbol{R}_e)$，其中，$\boldsymbol{R}_e$ 为坐标转换阵，E 为结构单元总数，结构刚度矩阵 $\boldsymbol{K}$ 对结构任一几何形状变量 v_n 的敏度为

$$\frac{\partial \boldsymbol{K}}{\partial v_n}=\sum_{e=1}^{E}\boldsymbol{R}_e^{\mathrm{T}}\frac{\partial \boldsymbol{K}_e}{\partial v_n}\boldsymbol{R}_e+2\sum_{e=1}^{E}\boldsymbol{R}_e^{\mathrm{T}}\boldsymbol{K}_e\frac{\partial \boldsymbol{R}_e}{\partial v_n} \tag{3-53}$$

涉及局部坐标单元刚阵 $\boldsymbol{K}_e$ 与坐标转换阵 $\boldsymbol{R}_e$ 对几何变量 v_n 的敏度.

局部坐标单元刚阵 $\boldsymbol{K}_e$ 对几何变量 v_n 的敏度归结为单元长度、面积、体积对几何变量的敏度. 坐标转换阵 $\boldsymbol{R}_e$ 对几何变量 v_n 的敏度归结为两节点连线与总体坐标轴夹角之方向余弦的敏度. 故尽管不同单元类型结构刚度矩阵对几何变量的敏度有不同的形式，但其基本元素均为长度与方向余弦对几何变量的敏度.

3.3.6　长度与方向余弦对几何变量的敏度

两节点 i、j 连线的长度 l 为

$$l=\sqrt{(x_i-x_j)^2+(y_i-y_j)^2+(z_i-z_j)^2} \tag{3-54}$$

其中，x_i、x_j、y_i、y_j、z_i、z_j 为 i、j 两节点在总体坐标系中的各向坐标值. 该长度 l 对任一几何变量 v_n 的敏度为

$$\begin{aligned}\frac{\partial l}{\partial v_n}&=\frac{\partial l}{\partial x_i}\cdot\frac{\partial x_i}{\partial v_n}+\frac{\partial l}{\partial x_j}\cdot\frac{\partial x_j}{\partial v_n}+\frac{\partial l}{\partial y_i}\cdot\frac{\partial y_i}{\partial v_n}+\frac{\partial l}{\partial y_j}\cdot\frac{\partial y_j}{\partial v_n}+\frac{\partial l}{\partial z_i}\cdot\frac{\partial z_i}{\partial v_n}+\frac{\partial l}{\partial z_j}\cdot\frac{\partial z_j}{\partial v_n}\\&=\lambda\left(\frac{\partial x_i}{\partial v_n}-\frac{\partial x_j}{\partial v_n}\right)+\mu\left(\frac{\partial y_i}{\partial v_n}-\frac{\partial y_j}{\partial v_n}\right)+\nu\left(\frac{\partial z_i}{\partial v_n}-\frac{\partial z_j}{\partial v_n}\right)\end{aligned} \tag{3-55}$$

其中，λ、μ、ν 为两点连线在总体坐标系中的方向余弦，其表达式为

$$\lambda=(x_i-x_j)/l,\quad \mu=(y_i-y_j)/l,\quad \nu=(z_i-z_j)/l$$

方向余弦 λ、μ、ν 对任一几何变量 v_n 的敏度为

$$\left\{\begin{aligned}\frac{\partial\lambda}{\partial v_n}&=-\frac{1}{l}\left[(\lambda^2-1)\left(\frac{\partial x_i}{\partial v_n}-\frac{\partial x_j}{\partial v_n}\right)+\lambda\mu\left(\frac{\partial y_i}{\partial v_n}-\frac{\partial y_j}{\partial v_n}\right)+\lambda\nu\left(\frac{\partial z_i}{\partial v_n}-\frac{\partial z_j}{\partial v_n}\right)\right]\\\frac{\partial\mu}{\partial v_n}&=-\frac{1}{l}\left[\mu\lambda\left(\frac{\partial x_i}{\partial v_n}-\frac{\partial x_j}{\partial v_n}\right)+(\mu^2-1)\left(\frac{\partial y_i}{\partial v_n}-\frac{\partial y_j}{\partial v_n}\right)+\mu\nu\left(\frac{\partial z_i}{\partial v_n}-\frac{\partial z_j}{\partial v_n}\right)\right]\\\frac{\partial\nu}{\partial v_n}&=-\frac{1}{l}\left[\nu\lambda\left(\frac{\partial x_i}{\partial v_n}-\frac{\partial x_j}{\partial v_n}\right)+\nu\mu\left(\frac{\partial y_i}{\partial v_n}-\frac{\partial y_j}{\partial v_n}\right)+(\nu^2-1)\left(\frac{\partial z_i}{\partial v_n}-\frac{\partial z_j}{\partial v_n}\right)\right]\end{aligned}\right. \tag{3-56}$$

§ 3.4 结构基频与振型的敏度分析

3.4.1 结构谐振频率敏度分析

结构谐振频率（或称结构自然频率）$f=\omega/(2\pi)$，其中，f为自然频率，ω为相应的角频率. 按照结构模态分析方程式（3-10）：

$$\boldsymbol{K\phi}+\boldsymbol{M}\,\boldsymbol{\phi}''=(\boldsymbol{K}-\omega^2\boldsymbol{M})\,\boldsymbol{\phi}=0 \tag{3-57}$$

其中，$\boldsymbol{K}$ 为结构刚度矩阵，$\boldsymbol{M}$ 为结构质量矩阵，$\boldsymbol{\phi}$ 为与 ω^2 相应的振型. 对结构进行模态分析，其广义特征值为 ω^2，说明 ω^2 与 $\boldsymbol{KM}^{-1}$ 成广义正比关系，故结构谐振频率的敏度取 $\partial\omega^2/\partial x_n$ 较为合理，当然，也可按实际要求取为$\partial f/\partial x_n$，两者的关系为

$$\frac{\partial\omega^2(\boldsymbol{X})}{\partial x_n}=2\omega\frac{\partial\omega(\boldsymbol{X})}{\partial x_n}=4\pi f\frac{\partial[2\pi f(\boldsymbol{X})]}{\partial x_n}=8\pi^2 f\frac{\partial f(\boldsymbol{X})}{\partial x_n} \tag{3-58}$$

结构谐振频率敏度$\partial\omega^2/\partial x_n$的计算，可利用结构模态分析方程式（2-62）和振型归一化方程：

$$\boldsymbol{\phi}^{\mathrm{T}}\boldsymbol{M\phi}=1 \tag{3-59}$$

令

$$\boldsymbol{K}-\omega^2\boldsymbol{M}=\boldsymbol{H} \tag{3-60}$$

代入式（3-57），得

$$\boldsymbol{H\phi}=0 \tag{3-61}$$

以$\boldsymbol{\phi}^{\mathrm{T}}$左乘上式，再对$x_n$求偏导，注意到$\boldsymbol{H\phi}=0$，可得

$$2\frac{\partial\boldsymbol{\phi}^{\mathrm{T}}}{\partial x_n}\boldsymbol{H\phi}+\boldsymbol{\phi}^{\mathrm{T}}\frac{\partial\boldsymbol{H}}{\partial x_n}\boldsymbol{\phi}=\boldsymbol{\phi}^{\mathrm{T}}\frac{\partial\boldsymbol{H}}{\partial x_n}\boldsymbol{\phi}=0 \tag{3-62}$$

由式（3-60）得

$$\frac{\partial\boldsymbol{H}}{\partial x_n}=\frac{\partial\boldsymbol{K}}{\partial x_n}-\omega^2\frac{\partial\boldsymbol{M}}{\partial x_n}-\frac{\partial\omega^2}{\partial x_n}\boldsymbol{M} \tag{3-63}$$

将式（3-63）代入式（3-62），得

$$\boldsymbol{\phi}^{\mathrm{T}}\left(\frac{\partial\boldsymbol{K}}{\partial x_n}-\omega^2\frac{\partial\boldsymbol{M}}{\partial x_n}\right)\boldsymbol{\phi}=\boldsymbol{\phi}^{\mathrm{T}}\frac{\partial\omega^2}{\partial x_n}\boldsymbol{M\phi} \tag{3-64}$$

注意到式（3-59）可得谐振频率敏度计算公式为

$$\frac{\partial\omega^2}{\partial x_n}=\boldsymbol{\phi}^{\mathrm{T}}\left(\frac{\partial\boldsymbol{K}}{\partial x_n}-\omega^2\frac{\partial\boldsymbol{M}}{\partial x_n}\right)\boldsymbol{\phi} \tag{3-65}$$

结构刚度矩阵$\partial\boldsymbol{K}/\partial x_n$的敏度计算已在§3.3 中给出. 结构质量阵$\boldsymbol{M}$常近似取为将单元质量均匀分布于与该单元相连各节点三个平动自由度上的堆聚质量（dumpling）阵，有时也精确地取为满秩的一致质量（consistant mass）阵. 例如含梁单元构质量阵为式（3-48）所示. 无论是堆聚质量阵，或是一致质量阵，都不难根据具体表达计算结构质量矩阵的敏度$\partial\boldsymbol{M}/\partial x_n$，故结构谐振频率敏度分析可在结构动力分析之后顺利进行.

3.4.2 结构振型的敏度分析

1. 振型敏度分析方法之一

（1）振型敏度的表达

由式（3-61）得

$$\boldsymbol{H}\frac{\partial \boldsymbol{\phi}}{\partial x_n} = -\frac{\partial \boldsymbol{H}}{\partial x_n}\boldsymbol{\phi} \tag{3-66}$$

由式（3-60）得

$$\frac{\partial \boldsymbol{H}}{\partial x_n} = \frac{\partial \boldsymbol{K}}{\partial x_n} - \omega^2\frac{\partial \boldsymbol{M}}{\partial x_n} - \frac{\partial \omega^2}{\partial x_n}\boldsymbol{M} \tag{3-67}$$

其中，$\frac{\partial \boldsymbol{K}}{\partial x_n}$、$\frac{\partial \boldsymbol{M}}{\partial x_n}$、$\frac{\partial \omega^2}{\partial x_n}$在前面的§ 3.3 与§ 3.4 中已经给出. 令

$$\boldsymbol{B} = -\frac{\partial \boldsymbol{H}}{\partial x_n}\boldsymbol{\phi} = -\left(\frac{\partial \boldsymbol{K}}{\partial x_n} - \omega^2\frac{\partial \boldsymbol{M}}{\partial x_n} - \frac{\partial \omega^2}{\partial x_n}\boldsymbol{M}\right)\boldsymbol{\phi} \tag{3-68}$$

由式（3-66）得

$$\boldsymbol{H}\frac{\partial \boldsymbol{\phi}}{\partial x_n} = \boldsymbol{B} \tag{3-69}$$

将式（3-69）视为以振型敏度$\frac{\partial \boldsymbol{\phi}}{\partial x_n}$为未知向量的线性方程组，设$\omega^2$是结构的单个特征值，即结构的所有特征值中只有一个数值等于它，则系数方阵$\boldsymbol{H}$的秩比振型向量$\boldsymbol{\phi}$的维数少一，即该方程组的独立方程个数比振型敏度向量的未知数个数少一，该方程组是具有无穷多个解的奇异方程组. 根据线性代数理论，该奇异方程组式（3-69）的通解可表示为它的一个特解加上它对应的齐次方程组的解，即式（3-69）的通解可表示为

$$\frac{\partial \boldsymbol{\phi}}{\partial x_n} = \boldsymbol{\phi}^0 + \gamma\boldsymbol{\phi} \tag{3-70}$$

其中$\boldsymbol{\phi}^0$是一个满足下列方程的特解

$$\boldsymbol{H}\boldsymbol{\phi}^0 = \boldsymbol{B} \tag{3-71}$$

式（3-70）中$\boldsymbol{\phi}$就是原来的振型，因为根据式（3-61）它当然满足下列齐次方程组

$$\boldsymbol{H}\boldsymbol{\phi} = 0 \tag{3-72}$$

γ是一个任意实数，于是振型敏度分析就转化为$\boldsymbol{\phi}^0$与γ的确定.

（2）确定$\boldsymbol{\phi}^0$

将振型向量$\boldsymbol{\phi}$表示为$\boldsymbol{\phi} = \{\phi_m\}$，其中$m$是$\boldsymbol{\phi}$向量中元素的序号，令

$$|\phi_k| = \max_m\{|\phi_m|\} \tag{3-73}$$

将式（3-72）所示齐次方程写为分块形式：

$$\begin{bmatrix} \boldsymbol{H}_{MM} & \boldsymbol{H}_{Mk} & \boldsymbol{H}_{MN} \\ \boldsymbol{H}_{kM} & \boldsymbol{H}_{kk} & \boldsymbol{H}_{kN} \\ \boldsymbol{H}_{NM} & \boldsymbol{H}_{Nk} & \boldsymbol{H}_{NN} \end{bmatrix} \begin{Bmatrix} \boldsymbol{\phi}_M \\ \phi_k \\ \boldsymbol{\phi}_N \end{Bmatrix} = \begin{Bmatrix} [0] \\ 0 \\ [0] \end{Bmatrix} \tag{3-74}$$

由式（3-74）得

$$\begin{bmatrix} \boldsymbol{H}_{MM} & \boldsymbol{H}_{MN} \\ \boldsymbol{H}_{kM} & \boldsymbol{H}_{kN} \\ \boldsymbol{H}_{NM} & \boldsymbol{H}_{NN} \end{bmatrix} \begin{Bmatrix} \boldsymbol{\phi}_M \\ \\ \boldsymbol{\phi}_N \end{Bmatrix} = -\phi_k \begin{Bmatrix} \boldsymbol{H}_{Mk} \\ \boldsymbol{H}_{kk} \\ \boldsymbol{H}_{Nk} \end{Bmatrix} \tag{3-75}$$

因为$\phi_k \neq 0$，式（3-75）表示$\boldsymbol{H}$阵的第k列可写为其余列的线性组合形式，而其余列是线性独立的，所以式（3-71）中的下列线性方程组的系数方阵是满秩的非奇异阵：

$$\begin{bmatrix} \boldsymbol{H}_{MM} & \boldsymbol{H}_{MN} \\ \boldsymbol{H}_{NM} & \boldsymbol{H}_{NN} \end{bmatrix} \begin{Bmatrix} \boldsymbol{\phi}_M^0 \\ \boldsymbol{\phi}_N^0 \end{Bmatrix} = \begin{Bmatrix} \boldsymbol{B}_M \\ \boldsymbol{B}_N \end{Bmatrix} \tag{3-76}$$

式中$\boldsymbol{B}_M$、$\boldsymbol{B}_N$是式（3-68）所示$\boldsymbol{B}$向量的相应部分. 求解式（3-76）所示具有唯一解的方程组，并令$\phi_k^0 = 0$，可得

$$\boldsymbol{\phi}^0 = \begin{Bmatrix} \boldsymbol{\phi}_M^0 \\ 0 \\ \boldsymbol{\phi}_N^0 \end{Bmatrix} \tag{3-77}$$

（3）确定γ

由振型归一化表达式（3-59）得

$$2\boldsymbol{\phi}^{\mathrm{T}} \boldsymbol{M} \frac{\partial \boldsymbol{\phi}}{\partial x_n} + \boldsymbol{\phi}^{\mathrm{T}} \frac{\partial \boldsymbol{M}}{\partial x_n} \boldsymbol{\phi} = 0 \tag{3-78}$$

将式（3-70）代入式（3-78），注意到式（3-59）所示振型归一化条件，可得

$$\gamma = -\left(\boldsymbol{\phi}^{\mathrm{T}} \boldsymbol{M} \boldsymbol{\phi}^0 + \frac{1}{2} \boldsymbol{\phi}^{\mathrm{T}} \frac{\partial \boldsymbol{M}}{\partial x_n} \boldsymbol{\phi} \right) \tag{3-79}$$

由于求解式（3-76）所示方程组的计算工作量太大，下面给出计算工作量较小的振型敏度分析方法.

2. 振型敏度分析方法之二

（1）由于结构的全部振型可以构成一个线性独立的基底，第j振型的敏度可以表示为全部振型的线性组合：

$$\frac{\partial \boldsymbol{\phi}_j}{\partial x_n} = \sum_m \beta_{jm} \boldsymbol{\phi}_m \tag{3-80}$$

将式（3-80）代入式（3-66），两边左乘以任一振型的转置$\boldsymbol{\phi}_k^{\mathrm{T}}$，可得

$$\boldsymbol{\phi}_k^{\mathrm{T}} \boldsymbol{H}_j \sum_m \beta_{jm} \boldsymbol{\phi}_m = \boldsymbol{\phi}_k^{\mathrm{T}} (\boldsymbol{K} - \omega_j^2 \boldsymbol{M}) \sum_m \beta_{jm} \boldsymbol{\phi}_m = -\boldsymbol{\phi}_k^{\mathrm{T}} \frac{\partial \boldsymbol{H}_j}{\partial x_n} \boldsymbol{\phi}_j \tag{3-81}$$

根据振型正交原理与归一化条件，

当$m = k$时，有

$$\boldsymbol{\phi}_k^{\mathrm{T}}\boldsymbol{K}\boldsymbol{\phi}_m=\omega_k^2 \tag{3-82}$$

$$\boldsymbol{\phi}_k^{\mathrm{T}}\omega_j^2\boldsymbol{M}\boldsymbol{\phi}_m=\omega_j^2 \tag{3-83}$$

当 $m \neq k$ 时，有

$$\boldsymbol{\phi}_k^{\mathrm{T}}\boldsymbol{K}\boldsymbol{\phi}_m=\boldsymbol{\phi}_k^{\mathrm{T}}\omega_j^2\boldsymbol{M}\boldsymbol{\phi}_m=0 \tag{3-84}$$

当 $k \neq j$ 时，有展开式（3-81），代入式（3-82）～式（3-84），得

$$\boldsymbol{\phi}_k^{\mathrm{T}}(\boldsymbol{K}-\omega_j^2\boldsymbol{M})\sum_m\beta_{jm}\boldsymbol{\phi}_m=(\omega_k^2-\omega_j^2)\beta_{jk}=-\boldsymbol{\phi}_k^{\mathrm{T}}\frac{\partial\boldsymbol{H}_j}{\partial x_n}\boldsymbol{\phi}_j$$

即

$$\beta_{jk}=\left(\boldsymbol{\phi}_k^{\mathrm{T}}\frac{\partial\boldsymbol{H}_j}{\partial x_n}\boldsymbol{\phi}_j\right)\Big/(\omega_j^2-\omega_k^2) \tag{3-85}$$

当 $k=j$ 时，由振型归一化条件 $\boldsymbol{\phi}_k^{\mathrm{T}}\boldsymbol{M}\boldsymbol{\phi}_j=1$，得

$$2\boldsymbol{\phi}_j^{\mathrm{T}}\boldsymbol{M}\frac{\partial\boldsymbol{\phi}_j}{\partial x_n}+\boldsymbol{\phi}_j^{\mathrm{T}}\frac{\partial\boldsymbol{M}}{\partial x_n}\boldsymbol{\phi}_j=0 \tag{3-86}$$

将式（3-80）代入式（3-86），得

$$2\boldsymbol{\phi}_j^{\mathrm{T}}\boldsymbol{M}\sum_m\beta_{jm}\boldsymbol{\phi}_m=-\boldsymbol{\phi}_j^{\mathrm{T}}\frac{\partial\boldsymbol{M}}{\partial x_n}\boldsymbol{\phi}_j \tag{3-87}$$

展开式（3-87），利用振型正交原理与归一化条件，得

$$\beta_{jj}=-\frac{1}{2}\boldsymbol{\phi}_j^{\mathrm{T}}\frac{\partial\boldsymbol{M}}{\partial x_n}\boldsymbol{\phi}_j \tag{3-88}$$

将式（3-85）、式（3-88）代入式（3-80），得结构第 j 振型的敏度表达为

$$\begin{aligned}\frac{\partial\boldsymbol{\phi}_j}{\partial x_n}&=\beta_{jj}\boldsymbol{\phi}_j+\sum_{m\neq j}\beta_{jm}\boldsymbol{\phi}_m\\&=\left(-\frac{1}{2}\boldsymbol{\phi}_j^{\mathrm{T}}\frac{\partial\boldsymbol{M}}{\partial x_n}\boldsymbol{\phi}_j\right)\boldsymbol{\phi}_j+\sum_{m\neq j}\left(\boldsymbol{\phi}_m^{\mathrm{T}}\frac{\partial\boldsymbol{H}_j}{\partial x_n}\boldsymbol{\phi}_j\right)\boldsymbol{\phi}_m\Big/\left(\omega_j^2-\omega_m^2\right)\\&=\left(-\frac{1}{2}\boldsymbol{\phi}_j^{\mathrm{T}}\frac{\partial\boldsymbol{M}}{\partial x_n}\boldsymbol{\phi}_j\right)\boldsymbol{\phi}_j+\sum_{m\neq j}\left(\boldsymbol{\phi}_m^{\mathrm{T}}\frac{\partial\boldsymbol{K}}{\partial x_n}\boldsymbol{\phi}_j-\boldsymbol{\phi}_m^{\mathrm{T}}\omega^2\frac{\partial\boldsymbol{M}}{\partial x_n}\boldsymbol{\phi}_j\right)\boldsymbol{\phi}_m\Big/\left(\omega_j^2-\omega_m^2\right)\end{aligned} \tag{3-89}$$

$\dfrac{\partial\boldsymbol{K}}{\partial x_n}$、$\dfrac{\partial\boldsymbol{M}}{\partial x_n}$ 在前面的§3.3 与§3.4 中已经给出.

（2）近似算法

按照表达式（3-89）进行振型敏度分析需要计算结构的全部 M 阶谱振频率与振型，其计算工作量是很大的. 下面的近似计算方法只需要计算结构的最低 $L(L\ll M)$ 阶谱振频率及其振型即可.

在式（3-89）中

$$\sum_{m\neq j}\beta_{jm}\boldsymbol{\phi}_m=\sum_{\substack{m\neq j\\m=1}}^{L}\left(\boldsymbol{\phi}_m^{\mathrm{T}}\frac{\partial \boldsymbol{H}_j}{\partial x_n}\boldsymbol{\phi}_j\right)\boldsymbol{\phi}_m\Big/\left(\omega_j^2-\omega_m^2\right)+\sum_{m=L+1}^{M}\left(\boldsymbol{\phi}_m^{\mathrm{T}}\frac{\partial \boldsymbol{H}_j}{\partial x_n}\boldsymbol{\phi}_j\right)\boldsymbol{\phi}_m\Big/\left(\omega_j^2-\omega_m^2\right) \tag{3-90}$$

其中求和式上的 M 为结构全部振型的总数，即结构自由度总数.

对于大谐振频率差问题，有

$$\omega_j^2-\omega_m^2\approx-\omega_m^2 \tag{3-91}$$

将式（3-91）代入式（3-90），得

$$\begin{aligned}\sum_{m\neq j}\beta_{jm}\boldsymbol{\phi}_m&\approx\sum_{\substack{m\neq j\\m=1}}^{L}\left(\boldsymbol{\phi}_m^{\mathrm{T}}\frac{\partial \boldsymbol{H}_j}{\partial x_n}\boldsymbol{\phi}_j\right)\boldsymbol{\phi}_m\Big/\left(\omega_j^2-\omega_m^2\right)-\sum_{m=L+1}^{M}\left(\boldsymbol{\phi}_m^{\mathrm{T}}\frac{\partial \boldsymbol{H}_j}{\partial x_n}\boldsymbol{\phi}_j\right)\boldsymbol{\phi}_m\Big/\omega_m^2\\&=\sum_{\substack{m\neq j\\m=1}}^{L}\left(\boldsymbol{\phi}_m^{\mathrm{T}}\frac{\partial \boldsymbol{H}_j}{\partial x_n}\boldsymbol{\phi}_j\right)\boldsymbol{\phi}_m\Big/\left(\omega_j^2-\omega_m^2\right)+\sum_{m=1}^{L}\left(\boldsymbol{\phi}_m^{\mathrm{T}}\frac{\partial \boldsymbol{H}_j}{\partial x_n}\boldsymbol{\phi}_j\right)\boldsymbol{\phi}_m\Big/\omega_m^2-\sum_{m=1}^{M}\left(\boldsymbol{\phi}_m^{\mathrm{T}}\frac{\partial \boldsymbol{H}_j}{\partial x_n}\boldsymbol{\phi}_j\right)\boldsymbol{\phi}_m\Big/\omega_m^2\end{aligned} \tag{3-92}$$

因为

$$\boldsymbol{K}^{-1}=\boldsymbol{\Phi}\,\mathrm{diag}\,\{1/\omega_m^2\}\,\boldsymbol{\Phi}^{\mathrm{T}}=\sum_{m=1}^{M}\boldsymbol{\phi}_m\boldsymbol{\phi}_m^{\mathrm{T}}\Big/\omega_m^2 \tag{3-93}$$

其中$\boldsymbol{\Phi}$为结构全部振型组成的方阵，$\mathrm{diag}\,\{1/\omega_m^2\}$为结构全部谐振频率的倒数构成的对角方阵. 将式（3-93）代入式（3-92），得

$$\begin{aligned}\sum_{m\neq j}\beta_{jm}\boldsymbol{\phi}_m&\approx\sum_{\substack{m\neq j\\m=1}}^{L}\left(\boldsymbol{\phi}_m^{\mathrm{T}}\frac{\partial \boldsymbol{H}_j}{\partial x_n}\boldsymbol{\phi}_j\right)\boldsymbol{\phi}_m\Big/\left(\omega_j^2-\omega_m^2\right)-\sum_{m=L+1}^{M}\left(\boldsymbol{\phi}_m^{\mathrm{T}}\frac{\partial \boldsymbol{H}_j}{\partial x_n}\boldsymbol{\phi}_j\right)\boldsymbol{\phi}_m\Big/\omega_m^2\\&=\sum_{\substack{m\neq j\\m=1}}^{L}\left(\boldsymbol{\phi}_m^{\mathrm{T}}\frac{\partial \boldsymbol{H}_j}{\partial x_n}\boldsymbol{\phi}_j\right)\boldsymbol{\phi}_m\Big/\left(\omega_j^2-\omega_m^2\right)+\sum_{m=1}^{L}\left(\boldsymbol{\phi}_m^{\mathrm{T}}\frac{\partial \boldsymbol{H}_j}{\partial x_n}\boldsymbol{\phi}_j\right)\boldsymbol{\phi}_m\Big/\omega_m^2-\boldsymbol{K}^{-1}\frac{\partial \boldsymbol{H}_j}{\partial x_n}\boldsymbol{\phi}_j\end{aligned} \tag{3-94}$$

将式（3-94）代入式（3-89），得结构振型敏度分析的近似计算公式为

$$\begin{aligned}\frac{\partial \boldsymbol{\phi}_j}{\partial x_n}\approx&\left(-\frac{1}{2}\boldsymbol{\phi}_j^{\mathrm{T}}\frac{\partial \boldsymbol{M}}{\partial x_n}\boldsymbol{\phi}_j\right)\boldsymbol{\phi}_j+\sum_{\substack{m\neq j\\m=1}}^{L}\left(\boldsymbol{\phi}_m^{\mathrm{T}}\frac{\partial \boldsymbol{H}_j}{\partial x_n}\boldsymbol{\phi}_j\right)\boldsymbol{\phi}_m\Big/\left(\omega_j^2-\omega_m^2\right)\\&+\sum_{m=1}^{L}\left(\boldsymbol{\phi}_m^{\mathrm{T}}\frac{\partial \boldsymbol{H}_j}{\partial x_n}\boldsymbol{\phi}_j\right)\boldsymbol{\phi}_m\Big/\omega_m^2-\boldsymbol{K}^{-1}\frac{\partial \boldsymbol{H}_j}{\partial x_n}\boldsymbol{\phi}_j\end{aligned} \tag{3-95}$$

§ 3.5 结构优化的差分敏度分析

3.5.1 工程结构优化中敏度分析的困难

结构优化计算的关键是要求出目标函数、约束函数等结构形态函数 $f(\boldsymbol{X})$ 对各个设计变量的导数 $\partial f(\boldsymbol{X})/\partial x_i$，即计算结构位移应力质量等动静力特性对各设计变量的导数即灵敏度，简称敏度分析，结构敏度计算是结构优化计算的重要内容. 本章前几节给出敏度分析是结构形态对各设计变量准确的敏度计算，称为解析敏度分析. 解析敏度分析涉及结构

刚度矩阵、质量矩阵、坐标转换矩阵与载荷阵等对各类设计变量的复杂求导计算，这就使得在复杂的工程结构优化中通过编制计算机计算程序实现导重法的工程应用对于一般工程技术人员而言并非易事.

3.5.2 差分敏度

在工程结构优化中实现敏度分析的另一有效途径是进行差分敏度分析. 任意结构形态函数 $f(\boldsymbol{X})$ 对各设计变量 x_i 的差分敏度分析通过以下途径实现：

因为任意结构形态函数 $f(\boldsymbol{X})$ 对各设计变量 x_i 的偏导数即真实敏度定义为

$$\partial f(\boldsymbol{X})/\partial x_i = \lim_{\Delta x_i \to 0}\{[f(\boldsymbol{X}+\Delta x_i)-f(\boldsymbol{X})]/\Delta x_i\} \tag{3-96}$$

当 Δx_i 足够小时，$[f(\boldsymbol{X}+\Delta x_i)-f(\boldsymbol{X})]/\Delta x_i$ 就是形态函数 $f(\boldsymbol{X})$ 对变量 x_i 的差分敏度. 可见差分敏度是近似敏度.

$$[f(\boldsymbol{X}+\Delta x_i)-f(\boldsymbol{X})]/\Delta x_i = \Delta f(\boldsymbol{X})/\Delta x_i \approx \partial f(\boldsymbol{X})/\partial x_i \tag{3-97}$$

当 Δx_i 趋于无限小时，差分敏度的极限就是真实敏度. 在工程结构优化中，并不需要绝对准确的真实敏度，当 Δx_i 足够小时，与解析敏度相比差分敏度对优化结果几乎没有影响，是完全可以接受的.

3.5.3 差分敏度分析

根据差分敏度定义：

$$\Delta f(\boldsymbol{X})/\Delta x_i = [f(\boldsymbol{X}+\Delta x_i)-f(\boldsymbol{X})]/\Delta x_i \tag{3-98}$$

多变量形态函数 $f(\boldsymbol{X})$ 对某设计变量 x_i 的差分敏度计算可通过以下步骤实现：

1）计算该形态函数在当前设计点的数值 $f(\boldsymbol{X})$；

2）给定某设计变量 x_i 的一个足够小的变化量 Δx_i，对于构件尺寸变量，一般可取，为该设计变量的 0.002 到 0.02 倍，其他设计变量不变；

3）计算该形态函数在设计变量 x_i 等于 $x_i+\Delta x_i$，其他设计变量不变即设计点移动到 $\boldsymbol{X}+\Delta x_i$ 情况时的数值 $f(\boldsymbol{X}+\Delta x_i)$；

4）计算 $[f(\boldsymbol{X}+\Delta x_i)-f(\boldsymbol{X})]/\Delta x_i$，即形态函数 $f(\boldsymbol{X})$ 对设计变量 x_i 的差分敏度.

3.5.4 利用结构分析商用软件实现差分敏度分析计算

一般的结构分析商用软件如 ANSYS 并不提供真正意义的敏度分析计算. 由于商用软件不提供源程序，用户无法深入其源程序进行改造以实现解析敏度分析，我们可以充分利用商用软件的结构分析功能通过上述步骤计算结构形态函数的差分敏度计算，其中第 1）步与第 3）步的结构形态函数计算就可利用商用软件的结构分析实现.

有些具有优化模块结构分析的商用软件如 ANSYS 可以进行结构形态的梯度计算，其梯度的各个分量就是结构形态函数对各设计变量差分敏度.

3.5.5 差分敏度分析的优缺点

与解析敏度相比差分敏度分析具有以下优缺点：

1）差分敏度分析公式简单，编程容易，不易出错，且有商用软件可供利用；

2）每个设计变量的差分敏度分析都需要进行一次结构形态再分析计算，计算量大.

4 非线性准则方程组求解的直接迭代步长因子法

§4.1 概 述

4.1.1 结构优化求解的迭代格式与优化效率

目前，结构优化设计方法与迭代算法越来越多，但大多数优化算法不是应用范围窄，就是算法繁杂，编程困难. 因此，寻找一种应用范围广，计算效率高，算法稳定，无需人为干预，编程简单的优化方法及其迭代算法是结构优化科研工作者与应用工程师们的迫切愿望.

结构优化方法主要有数学规划法与准则法两大类. 数学规划法的本质是根据当前设计点的形态函数及其梯度信息，确定寻优方向和步长，一步步逼近最优点，其迭代通式为 $\boldsymbol{X}^{(k+1)}=\boldsymbol{X}^{(k)}+\alpha^{(k)}\boldsymbol{S}^{(K)}$，其中 α 是迭代步长，$\boldsymbol{S}$ 是迭代方向. 数学规划法的优点是有较强的数学基础，通用性好，可求解不同性质的优化问题，但由于结构优化问题是涉及高次非线性隐函数的非线性规划，随着设计变量与约束条件的增加，求解问题规模的加大，采用数学规划法需要的结构分析次数即迭代计算次数迅速增加，采用一般的数学规划法优化效率低、效果差，尤其是优化迭代的前几步优化效果不明显. 为此发展起来的以近似函数为基础的序列数学规划法[51]又具有程序复杂的缺点，因而影响了数学规划法在工程结构优化实践中的推广和应用.

结构优化设计准则法的特点是事先给定结构最优的准则，把寻找最优结构问题转化为寻求满足某一准则的结构问题. 早期的结构最优准则是根据经验直接给出的，如满应力准则、满约束准则及满应变能准则等，属于感性准则法，感性准则法优化效果较差. 后来，人们把满足有约束结构优化问题极值必要条件作为结构最优的准则，这就是理性准则法. 与感性准则法相比，理性准则法具有坚实的数学基础，优化效果好，一般可保证解的最优性. 结构最优准则可表达为非线性方程组 $\boldsymbol{X}=\boldsymbol{F}(\boldsymbol{X})$，其优化直接迭代求解的算法格式为 $\boldsymbol{X}^{(k+1)}=F(\boldsymbol{X}^{(k)})$. 由于结构优化准则法以满足最优准则为明确迭代方向，故有较高的优化效率；同时准则法比较直观，程序编制与序列数学规划法相比也简单得多，因而在工程实际中得到广泛应用.

4.1.2 结构优化准则法求解的两类困难

结构优化准则法优化计算的第一类困难是由优化准则不准带来的. 优化准则不准使优化迭代计算得到的解并不是原结构优化问题真正的最优解，它严重影响着结构优化准则法的优化效果. 且不说感性准则法的满应力准则、满约束准则以及满应变能准则等，由于它们是根据力学经验给出的最优准则，而结构优化的本质是数学上的条件极值问题，力学感性准则不可能保证得到原结构优化数学问题的最优解，即使是根据有约束优化问题极值必要条件推导的虚功法也存在准则不准优化效果差的问题. 虚功法是国内外流行很广的一种结构优化理性准则法，其特点是结构位移采用虚功表达. 1980 年，钱令希等提出了一种对多单元、多工况、多约束问题进行优化的虚功法. 由于这种方法采用线性互补问题解法求解库恩-塔克乘子，从而有效地确定了临界约束，将优化准则法与数学规划法结合起来，解决了早期准则法不能有效区分临界与非临界约束的缺陷. 但在该虚功法的结构最优准则推导中，由于位移采用虚功表达，位移求导公式中不得不忽略结构自重与质量惯性载荷等对设计变量的导数，这就是虚功准则不准的关键所在，对此，本书在 §1.3 中有详细介绍. 由于虚功法具有准则不准的先天缺陷，对于质量引起的自重及惯性载荷可以忽略的结构优化尚且可用，对于质量引起的自重及惯性载荷为主要载荷不可忽略的结构，如大型天线结构、航空航天结构及高速运转的机械结构等，其优化结果与原结构优化问题的最优解相差甚远. 另外，虚功法不能进行几何变量优化和动力特性优化，应用范围受到很大限制. 作者提出的结构优化导重法完全可以克服以上困难.

结构优化准则法优化计算的第二类困难是优化迭代算法收敛性带来的，它严重影响着结构优化准则法的优化效率. 对于形如 $\boldsymbol{X}=\boldsymbol{F}(\boldsymbol{X})$ 的多元非线性准则方程组，一般采用最简单的形如 $\boldsymbol{X}^{(k+1)}=\boldsymbol{F}(\boldsymbol{X}^{(k)})$ 的直接迭代算法求解，这种直接迭代算法有着严格的收敛条件：要求该多元非线性方程组一阶偏导数组成的雅克比方阵的谱半径小于 1，结构优化准则方程组一般很难满足其收敛条件，所以采用直接迭代法求解准则方程组往往会遇到难以收敛的困难. 为此人们经常采用后面介绍的步长因子迭代算法来改善其收敛性. 影响虚功法迭代求解收敛速度的另一困难是负数开方，即式（1-73）中被开方项在迭代计算中可能为负值，使迭代计算失去意义. 对此，不得不人为地限制每次迭代设计变量的变化量，这就严重影响了虚功法的计算效率. 必须指出的是，限制每次迭代设计变量的变化量至多只能起到使迭代顺利进行以求得满足虚功准则解的作用，绝不可能改变虚功准则不准的事实，故不可能对虚功法解的最优性即优化效果有丝毫改善.

在采用准则法进行结构优化时，必须仔细分析影响优化效果和优化效率的各种困难，对症下药，采取不同策略，克服不同困难，切勿混为一谈.

4.1.3　求解结构优化准则方程组的直接迭代步长因子法

在采用准则法进行工程结构优化设计时，最优设计方案的求解，往往归结为准则方程组的求解. 例如导重法，使结构最优的各设计变量必须满足式（1-114）、式（1-143）等准则方程组，由于这些方程的左端都是各设计变量，右端都是所有设计变量的非线性函数，故它们的求解均可归结为形如

$$\boldsymbol{X}=f(\boldsymbol{X}) \tag{4-1}$$

的非线性方程组的求解问题. 这种非线性方程组的求解是工程数值计算中经常遇到的具有广泛一般性的问题，它在数学上是不动点映射问题. 对此，虽有一些数学文献进行理论

研究，但都过于抽象、繁复、脱离工程实际，一般工程科技人员较难接受，为此，作者在多年理论研究与应用实践基础上给出了这类非线性方程组求解理论与方法的简捷、实用、意义明确的讨论.

对形如式（4-1）的非线性方程组，可采用最简单的形如

$$\boldsymbol{X}^{(k+1)}=\boldsymbol{F}(\boldsymbol{X}^{(k)}) \tag{4-2}$$

的“直接迭代法”求解. 但是，这种迭代法有着严格的收敛条件，如果不加处理，这种迭代往往出现不能收敛的情况，从而使直接迭代法的应用受到很大限制. 为此，人们常采用“直接迭代步长因子法”求解式（4-1）所示的非线性方程组. 具体做法是先引入步长因子，构造与式（4-1）同解的非线性方程组：

$$\boldsymbol{X}=\alpha \boldsymbol{f}(\boldsymbol{X})+(1-\alpha)\boldsymbol{X}=\boldsymbol{\varphi}(\boldsymbol{X}) \tag{4-3}$$

再以形如

$$\boldsymbol{X}^{(k+1)}=\boldsymbol{\varphi}(\boldsymbol{X}^{(k)}) \tag{4-4}$$

的直接迭代求解.

本章从理论上对步长因子α可以控制上述迭代、改善其收敛性，从而大大扩展该直接迭代法的应用范围以及步长因子α的理论取值范围、规律进行了探讨，从而在理论的指导下给出了一种实用的步长因子α的取值方法.

§4.2 求解单变量非线性方程的直接迭代步长因子法

为了形象说明直接迭代步长因子法对改善直接迭代法收敛性的作用，先考察单变量非线性方程的求解问题.

对于形如$x=f(x)$的单变量非线性方程，使用直接迭代$x^{(k+1)}=f(x^{(k)})$（其中$x^{(k)}$为第k次迭代后x的取值）求其解x^*，收敛条件为

C_1：如果$f(x)$具有连续的一阶导数$f'(x)$，且对所有的x，

$$|f'(x)|\leqslant q<1 \ (q\text{ 为某定数})$$

成立，那么迭代格式$x^{(k+1)}=f(x^{(k)})$对于任意初值x_0均收敛，且q的值越小，收敛的速度越快[6].

上述收敛的迭代情况如图 4-1、图 4-2 所示. 而当$|f'(x)|>1$时，迭代不收敛的情况，如图 4-3、图 4-4 所示.

图 4-3 情况下迭代之所以不收敛，是由于迭代“背道而驰”. 如果让迭代方向反过来，即沿$x^{(k+1)}=f(x^{(k)})$所确定的方向后退，如图 4-5 所示，即可使迭代收敛，图 4-4 情况下迭代之所以不收敛，是因为每次迭代步长太大，越过解点x^*走得太远. 如使迭代仍沿$x^{(k+1)}=f(x^{(k)})$所确定的方向，但步长小一点，如图 4-6 所示，则可使迭代收敛.

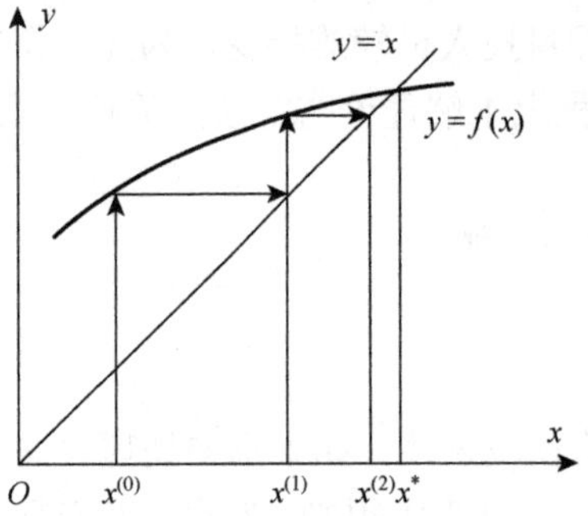

图 4-1　$0 < f'(x) < 1$ 迭代收敛

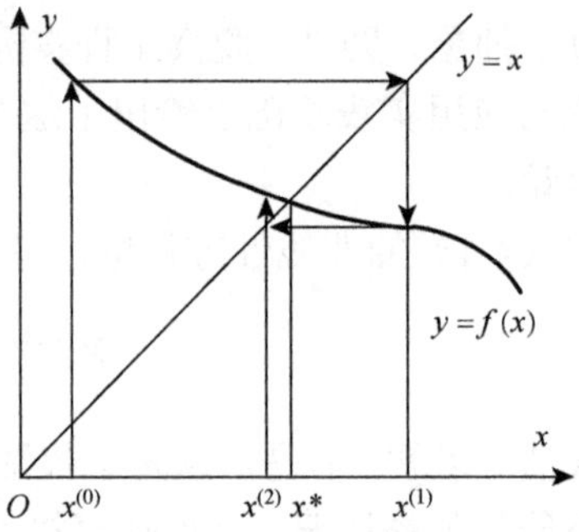

图 4-2　$-1 < f'(x) < 0$ 迭代收敛

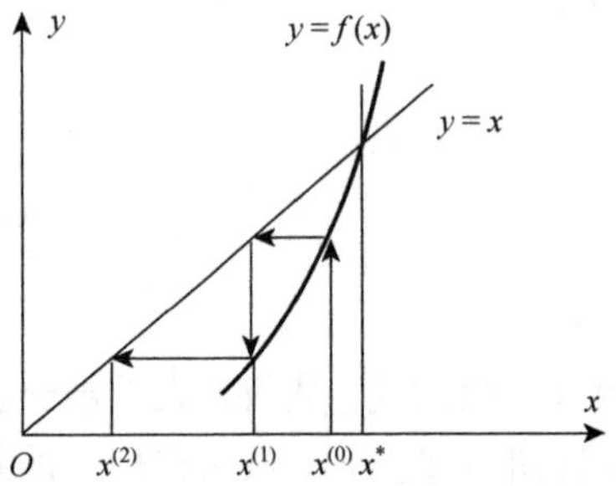

图 4-3　$f'(x) > 1$ 迭代发散

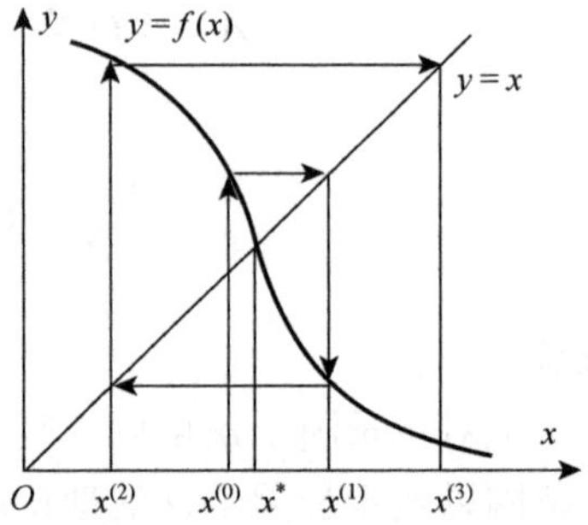

图 4-4　$f'(x) < -1$ 迭代发散

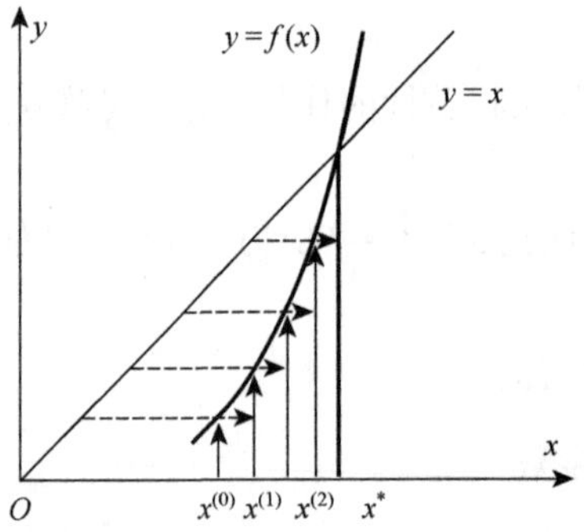

图 4-5　$f'(x) > 1,\ \alpha < 0$ 使迭代收敛

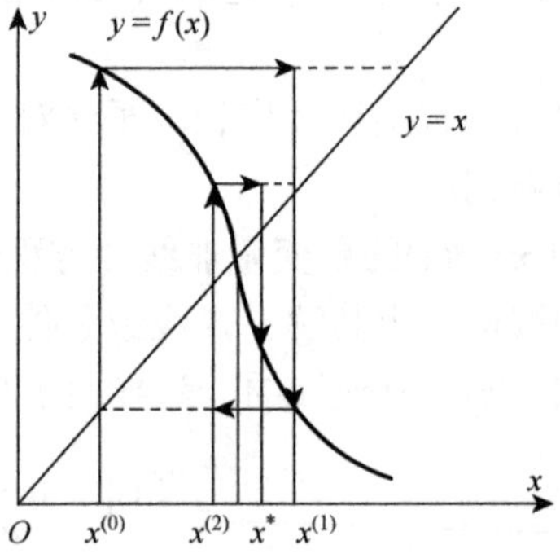

图 4-6　$f'(x) < -1,\ 0 < \alpha < 1$ 使迭代收敛

总之，只要适当地控制迭代步长，就可能使迭代收敛. 故可构造如下迭代：$x^{(k+1)} = \alpha^{(k)} f(x^{(k)}) + (1-\alpha^{(k)})x^{(k)}$，其中 $\alpha^{(k)}$ 的正负决定迭代的方向是前进还是后退，$\alpha^{(k)}$ 的绝对值决定步长的大小，故称之为步长因子. 迭代中只要适当地选择步长因子 $\alpha^{(k)}$，则无论 $f'(x)$ 的取值如何，几乎都可使迭代收敛于其解点 x^*. 数学论证如下：

对于单变量非线性方程

$$x = f(x) \tag{4-5}$$

构造其同解方程

$$x = \alpha f(x) + (1-\alpha)x = \varphi(x) \tag{4-6}$$

其中 α 为不等于零的任意实数. 对于式（4-6）所示方程，采用直接迭代

$$x^{(k+1)} = \alpha^{(k)} f(x^{(k)}) + (1-\alpha^{(k)})x^{(k)} = \varphi(x^{(k)}) \tag{4-7}$$

找到的解也必为式（4-5）所示方程的解. 而后者迭代的收敛性大大改善，这种迭代的收敛条件为

C_2：只要 $f(x)$ 具有连续的一阶导数，且对所有的 $x, f'(x)$ 有界且不恒等于 1，则必可找到一系列 $\alpha^{(k)} \neq 0(k=0,1,2,\cdots)$，使得式（4-7）所示迭代收敛于式（4-5）、式（4-6）所示方程的共同解 x^*.

数学论证如下：

对于式（4-6），因为 $\varphi'(x) = d\varphi(x)/dx = \alpha f'(x) + (1-\alpha)$，使用式（4-7）直接迭代的收敛条件为 C_1，即 $|\varphi'(x)| \leqslant q < 1$，将 $\varphi'(x)$ 代入得

$$|\alpha f'(x) + 1 - \alpha| \leqslant q < 1 \tag{4-8}$$

下面确定各次迭代中使迭代收敛的步长因子 $\alpha^{(k)}$ 的取值范围：

利用微分中值定理，对于第 $k+1$ 次迭代，有

$$x^{(k+1)} - x^* = \varphi(x^{(k)}) - \varphi(x^*) = \varphi'(\xi^{(k)})(x^{(k)} - x^*) \tag{4-9}$$

其中，$\xi^{(k)}$ 是 $x^{(k)}$ 与 x^* 之间的某点. 欲使 $x^{(k+1)}$ 点比 $x^{(k)}$ 点更加靠近 x^* 点，须有

$$|\varphi'(\xi^{(k)})| \leqslant q < 1 \tag{4-10}$$

即

$$|\alpha^{(k)} f'(\xi^{(k)}) + 1 - \alpha^{(k)}| \leqslant q < 1 \tag{4-11}$$

展开为

$$-1 < -q \leqslant \alpha^{(k)} f'(\xi^{(k)}) + 1 - \alpha^{(k)} \leqslant q < 1 \tag{4-12}$$

即

$$0 < 1-q \leqslant \alpha^{(k)}[1 - f'(\xi^{(k)})] \leqslant 1+q < 2 \tag{4-13}$$

这就要求：

1）$f'(x)$ 不恒等于 1. 否则方程式（4-5）必为 $x = x + c$（c 为常数），这时方程有无穷多解或根本无解.

2）$f'(x)$ 有界，即 $|f'(x)| < \infty$.

3）当 $f'(\xi^{(k)}) < 1$ 时，$\alpha^{(k)}$ 为正值，取值范围为

$$0 < \frac{1-q}{1-f'(\xi^{(k)})} \leqslant \alpha_k \leqslant \frac{1+q}{1-f'(\xi^{(k)})}$$

4）当 $f'(\xi^{(k)}) > 1$ 时，$\alpha^{(k)}$ 取负值，取值范围为：

$$\frac{1+q}{1-f'(\xi^{(k)})} \leqslant \alpha_k \leqslant \frac{1-q}{1-f'(\xi^{(k)})} < 0$$

5）当 $\alpha^{(k)}=\dfrac{1}{1-f'(\xi^{(k)})}$ 时，$\left|\varphi'(\xi^{(k)})\right|=0$，收敛速度最快，可称为最佳步长因子，其几何意义如图 4-7.

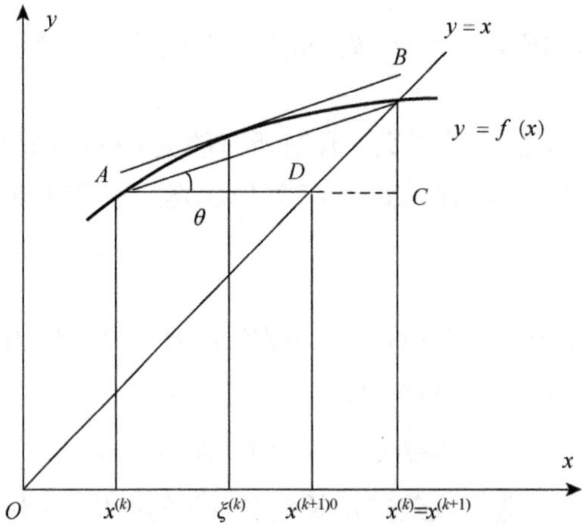

图 4-7　最佳步长因子

在图 4-7 中，因为：

$$f'(\xi^{(k)})=\mathrm{tg}\ \theta=\frac{BC}{AC}=\frac{DC}{AC},$$

$$1-f'(\xi^{(k)})=\frac{AC}{AC}-\frac{DC}{AC}=\frac{AD}{AC},$$

$$\frac{1}{1-f'(\xi^{(k)})}=\frac{AC}{AD},$$

故当 $\alpha^{(k)}=1/[1-f'(\xi^{(k)})]$，相当使迭代沿 AB 方向进行，所以最佳步长因子 $\alpha^{(k)}=1/[1-f'(\xi^{(k)})]$ 可使收敛加快.

由上可见，只要满足条件 C_1，C_2，则无论 $f'(x)$ 取值如何，均可找到适当的 $\alpha^{(k)}\neq 0$，使直接迭代式（4-7）收敛于方程式（4-5）的解 x^*. 这种步长因子法不仅使原来用直接迭代法不能收敛的方程可以收敛，而且当所选的步长因子接近最佳步长因子时，还可加快原直接迭代的收敛速度.

【例 4-1】　解非线性方程：$0.1\sin x-2.5x+8=0$.

解：化为直接迭代式 $x=0.1\sin x-1.5x+8=f(x)$，使用直接迭代法 $x^{(k+1)}=f(x^{(k)})$.

由于 $-1.6\leqslant f'(x)\leqslant -1.4$，$\left|f'(x)\right|>1$，故直接迭代必不收敛，实际迭代果然发散，数据见表 4-1.

如采用步长因子法，使 α 值尽可能接近最佳步长因子，即 $1/[1-f'(x)]$，可令 $\alpha=0.4$，构造同解方程 $x=0.4(0.1\sin x-1.5x+8)+0.6x=\varphi(x)$，按 $x^{(k+1)}=\varphi(x^{(k)})$ 进行迭代，果然收敛，见表 4-1.

表 4-1　例 4-1 迭代数据

迭代次数	直接迭代法	步长因子法
初始值	1.000 000	1.000 000
1	6.584 147	3.233 659
2	–1.846 577	3.196 323
3	10.673 644	3.197 812
4	–8.105 328	3.197 752
5	20.061 135	3.197 755
6	–21.998 080	3.197 755
	发散	收敛

【例 4-2】　解非线性方程： $x = 5 - 0.2\text{tg}\, x$.

解：采用直接迭代：$x = 5 - 0.2\text{tg}\, x$，收敛很慢，见表 4-2.

如采用步长因子法，令 $\alpha = 0.5$，构成同解方程：

$$x = 0.5(5 - 0.2\text{tg}\, x) + 0.5x = \varphi(x).$$

按 $x^{(k+1)} = \varphi(x^{(k)})$ 进行迭代，果然收敛加快，见表 4-2.

表 4-2　例 4-2 迭代数据

迭代次数	直接迭代法			步长因子法	
	$x^{(k)}$	次数	$x^{(k)}$	次数	$x^{(k)}$
初始值	5.000 000	10	5.294 013	初始值	5.000 000
1	5.676 103	11	5.304 186	1	5.338 052
2	5.138 917	12	5.297 547	2	5.307 435
3	5.440 116	13	5.301 857	3	5.301 452
4	5.224 509	14	5.299 050	4	5.300 382
5	5.355 780	15	5.300 874	5	5.300 194
6	5.266 728	16	5.299 890	6	5.300 161
7	5.323 054	17	5.300 459	7	5.300 156
8	5.285 751	18	5.299 956	8	5.300 154
9	5.309 730	19	5.300 283	9	5.300 154
	收敛慢			收敛快	

§ 4.3　求解多变量非线性方程组直接迭代的收敛条件

讨论如下非线性方程组的求解问题：

$$\begin{cases} x_1 = f_1(x_1, x_2, \cdots, x_N) \\ x_2 = f_2(x_1, x_2, \cdots, x_N) \\ \quad\vdots \\ x_N = f_N(x_1, x_2, \cdots, x_N) \end{cases} \tag{4-14}$$

在 N 维实数空间 $\mathbf{R}^N$ 的子集 D 内，定义取值于 $\mathbf{R}^N$ 的向量值函数 $\boldsymbol{F}(\boldsymbol{X})$，即

$$\boldsymbol{F}(\boldsymbol{X}): D \subset \mathbf{R}^N \to \mathbf{R}^N.$$

而 $\boldsymbol{F}(\boldsymbol{X})$ 由如下向量定义：

$$\boldsymbol{F}(\boldsymbol{X})=\begin{Bmatrix} f_1(\boldsymbol{X}) \\ \vdots \\ f_N(\boldsymbol{X}) \end{Bmatrix}, \quad \boldsymbol{X}=\begin{Bmatrix} x_1 \\ \vdots \\ x_N \end{Bmatrix}.$$

其中各分量 $f_n(\boldsymbol{X}) \quad (n=1,2,\cdots,N)$ 是 $D\subset\mathbf{R}^N$ 上的实数值函数，则方程式（4-14）可简记为

$$\boldsymbol{X}=\boldsymbol{F}(\boldsymbol{X}) \tag{4-15}$$

目的是寻求确定的 N 维向量 $\boldsymbol{X}^*\in D$，使其满足 $\boldsymbol{X}^*=\boldsymbol{F}(\boldsymbol{X}^*)$，称为方程式（4-14）或式（4-15）的解.

采用直接迭代法：

$$\boldsymbol{X}^{(k+1)}=\boldsymbol{F}(\boldsymbol{X}^{(k)}) \quad (k=0,1,2,\cdots) \tag{4-16}$$

求解 $\boldsymbol{X}^*$，迭代序列 $\{X^{(k)}\}\subset D$，且收敛于 $\boldsymbol{X}^*$ 的条件已有定论：

C_3: 若存在球 $\boldsymbol{S}=\left\{\boldsymbol{X}\mid \left\|\boldsymbol{X}-\boldsymbol{X}^*\right\|<\delta,\ \delta>0\right\}\subset\boldsymbol{D}$ 和常数 $q\ \ (0<q<1)$，对一切 $\boldsymbol{X}\in\boldsymbol{S}$ 有

$$\left\|F(\boldsymbol{X})-F(\boldsymbol{X}^*)\right\|\leqslant q\left\|\boldsymbol{X}-\boldsymbol{X}^*\right\| \tag{4-17}$$

则对任意初始向量 $\boldsymbol{X}^{(0)}\in\boldsymbol{S}$，由式（4-16）产生的 $\{\boldsymbol{X}^{(k)}\}\subset\boldsymbol{S}$，收敛于 $\boldsymbol{X}^*$，并具有线性敛速[6]. 其中 $\|\bullet\|$ 表示某向量或矩阵的某范数.

下面由条件 C_3，推导另一收敛条件：

由于对于可微向量值函数虽然不成立一元单值函数的微分中值定理，但却可推出以下“拟中值定理”：

考虑到连续可微向量值函数 $\boldsymbol{F}(\boldsymbol{X})$ 中的任一单值 N 元函数 $f_n(\boldsymbol{X})$ 在 $\boldsymbol{H}=\boldsymbol{X}-\boldsymbol{X}^*$ 射线向量方向上的方向导数 $f_n^S(\boldsymbol{X})$ 应等于 $f_n(\boldsymbol{X})$ 的梯度向量 $\nabla f_n(\boldsymbol{X})$ 在射线方向 $\boldsymbol{H}$ 上的投影：

$$f_n^S(\boldsymbol{X})=[\nabla f_n(\boldsymbol{X})]^{\mathrm{T}}\boldsymbol{H}/\|\boldsymbol{H}\|=\left[\frac{\partial f_n(\boldsymbol{X})}{\partial x_1}(x_1-x_1^*)+\cdots+\frac{\partial f_n(\boldsymbol{X})}{\partial x_N}(x_N-x_N^*)\right]\Big/\|\boldsymbol{H}\| \tag{4-18}$$

当设计点在射线 $\boldsymbol{H}$ 上从 $\boldsymbol{X}^*$ 向 $\boldsymbol{X}$ 移动时，$f_n(\boldsymbol{X})$ 可表示为以 $\alpha\in[0,1]$ 为变量的一元函数 $f_n(\boldsymbol{X}^*+\alpha\boldsymbol{H})$，该一元函数对 α 的导数为

$$\mathrm{d}f_n(\boldsymbol{X}^*+\alpha\boldsymbol{H})/\mathrm{d}\alpha=f_n^S(\boldsymbol{X})\times\mathrm{d}(\boldsymbol{X}^*+\alpha\boldsymbol{H})/\mathrm{d}\alpha=f_n^S(\boldsymbol{X})\times\|\boldsymbol{H}\| \tag{4-19}$$

将式（4-18）代入式（4-19）得

$$\mathrm{d}f_n(\boldsymbol{X}^*+\alpha\boldsymbol{H})/\mathrm{d}\alpha=\left[\frac{\partial f_n(\boldsymbol{X}^*+\alpha\boldsymbol{H})}{\partial x_1}(x_1-x_1^*)+\cdots+\frac{\partial f_n(\boldsymbol{X}^*+\alpha\boldsymbol{H})}{\partial x_N}(x_N-x_N^*)\right] \tag{4-20}$$

根据一元函数的微分中值定理：

$$f_n(\boldsymbol{X}^*+\alpha\boldsymbol{H})\Big|_{\alpha=1}-f_n(\boldsymbol{X}^*+\alpha\boldsymbol{H})\Big|_{\alpha=0}=[\mathrm{d}f_n(\boldsymbol{X}^*+\alpha\boldsymbol{H})/\mathrm{d}\alpha]\Big|_{\alpha=\zeta_n}\times(1-0) \tag{4-21}$$

得
$$f_n(\boldsymbol{X})-f_n(\boldsymbol{X}^*)=\frac{\partial f_n(\boldsymbol{X}^*+\zeta_n\boldsymbol{H})}{\partial x_1}(x_1-x_1^*)+\cdots+\frac{\partial f_n(\boldsymbol{X}^*+\zeta_n\boldsymbol{H})}{\partial x_N}(x_N-x_N^*) \tag{4-22}$$

将式（4-20）扩展到向量值函数 $\boldsymbol{F}(\boldsymbol{X})$ 的所有 N 个 N 元函数 $f_n(\boldsymbol{X}) \quad (n=1,2,\cdots,N)$，考虑到各 $f_n(\boldsymbol{X})$ 与 ζ_n 的独立性，

可得
$$\begin{Bmatrix} f_1(\boldsymbol{X})-f_1(\boldsymbol{X}^*) \\ \vdots \\ f_N(\boldsymbol{X})-f_N(\boldsymbol{X}^*) \end{Bmatrix} = \begin{bmatrix} \dfrac{\partial f_1(\boldsymbol{X}^*+\zeta_1\boldsymbol{H})}{\partial x_1} \cdots \dfrac{\partial f_1(\boldsymbol{X}^*+\zeta_1\boldsymbol{H})}{\partial x_N} \\ \vdots \qquad\qquad \vdots \\ \dfrac{\partial f_N(\boldsymbol{X}^*+\zeta_N\boldsymbol{H})}{\partial x_1} \cdots \dfrac{\partial f_N(\boldsymbol{X}^*+\zeta_N\boldsymbol{H})}{\partial x_N} \end{bmatrix} \begin{Bmatrix} x_1-x_1^* \\ \vdots \\ x_n-x_n^* \end{Bmatrix} \tag{4-23}$$

简写为

$$F(\boldsymbol{X})-F(\boldsymbol{X}^*)=\boldsymbol{J}_f(\boldsymbol{X}^*,\boldsymbol{H})\boldsymbol{H}=\boldsymbol{J}_f(\boldsymbol{X}^*,\boldsymbol{H})(\boldsymbol{X}-\boldsymbol{X}^*), \tag{4-24}$$

其中，$\boldsymbol{H}=\boldsymbol{X}-\boldsymbol{X}^*$，$0 \leqslant \zeta_n \leqslant 1 \quad (n=1,2,\cdots,N)$，$\boldsymbol{J}_f(\boldsymbol{X}^*,\boldsymbol{H})$ 可称为对应于 $\boldsymbol{X}^*$ 的 $F(\boldsymbol{X})$ 在 $\boldsymbol{X}$ 处的拟雅可比阵（拟 Jacobi 阵），其表达为：

$$\boldsymbol{J}_f(\boldsymbol{X}^*,\boldsymbol{H})=\begin{bmatrix} \dfrac{\partial f_1(\boldsymbol{X}^*+\zeta_1\boldsymbol{H})}{\partial x_1} \cdots \dfrac{\partial f_1(\boldsymbol{X}^*+\zeta_1\boldsymbol{H})}{\partial x_N} \\ \vdots \qquad\qquad \vdots \\ \dfrac{\partial f_N(\boldsymbol{X}^*+\zeta_N\boldsymbol{H})}{\partial x_1} \cdots \dfrac{\partial f_N(\boldsymbol{X}^*+\zeta_N\boldsymbol{H})}{\partial x_N} \end{bmatrix} \tag{4-25}$$

式（4-23）或式（4-24）可称为向量值函数的“拟中值定理”.

式（4-24）两端取范数有

$$\left\|F(\boldsymbol{X})-\boldsymbol{F}(\boldsymbol{X}^*)\right\| \leqslant \left\|\boldsymbol{J}_f(\boldsymbol{X}^*,\boldsymbol{H})\right\| \times \left\|\boldsymbol{X}-\boldsymbol{X}^*\right\| \tag{4-26}$$

联系式（4-17）与式（4-26）可得另一收敛条件为：

C_4: 若存在球 $\boldsymbol{S}=\left\{\boldsymbol{X} \mid \left\|\boldsymbol{X}-\boldsymbol{X}^*\right\| < \delta,\ \delta > 0\right\} \subset \boldsymbol{D}$ 和常数 q，对一切 $\boldsymbol{X} \in \boldsymbol{S}$，对应于 $\boldsymbol{X}^*$ 的 $F(\boldsymbol{X})$ 在 $\boldsymbol{X}$ 处的拟雅可比阵满足：

$$\left\|\boldsymbol{J}_f(\boldsymbol{X}^*,\boldsymbol{H})\right\| \leqslant q < 1 \tag{4-27}$$

则对任意初始向量 $\boldsymbol{X}^{(0)} \in \boldsymbol{S}$，由式（4-16）产生的 $\{\boldsymbol{X}^{(k)}\} \subset \boldsymbol{S}$，收敛于 $\boldsymbol{X}^*$，且具有线性敛速.

又依文献[6]引理，只要范数 $\|\bullet\|$ 取得合适，即可有

$$\left\|\boldsymbol{J}_f(\boldsymbol{X}^*,\boldsymbol{H})\right\| \leqslant \rho[\boldsymbol{J}_f(\boldsymbol{X}^*,\boldsymbol{H})]+\varepsilon \tag{4-28}$$

其中，ε 为任意正数，$\rho[\boldsymbol{J}_f(\boldsymbol{X}^*,\boldsymbol{H})]$ 为 $N \times N$ 阶方阵 $\boldsymbol{J}_f(\boldsymbol{X}^*,\boldsymbol{H})$ 的谱半径. 方阵 $\boldsymbol{A}$ 的谱半径定义为 $\rho(\boldsymbol{A})=\max\limits_{1 \leqslant n \leqslant N}|\lambda_n|$，其中 $\lambda_1,\lambda_2,\cdots,\lambda_N$ 为 N 阶方阵 $\boldsymbol{A}$ 的特征值，一般取复数值.

联系式(4-27)、式(4-28)，作者提出新的强于条件 C_3 而便于讨论的直接迭代式(4-15)的收敛条件：

C_5: 若存在球 $\boldsymbol{S}=\left\{\boldsymbol{X} \mid \left\|\boldsymbol{X}-\boldsymbol{X}^*\right\| < \delta, \delta > 0\right\} \subset \boldsymbol{D}$ 和小于 1 的常数 L，对一切 $\boldsymbol{X} \in \boldsymbol{S}$，一阶可微的 $F(\boldsymbol{X})$ 对应于 $\boldsymbol{X}^*$ 的拟雅可比阵的谱半径满足：

$$\rho[\boldsymbol{J}_f(\boldsymbol{X}^*,\boldsymbol{H})] \leqslant L < 1 \tag{4-29}$$

则对任意初始向量 $\boldsymbol{X}^{(0)}\in\boldsymbol{S}$，由式（4-15）产生的 $\{\boldsymbol{X}^{(k)}\}\subset\boldsymbol{S}$，收敛于 $\boldsymbol{X}^*$，且具有线性敛速.

证明：

由式（4-28）知，对任意 $\varepsilon>0$，存在某范数，使

$$\left\|\boldsymbol{J}_f(\boldsymbol{X}^*,\boldsymbol{H})\right\|\leqslant\rho[\boldsymbol{J}_f(\boldsymbol{X}^*,\boldsymbol{H})]+\varepsilon.$$

又由式（4-26）知：

$$\left\|\boldsymbol{F}(\boldsymbol{X})-\boldsymbol{F}(\boldsymbol{X}^*)\right\|\leqslant\left\|\boldsymbol{J}_f(\boldsymbol{X}^*,\boldsymbol{H})\right\|\times\left\|\boldsymbol{X}-\boldsymbol{X}^*\right\|.$$

将式（4-28）代入上式，即可得

$$\left\|\boldsymbol{F}(\boldsymbol{X})-F(\boldsymbol{X}^*)\right\|\leqslant(\rho[\boldsymbol{J}_f(\boldsymbol{X}^*,\boldsymbol{H})]+\varepsilon)\times\left\|\boldsymbol{X}-\boldsymbol{X}^*\right\|.$$

由式（4-29）及 ε 的任意性，总有 $q=\rho[\boldsymbol{J}_f(\boldsymbol{X}^*,\boldsymbol{H})]+\varepsilon\leqslant L+\varepsilon<1$，即 $\boldsymbol{F}(\boldsymbol{X})$在 D 上满足压缩条件式（4-17），

$$\left\|\boldsymbol{F}(\boldsymbol{X})-\boldsymbol{F}(\boldsymbol{X}^*)\right\|\leqslant q\left\|\boldsymbol{X}-\boldsymbol{X}^*\right\|$$

故满足收敛条件 C_3，对任意初始向量 $\boldsymbol{X}^{(0)}\in\boldsymbol{S}$，由式（4-15）产生的 $\{\boldsymbol{X}^{(k)}\}\subset\boldsymbol{S}$，且收敛于 $\boldsymbol{X}^*$，且具有线性敛速.

证毕.

§4.4　非线性准则方程组求解的直接迭代步长因子法

由于方程组式（4-14）或式（4-15）常常不满足收敛条件 C_3、C_4 或 C_5，使得直接迭代法的应用价值受到很大影响. 人们引进步长因子 α 使用的“直接迭代步长因子法”或称“直接迭代松弛法”能否改善直接迭代法的收敛性呢？步长因子 α 应当怎样取值才能使迭代收敛呢？这就是作者试图在理论上予以探讨的问题.

对于方程组式（4-14）构造如下同解方程：

$$\begin{cases}x_1=\alpha f_1(x_1,x_2,\cdots,x_N)+(1-\alpha)x_1=\varphi_1(X)\\x_2=\alpha f_2(x_1,x_2,\cdots,x_N)+(1-\alpha)x_2=\varphi_2(X)\\\qquad\vdots\\x_N=\alpha f_N(x_1,x_2,\cdots,x_N)+(1-\alpha)x_N=\varphi_N(X)\end{cases}$$

简记为

$$\boldsymbol{X}=\alpha\boldsymbol{F}(\boldsymbol{X})+(1-\alpha)\boldsymbol{X}=\boldsymbol{\Phi}(\boldsymbol{X})\tag{4-30}$$

其中 $\alpha\neq0$ 取实数值，称为步长因子. 采用直接迭代法：

$$\boldsymbol{X}^{(k+1)}=\alpha^{(k)}\boldsymbol{F}(\boldsymbol{X}^{(k)})+(1-\alpha^{(k)})\boldsymbol{X}^{(k)}=\boldsymbol{\Phi}(\boldsymbol{X}^{(k)})\tag{4-31}$$

寻求原方程组式（4-14）与式（4-30）的共同解 $\boldsymbol{X}^*$. 对其收敛性讨论如下：

考察向量函数 $\boldsymbol{\Phi}(X)$ 对应于 $\boldsymbol{X}^*$ 点在 $\boldsymbol{X}^{(k)}$ 点处的拟雅可比矩阵 $\boldsymbol{J}_\varphi(\boldsymbol{X}^*,\boldsymbol{H}^{(k)})$，

$$\because \quad \boldsymbol{J}_{\varphi}(\boldsymbol{X}^*,\boldsymbol{H}^{(k)})=\begin{Bmatrix} \alpha^{(k)}\dfrac{\partial f_1(\boldsymbol{X}^*+\zeta_1\boldsymbol{H}^{(k)})}{\partial x_1}+(1-\alpha^{(k)}) & \cdots & \alpha^{(k)}\dfrac{\partial f_1(\boldsymbol{X}^*+\zeta_1\boldsymbol{H}^{(k)})}{\partial x_N} \\ \vdots & \ddots & \vdots \\ \alpha^{(k)}\dfrac{\partial f_N(\boldsymbol{X}^*+\zeta_N\boldsymbol{H}^{(k)})}{\partial x_1} & \cdots & \alpha^{(k)}\dfrac{\partial f_N(\boldsymbol{X}^*+\zeta_N\boldsymbol{H}^{(k)})}{\partial x_N}+(1-\alpha^{(k)}) \end{Bmatrix},$$

$$\therefore \quad \boldsymbol{J}_{\varphi}(\boldsymbol{X}^*,\boldsymbol{H}^{(k)})=\alpha^{(k)}\boldsymbol{J}_f(\boldsymbol{X}^*,\boldsymbol{H}^{(k)})+(1-\alpha^{(k)})\boldsymbol{I} \tag{4-32}$$

式（4-32）即为分别相应于$\boldsymbol{\Phi}(\boldsymbol{X})$与$\boldsymbol{F}(\boldsymbol{X})$的两同解方程组拟雅可比矩阵的关系，其中$\boldsymbol{I}$为$N\times N$阶单位阵.

由（4-32）式知$\boldsymbol{J}_{\varphi}(\boldsymbol{X}^*,\boldsymbol{H}^{(k)})$的第$n$特征值$\lambda_{\varphi_n}$与$\boldsymbol{J}_f(\boldsymbol{X}^*,\boldsymbol{H}^{(k)})$的第$n$特征值$\lambda_{f_n}$之间有如下关系：

$$\lambda_{\varphi_n}=\alpha^{(k)}\lambda_{f_n}+(1-\alpha^{(k)}) \quad (n=1,2,\cdots,N) \tag{4-33}$$

收敛条件C_5指出，为使迭代$\boldsymbol{X}^{(k+1)}=\boldsymbol{\Phi}(\boldsymbol{X}^{(k)})$收敛必须有$\rho[\boldsymbol{J}_{\varphi}(\boldsymbol{X}^*,\boldsymbol{H})]\leqslant L<1$，下面讨论在各次迭代中$\alpha^{(k)}$应如何取值方能保证$\rho[\boldsymbol{J}_{\varphi}(\boldsymbol{X}^*,\boldsymbol{H})]\leqslant L<1$成立，从而使迭代收敛.

一般地，对于第$k+1$次迭代$\boldsymbol{X}^{(k+1)}=\boldsymbol{\Phi}(\boldsymbol{X}^{(k)})$，收敛条件$C_5$要求$\boldsymbol{\Phi}(\boldsymbol{X})$在$\boldsymbol{X}^{(k)}$点对应于$\boldsymbol{X}^*$的拟雅可比阵谱半径应满足

$$\rho[\boldsymbol{J}_{\varphi}(\boldsymbol{X}^*,\boldsymbol{H}^{(k)})]\leqslant L<1 \tag{4-34}$$

即要求第$k+1$次迭代的步长因子能够使得

$$\left|\alpha^{(k)}\lambda_{f_m}+1-\alpha^{(k)}\right|\leqslant L<1 \tag{4-35}$$

其中λ_{f_m}为原$F(\boldsymbol{X})$在$\boldsymbol{X}^{(k)}$点对应于$\boldsymbol{X}^*$的拟雅可比阵$\boldsymbol{J}_f(\boldsymbol{X}^*,\boldsymbol{H}^{(k)})$的诸特征值中决定$\rho[\boldsymbol{J}_{\varphi}(\boldsymbol{X}^*,\boldsymbol{H}^{(k)})]$的那个特征值，$\lambda_{f_m}$一般为复数. 设

$$\lambda_{f_m}=\lambda_{f_m}^R+\lambda_{f_m}^I i \tag{4-36}$$

其中$\lambda_{f_m}^R$，$\lambda_{f_m}^I$为实数，$i=\sqrt{-1}$是虚数单位.

$$\because \quad \left|\alpha^{(k)}\lambda_{f_m}+1-\alpha^{(k)}\right|=\left|\left[\alpha^{(k)}\left(\lambda_{f_m}^R-1\right)+1\right]+\alpha^{(k)}\lambda_{f_m}^I i\right|,$$

上式两端为复数的绝对值，而复数的绝对值等于实部、虚部平方和的平方根，

∴由式（4-35）知，欲使迭代收敛，$\alpha^{(k)}$取值应使得

$$\sqrt{\left[1+\alpha^{(k)}\left(\lambda_{f_m}^R-1\right)\right]^2+\left(\alpha^{(k)}\lambda_{f_m}^I\right)^2}\leqslant L<1,$$

即

$$1+2\alpha^{(k)}\left(\lambda_{f_m}^R-1\right)+(\alpha^{(k)})^2\left(\lambda_{f_m}^R-1\right)^2+(\alpha^{(k)})^2\left(\lambda_{f_m}^I\right)^2\leqslant L^2.$$

整理为关于$\alpha^{(k)}$的二次函数表达

$$\left[\left(1-\lambda_{f_m}^R\right)^2+\left(\lambda_{f_m}^I\right)^2\right](\alpha^{(k)})^2-2\left(1-\lambda_{f_m}^R\right)\alpha^{(k)}+(1-L^2)\leqslant 0.$$

由于上式二次项系数非负，要使上式成立，$\alpha^{(k)}$取值应落在关于$\alpha^{(k)}$的二次方程

$$\left[\left(1-\lambda_{f_m}^R\right)^2+\left(\lambda_{f_m}^I\right)^2\right](\alpha^{(k)})^2-2\left(1-\lambda_{f_m}^R\right)\alpha^{(k)}+(1-L^2)=0$$

的两个根在实数轴上所夹的范围内，解上述二次方程，可得它的两个根为

$$\alpha_{\max}^{(k)}=\frac{\left(1-\lambda_{f_m}^R\right)+\sqrt{\left(1-\lambda_{f_m}^R\right)^2-(1-L^2)\left[\left(1-\lambda_{f_m}^R\right)^2+\left(\lambda_{f_m}^I\right)^2\right]}}{\left(1-\lambda_{f_m}^R\right)^2+\left(\lambda_{f_m}^I\right)^2} \tag{4-37}$$

$$\alpha_{\min}^{(k)}=\frac{\left(1-\lambda_{f_m}^R\right)-\sqrt{\left(1-\lambda_{f_m}^R\right)^2-(1-L^2)\left[\left(1-\lambda_{f_m}^R\right)^2+\left(\lambda_{f_m}^I\right)^2\right]}}{\left(1-\lambda_{f_m}^R\right)^2+\left(\lambda_{f_m}^I\right)^2} \tag{4-38}$$

$$\alpha_{\min}^{(k)}\leqslant\alpha^{(k)}\leqslant\alpha_{\max}^{(k)} \tag{4-39}$$

要保证$\alpha_{\min}^{(k)}$、$\alpha_{\max}^{(k)}$是两个不同的确定的实数，必须有

$$\left(1-\lambda_{f_m}^R\right)^2>(1-L^2)\left[\left(1-\lambda_{f_m}^R\right)^2+\left(\lambda_{f_m}^I\right)^2\right]$$

解得

$$\left|1-\lambda_{f_m}^R\right|>\frac{\sqrt{1-L^2}}{L}\left|\lambda_{f_m}^I\right| \tag{4-40}$$

令$\eta=\sqrt{1-L^2}/L$，即$L=1/\sqrt{1+\eta^2}$．式（4-33）可表为

$$\left|1-\lambda_{f_m}^R\right|>\eta\left|\lambda_{f_m}^I\right| \tag{4-41}$$

而且欲使$\alpha_{\min}^{(k)}$、$\alpha_{\max}^{(k)}$不等于零，还必须要求

$$\left|\lambda_{f_m}\right|\leqslant M<\infty \tag{4-42}$$

且当$L\to 1$时，$\alpha_{\min}^{(k)}$、$\alpha_{\max}^{(k)}$的最小绝对值趋于零.

以上关于$\alpha^{(k)}$取值范围还可以用复平面图解法求得，见下一节§4.5.

综上所述，对于多元非线性方程组$\boldsymbol{X}=\boldsymbol{F}(\boldsymbol{X})$，构造$\boldsymbol{\Phi}(\boldsymbol{X})=\alpha\boldsymbol{F}(\boldsymbol{X})+(1-\alpha)\boldsymbol{X}$，用迭代算法$\boldsymbol{X}^{(k+1)}=\boldsymbol{\Phi}(\boldsymbol{X}^{(k)})$求解，对于该算法的收敛性，作者给出以下收敛条件：

C6：对于多元非线性方程组$\boldsymbol{X}=\boldsymbol{F}(\boldsymbol{X})$，设$\boldsymbol{X}^*$为其解，$\boldsymbol{F}(\boldsymbol{X})$一阶可微，若存在球$\boldsymbol{S}=\left\{\boldsymbol{X}\big|\left\|\boldsymbol{X}-\boldsymbol{X}^*\right\|<\delta,\ \delta>0\right\}\subset\boldsymbol{D}$和小常数$\boldsymbol{\eta}>\boldsymbol{0}$，对于一切$\boldsymbol{X}\in\boldsymbol{S}$，若$\boldsymbol{F}(\boldsymbol{X})$的对应于$\boldsymbol{X}^*$的拟雅可比阵$\boldsymbol{J}_f(\boldsymbol{X}^*,\boldsymbol{H})$的诸特征值$\lambda_n=\lambda_n^R+\lambda_n^I i\quad(n=1,2,\cdots,N)$能满足：

①$\left|\lambda_n\right|\leqslant M<\infty$；

②$\left|1-\lambda_n^R\right|>\eta\left|\lambda_n^I\right|$.

则当各次迭代中步长因子$\alpha^{(k)}$取值满足

$$\alpha_{\min}^{(k)}\leqslant\alpha^{(k)}\leqslant\alpha_{\max}^{(k)}$$

时，对任意初始向量$\boldsymbol{X}^{(0)}\in\boldsymbol{S}$，迭代$\boldsymbol{X}^{(k+1)}=\alpha^{(k)}\boldsymbol{F}(\boldsymbol{X}^{(k)})+(1-\alpha^{(k)})\boldsymbol{X}^{(k)}=\boldsymbol{\Phi}(\boldsymbol{X}^{(k)})$产生的点序列$\{\boldsymbol{X}^{(k)}\}\subset\boldsymbol{S}$，收敛于$\boldsymbol{X}^*$，且具有线性敛速. 其中

$$\left.\begin{aligned}
\alpha_{\max}^{(k)} &= \frac{\left(1-\lambda_{f_m}^R\right)+\sqrt{\left(1-\lambda_{f_m}^R\right)^2-(1-L^2)\left[\left(1-\lambda_{f_m}^R\right)^2+\left(\lambda_{f_m}^I\right)^2\right]}}{\left(1-\lambda_{f_m}^R\right)^2+\left(\lambda_{f_m}^I\right)^2} \\
\alpha_{\min}^{(k)} &= \frac{\left(1-\lambda_{f_m}^R\right)-\sqrt{\left(1-\lambda_{f_m}^R\right)^2-(1-L^2)\left[\left(1-\lambda_{f_m}^R\right)^2+\left(\lambda_{f_m}^I\right)^2\right]}}{\left(1-\lambda_{f_m}^R\right)^2+\left(\lambda_{f_m}^I\right)^2}
\end{aligned}\right\} \tag{4-43}$$

$\lambda_{f_m}=\lambda_{f_m}^R+\lambda_{f_m}^I i$ 为第 $k+1$ 次迭代时，$\boldsymbol{F}(\boldsymbol{X})$ 在 $\boldsymbol{X}^{(k)}$ 点对应于 $\boldsymbol{X}^*$ 的拟雅可比矩阵 $\boldsymbol{J}_f(\boldsymbol{X}^*,\boldsymbol{H}^{(k)})$ 的诸特征值 λ_n $(n=1,2,\cdots,N)$ 中决定 $\rho[\boldsymbol{J}_\varphi(\boldsymbol{X}^*,\boldsymbol{H}^{(k)})]$ 的那个特征值，且

$$L=1\Big/\sqrt{1+\eta^2}<1 \tag{4-44}$$

对于收敛条件 C_6，可以证明如下：

证明：

收敛条件 C_6 是从文献[6]定理 2.1，即文本收敛条件 C_3 出发按前文顺序推得的，当然它可以按相反的顺序得到证明如下：

∵在该球 $\boldsymbol{S}$ 内的任何点 $\boldsymbol{X}$ 上，存在

$$|\lambda_n|\leqslant M<\infty,\quad \left|1-\lambda_n^R\right|>\eta\left|\lambda_n^I\right|,\quad L=1\Big/\sqrt{1+\eta^2}<1,$$

∴对任何一次迭代对应的 $\boldsymbol{X}^{(k)}$ 点 $(k=0,1,2,\cdots)$，必有

$$\left|\lambda_{f_m}\right|\leqslant M<\infty,\quad \left|1-\lambda_{f_m}^R\right|>\eta\left|\lambda_{fm}^I\right|,\quad L=1\Big/\sqrt{1+\eta^2}<1.$$

这就保证了

$$\alpha_{\max}^{(k)} = \frac{\left(1-\lambda_{f_m}^R\right)+\sqrt{\left(1-\lambda_{f_m}^R\right)^2-(1-L^2)\left[\left(1-\lambda_{f_m}^R\right)^2+\left(\lambda_{f_m}^I\right)^2\right]}}{\left(1-\lambda_{f_m}^R\right)^2+\left(\lambda_{f_m}^I\right)^2},$$

$$\alpha_{\min}^{(k)} = \frac{\left(1-\lambda_{f_m}^R\right)-\sqrt{\left(1-\lambda_{f_m}^R\right)^2-(1-L^2)\left[\left(1-\lambda_{f_m}^R\right)^2+\left(\lambda_{f_m}^I\right)^2\right]}}{\left(1-\lambda_{f_m}^R\right)^2+\left(\lambda_{f_m}^I\right)^2}$$

是实数轴上居于原点同侧的一大一小两个确定的非零点，如图 4-8 所示.

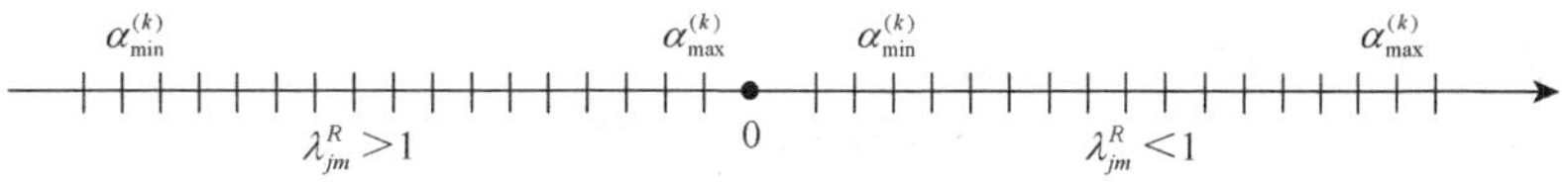

图 4-8 步长因子取值范围

当 $\lambda_{f_m}^R>1$ 时，$\alpha_{\min}^{(k)}$、$\alpha_{\max}^{(k)}$ 均小于零；当 $\lambda_{f_m}^R<1$ 时，$\alpha_{\min}^{(k)}$、$\alpha_{\max}^{(k)}$ 均大于零. 故当 $\alpha_{\min}^{(k)}\leqslant\alpha^{(k)}\leqslant\alpha_{\max}^{(k)}$ 时，$\alpha^{(k)}$ 确实可以在 $\alpha_{\min}^{(k)}$、$\alpha_{\max}^{(k)}$ 两点间取得有限的非零实数值，而使迭代 $\boldsymbol{X}^{(k+1)}=\alpha^{(k)}\boldsymbol{F}(\boldsymbol{X}^{(k)})+(1-\alpha^{(k)})\boldsymbol{X}^{(k)}=\boldsymbol{\Phi}(\boldsymbol{X}^{(k)})$ 有意义.

又因为 $\alpha_{\min}^{(k)}\leqslant\alpha^{(k)}\leqslant\alpha_{\max}^{(k)}$ 时，按照前面的推导，有

$$\rho[\boldsymbol{J}_{\varphi}(\boldsymbol{X}^{*},\boldsymbol{H}^{(k)})]=\left|\alpha^{(k)}\lambda_{f_m}+1-\alpha^{(k)}\right|\leqslant L=1\Big/\sqrt{1+\eta^{2}}<1 \tag{4-45}$$

又依文献[6]引理，有$\left\|\boldsymbol{J}_{\varphi}(\boldsymbol{X}^{*},\boldsymbol{H}^{(k)})\right\|\leqslant\rho[\boldsymbol{J}_{\varphi}(\boldsymbol{X}^{*},\boldsymbol{H}^{(k)})]+\varepsilon$，其中 ε 为任意正数，将式（4-45）代入，得$\left\|\boldsymbol{J}_{\varphi}(\boldsymbol{X}^{*},\boldsymbol{H}^{(k)})\right\|\leqslant L+\varepsilon$. 由于 ε 是任意正数，只要范数取得合适，可使 ε 足够小，从而使得$0<L+\varepsilon=q<1$. 故可得

$$\left\|\boldsymbol{J}_{\varphi}(\boldsymbol{X}^{*},\boldsymbol{H}^{(k)})\right\|\leqslant q<1 \tag{4-46}$$

再按前面推得的向量函数拟中值定理，有

$$\boldsymbol{\Phi}(\boldsymbol{X}^{(k)})-\boldsymbol{\Phi}(\boldsymbol{X}^{*})=\boldsymbol{X}^{(k+1)}-\boldsymbol{X}^{*}=\boldsymbol{J}_{\varphi}(\boldsymbol{X}^{*},\boldsymbol{H}^{(k)})(\boldsymbol{X}^{(k)}-\boldsymbol{X}^{*})$$

取该范数有

$$\left\|\boldsymbol{X}^{(k+1)}-\boldsymbol{X}^{*}\right\|\leqslant\left\|J_{\varphi}(\boldsymbol{X}^{*},\boldsymbol{H}^{(k)})\right\|\times\left\|(\boldsymbol{X}^{(k)}-\boldsymbol{X}^{*})\right\|$$

将式（4-46）代入，得

$$\left\|\boldsymbol{X}^{(k+1)}-\boldsymbol{X}^{*}\right\|\leqslant q\left\|(\boldsymbol{X}^{(k)}-\boldsymbol{X}^{*})\right\| \tag{4-47}$$

其中$0<q<1$.

上面讨论的是任意一次迭代，故对前一次迭代也有

$$\left\|\boldsymbol{X}^{(k)}-\boldsymbol{X}^{*}\right\|\leqslant q\left\|(\boldsymbol{X}^{(k-1)}-\boldsymbol{X}^{*})\right\| \qquad (0<q<1)$$

依次类推，并代入式（4-47），考虑到$\boldsymbol{X}^{(0)}\in\boldsymbol{S}$，$\left\|(\boldsymbol{X}^{(0)}-\boldsymbol{X}^{*})\right\|<\delta$及$0<q<1$，可得

$$\left\|\boldsymbol{X}^{(k+1)}-\boldsymbol{X}^{*}\right\|\leqslant q\left\|(\boldsymbol{X}^{(k)}-\boldsymbol{X}^{*})\right\|\leqslant q^{2}\left\|(\boldsymbol{X}^{(k-1)}-\boldsymbol{X}^{*})\right\|\leqslant\cdots\leqslant q^{k+1}\left\|(\boldsymbol{X}^{(0)}-\boldsymbol{X}^{*})\right\|<\delta .$$

可知$\boldsymbol{X}^{(k+1)}\in\boldsymbol{S}$. 这表示对一切$k\geqslant0$，有序列点集$\{\boldsymbol{X}^{(k)}\}\subset\boldsymbol{S}$. 又因为$0<q<1$，所以$\lim\limits_{k\to\infty}q^{k+1}=0$，故$\lim\limits_{k\to\infty}\left\|\boldsymbol{X}^{(k+1)}-\boldsymbol{X}^{*}\right\|\leqslant\lim\limits_{k\to\infty}q^{k+1}\left\|(\boldsymbol{X}^{(0)}-\boldsymbol{X}^{*})\right\|=0$，即$\lim\limits_{k\to\infty}\boldsymbol{X}^{(k+1)}=\boldsymbol{X}^{*}$，迭代收敛. 又因为$\left\|\boldsymbol{X}^{(k+1)}-\boldsymbol{X}^{*}\right\|\leqslant q\left\|(\boldsymbol{X}^{(k)}-\boldsymbol{X}^{*})\right\|$，可知迭代序列$\{\boldsymbol{X}^{(k)}\}\subset\boldsymbol{S}$具有线性敛速.

证毕.

因此，只要满足作者提出的收敛条件C_6中的第 1、2 条件，则无论原方程组中$F(X)$一阶导数的特性如何，均存在适当的$\alpha^{(k)}$，使迭代式（4-32）收敛于方程组式（4-14）的解. 这种步长因子法不但使原来使用直接迭代式（4-16）不能收敛的方程组求解得以收敛，从而大大扩展了其使用范围，而且当所选用步长因子接近于最佳步长因子$\alpha^{(k)*}=(\alpha_{\min}^{(k)}+\alpha_{\max}^{(k)})/2$时，还可加快原直接迭代的收敛速度.

【例 4-3】 解二元非线性方程组：

$$\begin{cases}x=7x-\sin y-50\\y=\cos x+5y-70\end{cases}$$

解：采用直接迭代：

$$\begin{cases}x^{(k+1)}=7x^{(k)}-\sin y^{(k)}-50\\y^{(k+1)}=\cos x^{(k)}+5y^{(k)}-70\end{cases}$$

根本不收敛，如表 4-3 所示.

如采用步长因子法，令$\alpha=-0.2$，构成同解方程组：

$$\begin{cases} x = 1.2x - 0.2(7x - \sin y - 50) \\ y = 1.2y - 0.2(\cos x + 5y - 70) \end{cases}$$

按照

$$\begin{cases} x^{(k+1)} = 1.2x^{(k)} - 0.2(7x^{(k)} - \sin y^{(k)} - 50) \\ y^{(k+1)} = 1.2y^{(k)} - 0.2(\cos x^{(k)} + 5y^{(k)} - 70) \end{cases}$$

进行迭代，果然收敛，如表 4-3 所示.

表 4-3　例 4-3 迭代数据

迭代次数 k	直接迭代法		步长因子法	
	$x^{(k)}$	$y^{(k)}$	$x^{(k)}$	$y^{(k)}$
初始	1	1	1	1
1	−43.841 47	−64.000 14	9.968 294	14.091 94
2	−355.970 2	−389.248 2	8.206 137	16.989 57
3	−2 540.096	−2 015.471	8.167 078	17.466 90
4	−18 195.66	−10 148.35	8.170 114	17.554 98
5	−127 418.8	−50 812.76	8.173 559	17.573 18
6	−891 981.0	−254 134.6	8.173 894	17.577 47
7			8.174 078	17.578 39
8			8.174 095	17.578 61
9			8.174 105	17.578 66
10			8.174 106	17.578 67
	发散		收敛	

§4.5　步长因子取值范围的复平面图解

对于求解非线性方程组的直接迭代步长因子法，使迭代收敛的步长因子取值范围可以用复平面图解的方法形象地求得，本图解法还有助于对步长因子以及收敛条件的理解.

1）步长因子取值范围复平面图解求法.

一般地，对第 $k+1$ 次迭代，要求 α_k 的取值能够使得式（4-34）、式（4-35）两式成立，即

$$\rho[\boldsymbol{J}_{\varphi}(\boldsymbol{X}^{*},\boldsymbol{H}^{(k)})] = \left|\alpha^{(k)}\lambda_{fm} + 1 - \alpha^{(k)}\right| \leqslant L < 1 \tag{4-48}$$

在图 4-9 复平面上，$\lambda_{f_m} = \left(\lambda_{f_m}^{R} + \lambda_{f_m}^{I} i\right)$ 为 OA 矢，$\left(\lambda_{f_m} - 1\right)$ 为 OB 矢，$\left[\alpha^{(k)}\left(\lambda_{f_m} - 1\right)\right]$（$\alpha^{(k)}$ 为实数）是图 4-9 上的顶点落在 OB 直线上的 OC 矢，$\left[1 + \alpha^{(k)}\left(\lambda_{f_m} - 1\right)\right]$ 为顶点落在 MN 直线上的 OD 矢（$|OM| = 1$）.

式（4-48）要求 $\left|1 + \alpha^{(k)}\left(\lambda_{f_m} - 1\right)\right| \leqslant L < 1$，如果要求 $\left|1 + \alpha^{(k)}\left(\lambda_{f_m} - 1\right)\right| < 1$，即要求图 4-9 中 $|OD| < 1 = |OM|$，这就要求点 OD 矢量的顶点 D 落在以单位矢量矢 OM 为斜边，以 $\theta = \mathrm{tg}^{-1}[\lambda_{mk}^{I}/(\lambda_{mk}^{R} - 1)]$ 为底角的等腰三角形 OMN 的底边 MN 之中.

将复平面局部放大如图 4-10，式（4-48）要求 D 点落在以边长是 $L<1$ 为斜边的等腰

三角形 OEF 的底边 EF 上，即要求 $|ME|\leqslant|MD|\leqslant|MF|$. 下面求 $|ME|$ 和 $|MF|$，以决定 D 点的范围.

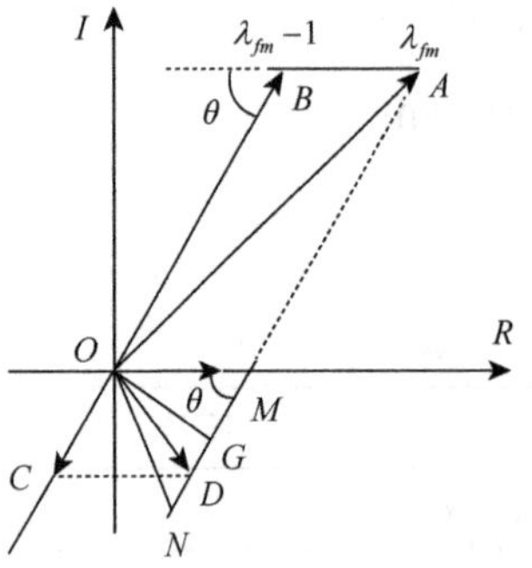

图 4-9　步长因子复平面图解

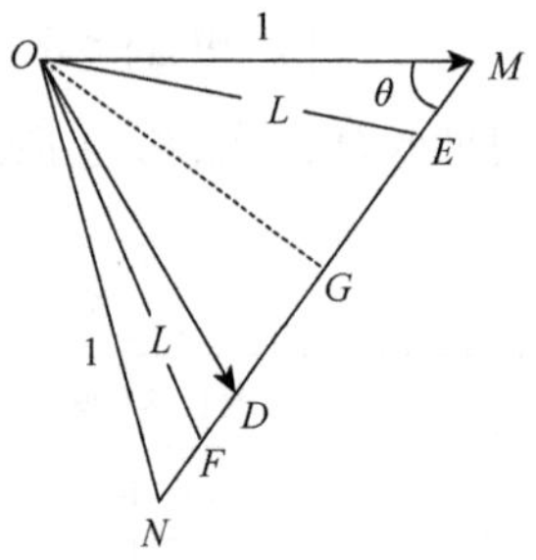

图 4-10　复平面局部放大图

∵　$|OE|=|OF|=L<1$，$|OM|=1$，

∴　$|ME|,|MF|$ 是一边为 1，另一边为 L，L 边的对角为 θ 的两个三角形 OME 和 OMF 的另一边长，设其长度为 x

$$\because\quad \cos\theta=\left(\lambda_{f_m}^{R}-1\right)\Big/\sqrt{\left(1-\lambda_{f_m}^{R}\right)^2+\left(\lambda_{f_m}^{I}\right)^2} \tag{4-49}$$

按余弦定理 $L^2=1^2+x^2-2x\cos\theta$ 得 x 的二次方程：$x^2-2x\cos\theta+(1-L^2)=0$. 其两个根为

$$x_1=|MF|=\cos\theta+\sqrt{\cos^2\theta-(1-L^2)},\quad x_2=|ME|=\cos\theta-\sqrt{\cos^2\theta-(1-L^2)}.$$

将 $\cos\theta$ 的表达式代入，得

$$|MF|=\frac{\left(1-\lambda_{f_m}^{R}\right)+\sqrt{\left(1-\lambda_{f_m}^{R}\right)^2-(1-L^2)\left[\left(1-\lambda_{f_m}^{R}\right)^2+\left(\lambda_{f_m}^{I}\right)^2\right]}}{\sqrt{\left(1-\lambda_{f_m}^{R}\right)^2+\left(\lambda_{f_m}^{I}\right)^2}},$$

$$|ME|=\frac{\left(1-\lambda_{f_m}^{R}\right)-\sqrt{\left(1-\lambda_{f_m}^{R}\right)^2-(1-L^2)\left[\left(1-\lambda_{f_m}^{R}\right)^2+\left(\lambda_{f_m}^{I}\right)^2\right]}}{\sqrt{\left(1-\lambda_{f_m}^{R}\right)^2+\left(\lambda_{f_m}^{I}\right)^2}}.$$

而 $|MD|=|OC|=\left|\alpha^{(k)}(1-\lambda_{f_m})\right|=\left|\alpha^{(k)}\right|\times\left|1-\lambda_{f_m}\right|$，要使得 $|ME|\leqslant|MD|\leqslant|MF|$，必须有 $|ME|/\left|1-\lambda_{f_m}\right|\leqslant\left|\alpha^{(k)}\right|\leqslant|MF|/\left|1-\lambda_{f_m}\right|$

当 $\lambda_{f_m}^{R}>1$ 时，图 4-9 中 $\alpha^{(k)}$ 取负值，OC 与 OB 反向，故有

$$-|ME|/\left|1-\lambda_{f_m}\right|\geqslant\left|\alpha^{(k)}\right|\geqslant-|MF|/\left|1-\lambda_{f_m}\right|$$

即

$$\alpha_{\max}^{(k)}=\frac{\left(1-\lambda_{f_m}^{R}\right)+\sqrt{\left(1-\lambda_{f_m}^{R}\right)^{2}-(1-L^{2})\left[\left(1-\lambda_{f_m}^{R}\right)^{2}+\left(\lambda_{f_m}^{I}\right)^{2}\right]}}{\left(1-\lambda_{f_m}^{R}\right)^{2}+\left(\lambda_{f_m}^{I}\right)^{2}},$$

$$\alpha_{\min}^{(k)}=\frac{\left(1-\lambda_{f_m}^{R}\right)-\sqrt{\left(1-\lambda_{f_m}^{R}\right)^{2}-(1-L^{2})\left[\left(1-\lambda_{f_m}^{R}\right)^{2}+\left(\lambda_{f_m}^{I}\right)^{2}\right]}}{\left(1-\lambda_{f_m}^{R}\right)^{2}+\left(\lambda_{f_m}^{I}\right)^{2}}.$$

这与式（4-43）完全相符. 这就是使直接迭代步长因子法收敛的步长因子取值范围.

2）收敛条件 C_6 中的 $\left|\lambda_{f_m}\right|\leqslant M<\infty$，$\left|1-\lambda_{f_m}^{R}\right|>\eta\left|\lambda_{f_m}^{I}\right|$ $(\eta=\sqrt{1-L^2}/L)$ 可使 $\alpha_{\min}^{(k)}$、$\alpha_{\max}^{(k)}$ 为有限的实数解. 这在图 4-9 中的意义是要求 $1-\lambda_{f_m}$，即 OB 矢不能无限靠近虚轴，即 θ 角不能无限接近于 90°，即 0°≤θ<90°. 这是因为，如果 θ 角无限接近于 90°，则 $|ME|=|MF|\to 0$，将导致 $\left|\alpha^{(k)}\right|\to 0$，即找不到非零的步长因子.

3）图 4-9 还可以看出 $1-\lambda_{f_m}$，即 OB 矢的虚部 $\left|\lambda_{f_m}^{I}\right|$ 越大，即 θ 角越接近于 90°，$\alpha^{(k)}$ 的取值范围越小，步长迭代法的效果越差，而当 $\left|1-\lambda_{f_m}^{R}\right|>\eta\left|\lambda_{f_m}^{I}\right|$ $(\eta<0)$ 不能满足时，步长因子法就完全失效.

4）图 4-9 还可以看出，存在着对应于 OG 矢的最佳步长因子 $\alpha^{(k)*}$，且

$$\alpha^{(k)*}=|MG|/\left|1-\lambda_{f_m}\right|=\frac{-\cos\theta}{\left|1-\lambda_{f_m}\right|}=\frac{1-\lambda_{f_m}^{R}}{\sqrt{\left(1-\lambda_{f_m}^{R}\right)^{2}+\left(\lambda_{f_m}^{I}\right)^{2}}}$$

使用最佳步长因子 $\alpha^{(k)*}$ 的迭代，可使该次迭代中的：

$$\rho[\boldsymbol{J}_{\varphi}(\boldsymbol{X}^{*},\boldsymbol{H}^{(k)})]=|OG|=\sin\theta=\frac{\left|\lambda_{f_m}^{I}\right|}{\left(1-\lambda_{f_m}^{R}\right)^{2}+\left(\lambda_{f_m}^{I}\right)^{2}} \tag{4-50}$$

也说明当 $\lambda_{f_m}^{I}\neq 0$ 时，即 λ_{f_m} 有虚部时，$\rho[\boldsymbol{J}_{\varphi}(\boldsymbol{X}^{*},\boldsymbol{H}^{(k)})]$ 不等于零. 由式（4-47）知，只迭代一步不可能找到最优解.

5）从图 4-10 还可以看出，只要 $L<1$ 取值足够大，则必能使 $|EF|>|ME|$，这就可以保证在实际迭代中 $\left|\alpha^{(k)}\right|$ 的取值较大而落在取值范围之外时，只要不断将 $\left|\alpha^{(k)}\right|$ 折半取下去，必能使它落入取值范围之内.

§ 4.6 迭代计算中步长因子的确定

4.6.1 关于步长因子理论探讨的几点结论

通过本章前几节的讨论，明确了以下问题：

1）“直接迭代步长因子法”确实可以改善直接迭代法的收敛性，因为绝大多数非线性方程组都可满足前面给出的步长因子法收敛条件，所以采用直接迭代求解非线性方程组

时，只要使用步长因子法，适当选取步长因子，迭代一般都是可以收敛的. 这就大大扩展了直接迭代法的应用范围.

2）给出了使迭代得以收敛的步长因子理论取值范围：

$$\alpha_{\min}^{(k)} \leqslant \alpha^{(k)} \leqslant \alpha_{\max}^{(k)}$$

$$\alpha_{\max}^{(k)} = \frac{\left(1-\lambda_{f_m}^R\right)+\sqrt{\left(1-\lambda_{f_m}^R\right)^2-(1-L^2)\left[\left(1-\lambda_{f_m}^R\right)^2+\left(\lambda_{f_m}^I\right)^2\right]}}{\left(1-\lambda_{f_m}^R\right)^2+\left(\lambda_{f_m}^I\right)^2},$$

$$\alpha_{\min}^{(k)} = \frac{\left(1-\lambda_{f_m}^R\right)-\sqrt{\left(1-\lambda_{f_m}^R\right)^2-(1-L^2)\left[\left(1-\lambda_{f_m}^R\right)^2+\left(\lambda_{f_m}^I\right)^2\right]}}{\left(1-\lambda_{f_m}^R\right)^2+\left(\lambda_{f_m}^I\right)^2}.$$

3）得到了步长因子 α 的取值规律：

①一般说来，由于各步迭代 $\boldsymbol{X}^{(k)}$ 不同，λ_{f_m} 就不相同，$\alpha^{(k)}$ 的取值范围也不相同，所以 $\alpha^{(k)}$ 在各次迭代中不应取相同数值.

②如图 4-8，$\alpha^{(k)}$ 取值在零的某个邻域内（不包括零），且当 $L \to 1$ 时，如 $\lambda_{f_m}^R < 1$，则 $\alpha_{\min}^{(k)} \to 0$；如 $\lambda_{f_m}^R > 1$，则 $\alpha_{\max}^{(k)} \to 0$，$\alpha^{(k)}$ 的绝对值小于某确定值. 这就使当 $\left|\alpha^{(k)}\right|$ 取值较大时，只要使 $\left|\alpha^{(k)}\right|$ 小下来，就一定可使 $\alpha^{(k)}$ 落在使迭代收敛的取值范围内.

③ $\alpha^{(k)}$ 的正负与 $1-\lambda_{f_m}^R$ 相同，这时往往可能在实际计算中找到规律，如第一章中 $\alpha^{(k)}$ 的取值与总导重 G 必定同正同负.

4）直接迭代法的优点.

直接迭代法的优点在于每迭代一次只需计算一次向量值函数 $\boldsymbol{F}(\boldsymbol{X})$ 的值，简单方便. 步长因子法要保持以上特点，当然每次迭代不可能靠求 $\boldsymbol{J}_f(\boldsymbol{X}^*, \boldsymbol{H}^{(k)})$ 定 λ_{f_m} 的办法来确定步长因子 $\alpha^{(k)}$，何况不知道 $\boldsymbol{X}^*$ 也根本无法求 $\boldsymbol{J}_f(\boldsymbol{X}^*, \boldsymbol{H}^{(k)})$. 所以前面的讨论只是说明了使迭代收敛的步长因子必定存在，并给出了其理论取值范围和规律，并未给出步长因子的实际取值.

4.6.2 迭代计算中步长因子的确定

对于变量较少、形式比较简单的方程或方程组，步长因子可以通过估算给出. 对于形式较为复杂的工程问题，如结构优化等，步长因子的取法就得另想办法. 这应通过研究步长因子的理论和规律以及计算实践去探索一套步长因子的实际取值方法. 考虑到以上因素，我们在天线结构优化求解准则方程的实际计算中是这样选取步长因子的：

1）由于每次迭代 $\boldsymbol{X}^{(k)}$ 不同，λ_{f_m} 不同，相同的 $\alpha^{(k)}$ 值在各次迭代中引起的自变量变化程度也不同. 而我们希望 $\boldsymbol{X}^{(k)}$ 离 $\boldsymbol{X}^*$ 越近，即 k 越大时，自变量的变化越要小一些；反之则大一些. 所以往往可以通过控制各次迭代中自变量的变化率来间接控制 $\alpha^{(k)}$，为此，在第 k 次迭代中可以令：

$$\beta = \max_{1 \leqslant n \leqslant N} \left| \left(x_n^{(k+1)} - x_n^{(k)} \right) / x_n^{(k)} \right| \tag{4-51}$$

给每次迭代中的 β 规定一个界限 $\beta_{\max}$，选取 $\alpha^{(k)}$ 值时，就以迭代时 $\beta \leqslant \beta_{\max}$ 为原则，在符合原则的 $\alpha^{(k)}$ 中选取绝对值最大者作为本次迭代的 $\alpha^{(k)}$，$\beta_{\max}$ 可由经验确定，如取其在第 k 次迭代中的值为 5×0.6^k 等，此值可能因问题不同而有所影响. 由于 $\beta_{\max}$ 是逐次等比递减的，为了保证迭代真正收敛到 $\boldsymbol{X}^*$ 点，而不是由于 $\beta_{\max}$ 过小而人为地强迫 $\boldsymbol{X}^{(k)}$ 收敛到其他点上，还必须给 $\beta_{\max}$ 规定一个最小值，如 0.05，当 $\beta_{\max}$ 小于 0.05 时，$\beta_{\max}$ 在以后的迭代中不再减小.

2）由于上面变化率控制并不能保证每次迭代都使 $\boldsymbol{X}^{(k+1)}$ 点更靠近 $\boldsymbol{X}^*$，即不能保证 $\alpha^{(k)}$ 落在理论取值范围内，根据步长因子取值规律②，可以这样控制 $\alpha^{(k)}$：首先按 $\beta_{\max}$ 取 $\alpha^{(k)}$，如它不能使本次迭代情况改善，优化过程中即目标函数未改善，则将步长折半，使 $\alpha^{(k)}$ 取原值之半，这样下去，必能使 $\alpha^{(k)}$ 落在理论取值范围内，而使情况改善. 当 $P \to 1$ 时，由于 0 的邻域内（不含 0）都是 $\alpha^{(k)}$ 取值理论范围，故折半不会跳过 $\alpha^{(k)}$ 理论取值范围.

3）$\alpha^{(k)}$ 的取值正负，根据步长因子取值规律③，是与 $\lambda_{f_m}^R$ 有关的，在天线结构优化中它恰与总导重 G 取同号，对于其他非线性方程组，如迭代中 $\alpha^{(k)}$ 的正负无法确定，则在该次迭代情况不能改善时，使 $\alpha^{(k)}$ 取原数值的 $-\sqrt{2}/2$ 倍，这样反号如果还不行，必再反号返回来，因 $(-\sqrt{2}/2)^2 = 1/2$，返回后恰为原数值之半.

4）由于 $\left|\alpha^{(k)}\right|$ 小并不意味着 β 小，$\alpha^{(k)}$ 折半后只要在理论取值范围内即可，不必担心 $\left|\alpha^{(k)}\right|$ 过小，迭代强迫收敛到非解点.

以上步长因子取法应用于天线结构的静动力优化设计的优化迭代计算均获得了满意的结果，收敛较快，几步即可找到工程上满意的解，继续迭代下去，确实找到了符合准则公式的收敛最优解，本书第三章的所有例题都是按以上取法决定步长因子的. 当然，这种步长因子的取法绝非唯一. 更好、更有效的取法还有待在计算实践中探索产生.

4.6.3　步长因子的自动选取

以上步长因子的取法需要人为干预，带有一定的经验性，不同的人与不同的问题采取不同的步长因子会有不同的迭代历程，这就会影响到计算的自动化程度与计算效率. 为此，对于结构优化准则方程组的求解，步长因子可采用如下几种自动选取方法：

1）采用直接迭代步长因子法求解式（2-22）所示的一般结构优化问题时，为选取步长因子 $\alpha^{(k)}$，构造如下以 $\alpha^{(k)}$ 为变量的一维无约束规划：

$$\begin{cases} \text{Find} \quad \alpha^{(k)} \\ \min \quad \phi(\alpha^{(k)}) = f[\boldsymbol{X}^{(k+1)}(\alpha^{(k)})] + \sum_{j=1}^{J} \gamma_j^k \max\{g_j[\boldsymbol{X}^{(k+1)}(\alpha^{(k)})], 0\} \end{cases} \tag{4-52}$$

其意义为：在不违反约束的前提下，由使结构优化目标函数最小决定步长因子 $\alpha^{(k)}$；如果违反约束，则加以惩罚，由目标函数最小和约束违反量最小共同决定步长因子 $\alpha^{(k)}$. 其中 γ_j^k 为惩罚因子，随着迭代次数的增加，惩罚作用加大，建议将 γ_j^k 取为 2^k. 式（4-52）所示的一维无约束规划问题可采用黄金分割法求解.

2）当采用导重法求解结构优化问题时，由于按照导重准则，最优结构应按导重正比分配结构重量，由式（1-197）可推出“最优结构各组构件导重与各组构件重量之比都应等于结构总导重与结构总重量之比”的结论，即

$$\frac{G_{x_n}}{W_{x_n}}=\frac{G}{W}\quad (n=1,2,3,\cdots,N) \tag{4-53}$$

反之，各组构件导重与各组构件重量之比如果不等于结构总导重与结构总重量之比，就不是最优结构. 这样，各组构件导重与各组构件重量之比与结构总导重与结构总重量之比的均方差

$$\sigma=\sqrt{\sum_{n=1}^{N}\frac{W_{x_n}}{W}\left(\frac{G_{x_n}}{W_{x_n}}-\frac{G}{W}\right)^2} \tag{4-54}$$

就可作为结构优化程度的度量. 该均方差越小，结构越优；均方差为零时，结构最优. 于是，可构造如下形式的一维无约束规划来选取步长因子 $\alpha^{(k)}$：

$$\begin{cases}\text{Find} \quad \alpha^{(k)} \\ \min \quad \sigma(\alpha^{(k)})=\sqrt{\displaystyle\sum_{n=1}^{N}\frac{W_{x_n}}{W}\left(\frac{G_{x_n}}{W_{x_n}}-\frac{G}{W}\right)^2}\end{cases} \tag{4-55}$$

其中，W_{x_n}、W、G_{x_n}、G 均为由步长因子 $\alpha^{(k)}$ 决定的下一设计点 $\boldsymbol{X}^{(k+1)}$ 的函数. 可采用黄金分割法求解式（4-55）所示的一维无约束规划问题.

3）按照式（4-52）、式（4-55）对步长因子 $\alpha^{(k)}$ 进行一维寻优都必须对由 $\alpha^{(k)}$ 决定的下一设计点 $\boldsymbol{X}^{(k+1)}$ 进行结构再分析，这对工程结构优化计算是较费机时的. 为此，可构造各种无须进行结构再分析的步长因子 $\alpha^{(k)}$ 确定方法. 例如，可由当前设计点 $\boldsymbol{X}^{(k)}$ 的由式（4-54）计算出的 $\sigma(\boldsymbol{X}^{(k)})$ 直接计算步长因子 $\alpha^{(k)}$，即 $\alpha^{(k)}$ 只是 $\sigma(\boldsymbol{X}^{(k)})$ 的函数. 例如可引入无量纲量 $\theta^{(k)}$ 以消除不同结构优化问题对 $\sigma(\boldsymbol{X}^{(k)})$ 的影响：
令

$$\theta^{(k)}=\sigma(\boldsymbol{X}^{(k)})/[G(\boldsymbol{X}^{(k)})/W(\boldsymbol{X}^{(k)})] \tag{4-56}$$

作为结构最优性指标，再取

$$\alpha^{(k)}=\alpha^{(k)}[\theta(\boldsymbol{X}^{(k)})] \tag{4-57}$$

一般说来步长因子 $\alpha^{(k)}$ 应取为结构最优性指标 $\theta^{(k)}$ 的单调增函数. 计算关系的具体形式有待进一步探讨.

4）为了实现非线性方程组求解的自动化，进一步提高结构优化准则方程的求解效率，还可采用文献[72]介绍的基于埃特金迭代算法的非线性方程组解法.

第三篇　结构优化导重法在天线结构优化设计中的应用与程序

5　结构优化导重法在天线结构优化设计中的应用

§ 5.1　天线结构设计

5.1.1　天线结构简介

1. 天线的结构形式

在航空航天、卫星通信、雷达技术及射电天文中广泛使用圆抛物面天线. 图 5-1 为其常见的结构形式简图.

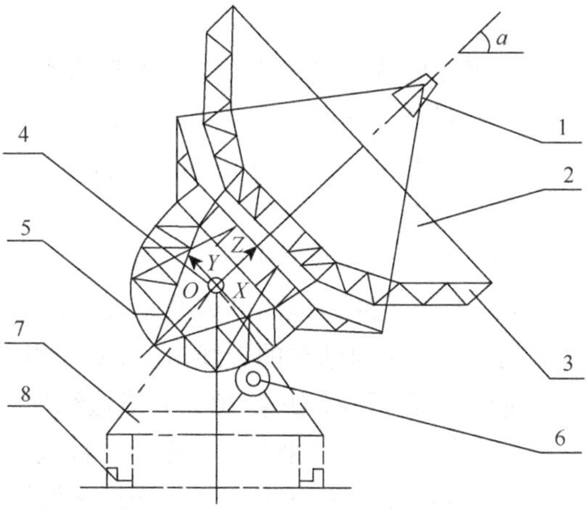

1.馈源；2.反射面；3.背架；4.俯仰轴；5.俯仰大齿轮；
6.驱动小齿轮；7.座架；8.圆形轨道

图 5-1　天线结构简图

图 5-1 所示是一种典型的前馈式反射面天线. 铺设在背架上的反射面接收来自空间的电磁波，反射会聚到馈源；若是发射，则与之相反. 为了对准和跟踪目标，伺服机械带动小齿轮驱动俯仰大齿轮，使天线绕俯仰轴转动以改变仰角 α ，座架在圆形轨道上转动以改变方位. 天线结构一般指可俯仰转动的部分，常被简化为桁架结构，一般天线结构的载荷主要是自重、风力、温度、冰雪和冲击振动. 对大型高精度天线，由于有天线罩和较好的工作环境，因此其载荷主要是自重.

2. 天线结构的精度

天线结构与一般结构不同，属于精密结构，有其特殊的要求. 天线反射面的变形误差会影响到电性能. 严格地说，反射面误差对电性能的影响应当按照电磁场理论，把反射面作为电磁场的边界条件来计算. 但采用近似的几何光学原理和以统计规律为基础的 Ruze 公式来估算这种影响仍有一定的参考价值：由于表面误差引起了电磁波的路程差（光程差），使天线口面不是等相位面而造成天线增益的下降，这种影响可用 Ruze 公式来估算.

$$\eta_s = \frac{G}{G_0} = e^{-(4\pi\delta/\lambda)^2} \tag{5-1}$$

式中，η_s为天线增益下降系数，G_0为无表面误差时的增益，G为有表面误差时的增益，δ为表面各点半光程差的均方根值（RMS），λ为波长. 由上式可见，随表面误差增大，天线增益急剧下降，当$\delta = \lambda/30$时，$\eta_s = 83.9\%$，而当$\delta = \lambda/16$时，$\eta_s = 54.1\%$，后者意味着误差为$\lambda/16$时，天线口面只能相当无误差天线的一半面积，因此这是最低极限. 工作在分米波、厘米波及毫米波的天线根据工程要求其精度指标往往取为$\lambda/16 \sim \lambda/60$，如日本口面直径 45m 的毫米波射电望远镜，表面精度达 0.25mm；德国直径 30m 的射电望远镜，表面精度为 0.1mm；我国 20 世纪 80 年代卫星通信地面站天线直径 25m、表面精度小于 1mm. 由此可见，天线结构的精度要求与一般结构相比显然是非常高的.

3. 天线结构的自重变形

对于工作波长较短，表面精度要求较高的天线，其变形必须有严格的要求，这就决定了对天线结构的要求不同于一般结构. 它首先要满足精度、刚度要求，强度条件则往往不成问题. 例如德国某直径为 28.5m 天线，在风力 55.6m/s，3cm 冰厚及自重等荷载作用下，最大应力约为 30MPa，远小于许用应力.

大型高精度反射面天线由于要求刚度好，所以自重较大，自重荷载成了大型精密天线的主要荷载. 如美国直径 30m 的卫星通信地面站天线，按口面面积平均单位面积自重为 7.5MPa 相当于 34.6m/s 的风力. 对于相似结构的天线，自重变形约与天线直径平方成正比，所以大型天线结构的自重变形已相当可观，如某 20m 天线边缘最大变形达 2～3mm. 对于自重变形，不能只靠增加杆截面等构件尺寸来减少，因为杆件尺寸加大，本身重量就会加大，自重变形又要随之增大. 科学技术的发展需要工作于厘米波、毫米波段的增益很高的天线，也就是说要求天线尺寸尽可能大，精度又极高. 澳大利亚有 64m 射电望远镜，俄罗斯等国有上百米射电望远镜，我国也曾计划研制 65m 射电望远镜天线，这就出现了天线结构精度与自重变形的尖锐矛盾. 这一矛盾反应了天线结构的特点，在一个时期内推动了天线结构设计理论的发展. 为解决这一矛盾，人们做了很多研究，提出过各种想法[32, 40]，其中与结构设计直接有关的主要是最佳吻合反射面和保型设计的思想.

4. 最佳吻合抛物面与保型设计

影响天线电性能的并非表面点位移的绝对数值，而是反射表面自身的相对变形. 例如天线若有一刚体位移，则只要使馈源也移到新的焦点，就毫不影响电性能，由此提出最佳吻合抛物面的概念：对载荷作用下变形了的天线反射面，可以设想作一新的抛物面，它相对原设计抛物面而言，顶点有位移，轴线有转动，焦距亦有变化，这样的抛物面有无穷多个，但其中必有一个，变形后反射面相对它的半光程差的 RMS 值最小，这就是所谓的最佳吻合抛物面（BFP）. 它有新的顶点与焦点，若把馈源移到新的焦点，电性能则会大大改善. 一般情况下，变形后反射面相对其最佳吻合抛物面的半光程差的 RMS 仅为相对原设计抛物面半光程差 RMS 的十几分之一至几十分之一.

1967 年冯 • 霍纳（Von Hoerner）提出了保型设计的思想[34]，他设想：如能设计出一种天线结构，变形后反射表面相对最佳吻合抛物面的误差为零，这就是保型设计. 也就是说，天线变形后反射表面仍然是同族的反射曲面——抛物面. 当天线从一仰角转到另一仰角时，反射面由一抛物面变成另一抛物面，这就是“保型变形”. 要使天线在任何仰角上反射面都是抛物面，只要使天线在仰天与指平两位置变形后仍为抛物面即可，这是因为在任意仰角位置上的天线在自重作用下的变形可以表示为天线在仰天和指平两位置自重变形的线性组合.

保型变形在国外称为 homologous deformation，其含意为异体同形、同族同系变形. 除抛物面天线外，任意反射面天线也存在保型设计问题，只要使天线变形后表面仍为同族反射面即可. 保型设计的思想较好地解决了天线精度与自重变形的矛盾，最近研制的几种大型毫米波射电望远镜天线都采用了保型设计的思想.

严格的保型设计并非易事. 除本书以外，理论上尚未见严格保型设计方法研究的文献，工程上由于制造、安装及其他困难，严格保型也难达到. 故目前的天线保型设计大多是近似保型设计，即对天线结构进行优化设计，使天线反射面变形后相对其最佳吻合面半光程差的 RMS 减小到工程设计提出的指标范围以内.

5.1.2 天线结构设计的特点

对天线结构设计的要求主要是：表面精度高，结构重量轻，转动惯量小，在各种环境载荷作用下不破坏，谐振频率高，容易加工安装，造价低廉. 不同的天线类型对以上要求侧重不同，优化设计的提法也不同.

1. 大型高精度天线

其关键是精度与自重的矛盾，强度则不成问题. 衡量这类天线性能的指标是变形后反射面对其最佳吻合抛物面半光程差的 RMS，所以这类天线结构的优化设计主要从两方面研究：一是研究其严格保型设计的理论和方法及其工程实现的可能，二是研究这类天线的近似保型优化设计. 天线结构近似保型优化设计的提法是：以天线反射面吻合精度为目标函数，以结构重量作为唯一的性态约束，为防止构件失稳及满足制造工艺要求，以构件尺寸（杆截面等）变量范围约束作为辅助约束，其他要求只在优化后加以校验即可.

2. 一般中小型天线

对于精度要求不高的中小型天线，只要满足精度要求，减轻重量成了关键. 其优化设计的提法是：以结构重量作为目标，以反射面精度作为主要约束. 由于这类天线精度要求不高、结构较薄弱，强度、稳定性、谐振频率等要求在优化过程中就可能不再满足，所以较严格的优化，应将应力约束与动力基频约束也包括在内，从而使这类天线结构的优化问题成为具有多种性态约束的最轻设计问题.

实际上天线结构千差万别，各不同的具体天线可能有其不同的具体设计要求，优化设计的提法可能各不相同，而且各目标与约束也应是模糊的. 为了正确反映工程设计决策者的意愿，全面、实际、合理地对天线结构进行优化设计，应当对天线结构进行多目标模糊优化设计.

综上所述，天线结构优化设计不同于一般结构优化设计的特点是：

1）刚度大，精度要求高，这是天线结构优化的主要矛盾.

2）自重载荷是结构的主要载荷. 优化中设计变量变化引起自重载荷变化的导数不容忽略.

3）结构为高次静不定的大型结构.

4）与一般结构个别点位移约束相应的是反射面所有点的半光程差均方根值精度约束或目标函数，该函数即前面§1.7 中的均方根包络函数.

5）工程设计要求决定了优化设计的目标多、约束多. 各目标与约束具有较强的模糊性，而且目标与约束间没有明确的分别，即目标与约束可以相互转化. 有些指标既有一定的限制可作为约束，又希望在优化设计中趋优而作为目标. 优化时究竟哪个是目标，哪个是约束，各目标与约束的相对重要性如何，都要根据具体工程要求和优化中结构设计方案的实际状态而定.

一般结构优化设计常为个别点的位移约束、应力约束、动力约束和变量范围约束下的最轻重量设计. 而且常需假设设计变量变化不引起结构载荷的变化，这就得假设设计变量变化不引起自重载荷变化，或者忽略结构自重载荷. 因而，一般结构优化的许多方法，如虚功法，以及以位移用虚功表达为基础的有关程序，均不适用于天线结构的优化设计，使用它们优化天线结构得到的解都远不是原问题的最优解.

§ 5.2　天线结构反射面精度计算

前面已指出，天线结构反射面的精度严重地影响着天线的电性能. 式（5-1）表明，与天线增益有直接关系的是表面各点半光程差的均方根值 RMS. 本节将给出圆抛物面天线结构变形后表面点相对原设计抛物面以及最佳吻合抛物面半光程差的计算公式，并给出最佳吻合抛物面吻合参数的计算公式.

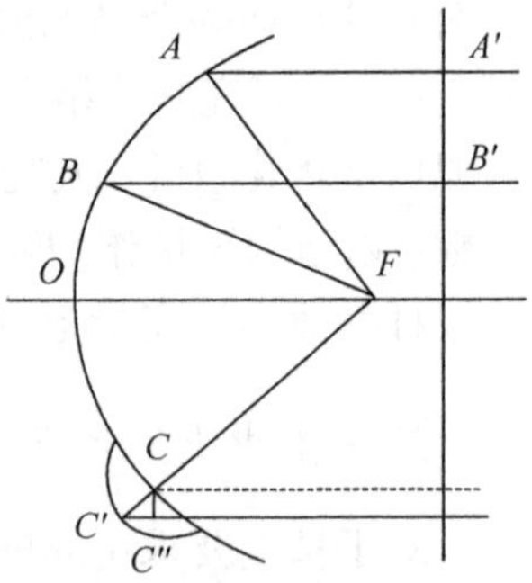

图 5-2　抛物面的光程差

5.2.1　光程差

根据抛物面的性质，位于焦点 F 的馈源向抛物面发射出来的电磁波，经天线反射面反射后成为平行于轴线 FO 的射线，且各条射线到达垂直于轴线的平面的路程相等，即 $FA+AA'=FB+BB'$（图 5-2），所以抛物面的口径平面即天线口面是一个等相位面. 天线反射表面误差对天线电性能的影响，是由于反射表面误差引起天线口面上电磁场的相位误差造成的. 如果是接收则造成从天线口面进入的等相位电磁波会聚到接收器的相位误差，结果使天线的增益降低，旁瓣电平增高. 在图 5-2 中，假设反射面在 C 点凹下，则从 F 点射向 C 点的电磁波就要多走一段路程 $CC'+C'C''$，它就是所谓光程差. 半光程差就是光程差的二分之一. 因为反射面个别点的半光程差对整个天线的电性能不起决定性影响，决定天线性能的是整个反射面各点半光程差的均方根值. 为了考虑反射表面各点照度和影响面积的不同，还须对各点的半光程差乘以相应的加权因子，所以衡量反射面天线精度的应该是天线表面各点的加权半光程差的均方根值.

5.2.2 表面点位移引起的对原设计面的半光程差

设 $OXYZ$ 为原设计抛物面的坐标系，原点 O 为抛物面顶点，OZ 为抛物面焦轴，f 为焦距，x、y、z 为表面点的坐标，它们满足设计抛物面方程：

$$x^2+y^2=4fz \tag{5-2}$$

下面推导表面点各向位移 u、v、w 引起的半光程差（图 5-3）.

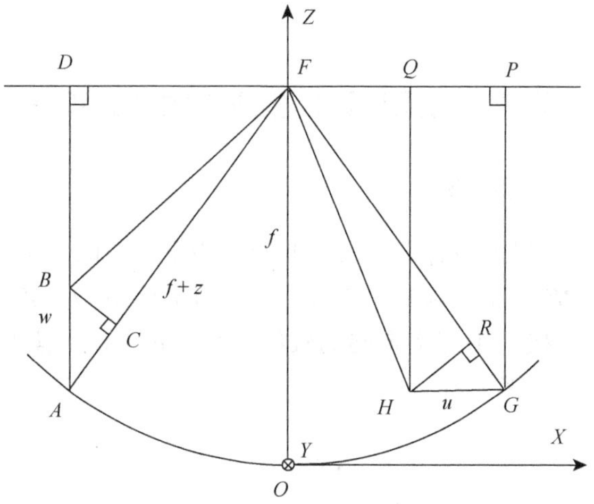

图 5-3 各向位移的半光程差

1. 轴向位移引起的半光程差

如图 5-3 左方所示，如果表面点 A 由于轴向位移 w 移至 B 点，则从焦点 F 到口面的光程长度从 $FA+AD=2f$ 变为 $FB+BD$，注意到 w 是小变形量，如取 $FC=FB$，则有 $BC\perp AF$，于是两光程之差为

$$\begin{aligned}\Delta' &= (FA+AD)-(FB+BD)=AB+AC\\ &= w(1+AC/AB)=w(1+AD/AF)\end{aligned}$$

而 $AD=f-z$，$AF=\sqrt{(f-z)^2+x^2+y^2}=\sqrt{(f-z)^2+4fz}=f+z$，于是 $\Delta'=w\left(1+\dfrac{f-z}{f+z}\right)=$ $w\dfrac{2f}{f+z}$，以光程增加为正，则位移 w 引起的半光程差为

$$\Delta_1 = -\frac{fw}{f+z} \tag{5-3}$$

2. 侧向位移 u、v 引起的半光程差

如图 5-3 右方所示，如果表面点 G 由于 x 向位移 u 移至 H 点，则从焦点 F 到口面的光程长度从 $FG+GP$ 变为 $FH+HQ$，注意到 u 是小变形量，如取 $FR=FH$，则有 $HR\perp FG$，于是两光程之差为

$$\Delta''=(FG+GP)-(FH+HQ)=GR=u\times GR/HG=u\times FP/FG=ux/(f+z).$$

同理可得位移 v 的光程差为 $vy/(f+z)$，于是由位移 u、v 引起的半光程差为

$$\Delta_2=(xu+yv)/2(f+z) \tag{5-4}$$

3. 全部半光程差

表面点各向位移 u、v、w 引起的全部半光程差为

$$\Delta=\Delta_1+\Delta_2=(xu+yv-2fw)/2(f+z) \tag{5-5}$$

5.2.3 最佳吻合抛物面各点对原设计面相应点的半光程差

1. 最佳吻合抛物面及其吻合参数

对于圆抛物面天线，设原设计面为 A，变形后的反射曲面为 B. 对于 B，总可以找到一个最佳吻合抛物面 BFP（图 5-4）. 在原设计面的坐标系 $OXYZ$ 中，设 BFP 对 A 的顶点位移为 u_A、v_A、w_A，按右手螺旋定向的轴线转角为 φ_x、φ_y，焦距 f 的增量为 h，BFP 具有其相应的坐标系为 $O_1X_1Y_1Z_1$.

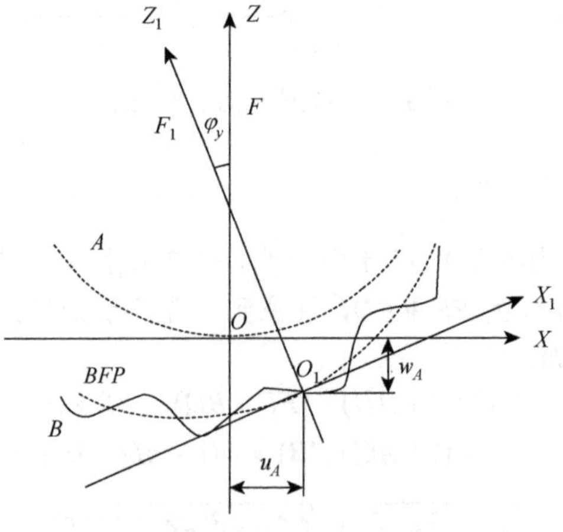

图 5-4 最佳吻合抛物面

2. 最佳吻合抛物面各点对原设计面相应点的位移

考虑到反射面变形位移及其吻合参数均为微量，可以忽略其二阶微量. 由图 5-5 求得最佳吻合抛物面上各点对原设计面相应点的位移为

$$\begin{cases} u' = u_A + z\varphi_y \\ v' = v_A - z\varphi_x \\ w' = w_A - x\varphi_y + y\varphi_x - hz/f \end{cases} \tag{5-6}$$

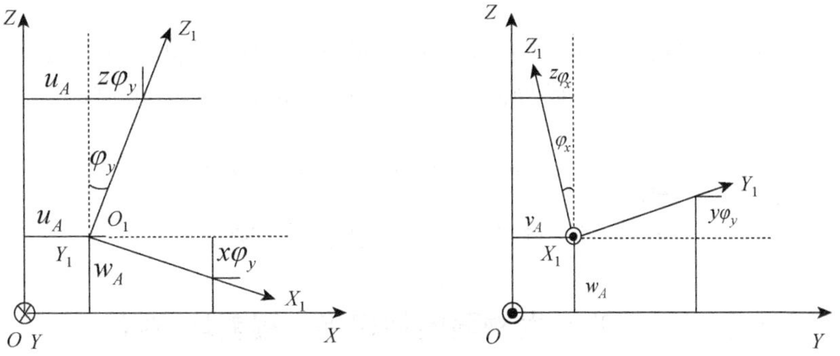

图 5-5　最佳吻合抛物面的位移

其中 $-hz/f$ 项是由焦距增量 h 引起的（图 5-6），这是因为，由 $x^2+y^2=4fz$ 可得 $z=(x^2+y^2)/4f$，由焦距增量 h 引起的 z 向位移可表为如下微分形式：

$$\mathrm{d}z = \frac{\mathrm{d}z}{\mathrm{d}f}h = \frac{x^2+y^2}{4}\times\left(\frac{-1}{f^2}\right)\times h = \frac{-4fzh}{4f^2} = -\frac{zh}{f}$$

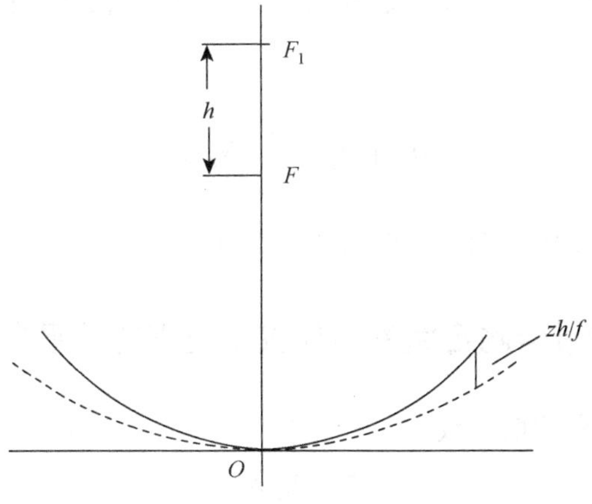

图 5-6　焦距增量引起的位移

3. 最佳吻合抛物面对原设计面相应点的半光程差

将式（5-6）代入式（5-5）即可得最佳吻合抛物面对原设计面相应点的半光程差为

$$\begin{aligned}\Delta &= (xu' + yv' - 2f w')/2(f+z) \\ &= \frac{1}{2(f+z)}[xu_A + yv_A - 2f w_A + 2hz - y(z+2f)\varphi_x + x(z+2f)\varphi_y]\end{aligned} \tag{5-7}$$

5.2.4 表面点位移对最佳吻合抛物面的半光程差

从表面点位移对原设计面的半光程中减去最佳吻合抛物面相应点对原设计面的半光程差就是表面点 i 对最佳吻合抛物面的半光程差，即以式（5-5）减去式（5-7），可得

$$\begin{aligned}\delta_i = \frac{1}{2(f+z_i)}[&x_i(u_i - u_A) + y_i(v_i - v_A) - 2f(w_i - w_A) \\ &- 2hz_i + y_i(z_i + 2f)\varphi_x - x_i(z_i + 2f)\varphi_y]\end{aligned} \tag{5-8}$$

5.2.5 表面点位移对最佳吻合抛物面的加权半光程差均方根

引入各表面点的加权因子

$$\rho_i = (N_0 q_i a_i)\bigg/\left(\sum_{j=1}^{N_0} q_j a_j\right) \tag{5-9}$$

其中，a_i 为表面 i 点影响的反射面积，q_i 为照度因子，且

$$q_i = 1 - Cr_i^2 / R_0^2 \tag{5-10}$$

其中，r_i 为表面点 i 与焦轴的距离，R_0 为口面半径，N_0 为表面节点总数，C 为由焦径比 f/R_0 决定的常数. 于是可得天线结构反射表面所有节点位移引起的对最佳吻合抛物面的加权半光程差均方根值为

$$\delta = \left(\sum_{i=1}^{N_0} \rho_i \delta_i^2 / N_0\right)^{\frac{1}{2}} \tag{5-11}$$

这就是直接影响天线电性能的反射面精度指标.

5.2.6 表面点位移对最佳吻合抛物面加权半光程差的平方和及其矩阵表达

由于平方和是均方根的增函数

$$D = N_0 \delta^2 \tag{5-12}$$

它常被用作天线结构优化的精度函数. 引入下列矩阵：

光程差正比向量列阵

$$\boldsymbol{B}=\begin{Bmatrix} X_1U_1 + Y_1V_1 - 2W_1 \\ \vdots \\ X_{N_0}U_{N_0} + Y_{N_0}V_{N_0} - 2W_{N_0} \end{Bmatrix}_{N_0\times 1} = \begin{Bmatrix} B_1 \\ \vdots \\ B_{N_0} \end{Bmatrix} \tag{5-13}$$

吻合几何矩阵

$$\boldsymbol{V}=\begin{bmatrix} X_1 & Y_1 & -2 & 2Z_1 & -Y_1(2+Z_1) & X_1(2+Z_1) \\ \vdots & \vdots & \vdots & \vdots & \vdots & \vdots \\ X_{N_0} & Y_{N_0} & -2 & 2Z_{N_0} & -Y_{N_0}(2+Z_{N_0}) & X_{N_0}(2+Z_{N_0}) \end{bmatrix}_{N_0\times 6} \tag{5-14}$$

吻合参数向量列阵

$$\boldsymbol{H}=[U_A \quad V_A \quad W_A \quad H_0 \quad \varphi_x \quad \varphi_y]^{\mathrm{T}}{}_{6\times 1} \tag{5-15}$$

加权对角方阵

$$\boldsymbol{Q}=\operatorname{diag}\,[Q_1\cdots Q_{N_0}]_{N_0\times N_0} \tag{5-16}$$

以上矩阵中大写英文字母为无因次量，分别为 $X_i=x_i/f$， $Y_i=y_i/f$， $Z_i=z_i/f$， $U_i=u_i/f$，$V_i=v_i/f$，$W_i=w_i/f$，$H_0=h/f$，$U_A=u_A/f$，$V_A=v_A/f$，$W_A=w_A/f$ 等. 式（5-16）中

$$Q_i=f^2N_0q_ia_i\Bigg/\left[4(1+Z_i)^2\sum_{j=1}^{N_0}q_ja_j\right] \tag{5-17}$$

则天线反射表面点位移对最佳吻合抛物面加权半光程差的平方和可表达为

$$D=(\boldsymbol{B}-\boldsymbol{VH})^{\mathrm{T}}\boldsymbol{Q}(\boldsymbol{B}-\boldsymbol{VH}) \tag{5-18}$$

5.2.7 最佳吻合抛物面吻合参数的求解

1. 最佳吻合的极值条件

最佳吻合抛物面应能使得反射面各点对其加权半光程差的平方和 D 取极小值，才能算作最佳吻合. 而吻合面又由吻合参数 $\boldsymbol{H}$ 确定，所以最佳吻合参数 $\boldsymbol{H}$ 应能使得 D 随着 $\boldsymbol{H}$ 的变化取极小值，故最佳吻合的极值条件为 $\mathrm{d}D/\mathrm{d}\boldsymbol{H}=0$，即

$$\begin{aligned}\frac{\mathrm{d}D}{\mathrm{d}\boldsymbol{H}}&=\frac{\mathrm{d}(\boldsymbol{B}-\boldsymbol{VH})^{\mathrm{T}}}{\mathrm{d}\boldsymbol{H}}\boldsymbol{Q}(\boldsymbol{B}-\boldsymbol{VH})+(\boldsymbol{B}-\boldsymbol{VH})^{\mathrm{T}}\boldsymbol{Q}\frac{\mathrm{d}(\boldsymbol{B}-\boldsymbol{VH})}{\mathrm{d}\boldsymbol{H}}\\&=2\frac{\mathrm{d}(\boldsymbol{B}-\boldsymbol{VH})^{\mathrm{T}}}{\mathrm{d}\boldsymbol{H}}\boldsymbol{Q}(\boldsymbol{B}-\boldsymbol{VH})=-2\boldsymbol{V}^{\mathrm{T}}\boldsymbol{Q}(\boldsymbol{B}-\boldsymbol{VH})=0\end{aligned} \tag{5-19}$$

为使上式为零，$\boldsymbol{V}_{N_0\times 6}\boldsymbol{H}_{6\times 1}=\boldsymbol{B}_{N_0\times 1}$ 是办不到的，因为上式可看作以吻合参数 $\boldsymbol{H}$ 为未知数的线性方程组，方程个数为 N_0 远大于吻合参数未知数的个数，即 N_0 远大于 6，所以它是无解的矛盾方程组. 故欲使式（5-19）成立，必须有

$$(\boldsymbol{V}^{\mathrm{T}}\boldsymbol{QV})_{6\times 6}\boldsymbol{H}_{6\times 1}=(\boldsymbol{V}^{\mathrm{T}}\boldsymbol{QB})_{6\times 1} \tag{5-20}$$

由于 V 一般是列满秩阵，故（$\boldsymbol{V}^{\mathrm{T}}\boldsymbol{QV}$）为非奇异阵，因此，式（5-20）有解，即

$$\boldsymbol{H}=(\boldsymbol{V}^{\mathrm{T}}\boldsymbol{QV})^{-1}(\boldsymbol{V}^{\mathrm{T}}\boldsymbol{QB}) \tag{5-21}$$

令

$$S=(V^{\mathrm{T}}QV)^{-1}V^{\mathrm{T}}Q$$

则
$$H=SB \tag{5-22}$$

上述 $\boldsymbol{S}$ 矩阵就是 $\boldsymbol{V}$ 的以 $\boldsymbol{Q}$ 加权的 Moor-Penrose 广义逆阵，它正好对应矛盾方程组 $\boldsymbol{VH}=\boldsymbol{B}$ 的加权最小二乘解（参见文献[72]的附录II）. 其含意是：只有六个吻合参数的吻合面一般不可能使具有远大于 6 的 N_0 个节点的反射面变形后都落在吻合面上，只能使各点对吻合面的加权半光程差平方和最小，即 $\boldsymbol{H}$ 是 $\boldsymbol{B}$ 的以 $\boldsymbol{Q}$ 加权的最佳吻合参数.

2. 最佳吻合参数的求解

由式（5-20），即 $(\boldsymbol{V}^{\mathrm{T}}\boldsymbol{QV})\boldsymbol{H}=\boldsymbol{V}^{\mathrm{T}}\boldsymbol{QB}$，将 $\boldsymbol{V}$、$\boldsymbol{Q}$、$\boldsymbol{B}$、$\boldsymbol{H}$ 的具体表达即式（5-13）～式（5-16）代入，可得

$$\begin{bmatrix} \sum Q_iX_i^2 & 0 & 0 & 0 & 0 & \sum Q_iX_i^2(2+Z_i) \\ 0 & \sum Q_iY_i^2 & 0 & 0 & -\sum Q_iY_i^2(2+Z_i) & 0 \\ 0 & 0 & -2\sum Q_i & 2\sum Q_iZ_i & 0 & 0 \\ 0 & 0 & -2\sum Q_iZ_i & 2\sum Q_iZ_i^2 & 0 & 0 \\ 0 & \sum Q_iY_i^2(2+Z_i) & 0 & 0 & -\sum Q_iY_i^2(2+Z_i)^2 & 0 \\ \sum Q_iX_i^2(2+Z_i) & 0 & 0 & 0 & 0 & \sum Q_iX_i^2(2+Z_i)^2 \end{bmatrix} \begin{Bmatrix} U_A \\ V_A \\ W_A \\ H_0 \\ \varphi_x \\ \varphi_y \end{Bmatrix}$$
$$=\begin{Bmatrix} \sum Q_iX_iB_i \\ \sum Q_iY_iB_i \\ \sum Q_iB_i \\ \sum Q_iZ_iB_i \\ \sum Q_iY_i\ (2+Z_i)B_i \\ \sum Q_iX_i\ (2+Z_i)B_i \end{Bmatrix} \tag{5-23}$$

由于圆抛物面具有两个对称平面，所以上式中有很多元素为零，上式可以分解为分别以 (U_A,φ_y), (V_A,φ_x) 及 (W_A,H_0) 为未知数的二元线性方程组，故可方便地求解. 令

$$S_1=\sum Q_iX_i^2,\quad S_2=\sum Q_iX_i^2(2+Z_i),\quad S_3=\sum Q_iX_i^2(2+Z_i)^2,$$
$$S_4=\sum Q_iY_i^2,\quad S_5=\sum Q_iY_i^2(2+Z_i),\quad S_6=\sum Q_iY_i^2(2+Z_i)^2,$$
$$S_7=\sum Q_i,\quad S_8=\sum Q_iZ_i,\quad S_9=\sum Q_iZ_i^2,$$
$$b_1=\sum Q_iX_iB_i,\quad b_2=\sum Q_iX_i(2+Z_i)B_i,\quad b_3=\sum Q_iY_iB_i,$$
$$b_4=\sum Q_iY_i(2+Z_i)B_i,\quad b_5=\sum Q_iB_i,\quad b_6=\sum Q_iZ_iB_i,$$

解得

$$\begin{cases} U_A = (b_1S_3 - b_2S_2)/(S_1S_3 - S_2S_2) \\ \varphi_y = (b_2S_1 - b_1S_2)/(S_1S_3 - S_2S_2) \\ V_A = (b_3S_6 - b_4S_5)/(S_4S_6 - S_5S_5) \\ \varphi_x = (b_4S_4 - b_3S_5)/(S_4S_6 - S_5S_5) \\ W_A = (b_5S_9 - b_6S_8)/(S_8S_8 - S_7S_9) \\ H_0 = (b_5S_8 - b_6S_7)/(S_8S_8 - S_7S_9) \end{cases} \tag{5-24}$$

5.2.8 其他形式的天线精度函数

对于多工况下的天线精度函数，一般可取为各工况之 D 的加权和. 例如，对于常用的仰天和指平自重两工况，可将精度函数取为

$$D = D_1 + D_2 = \sum_{j=1}^{2}(\boldsymbol{B}_j - \boldsymbol{VH}_j)^{\mathrm{T}}\boldsymbol{Q}(\boldsymbol{B}_j - \boldsymbol{VH}_j) \tag{5-25}$$

对于天线的非保型设计，则上式中 $\boldsymbol{H}_j = 0$，精度函数则为变形面相对设计面加权半光程差平方和：

$$D = \sum_{j=1}^{2}\boldsymbol{B}_j^{\mathrm{T}}\boldsymbol{QB}_j \tag{5-26}$$

对于非圆抛物面天线的非保型设计，精度函数还可取为反射表面点相对设计面射向位移 $\boldsymbol{W}$ 的加权平方和，即

$$D = \sum_{j=1}^{2}\boldsymbol{W}_j^{\mathrm{T}}\boldsymbol{QW}_j \tag{5-27}$$

其中 $\boldsymbol{W} = \{w_i\}_{N_0\times 1}$ 为表面点射向位移列阵.

§ 5.3 高精度天线结构近似保型优化设计

5.3.1 天线结构优化设计的结构模型

本章天线结构优化是以常用的圆抛物面天线作为结构模型的. 这种天线的反射体背架如图 5-1 和图 5-7 所示：沿径向均匀分布着若干平面桁架辐射梁，沿圆周方向分布着若干平面桁架环梁，反射体背架结构的几何形状可由各环的半径及高度确定，故独立的结构几何形状设计变量可取为各环高度与各环半径. 背架结构的类型为桁架杆件与抗剪板的组合结构，构件尺寸设计变量为桁杆截面积和抗剪板厚度. 背架上铺有反射面板，由于面板常为分块式的，故只考虑面板及其加强肋的自重载荷，不考虑其刚度贡献.

5.3.2 大型高精度天线结构优化设计的数学模型

高精度天线结构近似保型优化设计的一般性提法是：在结构总重量 W 不超过给定数

值 W_0 的约束下，使其在自重等载荷作用下变形后，反射面相对其最佳吻合面 BFP 的吻合精度最高，即由§5.2 的式（5-18）计算的 D 值最小，同时满足设计变量范围约束以防止构件失稳及满足制造工艺要求，其他强度、基频等只在优化后加以校验即可. 其数学模型为

$$\begin{cases} \text{Find} & \boldsymbol{X} = \left[x_1, x_2, \cdots, x_n, \cdots, x_N\right]^{\mathrm{T}} \\ \min & D(\boldsymbol{X}) \\ \text{s.t.} & W(\boldsymbol{X}) \leqslant W_0 \\ & \boldsymbol{X}^L \leqslant \boldsymbol{X} \leqslant \boldsymbol{X}^U \end{cases} \tag{5-28}$$

其中，$\boldsymbol{X}$ 为设计向量，可包括桁杆截面 A_n 和平面应力板厚度 t_n 等构件尺寸变量，还可包括天线背架环高 h_n 及环半径 r_n 等结构几何形状变量；N 为设计变量总数，$D(\boldsymbol{X})$为由式（5-18）决定的反射面吻合精度，$W(\boldsymbol{X})$为结构总重量，W_0 为预定的结构总重量约束上限，也可取为优化设计前原始结构的重量.

对照式（5-28）与式（1-75）可以看出，这是具有单个性态约束——重量约束的结构优化设计问题，按照§ 1.4 给出的重量约束结构优化设计导重法，根据式（1-106），可得求解该类天线结构优化设计问题最优解的桁杆截面 A_n 和平面应力板厚度 t_n 等构件尺寸变量的导重准则方程组：

$$\begin{cases} A_n = \dfrac{G_{A_n} W_0}{GL_n \gamma} & (n = 1, 2, \cdots, N_A) \\ t_n = \dfrac{G_{tn} W_0}{Ga_n \gamma} & (n = N_A + 1, \cdots, N_A + N_t) \end{cases} \tag{5-29}$$

式（5-29）中所有符号的意义与式（1-106）完全相同，只是将各导重表达式即式（1-88）与式（1-99）中的$f(x)$换为$D(\boldsymbol{X})$即可.

在优化环梁式天线（图 5-1，图 5-7）的背架结构几何形状时，可将环高（即辐射梁与环梁相交处的梁高）、环半径作为独立设计变量. 根据结构形状优化导重法的式（2-8），可得求解天线背架环高 h_n 及环半径 r_n 等结构几何形状设计变量的导重准则方程组：

$$\begin{cases} h_n = \dfrac{G_{h_n} \mathring{W}}{GH_{h_n}} & (n = 1, \cdots, N_h) \\ r_n = \dfrac{G_{r_n} \mathring{W}}{GH_{r_n}} & (n = N_h + 1, \cdots, N_h + N_r) \end{cases} \tag{5-30}$$

其中，N_h、N_r 分别为天线背架结构环高设计变量与环半径设计变量的数目.

式（5-30）中

$$G_{h_n} = -h_n \frac{\partial D(\boldsymbol{X})}{\partial h_n} \tag{5-31}$$

为第 n 环高的导重；

$$G_{r_n} = -r_n \frac{\partial D(\boldsymbol{X})}{\partial r_n} \tag{5-32}$$

为第 n 环半径的导重；

$$H_{h_n} = \frac{\partial W}{\partial h_n} = -\frac{\partial W}{\partial z_n} = -\sum_{e=1}^{E} \gamma A_e \frac{\partial l_e}{\partial z_n} = -\sum_{e=1}^{E} \gamma A_e v_e \tag{5-33}$$

为第 n 环高的容重. 其中 z_n 为第 n 环背面节点的 z 坐标，E 为一端是 n 环背面节点的杆件总数，A_e、l_e、v_e 为第 e 杆的截面积、长度、z 向方向余弦，

$$\begin{aligned} H_{r_n} &= \frac{\partial W}{\partial r_n} = \sum_{k=1}^{q}\sum_{e=1}^{E} \gamma A_e \left(\frac{\partial l_e}{\partial x_k}\frac{\partial x_k}{\partial r_n} + \frac{\partial l_e}{\partial y_k}\frac{\partial y_k}{\partial r_n} + \frac{\partial l_e}{\partial z_n}\frac{\partial z_n}{\partial r_n} \right) \\ &= \sum_{k=1}^{q}\sum_{e=1}^{E} \gamma A_e \left(\lambda_e \cos\theta_k + \mu_e \sin\theta_k + v_e \frac{r_n}{2f} \right) \end{aligned} \tag{5-34}$$

为第 n 环高的容重，其中 q 为与第 n 环相交的梁数，E 为一端是第 k 梁与第 n 环交点的杆数，A_e、l_e、λ_e、μ_e、v_e 分别为上述第 e 杆的截面积、长度、x、y、z 向方向余弦，θ_k 为第 k 环方位角，x_k、y_k 为第 k 梁与第 n 环交点的 x、y 坐标.

式（5-30）中

$$G = \sum_{n=1}^{N_h} G_{h_n} + \sum_{n=1}^{N_r} G_{r_n} \tag{5-35}$$

为结构的总导重；

$$\mathring{W} = \sum_{n=1}^{N_h} H_{h_n} h_n + \sum_{n=1}^{N_r} H_{r_n} r_n \tag{5-36}$$

为结构的广义重量.

从上面可见，构件尺寸优化与几何形状优化是分别或交替进行的. 如果想同时优化构件尺寸和坐标变量，需要都走全微分的道路，这时优化准则方程组成为如下形式：

$$\begin{cases} A_n = \dfrac{G_{A_n} \mathring{W}}{G L_n \gamma} & (n = 1, 2, \cdots, N_A) \\ t_n = \dfrac{G_{t_n} \mathring{W}}{G a_n \gamma} & (n = N_A + 1, \cdots, N_A + N_t) \\ h_n = \dfrac{G_{h_n} \mathring{W}}{G H_{h_n}} & (n = N_A + N_t + 1, \cdots, N_A + N_t + N_h) \\ r_n = \dfrac{G_{r_n} \mathring{W}}{G H_{r_n}} & (n = N_A + N_t + N_h + 1, \cdots, N_A + N_t + N_h + N_r) \end{cases} \tag{5-37}$$

其中，总导重 G 和广义总重量 $\mathring{W}$ 分别为

$$G=\sum_{n=1}^{N_A}G_{A_n}+\sum_{n=1}^{N_t}G_{t_n}+\sum_{n=1}^{N_h}G_{h_n}+\sum_{n=1}^{N_r}G_{r_n} \tag{5-38}$$

$$\mathring{W}=\sum_{n=1}^{N_A}\gamma L_nA_n+\sum_{n=1}^{N_t}\gamma a_nt_n+\sum_{n=1}^{N_h}H_{h_n}h_n+\sum_{n=1}^{N_r}H_{r_n}r_n \tag{5-39}$$

式（5-37）可简记为

$$x_n=\left(\frac{G_{x_n}\mathring{W}}{GH_{x_n}}\right)\quad (n=1,2,\cdots,N) \tag{5-40}$$

由于最优结构各设计变量的准则方程组式（5-39）是具有 $\boldsymbol{X}=\boldsymbol{F}(\boldsymbol{X})$形式的非线性方程组，一般可采用简捷方便的形如 $\boldsymbol{X}^{(k+1)}=\boldsymbol{F}(\boldsymbol{X}^{(k)})$的直接迭代法求解：

$$x_n^{(k+1)}=\left(\frac{G_{x_n}\mathring{W}}{GH_{x_n}}\right)^{(k)}\quad (n=1,2,\cdots,N) \tag{5-41}$$

式中，$\boldsymbol{X}^{(k)}$表示第 k 次迭代后设计向量 $\boldsymbol{X}$ 的取值. 直接迭代法求解非线性方程组有着严格的收敛条件：该非线性方程组一阶偏导组成的雅克比阵的谱半径必须小于 1. 由于准则方程组通常不满足该收敛条件，直接迭代计算过程往往难以收敛. 为保证迭代计算收敛，可采用形如 $\boldsymbol{X}^{(k+1)}=\alpha\boldsymbol{F}(\boldsymbol{X}^{(k)})+(1-\alpha)\boldsymbol{X}^{(k)}$ 的步长因子迭代算式求解，即可利用以下迭代算式求解：

$$x_n^{(k+1)}=\alpha\left(\frac{G_{x_n}\mathring{W}}{GH_{x_n}}\right)^{(k)}+(1-\alpha)x_n^{(k)}\quad (n=1,2,\cdots,N) \tag{5-42}$$

只要适当选取步长因子，即可保证迭代计算很快趋于收敛. 作者对步长因子迭代法可以保证迭代收敛的原理和步长因子取值方法进行过详细探讨，有关内容将在本书第二篇详加介绍.

利用式（5-42）进行导重法迭代寻优计算，随着迭代的逐步收敛，各设计变量趋于满足导重准则方程组. 按照§1.5 所述的方法进行优化迭代控制，即可保证收敛后的设计点严格满足式（5-28）所示大型高精度天线结构近似保型优化设计问题的最优解必要条件——库恩-塔克条件.

在利用式（5-42）求解导重准则方程组之前，还必须计算各构件尺寸变量与几何形状变量的对天线反射面精度函数的导重，由于§5.2 给出的天线反射面精度函数比较复杂，其导重计算将在下节专门讨论.

§ 5.4 天线结构精度函数的导重计算

5.4.1 精度函数的导重通式

天线结构精度函数对任意设计变量 x_n 的导重为 $G_{x_n}=-x_n\times\partial D(\boldsymbol{X})/\partial x_n$ ，故计算导重

G_{x_n} 的关键在于计算 $\partial D(\boldsymbol{X})/\partial x_n$，这对应于一般结构优化中的敏度分析. 由于由结构位移求天线精度 D 的计算比较复杂，下面详细推导其导重的计算公式.

设精度函数 $D(\boldsymbol{X})$由式（5-25）确定，即等于天线在指平、仰天两工况自重载荷作用下变形后，反射面各点相对其最佳吻合抛物面加权半光程差的平方和之和，它对应着两工况下均方根误差的均方根.

下面首先给出吻合精度对一般设计变量的敏度表达：

$$D(\boldsymbol{X})=\sum_{j=1}^{2}(\boldsymbol{B}_j-\boldsymbol{VH}_j)^{\mathrm{T}}\boldsymbol{Q}(\boldsymbol{B}_j-\boldsymbol{VH}_j) \tag{5-43}$$

$$\frac{\partial D(\boldsymbol{X})}{\partial x_n}=\sum_{j=1}^{2}\left[2(\boldsymbol{B}_j-\boldsymbol{VH}_j)^{\mathrm{T}}\boldsymbol{Q}\frac{\partial}{\partial x_n}(\boldsymbol{B}_j-\boldsymbol{VH}_j)+(\boldsymbol{B}_j-\boldsymbol{VH}_j)^{\mathrm{T}}\frac{\partial \boldsymbol{Q}}{\partial x_n}(\boldsymbol{B}_j-\boldsymbol{VH}_j)\right] \tag{5-44}$$

由式（5-23）得

$$(\boldsymbol{B}_j-\boldsymbol{VH}_j)=(\boldsymbol{I}-\boldsymbol{VS})\boldsymbol{B}_j \tag{5-45}$$

代入上式，可得

$$\frac{\partial D}{\partial x_n}=\sum_{j=1}^{2}(\boldsymbol{B}_j-\boldsymbol{VH}_j)^{\mathrm{T}}\left\{2\boldsymbol{Q}\left[(\boldsymbol{I}-\boldsymbol{VS})\frac{\partial \boldsymbol{B}_j}{\partial x_n}-\left(\frac{\partial \boldsymbol{V}}{\partial x_n}\boldsymbol{S}+\boldsymbol{V}\frac{\partial \boldsymbol{S}}{\partial x_n}\boldsymbol{B}_j\right)\right]+\frac{\partial \boldsymbol{Q}}{\partial x_n}(\boldsymbol{B}_j-\boldsymbol{VH}_j)\right\} \tag{5-46}$$

5.4.2 桁架杆截面积的导重

$$G_{A_n}=-A_n\frac{\partial D(\boldsymbol{X})}{\partial A_n} \tag{5-47}$$

对于式（5-46），由于 $\boldsymbol{S}$、$\boldsymbol{V}$、$\boldsymbol{Q}$ 与桁架杆截面积 A_n 无关，$\partial \boldsymbol{S}/\partial A_n$、$\partial \boldsymbol{V}/\partial A_n$、$\partial \boldsymbol{Q}/\partial A_n$ 均为 0 阵，故可得

$$\frac{\partial D(\boldsymbol{X})}{\partial A_n}=2\sum_{j=1}^{2}(\boldsymbol{B}_j-\boldsymbol{VH}_j)^{\mathrm{T}}\boldsymbol{Q}(\boldsymbol{I}-\boldsymbol{VS})\frac{\partial \boldsymbol{B}_j(\boldsymbol{X})}{\partial x_n} \tag{5-48}$$

由式（5-13）得

$$\frac{\partial \boldsymbol{B}}{\partial A_n}=\begin{bmatrix} X_1\dfrac{\partial U_1}{\partial A_n}+Y_1\dfrac{\partial V_1}{\partial A_n}-2\dfrac{\partial W_1}{\partial A_n} \\ \vdots \\ X_{N_0}\dfrac{\partial U_{N_0}}{\partial A_n}+Y_{N_0}\dfrac{\partial V_{N_0}}{\partial A_n}-2\dfrac{\partial W_{N_0}}{\partial A_n}\end{bmatrix} \tag{5-49}$$

问题化为求天线表面节点位移对截面变量的敏度. 它可通过计算结构全位移敏度获得，结构全位移敏度计算已在§ 2.2 中给出.

5.4.3 抗剪板厚度的导重

$$G_{t_n} = -t_n \frac{\partial D(\boldsymbol{X})}{\partial t_n} \tag{5-50}$$

由于二维板厚的导重与桁杆截面的导重推导以及算式几乎完全一样，不存在困难，不再赘述. 读者可自行推导.

5.4.4 环高的导重

$$G_{h_n} = -h_n \frac{\partial D(\boldsymbol{X})}{\partial h_n} \tag{5-51}$$

由于环高变化只影响天线背架背面点的 Z 向坐标，不影响表面节点的位置，所以式（5-46）中的 $\partial S/\partial h_n$、$\partial V/\partial h_n$、$\partial Q/\partial h_n$ 均为 0 阵，这给环高导重计算带来很大方便，即可得

$$\frac{\partial D}{\partial h_n} = 2\sum_{j=1}^{2}(\boldsymbol{B}_j - \boldsymbol{VH}_j)^{\mathrm{T}}\boldsymbol{Q}(\boldsymbol{I} - \boldsymbol{VS})\frac{\partial \boldsymbol{B}_j}{\partial h_n} \tag{5-52}$$

由式（1-13）得

$$\frac{\partial \boldsymbol{B}}{\partial h_n} = \begin{bmatrix} X_1 \dfrac{\partial U_1}{\partial h_n} + Y_1 \dfrac{\partial V_1}{\partial h_n} - 2\dfrac{\partial W_1}{\partial h_n} \\ \vdots \\ X_{N_0} \dfrac{\partial U_{N_0}}{\partial h_n} + Y_{N_0} \dfrac{\partial V_{N_0}}{\partial h_n} - 2\dfrac{\partial W_{N_0}}{\partial h_n} \end{bmatrix} \tag{5-53}$$

问题化为求天线表面节点位移对环高变量的敏度，它可通过计算结构全位移敏度获得. 结构全位移对结构几何形状变量的敏度基本计算已在§2.2 中给出，下面详细推导结构全位移对天线背架结构环高变量的敏度.

由全位移敏度的表达式（3-14），得

$$\frac{\partial \boldsymbol{U}}{\partial h_n} = \boldsymbol{K}^{-1}\left(\frac{\partial \boldsymbol{P}}{\partial h_n} - \frac{\partial \boldsymbol{K}}{\partial h_n}\boldsymbol{U}\right) \tag{5-54}$$

对天线背架桁架结构的自重载荷 $\boldsymbol{P}$，有

$$\frac{\partial \boldsymbol{P}}{\partial h_i}=\begin{Bmatrix} \vdots \\ 0 \\ \vdots \\ \dfrac{\partial P_j}{\partial h_i} \\ \vdots \\ 0 \\ \vdots \end{Bmatrix} \tag{5-55}$$

式中右端列阵只有与一端在第 n 环背面节点上的杆相连的节点对应的方向向下的元素非零外，其余元素均为零. 非零元素为

$$\frac{\partial P_j}{\partial h_n}=\frac{1}{2}\gamma\sum_{e=1}^{E_n}A_e\frac{\partial l_e}{\partial h_n}=-\frac{1}{2}\gamma\sum_{e=1}^{E_n}A_e v_e \tag{5-56}$$

式中考虑到 $\partial l_e/\partial h_n=-\partial l_e/\partial z_n=-v_e$；$E_n$ 为与 j 点相连的有一端在第 n 环背面节点上的杆总数，z_n 为第 n 环背面的 Z 坐标，l_e、A_e、v_e 为第 e 杆的长度、截面、Z 向的方向余弦.

对于天线桁架结构，结构总刚阵为

$$\boldsymbol{K}=\sum_e \boldsymbol{K}_e=\sum_e\frac{A_e E}{l_e}\boldsymbol{T}_e \tag{5-57}$$

其中，分子中的 E 为弹性模量，$\boldsymbol{T}_e$ 为第 e 杆的扩充为总刚矩阵阶数的方向余弦阵，即

$$\boldsymbol{T}_e=\begin{bmatrix} 0 & \cdots & 0 & \cdots & 0 & \cdots & 0 & \cdots & 0 \\ \vdots & & \vdots & & \vdots & & \vdots & & \vdots \\ 0 & \cdots & \boldsymbol{C}_e & \cdots & 0 & \cdots & -\boldsymbol{C}_e & \cdots & 0 \\ \vdots & & \vdots & & \vdots & & \vdots & & \vdots \\ 0 & \cdots & 0 & \cdots & 0 & \cdots & 0 & \cdots & 0 \\ \vdots & & \vdots & & \vdots & & \vdots & & \vdots \\ 0 & \cdots & -\boldsymbol{C}_e & \cdots & 0 & \cdots & \boldsymbol{C}_e & \cdots & 0 \\ \vdots & & \vdots & & \vdots & & \vdots & & \vdots \\ 0 & \cdots & 0 & \cdots & 0 & \cdots & 0 & \cdots & 0 \end{bmatrix},\quad \boldsymbol{C}_e=\begin{bmatrix} \lambda^2 & \lambda\mu & \lambda v \\ \mu\lambda & \mu^2 & \mu v \\ v\lambda & v\mu & v^2 \end{bmatrix} \tag{5-58}$$

由式（5-57）得

$$\frac{\partial \boldsymbol{K}}{\partial h_n}=\sum_{e=1}^{E_n}\frac{\partial \boldsymbol{K}_e}{\partial h_n}=\sum_{e=1}^{E_n}\left(-\frac{\boldsymbol{K}_e}{l_e}\frac{\partial l_e}{\partial h_n}+\frac{A_e E}{l_e}\frac{\partial \boldsymbol{T}_e}{\partial h_n}\right)=\sum_{e=1}^{E_n}\frac{1}{l_e}\left(\boldsymbol{K}_e v_e+A_e E\frac{\partial \boldsymbol{T}_e}{\partial z_n}\right) \tag{5-59}$$

E_n 为有一端在第 n 环背面点上的杆件总数. 根据方向余弦对几何变量的敏度式（2-61），考虑到背面节点号为该类杆端大节点号，可得

$$\frac{\partial \lambda_e}{\partial z_n}=\frac{1}{l_e}\lambda_e v_e,\quad \frac{\partial \mu_e}{\partial z_n}=\frac{1}{l_e}\mu_e v_e,\quad \frac{\partial v_e}{\partial z_n}=\frac{1}{l_e}\left(v_e^2-1\right) \tag{5-60}$$

代入式（5-59），合并整理得

$$\frac{\partial \boldsymbol{K}}{\partial h_n}=-\sum_{e=1}^{E_n}\frac{\partial \boldsymbol{K}_e}{\partial z_n}=\sum_{e=1}^{E_n}\frac{A_e E}{l_e^2}\boldsymbol{T}_e^z \tag{5-61}$$

其中

$$\boldsymbol{T}_e^z=\begin{bmatrix} 0 & \cdots & 0 & \cdots & 0 & \cdots & 0 & \cdots & 0 \\ \vdots & & \vdots & & \vdots & & \vdots & & \vdots \\ 0 & \cdots & \boldsymbol{C}_e^z & \cdots & 0 & \cdots & -\boldsymbol{C}_e^z & \cdots & 0 \\ \vdots & & \vdots & & \vdots & & \vdots & & \vdots \\ 0 & \cdots & 0 & \cdots & 0 & \cdots & 0 & \cdots & 0 \\ \vdots & & \vdots & & \vdots & & \vdots & & \vdots \\ 0 & \cdots & -\boldsymbol{C}_e^z & \cdots & 0 & \cdots & \boldsymbol{C}_e^z & \cdots & 0 \\ \vdots & & \vdots & & \vdots & & \vdots & & \vdots \\ 0 & \cdots & 0 & \cdots & 0 & \cdots & 0 & \cdots & 0 \end{bmatrix} \tag{5-62}$$

$$\boldsymbol{C}_e^z=\begin{bmatrix} 3\lambda_e^2 v_e & 3\lambda_e\mu_e v_e & 3\lambda_e v_e^2-\lambda_e \\ 3\lambda_e\mu_e v_e & 3\mu_e^2 v_e & 3\mu_e v_e^2-\mu_e \\ 3\lambda_e v_e^2-\lambda_e & 3\mu_e v_e^2-\mu_e & 3v_e^3-2v_e \end{bmatrix} \tag{5-63}$$

将式（5-61）代回式（5-54），得

$$\frac{\partial \boldsymbol{U}}{\partial h_n}=\boldsymbol{K}^{-1}\left[\frac{\partial \boldsymbol{P}}{\partial h_n}-\sum_{e=1}^{E_n}\frac{A_e E}{l_e^2}\boldsymbol{T}_e^z\boldsymbol{U}\right] \tag{5-64}$$

令

$$\tilde{\boldsymbol{P}}_{h_n}=\frac{\partial \boldsymbol{P}}{\partial h_n}-\sum_{e=1}^{E_n}\frac{A_e E}{l_e^2}\boldsymbol{T}_e^z\boldsymbol{U} \tag{5-65}$$

上式 $\tilde{\boldsymbol{P}}_{h_n}$ 称为环高 h_n 的导重载荷，可在天线结构分析求得 $\boldsymbol{U}$ 以后，以 $\tilde{\boldsymbol{P}}_{h_n}$ 为载荷，调用分析程序即可求得 $\boldsymbol{K}^{-1}\tilde{\boldsymbol{P}}_{h_n}$，即为式（5-64）的 $\partial \boldsymbol{U}/\partial h_n$ 之值，代回式（5-53）、式（5-52）、式（5-51）等，即可求得环高的导重 G_{h_n}.

5.4.5 环半径的导重

$$G_{ri}=-r_i\frac{\partial D(\boldsymbol{X})}{\partial r_i} \tag{5-66}$$

由于即环半径的变化不但影响表面节点的位移，还要影响到表面节点的位置，所以式（5-46）中的 $\partial \boldsymbol{B}/\partial r_n$、$\partial \boldsymbol{S}/\partial r_n$、$\partial \boldsymbol{V}/\partial r_n$、$\partial \boldsymbol{Q}/\partial r_n$ 均不等于零，这使环半径导重的计算繁杂了很多. 尽管如此，由于 $\boldsymbol{S}$、$\boldsymbol{Q}$、$\boldsymbol{V}$、$\boldsymbol{B}$ 作为 r_n 的函数都有确定的数学表达式，所以推导无疑可以进行：

$$\frac{\partial \boldsymbol{D}}{\partial r_n}=\sum_{j=1}^{2}(\boldsymbol{B}_j-\boldsymbol{V}\boldsymbol{H}_j)^{\mathrm{T}}\left\{2\boldsymbol{Q}\left[(\boldsymbol{I}-\boldsymbol{V}\boldsymbol{S})\frac{\partial \boldsymbol{B}_j}{\partial r_n}-\left(\frac{\partial \boldsymbol{V}}{\partial r_n}\boldsymbol{S}+\boldsymbol{V}\frac{\partial \boldsymbol{S}}{\partial r_n}\right)\boldsymbol{B}_j\right]+\frac{\partial \boldsymbol{Q}}{\partial r_n}(\boldsymbol{B}_j-\boldsymbol{V}\boldsymbol{H}_j)\right\} \tag{5-67}$$

1. 求 $\dfrac{\partial \boldsymbol{B}}{\partial r_n}$

由式（1-13）得

$$\frac{\partial \boldsymbol{B}}{\partial r_n}=\left\{\begin{array}{c}\vdots\\ X_j\dfrac{\partial U_j}{\partial r_n}+Y_j\dfrac{\partial V_j}{\partial r_n}-2\dfrac{\partial W_j}{\partial r_n}+U_j\cos\theta_k+V_j\sin\theta_k\\ \vdots\\ X_m\dfrac{\partial U_m}{\partial r_n}+Y_m\dfrac{\partial V_m}{\partial r_n}-2\dfrac{\partial W_m}{\partial r_n}\\ \vdots\end{array}\right\} \tag{5-68}$$

其中 j 为天线表面第 n 环上的节点，m 为天线表面非第 n 环上的点，θ_k 为 j 点所在第 k 梁上的位置角. 上式也必须计算天线表面节点位移对环高变量的敏度，可通过计算结构全位移敏度获得. 结构全位移对结构几何形状变量的敏度基本计算已在§ 2.2 中给出，下面详细推导结构全位移对天线背架结构环半径变量的敏度.

由全位移敏度的表达式（3-14）得

$$\frac{\partial \boldsymbol{U}}{\partial r_n}=\boldsymbol{K}^{-1}\left(\frac{\partial \boldsymbol{P}}{\partial r_n}-\frac{\partial \boldsymbol{K}}{\partial r_n}\boldsymbol{U}\right) \tag{5-69}$$

对天线背架桁架结构的自重载荷 $\boldsymbol{P}$，有

$$\frac{\partial \boldsymbol{P}}{\partial r_n}=\left\{\begin{array}{c}\vdots\\ \dfrac{\partial P_s}{\partial r_n}\\ \vdots\\ 0\\ \vdots\end{array}\right\} \tag{5-70}$$

式中右端列阵中只有与一端在第 n 环节点上的杆相连的节点 s 对应的方向向下的元素非零. 当 s 点为非表面点时，

$$\begin{aligned}\frac{\partial \boldsymbol{P}_s}{\partial r_n}&=\frac{1}{2}\gamma\sum_{e=1}^{E_s}A_e\left(\frac{\partial l_e}{\partial x_k}\frac{\partial x_k}{\partial r_n}+\frac{\partial l_e}{\partial y_k}\frac{\partial y_k}{\partial r_n}+\frac{\partial l_e}{\partial z_n}\frac{\partial z_n}{\partial r_n}\right)\\ &=\frac{1}{2}\gamma\sum_{e=1}^{E_s}A_e\left(\lambda_e\cos\theta_k+\mu_e\sin\theta_k+\nu_e\frac{r_n}{2f}\right)\end{aligned} \tag{5-71}$$

上式中，E_s 为有一端在 s 点上的桁杆的总数，l_e、A_e、λ_e、μ_e、ν_e 为其中第 e 杆的长度、截面积，x、y、z 向方向余弦，x_k、y_k、θ_k 为与 e 杆相连之第 n 环第 k 梁交点的 x 向、y 向坐标及第 k 梁的位置角. 如果 s 是表面节点，则还要在式（5-71）中加上面板自重载荷由于环半径变化而产生的影响值 $\gamma t\dfrac{\partial \alpha_s}{\partial r_n}$.

对于天线桁架结构，结构总刚阵对环半径变量的敏度为

$$\begin{aligned}\frac{\partial \boldsymbol{K}}{\partial r_n}&=\sum_{e=1}^{E_n}\frac{\partial \boldsymbol{K}_e}{\partial r_n}=\sum_{e=1}^{E_n}\left(\frac{\partial \boldsymbol{K}_e}{\partial x_k}\frac{\partial x_k}{\partial r_n}+\frac{\partial \boldsymbol{K}_e}{\partial y_k}\frac{\partial y_k}{\partial r_n}+\frac{\partial \boldsymbol{K}_e}{\partial z_n}\frac{\partial z_n}{\partial r_n}\right)\\&=\sum_{e=1}^{E_n}\left(\frac{\partial \boldsymbol{K}_e}{\partial x_k}\cos\theta_k+\frac{\partial \boldsymbol{K}_e}{\partial y_k}\sin\theta_k+\frac{\partial \boldsymbol{K}_e}{\partial z_n}\frac{r_n}{2f}\right)\end{aligned} \tag{5-72}$$

其中，E_n为有一端在第n环节点上的杆单元总数，k为第e杆在第n环上的端点所在梁的序号数.

与式（5-61）、式（5-62）中的$\partial\boldsymbol{K}_e/\partial z_n$相似，可以求出$\partial\boldsymbol{K}_e/\partial x$和$\partial\boldsymbol{K}_e/\partial y$：

$$\frac{\partial \boldsymbol{K}_e}{\partial x}=-\frac{A_eE}{l_e^2}\boldsymbol{T}_e^x \tag{5-73}$$

$$\frac{\partial \boldsymbol{K}_e}{\partial y}=-\frac{A_eE}{l_e^2}\boldsymbol{T}_e^y \tag{5-74}$$

其中

$$\boldsymbol{T}_e^x=\begin{bmatrix}0&\cdots&0&\cdots&0&\cdots&0&\cdots&0\\ \vdots&&\vdots&&\vdots&&\vdots&&\vdots\\ 0&\cdots&\boldsymbol{C}_e^x&\cdots&0&\cdots&-\boldsymbol{C}_e^x&\cdots&0\\ \vdots&&\vdots&&\vdots&&\vdots&&\vdots\\ 0&\cdots&0&\cdots&0&\cdots&0&\cdots&0\\ \vdots&&\vdots&&\vdots&&\vdots&&\vdots\\ 0&\cdots&-\boldsymbol{C}_e^x&\cdots&0&\cdots&\boldsymbol{C}_e^x&\cdots&0\\ \vdots&&\vdots&&\vdots&&\vdots&&\vdots\\ 0&\cdots&0&\cdots&0&\cdots&0&\cdots&0\end{bmatrix} \tag{5-75}$$

$$\boldsymbol{T}_e^y=\begin{bmatrix}0&\cdots&0&\cdots&0&\cdots&0&\cdots&0\\ \vdots&&\vdots&&\vdots&&\vdots&&\vdots\\ 0&\cdots&\boldsymbol{C}_e^y&\cdots&0&\cdots&-\boldsymbol{C}_e^y&\cdots&0\\ \vdots&&\vdots&&\vdots&&\vdots&&\vdots\\ 0&\cdots&0&\cdots&0&\cdots&0&\cdots&0\\ \vdots&&\vdots&&\vdots&&\vdots&&\vdots\\ 0&\cdots&-\boldsymbol{C}_e^y&\cdots&0&\cdots&\boldsymbol{C}_e^y&\cdots&0\\ \vdots&&\vdots&&\vdots&&\vdots&&\vdots\\ 0&\cdots&0&\cdots&0&\cdots&0&\cdots&0\end{bmatrix} \tag{5-76}$$

$$\boldsymbol{C}_e^x=\begin{bmatrix}3\lambda_e^3-2\lambda_e&3\mu_e\lambda_e^2-\mu_e&3\nu_e\lambda_e^2-\nu_e\\3\mu_e\lambda_e^2-\mu_e&3\mu_e^2\lambda_e&3\lambda_e\mu_e\nu_e\\3\nu_e\lambda_e^2-\nu_e&3\lambda_e\mu_e\nu_e&3\nu_e^2\lambda_e\end{bmatrix} \tag{5-77}$$

$$\boldsymbol{C}_e^y=\begin{bmatrix}3\lambda_e^2\mu_e&3\lambda_e\mu_e^2-\lambda_e&3\lambda_e\mu_e\nu_e\\3\lambda_e\mu_e^2-\lambda_e&3\mu_e^3-2\mu_e&3\nu_e\mu_e^2-\nu_e\\3\lambda_e\mu_e\nu_e&3\nu_e\mu_e^2-\nu_e&3{\nu_e}^2\mu_e\end{bmatrix} \tag{5-78}$$

但需注意，式（5-73）、式（5-73）中 x、y 应对应有关杆端节点号为该杆大节点号，否则两式右端反号（取其负值）.

将式（5-70）、式（5-71）代入式（5-69）、式（5-68），即可求得 $\partial \boldsymbol{B}/\partial r_n$.

2. 求 $\dfrac{\partial \boldsymbol{V}}{\partial r_n}$

按式（5-14）对 $\boldsymbol{V}$ 求导，注意到：

$$z=\frac{r^2}{4f},\quad Z=\frac{r^2}{4f^2},\quad \frac{\partial Z}{\partial r}=\frac{r}{2f^2}$$

可得

$$\frac{\partial \boldsymbol{V}}{\partial r_n}=\frac{1}{f}\begin{bmatrix} \vdots & \vdots & \vdots & \vdots & \vdots & \vdots \\ 0 & 0 & 0 & 0 & 0 & 0 \\ \vdots & \vdots & \vdots & \vdots & \vdots & \vdots \\ \cos\theta_k & \sin\theta_k & 0 & \dfrac{r_n}{f} & -(2+Z_n)\sin\theta_k-\dfrac{r_nY_j}{2f} & (2+Z_n)\cos\theta_k-\dfrac{r_nX_j}{2f} \\ \vdots & \vdots & \vdots & \vdots & \vdots & \vdots \\ 0 & 0 & 0 & 0 & 0 & 0 \\ \vdots & \vdots & \vdots & \vdots & \vdots & \vdots \end{bmatrix} \tag{5-79}$$

其中仅对应于第 n 环的表面节点各行值非零，其余行均为零，θ_k 为第 j 点所在梁的位置角.

3. 求 $\dfrac{\partial \boldsymbol{Q}}{\partial r_n}$

按式（5-16）、式（5-17）对 $\boldsymbol{Q}$ 求导，可得 $\partial \boldsymbol{Q}/\partial r_n$ ，它仍然是对角阵，其中仅对应于 n–1 环、n 环、$n+1$ 环的对角元素非零值，它们分别为 $\partial Q_{n-1}/\partial r_n$ 、$\partial Q_n/\partial r_n$ 、$\partial Q_{n+1}/\partial r_n$ ，其余对角元素均为零.

由于

$$Q_n=f^2N_0q_na_n\Big/\left[4(1+Z_n)^2\sum_{j=1}^{N_0}q_ja_j\right] \tag{5-80}$$

式中 N_0 为天线结构环总数，q_n 为第 n 环照射因子，一般设为

$$q_n=1-cr_n^2/R^2 \tag{5-81}$$

其中 c 由经验决定，一般取为 $c=0.776$，R 为天线口径之半径. 因而

$$\frac{\partial q_n}{\partial r_n}=\frac{-2cr_n}{R^2} \tag{5-82}$$

式（5-80）中 a_n 为第 n 环影响的口面积，且

$$a_n=\frac{\pi}{4}\left[(r_{n-1}+r_n)^2-(r_n+r_{n+1})^2\right]=\frac{\pi}{4}\left[r_{n-1}^2-r_{n+1}^2+2(r_{n-1}-r_{n+1})r_n\right] \tag{5-83}$$

于是

$$\frac{\partial a_n}{\partial r_n}=\frac{\pi}{2}(r_{n-1}-r_{n+1}) \tag{5-84}$$

考虑到$\partial Z_n/\partial r_n=r_n/2f^2$和式（5-84）、式（5-82），得

$$\frac{\partial Q_n}{\partial r_n}=\frac{N_0 f^2\left(q_n\dfrac{\partial a_n}{\partial r_n}+\dfrac{\partial q_n}{\partial r_n}a_n\right)}{4(1+Z_n)^2\sum\limits_{j=1}^{N_0}q_j a_j}-\frac{N_0 r_n q_n a_n}{4(1+Z_n)^3\sum\limits_{j=1}^{N_0}q_j a_j} \tag{5-85}$$

4. 求$\dfrac{\partial \boldsymbol{S}}{\partial r_n}$

由式（5-22）$\boldsymbol{S}=(\boldsymbol{V}^{\mathrm{T}}\boldsymbol{Q}\boldsymbol{V})^{-1}\boldsymbol{V}^{\mathrm{T}}\boldsymbol{Q}$，对$r_n$求导可得

$$\frac{\partial \boldsymbol{S}}{\partial r_n}=(\boldsymbol{V}^{\mathrm{T}}\boldsymbol{Q}\boldsymbol{V})^{-1}\left\{\left(\frac{\partial \boldsymbol{V}}{\partial r_n}\right)^{\mathrm{T}}\boldsymbol{Q}+\boldsymbol{V}^{\mathrm{T}}\frac{\partial \boldsymbol{Q}}{\partial r_n}-\left[\boldsymbol{V}^{\mathrm{T}}\boldsymbol{Q}\frac{\partial \boldsymbol{V}}{\partial r_n}+\left(\boldsymbol{V}^{\mathrm{T}}\boldsymbol{Q}\frac{\partial \boldsymbol{V}}{\partial r_n}\right)^{\mathrm{T}}+\boldsymbol{V}^{\mathrm{T}}\frac{\partial \boldsymbol{Q}}{\partial r_n}\boldsymbol{V}\right](\boldsymbol{V}^{\mathrm{T}}\boldsymbol{Q}\boldsymbol{V})^{-1}\boldsymbol{V}^{\mathrm{T}}\boldsymbol{Q}\right\} \tag{5-86}$$

将前面通过式（5-79）、式（5-85）求得的$\partial\boldsymbol{V}/\partial r_n$、$\partial\boldsymbol{Q}/\partial r_n$代入式（5-86），即可求得$\partial\boldsymbol{S}/\partial r_n$. 最后将$\partial\boldsymbol{S}/\partial r_n$、$\partial\boldsymbol{V}/\partial r_n$、$\partial\boldsymbol{Q}/\partial r_n$和$\partial\boldsymbol{B}/\partial r_n$代入式（5-67）即可求得$\partial\boldsymbol{D}/\partial r_n$，再代入式（5-66）即可求得环高的导重$G_{r_n}$.

§ 5.5　天线结构近似保型优化设计算例

以虚功法和导重法分别编制了 OAS2 与 OAS3 两个 FORTRAN 语言计算程序，在计算机上对多个天线结构进行了近似保型优化设计计算，都获得了预期的效果，兹将其中几个介绍如下.

【例 5-1】　某 8 米模型天线 M8M

图 5-7 为该天线 1/4 结构简图，图中给出了足够详细的数据，读者完全可据此验算.

图 5-8 给出了采用虚功法和导重法按照§3.3 的数学模型对其进行近似保型优化设计计算的迭代历程曲线. 可以看出导重法优化效果明显优于虚功法，迭代第一步就达到了虚功法的最好结果，迭代 5 次后，基本趋于收敛，对工程计算已经足够. 采用优重设计，不仅使天线表面精度目标函数进一步改善，而且使结构总重量从 1.266 5t 下降到 1.014 1t，减轻结构重量 20%，验证了§1.5 中通过优重设计实现不等式约束理论与方法的正确性和可行性. 如果设计变量包括杆截面积与环高，优化效果更好，表 5-1 给出了杆截面与环高同时优化时设计变量、目标函数的迭代计算结果，可供验证. 优化迭代收敛后，导重准则公式完全满足，即达到了各组构件重量与其导重成正比的最优状态.

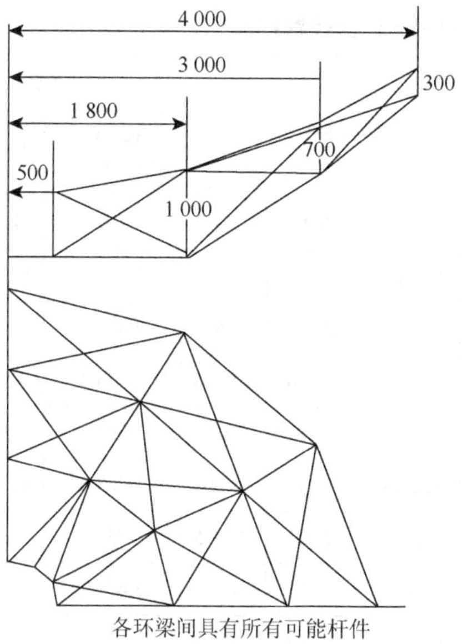

长度单位：mm
面积单位：cm^2
焦距：3000mm
铝板厚度：4mm
铜质骨架：1/4天线共有32个节点，184根杆

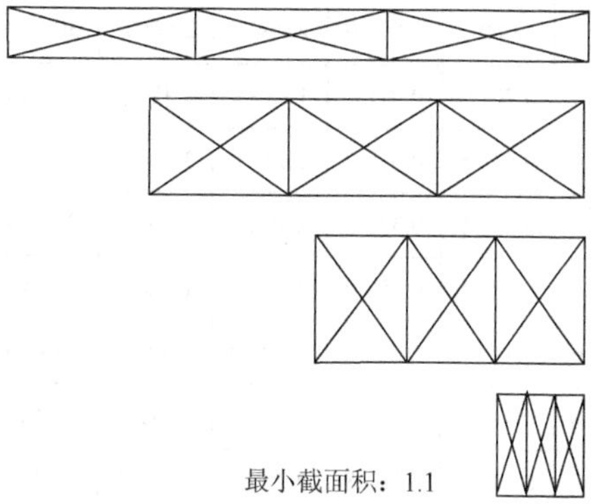

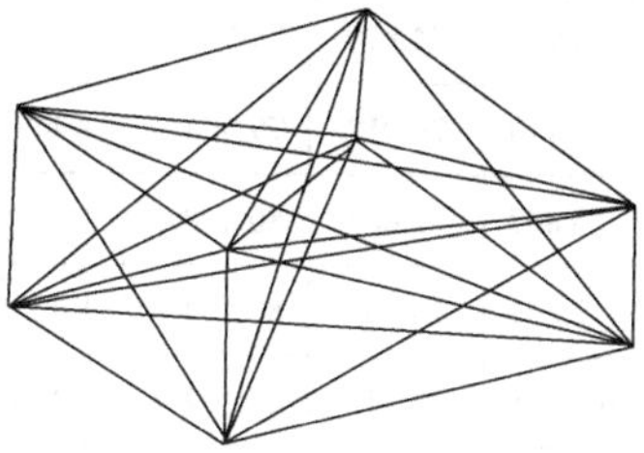

初始数据

截面积	杆件数据
0.5	一、四环所有直向杆
1.0	一～二环间杆；一、四环斜向杆
1.5	第二环所有杆
2.0	二～三、三～四环间所有杆
2.5	第三环所有杆

图 5-7　M8M 天线结构简图

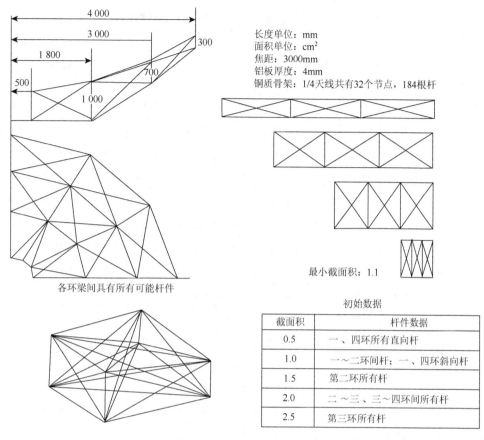

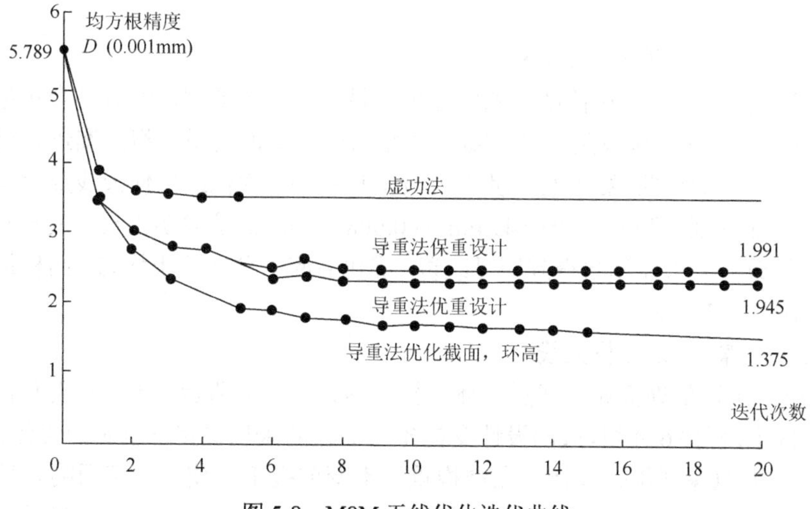

图 5-8　M8M 天线优化迭代曲线

表 5-1 M8M 天线杆截面、环高同时优化迭代数据表

初次迭代	各类杆截面积/cm^2					各环高度/cm				精度函数	
										均方根（0.001mm）	相对值
初始值	0.500 0	1.000 0	1.500 0	2.000 0	2.500 0	30.000	70.000	100.000	75.083	5.789 4	1.000
1	1.935 0	0.701 9	0.911 2	1.998 3	3.321 7	25.593	75.912	98.163	75.007	3.481 3	0.601 3
2	2.723 4	0.479 8	0.655 7	2.123 0	3.127 3	22.277	74.835	100.251	73.697	2.829 5	0.488 7
3	3.707 0	0.456 5	0.325 5	2.192 5	2.190 9	22.734	76.510	98.736	74.306	2.373 2	0.409 9
4	3.853 8	0.506 1	0.252 0	2.265 0	1.376 8	24.147	77.032	94.987	76.287	2.026 4	0.350 0
5	4.213 0	0.473 9	0.211 6	2.295 9	0.998 0	24.616	85.355	87.491	78.004	1.768 6	0.305 5
6	4.476 8	0.445 4	0.187 3	2.308 1	0.812 4	23.459	93.868	82.721	78.925	1.733 1	0.299 4
7	4.648 2	0.446 5	0.165 8	2.290 6	0.774 4	25.531	97.856	79.560	79.454	1.634 2	0.282 3
8	4.703 2	0.446 7	0.154 1	2.288 3	0.745 0	27.542	106.213	75.768	79.950	1.521 8	0.262 9
9	4.738 4	0.446 3	0.142 9	2.289 5	0.714 6	28.142	113.964	74.818	79.994	1.458 0	0.251 8
10	4.755 0	0.451 5	0.145 5	2.278 4	0.744 3	28.079	116.410	74.912	79.998	1.443 4	0.249 3
11	4.831 4	0.463 2	0.140 4	2.254 6	0.773 9	28.005	118.807	75.668	80.000	1.429 8	0.247 0
12	4.903 5	0.468 3	0.132 0	2.244 7	0.750 2	27.965	112.501	74.250	80.112	1.422 1	0.245 6
13	4.930 4	0.467 5	0.120 2	2.248 2	0.712 5	27.948	109.878	74.210	80.122	1.398 6	0.241 6
14	4.976 1	0.471 9	0.111 5	2.241 4	0.697 9	28.009	106.618	74.368	80.086	1.390 2	0.240 0
15	5.038 7	0.479 3	0.103 1	2.227 6	0.698 3	28.006	106.624	74.366	80.087	1.374 9	0.237 5

【例 5-2】 8 米考题天线 E8M

图 5-9 为该天线 1/4 结构简图，图中给出了足够详细的数据，读者完全可据此验算.

图 5-10 为采用导重法按照§ 3.3 的数学模型对两种截面变量分组方案进行近似保型优化设计计算的迭代历程曲线. 在结构重量不变的前提下，优化结果使天线反射表面精度函数从 0.037 7mm 分别下降到 0.008 841mm 和 0.008 153mm. 这表明当设计变量较多时，再增多设计变量数目并未使结果得到明显改善. 优化后应力分布趋于均匀，结构最大应力从 18.5MPa 下降到 9.2MPa.

【例 5-3】 某 20 米工程天线

某 20 米卫星通信地面站天线反射体结构简图如图 5-1 所示，天线反射体的 1/4 结构具有节点 183 个，杆件 674 根，截面设计变量 83 个. 作者采用导重法编制的优化程序 OAS4 对该天线进行近似保型优化设计，在结构重量不变前提下，使天线表面吻合精度函数从 0.130 5mm 下降到 0.038 31mm，其他人员使用经过改进的虚功法，在同样的条件下进行优化计算，使吻合精度函数下降到 0.060 07mm，充分显示出与虚功法相比导重法所具有的明显优势，并使导重法得到了实际工程应用的考验[77]. 图 5-11 给出了其优化迭代曲线.

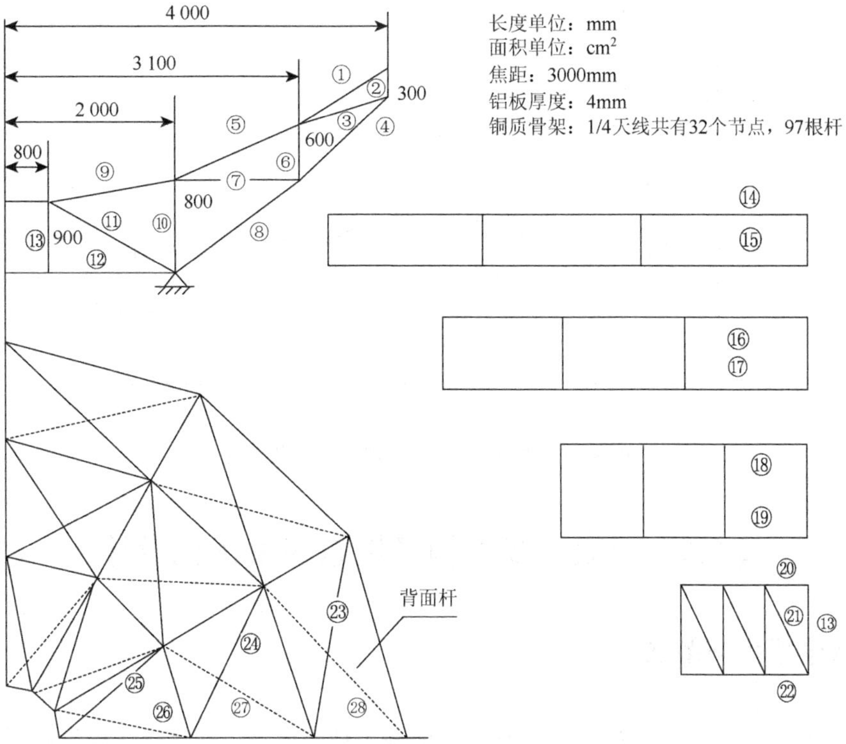

图 5-9 E8M 天线结构简图

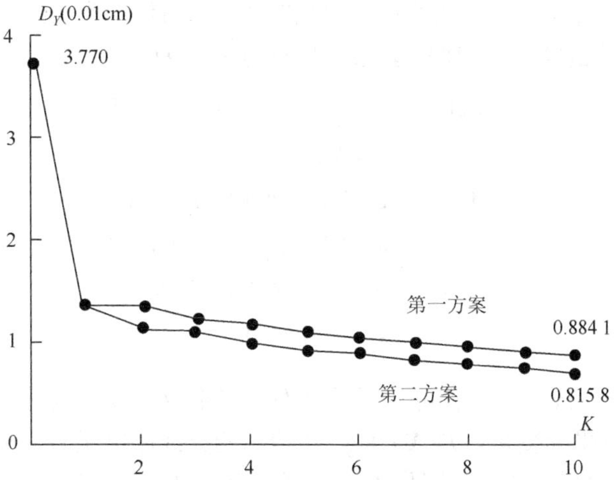

图 5-10 E8M 天线优化迭代曲线

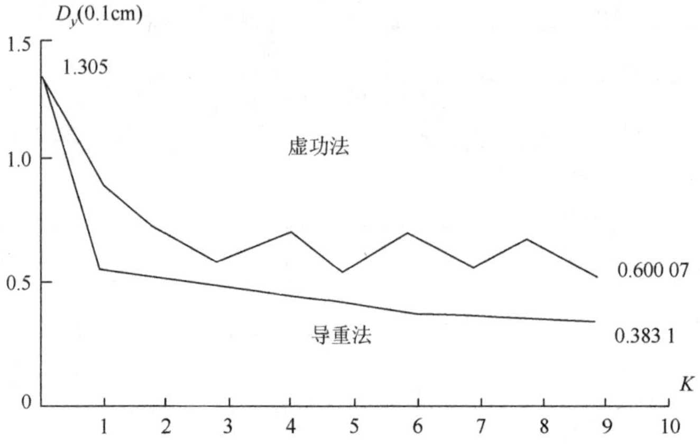

图 5-11　某 20 米工程天线优化迭代曲线

§ 5.6　一般天线结构多性态约束优化设计

5.6.1　数学模型与解法

对于精度要求不高的一般天线结构，只要满足精度要求，减轻结构重量成了关键. 其优化设计的提法是：以减轻结构重量作为优化目标，以反射面精度要求作为主要约束. 由于这类天线精度要求不高、结构较薄弱，强度、谐振频率等要求在优化过程中可能不再满足，所以应将应力约束与动力基频约束也包括在内，从而使这类天线结构的优化问题成为具有多种性态约束的最轻设计问题. 其数学模型可表示为

$$\begin{cases} \text{Find} & \boldsymbol{X}=[x_1,x_2,\cdots,x_n,\cdots,x_N]^{\mathrm{T}} \\ \min & W(\boldsymbol{X}) \\ \text{s.t.} & g_1(\boldsymbol{X})=D(\boldsymbol{X})-D_0\leqslant 0 \\ & g_2(\boldsymbol{X})=\omega_0^2-\omega^2(\boldsymbol{X})\leqslant 0 \\ & g_3(\boldsymbol{X})=R(\boldsymbol{X})-R_0\leqslant 0 \\ & \boldsymbol{X}^L\leqslant \boldsymbol{X}\leqslant \boldsymbol{X}^U \end{cases} \tag{5-87}$$

其中 $\boldsymbol{X}=[x_1,x_2,\cdots,x_n,\cdots,x_N]^{\mathrm{T}}$ 可包括杆截面、二维板厚度等构件尺寸变量，还可包括环高、环半径等节点坐标变量，$D(\boldsymbol{X})$ 为§ 5.2 给出的天线精度函数，$\omega^2(\boldsymbol{X})$ 为结构最低固有频率对应的角频率的平方，对应结构的广义特征值，D_0、ω_0^2 分别为其约束限；$R(\boldsymbol{X})$ 为§ 2.5 给出的采用 K 次均方根包络的结构特征应力，R_0 为标定材料的许用拉应力或由工程实际确定的特征应力约束限，采用结构特征应力约束可以一个单值约束代替数目庞大的构件应力强度约束与稳定性约束.

式（5-87）是仅具有三个性态约束的结构优化问题，可采用§2.6 给出的工程结构多性态约束导重法求解，求解迭代格式为

$$x_n^{(k+1)} = \alpha\left[\left(\lambda_1 G_{x_n}^1 + \lambda_2 G_{x_n}^2 + \lambda_3 G_{x_n}^3\right)\Big/ H_{x_n}\right]^{(k)} + (1-\alpha)x_n^{(k)} \quad (n=1,2,\cdots,N) \tag{5-88}$$

求解式（5-88）中库恩-塔克乘子λ_1、λ_2、λ_3的线性不等式方程组为

$$\begin{bmatrix} \sum_{n=1}^{N}\left(G_{x_n}^1 G_{x_n}^1\right)\Big/\mathring{W}_{x_n} & \sum_{n=1}^{N}\left(G_{x_n}^1 G_{x_n}^2\right)\Big/\mathring{W}_{x_n} & \sum_{n=1}^{N}\left(G_{x_n}^1 G_{x_n}^3\right)\Big/\mathring{W}_{x_n} \\ \sum_{n=1}^{N}\left(G_{x_n}^1 G_{x_n}^2\right)\Big/\mathring{W}_{x_n} & \sum_{n=1}^{N}\left(G_{x_n}^2 G_{x_n}^2\right)\Big/\mathring{W}_{x_n} & \sum_{n=1}^{N}\left(G_{x_n}^2 G_{x_n}^3\right)\Big/\mathring{W}_{x_n} \\ \sum_{n=1}^{N}\left(G_{x_n}^1 G_{x_n}^3\right)\Big/\mathring{W}_{x_n} & \sum_{N=1}^{N}\left(G_{x_n}^2 G_{x_n}^3\right)\Big/\mathring{W}_{x_n} & \sum_{n=1}^{N}\left(G_{x_n}^3 G_{x_n}^3\right)\Big/\mathring{W}_{x_n} \end{bmatrix} \times \begin{Bmatrix} \lambda_1 \\ \lambda_2 \\ \lambda_3 \end{Bmatrix} \geqslant \begin{Bmatrix} G^1 + g_1/\alpha \\ G^2 + g_2/\alpha \\ G^3 + g_3/\alpha \end{Bmatrix} \tag{5-89}$$

然后化为其相应的线性互补问题，采用莱姆克算法[15, 16]即可求得λ_1、λ_2、λ_3，代入式（5-88）完成一次迭代，反复迭代，直到求出工程上足够满意的解.

5.6.2 大型高精度天线结构近似保型优化的对偶优化设计

作为一般天线结构多性态约束优化设计的特例，考察大型高精度天线近似保型优化的对偶优化设计问题.

前面§ 5.3 给出了大型高精度天线近似保型优化设计的一般提法：在结构总重量 W 不超过给定数值 W_0 的约束下，使其结构变形后反射表面点的吻合精度最高，即使得其吻合精度函数 D 的数值最小化. § 5.3、§ 5.4 及§ 5.5 给出了其求解理论、方法和算例，而实际设计这类天线结构时，还可能遇到其对偶优化问题：在吻合精度函数 $D(\boldsymbol{X})$的数值不大于给定值 D_0 的条件下优化结构设计，使结构总重量最小化. 其数学模型为

$$\begin{cases} \text{Find} & \boldsymbol{X} = [x_1, x_2, \cdots, x_n, \cdots, x_N]^{\mathrm{T}} \\ \min & W(\boldsymbol{X}) \\ \text{s.t.} & g(\boldsymbol{X}) = D(\boldsymbol{X}) - D_0 \leqslant 0 \\ & \boldsymbol{X}^L \leqslant \boldsymbol{X} \leqslant \boldsymbol{X}^U \end{cases} \tag{5-90}$$

这两种优化问题可以互称为对偶优化问题. 可采用§ 2.6 给出的工程结构单性态约束最轻化设计导重法求解：

$$x_n^{(k+1)} = \alpha\left(\lambda G_{x_n}/H_{x_n}\right)^{(k)} + (1-\alpha)x_n^{(k)} \quad (n=1,2,\cdots,N) \tag{5-91}$$

$$\lambda \geqslant (G+g/\alpha)/B = (G+g/\alpha)\Big/\left[\sum_{n=1}^{N}(G_{x_n}G_{x_n}\big/\mathring{W}_{x_n})\right] \tag{5-92}$$

当式（5-93）右端非负时，

$$\lambda = \frac{G+g/\alpha}{B} = \frac{G+g/\alpha}{\sum_{n=1}^{N}(G_{x_n}G_{x_n}\big/\mathring{W}_{x_n})} \geqslant 0 \tag{5-93}$$

当式（5-92）右端为负值时，λ取为零.

按前面§ 1.5 对乘子与约束、目标关系的讨论以及优重设计理论，当式（5-92）右端非为负时，只要通过射线步减少结构重量，必能使式（5-92）右端数值回升为零，从而求得非负乘子. 按式（5-91）反复迭代，直到求得式（5-90）所示优化问题的最优解. 步长因子 $\alpha = 0$ 或步长因子很小时的迭代情况的讨论详见§ 2.6.

5.6.3 各性态约束导重的计算

下面讨论式（5-88）与式（5-89）中各约束导重的计算.

（1）精度约束的导重

天线反射面精度约束总导重 G^1 与其对各设计变量的导重分别为

$$G^1 = \sum_{n=1}^{n} G_{x_n}^1 \tag{5-94}$$

$$G_{x_n}^1 = -x_n \frac{\partial D(\boldsymbol{X})}{\partial x_n} \tag{5-95}$$

对于大型高精度天线近似保型设计，精度函数 $D(\boldsymbol{X})$为结构变形后表面点相对其最佳吻合抛物面加权半光程差平方和，这种精度函数的导重计算在§ 5.4 中已经给出；如果是不保型天线结构，精度函数 $D(\boldsymbol{X})$则为表面点相对设计面加权半光程差平方和，这时 $D(\boldsymbol{X})$由式（5-26）计算；如果是不保型设计的非圆抛物面天线，精度函数 $D(\boldsymbol{X})$则为表面点相对设计面射向位移加权平方和，这时 $D(\boldsymbol{X})$由式（5-27）计算，对于后两种情况，精度约束导重的计算较前者简单、方便得多，读者不难从§ 5.4 中直接得出.

另外还需说明的是，在多性态约束天线结构优化模型式（5-87）中，如果工程对指平自重、仰天自重等工况精度都有各自的严格要求，则精度约束可代之以如下 K 个约束以对应于 K 个工况的精度约束：

$$D_k(\boldsymbol{X}) - D_{k0} \leqslant 0 \quad (k = 1, 2, \cdots, K) \tag{5-96}$$

这只不过增加了（K–1）个性态约束，仍可采用本章的多约束导重法求解.

（2）动力基频约束与结构特征应力约束的导重已在§ 2.6 中给出.

§ 5.7 天线结构多约束最轻化设计算例

作者编制了多性态约束天线结构优化导重法计算程序 OAS10 及 OAS11，对天线结构进行了多种情况的优化设计计算，充分体现了导重法优化理论与方法的有效性与优越性. 本节算例的天线结构均为本章§ 5.5 图 5-9 所示的 8m 优化考题天线 E8M，该图绘出了 E8M 天线足够详细的数据.

【例 5-4】 E8M 天线射向位移精度约束最轻设计

反射面精度约束为天线在指平自重作用下变形后表面点射向（Z 轴方向）位移的均方根误差 $D_W \leqslant 3$mm，图 5-12 给出了以下几种情况下的优化迭代曲线. 图中三条曲线分别是

1）采用文献[50]中的混合法，设计变量为图 5-9 所示 E8M 天线第一方案的 12 个杆截面积变量与 4 个环高变量、4 个环半径变量共 20 个变量.

2）采用导重法，变量为其第一方案的 12 个杆截面积变量.

3）采用导重法，变量为第一方案 12 截面变量和 4 个环高变量，共 16 个变量.

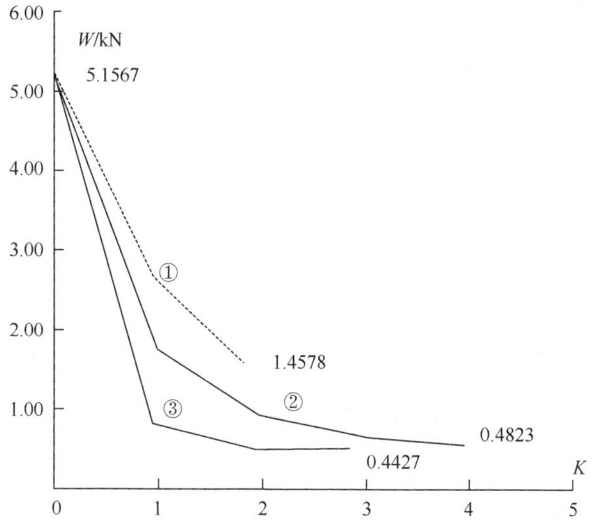

图 5-12 例 5-4 优化迭代曲线

结果分析：

1）本问题精度约束宽松，优化余量很大，导重法优化结果 $D_W = 2.97$mm$\leqslant$3mm 符合位移约束，而混合法优化结果 $D_\omega = 1.2$mm 远未达到约束限，故尚未找到最优解.

2）两方法坐标优化结果趋势相同，环高均下降.

【例 5-5】 E8M 天线精度与动力基频约束最轻设计

反射面精度约束为天线在指平自重作用下变形后相对原设计面加权半光程差均方根值 $D_R \leqslant D_{R_0} = 0.668876$mm 及动力基频 $f \geqslant f_0 = 9.4762$Hz，其中 D_{R_0}、f_0 为原始结构有关数据，图 5-13 给出了采用多性态约束导重法进行优化的迭代曲线. 图中两条曲线分别为：

1）变量仅为图 5-9 所示第一方案 12 截面变量，优化结果各约束良好满足，$D_R = 0.5912$mm，$f = 9.55$Hz，动力基频约束临界.

2)变量为图 5-9 所示第一方案 12 截面变量与 4 个环高. 优化结果各约束良好满足，$D_R = 0.668407$mm，$f = 9.5586$Hz.

本例显示出，即使结构精度与动力刚度（基频）保持不变，采用导重法优化使结构重量在构件间重新分配后，结构重量也会大幅下降.

【例 5-6】 E8M 天线吻合精度与动力基频约束最轻设计

变量均为图 5-9 所示 E8M 天线第一方案的 12 截面变量，使用导重法优化，结构在仰天与指平两位置自重作用下变形后相对其最佳吻合抛物面加权半光程差均方根的初始值 $D_{r0}=0.037702$mm，动力基频初始值为 $f_0=9.4762$Hz，图 5-14 给出了两种不同约束情况下的优化迭代历程曲线.

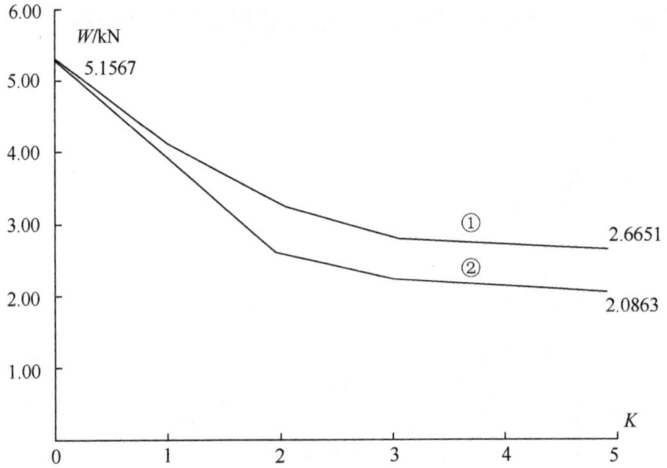

图 5-13　例 5-5 优化迭代曲线

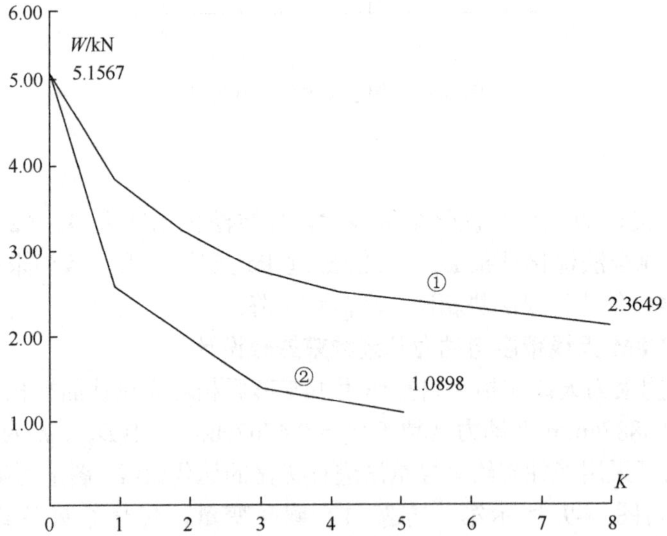

图 5-14　例 5-6 优化迭代曲线

1）约束为 $D_r \leqslant D_{r0}$ 及 $f \geqslant f_0$ 优化中各迭代步约束均能良好满足，最后结果约束值为 $D_r=0.037701$mm，$f=9.4746$ Hz.

2）约束仅为 $D_r \leqslant D_{r0}$，优化各步约束良好满足，最后结果 $D_r=0.037877$mm.

【例 5-7】 E8M 天线第三方案射向精度、动力基频及结构特征应力约束的最轻设计

图 5-9 所示的 8 米考题天线 E8M 的第一、第二方案初始截面值有的太小，使很多杆的细长比超过了 200，从压杆稳定角度考虑这是很不合理的，无法用查表或经验公式(1-181) 来确定其稳定折减系数 φ_j，必须对初始方案进行修改，提出 8 米考题天线 E8M 的第三、第四方案，如图 5-15 所示.

本例为例 5-4 的补充，例 5-4 由于只有一个很宽的射向精度约束，所以优化结果中结构总重量大幅度下降，结果使很多杆件截面过细，这不能满足稳定性约束（强度约束仍满足，即各杆拉应力不大于许用应力），这从工程角度考虑是不能接受的.

方案三：截面分为 12 类.

类别	截面积	杆位置号	类别	截面积	杆位置号	类别	截面积	杆位置号
1	1.5	①④	5	1.5	⑥⑦	9	2.0	⑯⑰
2	2.0	⑤⑧	6	1.5	⑩⑪	10	2.0	⑱⑲
3	3.0	⑨⑫	7	3.0	⑬㉑	11	3.0	⑳㉒
4	1.5	②③	8	2.0	⑭⑮	12	2.0	㉓㉔㉕㉖㉗㉘

（拉杆最小截面积 0.1cm^2，压杆最小截面积由细长比不大于 200 定）

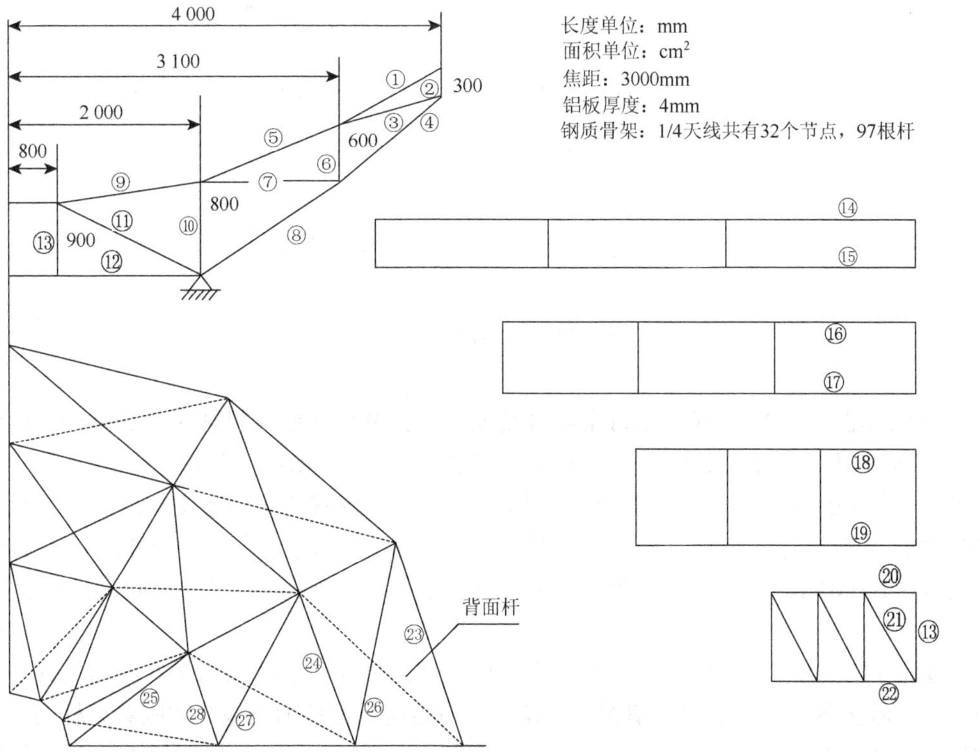

图 5-15 E8M 天线结构第三、四方案

方案四：各类截面积均为 5.0cm^2.

本例约束为：除指平射向精度 $D_W \leqslant 3$mm 以外，再加上动力基频 $f > 5$Hz，结构特征应力 $R \leqslant 160$MPa. 变量为第三方案的 12 截面及 4 个环高，拉杆最小截面限为 0.1cm^2，压杆截面下限由细长比不大于 200 定，图 5-16 给出其优化迭代曲线，图中还给出了约束函数在各次迭代中的数值.

由图 5-16 可以看出，优化迭代中各约束均能满足，迭代 3 次后各约束函数值为 $D_W = 1.214$mm，$f = 6.62$Hz，$R = 161$MPa. 160MPa 为临界约束，它是由某杆的压杆稳定约束临界引起，此外，还有许多压杆截面下限临界.

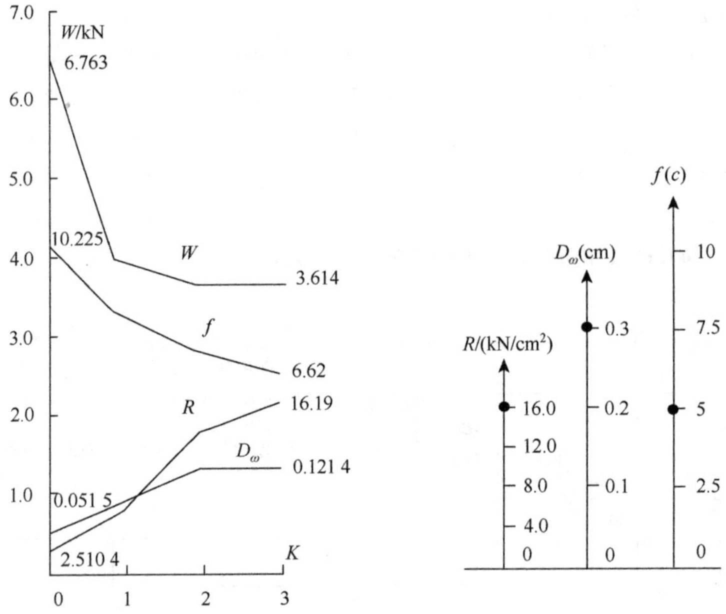

图 5-16　例 5-7 优化迭代曲线

【例 5-8】　E8M 天线第四方案吻合精度、动力基频及结构特征应力约束最轻设计

图 5-15 所示 E8M 天线第四方案各类杆截面积均为 5.0cm^2，本例设计变量仅 12 个截面变量，性态约束为：①天线在指平、仰天两位置自重载荷作用下变形后表面点相对其最佳吻合抛物面的加权半光程差均方根值 $D_r < 1$mm；②动力基频 $f > 5$Hz；③结构特征应力 $R \leqslant 160$MPa，拉杆最小截面下限为 0.1cm^2、压杆最小截面下限由细长比不大于 200 决定.

图 5-17 给出了其优化迭代历程曲线. 图 5-17 还给出了各约束函数在各次迭代中的数值，可以看出各约束均能良好满足. 临界约束为结构特征应力约束，对应着某杆的压杆稳定约束到界，另外还有很多压杆最小截面下限临界. 可见，在结构优化中，尤其是 E8M 天线结构优化中，压杆稳定约束影响很大，不考虑它，很不合理. 此外，这也说明以本书提出的以结构特征应力约束代替数量庞大的强度与稳定性约束的有效性.

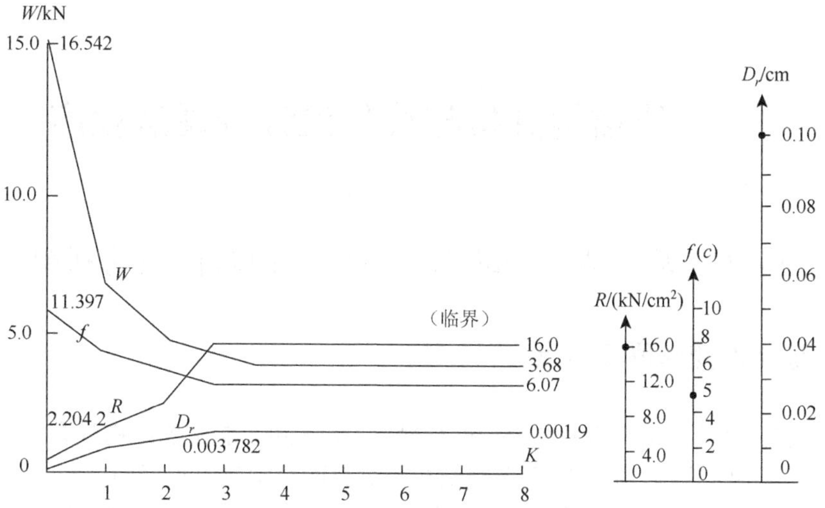

图 5-17　例 5-8 优化迭代曲线

§5.8　结　　语

导重法是作者提出的一种全新的结构优化方法. 它比国内外广泛流行的最优准则法——虚功法有很大改进，使得结构优化理性准则法在数学的严密性上及适用范围的广泛性上大为改善，主要表现在以下几方面：

1）可以考虑结构自重与惯性载荷随设计变量变化的导数，克服了虚功法准则不准的缺陷. 用于优化天线结构、航空航天飞行器结构与高速运转的机械结构等时，可显著改善优化效果.

2）构件尺寸优化的结构单元类型除桁架杆、平面应力板单元外，还可包括梁单元、板壳单元等连续体单元.

3）设计变量除构件尺寸外，还可包括结构几何形状.

4）优化设计涉及的结构性态函数可包括结构重量、构件应力、强度函数、结构位移、精度函数、结构谐振频率等.

采用作者创立的方根包络函数，成功地用一个结构特征应力约束代替了数量庞大的构件强度与稳定性约束，这对构件较多的工程结构优化是很有意义的. 本章给出了构件应力、强度函数、结构位移、精度函数、结构谐振频率、振型等对构件尺寸变量与结构几何形状变量的导数计算，即敏度分析的方法和有关计算公式. 以步长因子直接迭代法求解非线性准则方程组，笔者对其收敛性从理论与方法上进行了较深入的研究（详见本书第 4 章），保证了迭代算法的可靠性.

本章大量的天线结构优化算例从各个方面验证了以上结论. 近年来对大量机械产品结构的优化设计也充分显示出导重法的优越性，将在本书后面介绍.

导重法意义明确，表达简洁，考虑全面、方法完整、自成体系、实用性强，与国内外流传的虚功法和一般数学规划法相比，导重法具有明显的优越性，是值得大力推广的结构优化方法.

6　天线结构分析与优化设计导重法程序

§6.1　天线结构静动力分析中结构对称性的利用

6.1.1　对称结构变形位移特点

很多机械产品的结构具有对称性，如车辆、工程机械、航空器结构具有一个对称面的左右对称性，卫星、火箭、圆抛物面天线结构是具有两个垂直对称面的上下、左右对称性，利用这些结构的对称性特点会给结构分析带来很多方便，直至是出乎意料的便利. 例如，如图 5-1 所示类型的圆抛物面天线背架结构，如不考虑俯仰驱动小齿轮的影响，沿口面方向（*Z* 轴方向）看去，其结构 *XOZ* 及 *YOZ* 两坐标平面都是对称的，即上下、左右都是对称的.

对称结构所承受的载荷分为对称载荷、反对称载荷和既不对称也不反对称的载荷. 例如，圆抛物面天线结构的指平自重载荷是上下反对称、左右对称的，如图 6-1（a）所示；仰天自重、正面风力、正晒温差载荷都是上下、左右都对称的，如图 6-1（b）所示；侧向风力是上下对称、左右反对称的，见图 6-1（c）.

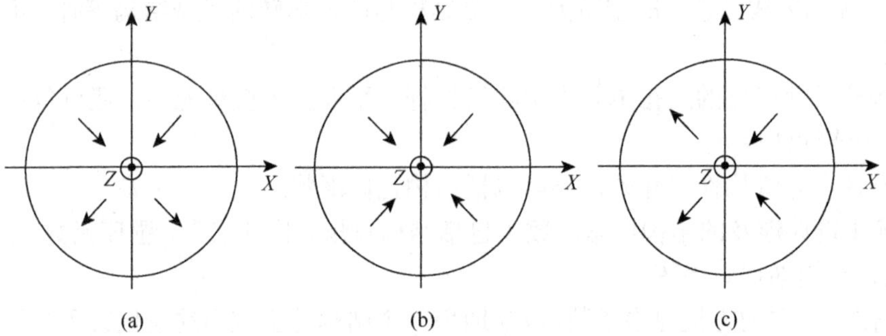

图 6-1　天线结构与载荷的对称性

对称结构在对称载荷作用下的结构变形位移是对称的，结构对称截面上的节点只能有平行于对称截面的平动与转动位移，不能有垂直于对称截面的平动与转动位移；对称结构在反对称载荷作用下的结构变形位移是反对称的，结构对称截面上的节点只能有垂直于对称截面的平动与转动位移，不能有平行于对称截面的平动与转动位移.

6.1.2　静力分析中结构对称性的利用

在对对称结构进行结构静力分析时，如果结构载荷是对称或反对称的，根据对称载荷与反对称载荷作用下对称结构的位移特点，可将对称结构沿对称截面剖开，在结构的对称截面上施加相应的剖面边界约束条件，只计算二分之一或四分之一结构即可得到整个结构的位移. 对于各种不同对称特点的载荷，其剖面边界约束如表 6-1 所示.

表 6-1 不同对称特点载荷作用下对称结构剖面边界条件

载荷左右对称	载荷左右反对称	载荷上下对称	载荷上下反对称
YOZ 剖面边界条件： $u=0, \theta_y=0, \theta_z=0$ 不能垂直于 *YOZ* 面位移	*YOZ* 剖面边界条件： $v=0, \omega=0, \theta_z=0$ 不能在 *YOZ* 剖面内位移	*XOZ* 剖面边界条件： $v=0, \theta_x=0, \theta_z=0$ 不能垂直于 *XOZ* 面位移	*XOZ* 剖面边界条件： $u=0, \omega=0, \theta_y=0$ 不能在 *XOZ* 面内位移

分析计算求得二分之一或四分之一结构的变形位移后，其余二分之一或四分之三结构的变形位移可利用位移的对称与反对称规律直接给出. 只计算二分之一或四分之一结构可使结构刚度方程阶数大大下降，并减少输入数据准备工作量和出错机会，大幅度节省了计算机时，求解四分之一结构的机时仅为计算整个结构机时的十六分之一. 这样即使需要按几种不同边界约束求解几次刚度方程仍比计算全部结构省机时得多，而且由于节省了内存，便于利用小计算机算大题目，所以是十分重要而有益的.

对于不具有对称或反对称特点的任意载荷，例如天线结构在任意方向风力载荷作用下的静分析计算. 如图 6-2 所示，由于任意载荷（a）总可以分解为上下左右均对称（b）、上下反对称左右对称（c）、上下对称左右反对称（d）、上下左右均反对称（e）四种载荷的叠加，所以对任意载荷作用下的结构也可多次剖取四分之一结构附加相应边界条件进行计算，结构的实际变形位移为其线性叠加，这样仍可只计算四分之一而得到结构的全部变形位移.

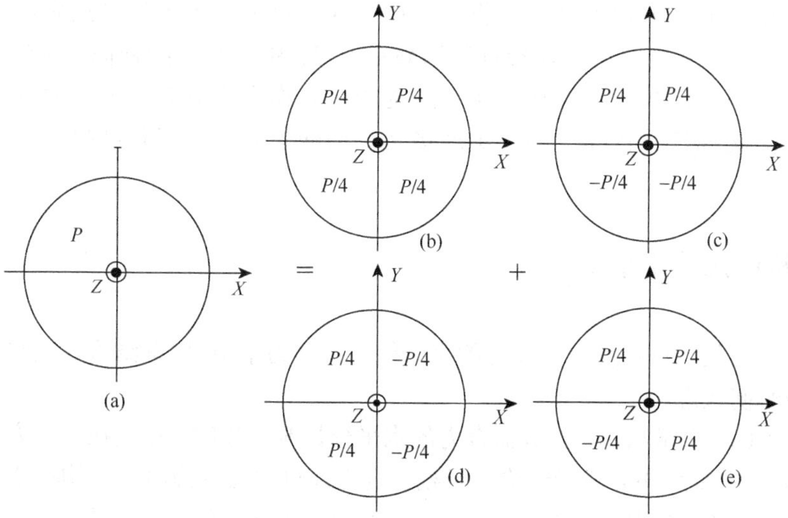

图 6-2 任意载荷分解为对称载荷与反对称载荷

6.1.3 动力分析中结构对称性的利用

在结构的动力模态分析中也可利用结构对称性只计算二分之一或四分之一，而无遗漏地求得结构的谐振频率和相应的振型. 因为任何左右对称结构的振型都可分解为左右对称与左右反对称两种情况的叠加；任何上下、左右均对称结构的振型都可分解为上下左右对称、上下对称左右反对称、上下反对称左右对称、上下左右均反对称四种情况的叠加，只要剖取二分之一或四分之一结构，再在对称剖面上施加相应的边界约束，即可求得以上各种情况下对应的谐振频率和相应的振型，然后从各种情况中选出欲求的最低基频及振型，再将振型按对称与反对称规律扩展到整个结构即可，这样尽管在计算四分之一结构时需要计算四次，但总的计算工作量仍为计算整个结构的四分之一，这从节省内存、节省机时来说都是十分有益的.

§ 6.2 结构无约束平衡与定位约束

6.2.1 结构的静定约束与静不定约束

结构的边界约束可分为静定约束与静不定约束. 通过静力平衡方程即可确定约束力的约束称为静定约束，否则称为静不定约束. 平面结构的静定约束的数目不大于 3，空间结构的静定约束的数目不大于 6.

对结构进行线性分析时，结构的受力变形与静定约束的变形位移、支座沉陷没有关系；结构的受力变形与静不定约束的变形位移、支座沉陷密切有关.

将相邻结构的一方视为基础，将相互连接视为对另一方的边界约束，如果这种边界约束是静定约束，则它们的连接可称为静定连接. 由于结构的杆截面特性、板厚等构件尺寸的改变不会影响静定连接之相邻结构的相互作用力分布，所以静定连接的结构可单独分析与构件尺寸优化，静不定连接之结构的单独分析优化结果则具有不同程度的误差.

6.2.2 结构的无约束平衡

如果结构在某些自由度方向没有约束仍能保持静力平衡，则称结构在某些自由度方向处于无约束平衡状态.

如图 6-3（a）所示结构，当载荷合力的水平分量等于零时，结构在水平方向处于无约束平衡状态；图 6-3（b）所示结构，当载荷合力通过中心支点时，结构在绕中心支点转动方向处于无约束平衡状态；图 6-3（c）所示光滑支承面上的匀质结构，在自重载荷作用下，结构在绕中心转动方向和水平方向都处于无约束平衡状态；飞行中的飞行器结构在所有自由度方向处于无约束平衡状态.

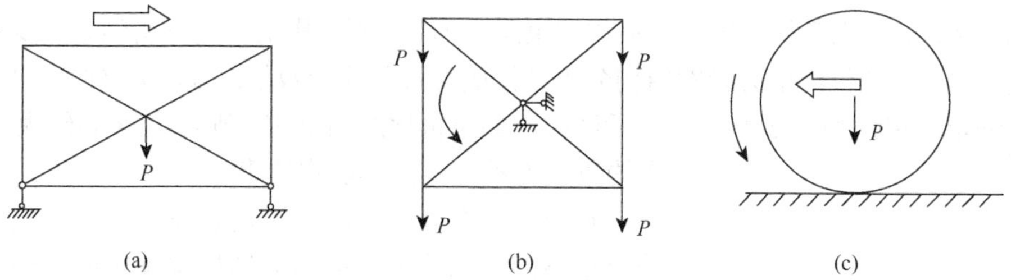

图 6-3 结构的无约束平衡

在某些自由度方向处于无约束平衡状态的结构所承受的载荷与其他自由度方向的约束力相平衡，可以人工进行结构分析计算出它的变形位移和构件应力. 但当使用结构分析软件在计算机上进行结构分析时，常因在无约束平衡的自由度方向缺少约束而无法正常进行分析计算，计算机往往会输出缺少约束的信息或输出的计算结果数值是无限大的天文数值. 所以，在某些自由度方向处于无约束平衡状态的结构，当使用软件在计算机上进行结构分析时，必须沿无约束平衡的自由度方向施加适当的定位约束.

6.2.3 结构的承载约束与定位约束

结构的边界约束还可分为承载约束与定位约束.

（1）承载约束

承载约束是承载结构维持平衡必不可少的约束，承载约束的约束力不为零. 大多数情况下结构的约束都是承载约束，所有承载约束的约束力应当与结构承受的所有载荷（工作载荷、自重、惯性力等）相平衡. 许多结构分析软件（如 ANSYS）可给出各向约束力的代数和. 通过考察各向约束力的代数和是否等于所欲施加的各向载荷的代数和的负值可以验证输入的载荷数据是否正确.

（2）定位约束

定位约束是使用计算机进行结构分析时为防止结构在某些自由度方向处于无约束平衡状态可能发生的平动、转动等刚体位移而施加的辅助约束. 例如，对图 6-3 所示无约束平衡状态的结构施加的定位约束为 A、B、C、D 约束，如图 6-4 所示.

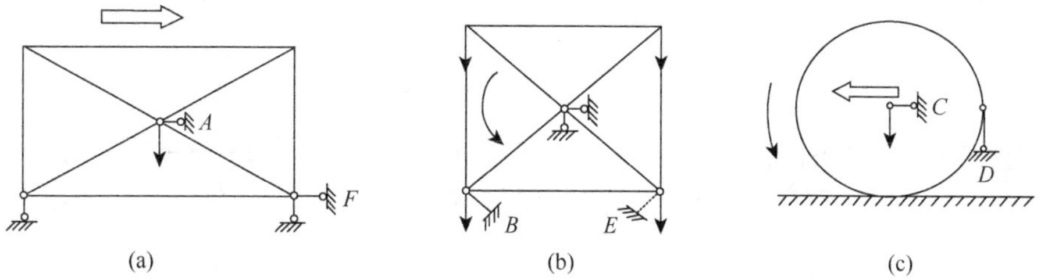

图 6-4 结构的定位约束

定位约束的数目应当等于结构无约束平衡的自由度数目. 定位约束不够会造成结构

仍有刚体运动. 适当数目的定位约束的约束反力为零，不会影响结构分析结果的变形与应力数值，过多的定位约束会影响结构分析结果的变形与应力数值. 因为定位约束过多就变成了非静定约束，如图 6-4（b）所示结构，如果再增加约束 E，则约束 B 和约束 E 就成了约束反力不为零的非静定约束.

对于同一个处于无约束平衡状态的结构，定位约束的位置不同，结构分析得出的结构位移不同，但结构变形与构件应力完全相同，位移之差为相应的刚体运动. 如图 6-4（a）所示结构，如果施加的定位约束是 F 而不是 A，则后者的分析结果与前者相比会有一个向左的刚体平动位移. 定位约束最好施加在结构的中心位置.

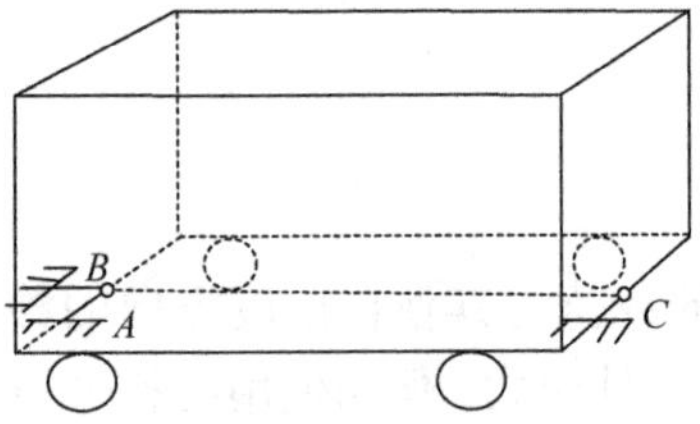

图 6-5　四轮支承车厢的定位约束

如图 6-5 所示，置于平面基础上四轮支承的车厢结构具有三个无约束平衡自由度，四个支承轮处理为四个垂直方向约束，图中的 A、B、C 就是一组适当的定位约束.

6.2.4　结构定位约束的约束力与位移特点

为描述无约束平衡状态结构定位约束的约束力与位移特点，先给出两个较形象而容易理解的命题.

【命题 1】　在结构线性分析前提下，具有单个切向弹性约束且铰支于重心的结构，无论弹性约束的刚度如何，在自重作用下变形后处于静平衡时，切向弹性约束力为零，该弹性约束点沿切向的位移也为零，如图 6-6（a）.

这是因为，结构线性分析存在小变形假设，变形量相对于结构尺寸是忽略不计的高阶小量，变形后载荷的作用点被认为仍然在变形前的作用点上，故上述结构系统在重力作用下变形后重心仍在铰支点上，重力对铰支点合力矩仍为零. 如果静平衡后切向约束力 R 不等于零，则该约束力必对铰支点产生无可平衡的力矩，而使该结构发生转动即不能静平衡，故切向约束力 R 必定为零. 而 $\Delta = R/K$（K 为弹性约束的刚度，$K \neq 0$），故该约束点切向位移 Δ 也必为零，这与刚度 K 的数值无关，对 $K = \infty$ 的刚性约束也有同样的结论.

【命题 2】　在命题 1 的前提条件下，结构各点的位移可以看作是无该切向弹性约束时的弹性变形与刚体转动的合成. 如图 6-6（b）所示.

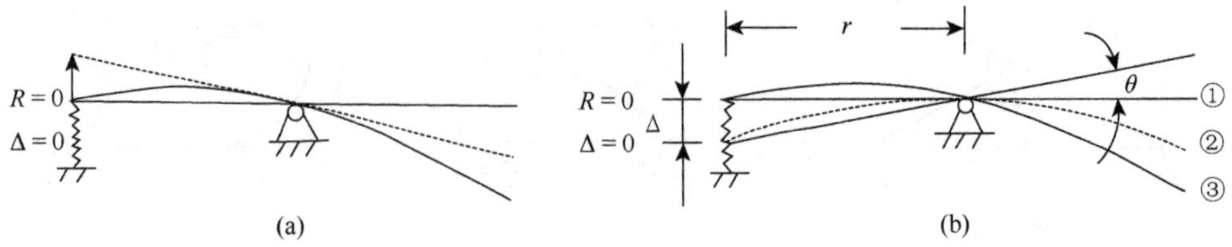

图 6-6　命题 1 与命题 2 附图

这是因为，如无该切向约束，该结构体系在重力作用下要从①变形到②，弹性支点就要产生切向位移 Δ . 实际存在的切向约束必使该点恢复到原来的位置，亦即 $\Delta=0$ 时，方能有 $R=0$，结构才能平衡. 因而结构实际位移应叠加一刚体转动，转角 $\theta=\Delta/r$，使体系由②位移到③，③才是体系的实际位置.

可通过一简单结构算例来验证以上两命题. 该结构如图 6-7（a）所示，*ABCDEO* 为钢质平面桁架，正方形 *ABCD* 边长 2m，截面积 4cm^2，结构重心在 *O*，*CE* 杆不计自重为 *ABCDO* 的切向弹性约束. 采用 SAP5 结构线性分析软件，在计算机上计算结构在自重作用下，或在 *ABCD* 点加相同集中载荷 *P* 作用下各点的位移. 结果表明，无论 *CE* 杆截面为多大（不为零），各点位移完全符合以上两命题. 图 6-7（b）给出只加集中载 $P=20$kN 时各点位移的计算结果（单位 10^{-2}cm），从结果可见，*C* 点确无切向位移，*CE* 杆受力确实为零.

由于命题 1 与命题 2 所说的具有单个切向弹性约束且铰支于重心的结构就是施加了弹性定位约束的在转动自由度方向处于无约束平衡状态的结构. 故可得到下面两个定理：

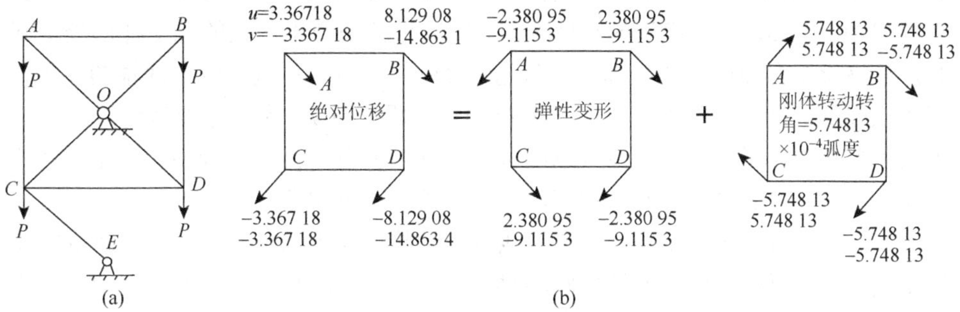

图 6-7 平面桁架算例

【定理 1】 在结构线性分析的前提下，施加弹性定位约束的在转动自由度方向处于无约束平衡状态的结构，无论弹性定位约束的刚度如何，结构处于平衡状态时，该弹性定位约束力为零，该定位约束点在约束方向上的位移也为零.

【定理 2】 在定理 1 的前提下，结构各点的位移可以看作是无该弹性定位约束时的弹性变形与刚体转动的合成.

同理，可以得到以下两个关于在平动自由度方向处于无约束平衡状态结构的定理：

【定理 3】 在结构线性分析前提下，施加了弹性定位约束的在平动自由度方向处于无约束平衡状态的结构，无论弹性定位约束的刚度如何，结构处于平衡状态时，该弹性定位约束力为零，该定位约束点在约束方向上的位移也为零，如图 6-8（a）.

【定理 4】 在定理 3 的前提下，结构各点的位移可以看作是无该弹性定位约束时的弹性变形与刚体平动的合成，见图 6-8，（a）=（b）+（c）.

以上 4 个定理可以仿照命题 1 与命题 2 的论证过程，采用反证法得到证明. 因为如果弹性定位约束点在约束方向上有位移，定位约束力就不为零. 如果定位约束力不为零，原来不施加定位约束就能保持平衡的无约束平衡结构，就不能再保持平衡.

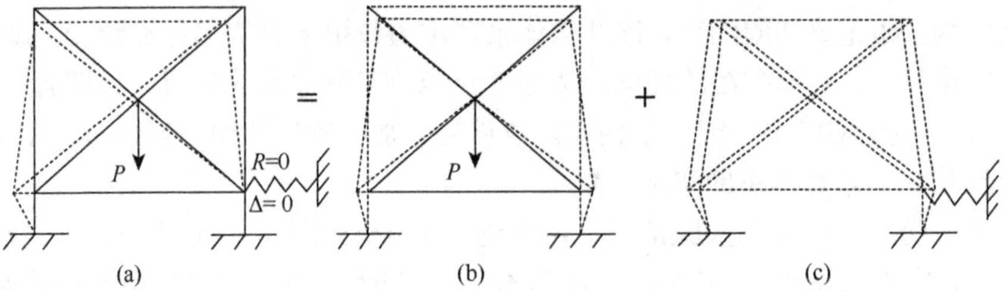

图 6-8　定理 3 与定理 4 附图

§ 6.3　具有俯仰驱动的天线结构分析技术

6.3.1　天线俯仰小齿轮约束带来的问题

天线是个复杂结构，即使是小型圆抛物面天线也是如此[24]. 在其分析计算中存在不少较深入的问题，例如，力学模型的合理选取，空间桁架中交于一点的几根杆都处于同一平面内时，对该瞬变奇异节点的处理，梁单元、板单元间节点不重合时中性轴的移置，节点自由度的从属等问题，这些与一般结构分析类似，暂且不谈. 本节主要讨论天线结构中一些棘手的貌似不对称的结构，如何只算四分之一而得到整个结构的反应，以便提高计算效率. 本节是上节所给出的理论的工程应用，其结论会带来出乎意料的惊喜.

图 5-1 所示的可控天线结构，整个天线背架结构铰支于俯仰轴上，以平衡重物使其重心与转轴重合，从而使天线背架结构对转轴成静平衡，用俯仰驱动小齿轮带动与天线背架结构相连的大齿轮，实现天线的可控俯仰转动. 天线处于仰天和指平位置时，结构简图如图 6-9 所示.

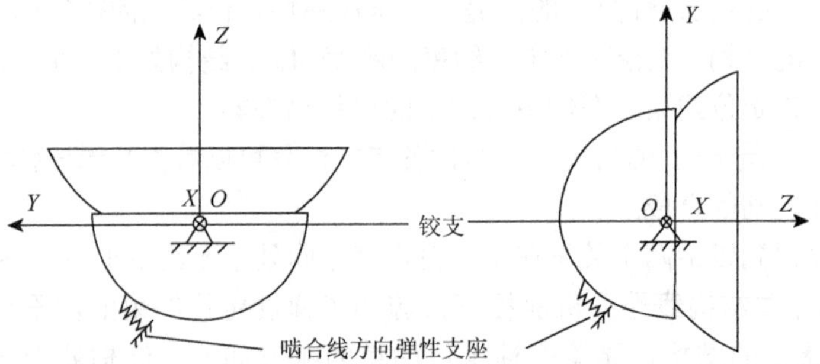

图 6-9　天线小齿轮约束

小齿轮简化为沿啮合线方向的弹性约束，该方向与大齿轮圆周切向成 20°角. 如果没有小齿轮，天线背架结构对 *XOZ* 及 *YOZ* 两坐标平面都是对称的. 对于对称或反对称的自重、风力、温度等载荷，计算其位移时，均可将天线沿 *XOZ* 平面及 *YOZ* 平面剖开，只取四分之一结构附加相应的剖面边界条件进行计算. 其余部分结构位移，可利用对称与反对称规律求得，甚至动力基频和相应振型也可只取四分之一结构分析求得，这在§ 6.1 中已做了详细介绍. 但有了小齿轮约束，便给分析计算带来了以下棘手的问题：

1）小齿轮约束破坏了结构对 *XOZ* 平面的对称性. 这类天线是只能沿 *YOZ* 平面剖开算二分之一呢，还是仍可沿 *XOZ* 平面及 *YOZ* 平面剖开计算四分之一？

2）小齿轮弹性约束的刚度如何处理？其刚度数据对结构位移有何影响？有些人已为此花费了大量时间精力.

3）这类天线位移有何特点？对天线结构分析计算有何影响？

由于大型天线静力分析很费机时，优化迭代时计算量更大，加之一般计算机容量有限，故应尽可能减少计算所需容量、降低方程阶数. 此外，小齿轮弹性约束的刚度较难给出合理数据，因此上述问题的探讨显得更为必要.

6.3.2　天线结构的无约束平衡

依照上节命题 1 和命题 2 或定理 1 和定理 2，上述天线结构分析问题可得到圆满解决. 仔细研究这类天线结构特点，由于天线结构重心与俯仰轴重合，如果没有俯仰驱动小齿轮，天线结构自重载荷在俯仰转动方向合力矩为零，处于无约束平衡状态，小齿轮约束可简化为俯仰转动方向的定位约束. 如果将小齿轮沿啮合线方向的弹性约束简化为沿切向的弹性约束，就完全符合命题 1、命题 2 或定理 1、定理 2 的条件. 无论小齿轮约束的刚度数值如何，也无论天线是仰天还是指平，在自重的作用下，约束点均无切向位移，切向约束力均为零；天线各点的位移均可看作无小齿轮约束时的弹性变形与刚体转动之和，该刚体转动引起的约束点切向位移应恰好抵消无小齿轮束弹性变形在该点引起的切向位移.

图 5-1 所示 20 米天线计算已证实了以上结论，朝天时小齿轮约束在 *A* 点（图 6-10）. *A* 点在以俯仰轴为中心的圆弧上，其坐标为（0.0，2947.8806，–3400），圆弧在 *A* 点的法向为 $\mathrm{ctg}\beta = 2947.8806/3400 = 0.867023705$；结构分析计算求得的自重作用下 *A* 点的位移为：$u = 0$，$v = 1.832805571\mathrm{mm}$，$-w = 2.113904802\mathrm{mm}$，合成位移方向为 $\mathrm{ctg}\beta' = 1.832805571/2.113904802 = 0.867023703$，$\beta = \beta'$，可见 *A* 点位移严格沿法向，没有切向分量. 当然，小齿轮对大齿轮施加的切向约束力也为零.

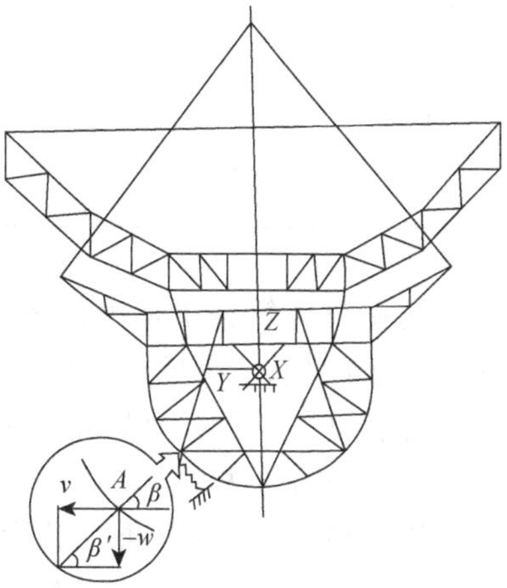

图 6-10　20 米口径天线结构算例

6.3.3　具有俯仰驱动齿轮不对称约束的天线结构可以只计算四分之一

前述天线结构静分析完全可以只计算无小齿轮约束时天线在自重作用下的变形，而后再迭加一刚体转动，即可得到天线的真实位移. 计算前者位移时，由于无小齿轮约束，结构沿 *XOZ* 及 *YOZ* 坐标面对称，故可只剖取四分之一结构进行计算即可得到整个天线结构的位移. 令人惊喜的是，保型天线结构计算，往往要求的是天线变形后反射表面点相对最佳吻合面的相对误差，而结构位移的上述刚体转动部分只影响吻合参数中 φ_x，丝毫不影响表面点对吻合面的相对误差，而且构件内力、应力也只与变形有关而与刚体位移无关. 所以保型天线相对误差和构件受力计算都只需计算无小齿轮约束的弹性变形部分即可，不必叠加刚体转动部分.

还要提及的是，由于没有小齿轮约束，结构约束不够而可绕俯仰轴转动，直接用计算机计算所得的结构位移为很大的天文数字. 这个问题可在取四分之一结构进行计算时，通过引入对称结构剖面边界条件得到解决.

按前述办法对图 5-1 所示 20 米口径天线结构只剖取四分之一计算所得结果表明，各表面点相对最佳吻合面的吻合精度与剖取四分之一结构进行计算的结果完全一致，而前者所用机时仅为后者的四分之一，结果如表 6-2.

表 6-2　20 米天线吻合精度与吻合参数计算数据

			仰天		指平	
			取 1/4 计算	取 1/2 计算	取 1/4 计算	取 1/2 计算
对最佳吻合面半光程差均方根值/mm		D_r	0.171 182	0.171 182	0.0689 635	0.0689 635
吻合面参数	顶点位移/mm	u_A v_A ω_A	10^{-12} 10^{-10} −0.659 173	10^{-12} 10^{-12} −0.659 173	10^{-12} 9.781 91 10^{-15}	10^{-12} 9.781 91 10^{-10}
	焦距增益/mm	h	0.605 472	0.605 472	10^{-14}	10^{-11}
	轴线转角/rad	φ_x φ_y	10^{-14} 10^{-17}	10^{-14} 10^{-17}	$1.591\ 16\times10^{-3}$ 10^{-16}	$9.603\ 02\times10^{-4}$ 10^{-17}

这两种计算结果是由作者与其他人员分别采用不同程序计算的. 由表 6-1 可以看出，除 10^{-10} 以下小量无比较意义外，所不同的仅为 φ_x 一项，理应如此，因为二者相差一刚体转动（该天线小齿轮约束改在大齿轮正下方，故仰天时，φ_x 为零）.

前面是将天线小齿轮约束近似简化为切向弹性约束，如果严格按啮合线方向的弹性约束分析，仿照相同于前面的分析方法，仍可得到相似结论：

1）在自重作用下，小齿轮沿啮合线方向的约束力（啮合力）R_α 为零，齿轮副啮合点沿啮合线方向的位移 Δ_a 也为零（图 6-11）. 因为天线在外力矩 M 作用下，啮合力 $R_\alpha = M/(r\cos\alpha)$，其切向分量与法向分量分别为 $R_\tau = M/r$ 与 $R_n = M\,\mathrm{tg}\alpha/r$，由于天线自重载荷对转轴的力矩 M 为零，因而 $R_\alpha = R_\tau = R_n = 0$；显然，啮合点沿啮合线方向的位移也必为零，即 $\Delta_\alpha = R_\alpha/K = M/(Kr\cos\alpha) = 0$.

2）在自重作用下，天线各点位移可看作无小齿轮约束时的弹性变形与刚体转动之和，该刚体转动所引起的大齿轮啮合点沿啮合线方向的位移应恰好抵消假设无小齿轮约束的弹性形变在该点所引起的沿啮合线方向的位移分量. 由于啮合力为零，大齿轮受力情况与无小齿轮约束时完全一样，变形情况也必与小齿轮无关，在啮合点不应有啮合线方向的位移分量，故天线应发生一个刚体转动，其转角 θ 可这样计算〔图 6-10（b)〕：设无小齿轮约束时大齿轮啮合点在结构弹性变形后位移向量为 Δ_1，结构刚体转动使该点产生的位移

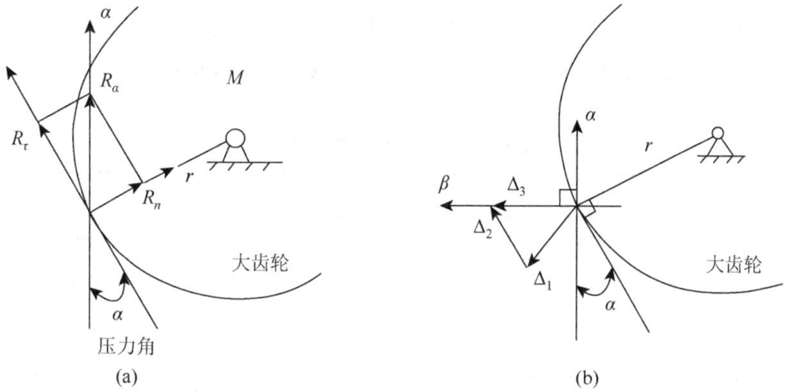

图 6-11　沿啮合线方向小齿轮约束分析

向量为Δ_2，两者合成即为该点的实际位移向量$\Delta_3=\Delta_1+\Delta_2$，由上面所述原因，位移$\Delta_3$向量应无啮合线方向分量，即位移向量$\Delta_3$应落在与啮合线方向$\alpha$垂直的$\beta$方向上. 由此不难求出天线的刚体转动角$\theta=\Delta_2/r$，其中$r$为大齿轮节圆半径.

故无论天线的小齿轮约束如何简化，天线结构均可只计算四分之一求得重力作用下的整个结构的位移.

6.3.4　不同类型载荷作用下天线结构反应的计算

前面讨论的是天线在自重载荷作用下的计算问题，至于这类天线在其他类型载荷作用下的计算问题，根据前述原理也不难得出只计算四分之一结构即可得到全部实际位移的办法.

（1）外载荷的合力对俯仰轴的力矩为零

这种情况与前述命题 1、命题 2 与定理 1、定理 2 的前提条件一致，前述结论完全可用. 如果载荷对 *XOZ*、*YOZ* 坐标面对称或反对称，则只计算四分之一，即可按位移的对称与反对称条件得到全部位移. 仰天、指平自重、正向、倾向风力、正晒温升就属于这种情况. 如载荷对 *XOZ*、*YOZ* 面不对称也不反对称，则可按§ 6.1 中的方法把载荷分解为对称与反对称的叠加，分别取四分之一结构计算后再将计算结果叠加即可. 这仍比算二分之一省容量、省机时，例如天线在馈源三角支架重力载荷作用下的计算就属于这种情况.

（2）外载荷的合力对俯仰轴力矩不为零

由对图 6-10 的分析可知，为使天线结构满足静平衡条件，驱动小齿轮就要对大齿轮施加啮合力$R_\alpha=M/(r\cos\alpha)$，该约束力R_α对转轴的力矩与外载荷对转轴的力矩M相平衡. 于是，小齿轮的作用就可用已知力R_α代替，天线的变形就是由外载荷与R_α共同作用下的变形. 而任何载荷均可化为对称与反对称载荷的叠加，所以这种合成载荷作用下的弹性变形也可剖取四分之一结构进行计算. 弹性变形部分求得后，保型天线的吻合精度即可求得，如果还要计算实际位移，则应再叠加一刚体转动，但要注意，这时啮合点沿啮合线方向的位移不再为零，而应等于$\Delta_\alpha=R_\alpha/K=M/(Kr\cos\alpha)$，其中$K$为小齿轮弹性约束的刚度. 所以该刚体转动角的大小应在叠加弹性变形后使啮合点沿啮合线方向位移恰为 Δ_α，例如一些不规则载荷作用下以及风力载荷的精确计算等，均属这种情况（表 6-3）.

表 6-3　各种不同载荷作用下天线的计算方式

<table>
<tr><td rowspan="2">载荷类型</td><td colspan="2">对转轴合力矩 $M=0$</td><td>$M\neq0$</td></tr>
<tr><td>对称或反对称载荷</td><td colspan="2">一般不规则载荷</td></tr>
<tr><td>啮合约束力</td><td colspan="2">$R_\alpha=M/(r\cos\alpha)=0$</td><td>$R_\alpha=M/(r\cos\alpha)\neq0$</td></tr>
<tr><td>啮合点沿啮合
线方向位移</td><td colspan="2">$\Delta_\alpha=R_\alpha/K=0$</td><td>$\Delta_\alpha=R_\alpha/K\neq0$</td></tr>
<tr><td>天线结构位移</td><td colspan="2">外载荷作用下无小齿轮约束时的
弹性变形＋刚体转动</td><td>外载及 R_α 共同作用下无小齿轮约束时
的弹性变形＋刚体转动</td></tr>
<tr><td>弹性变形
计算方法</td><td>取四分之一结构计算一次</td><td colspan="2">将载荷分解为对称与反对称载荷，
分别取四分之一结构计算后再叠加</td></tr>
<tr><td>载荷实例</td><td>仰天、指平自重，Z 向温升；正面、X
向侧面风力近似计算</td><td>副面三角支架
的重力载荷等</td><td>一般风载荷的准确计算，
其他不规则载荷</td></tr>
<tr><td>备注</td><td colspan="3">刚体转动应使叠加弹性变形后大齿轮啮合点啮合线方向的位移满足本表所列条件</td></tr>
</table>

§ 6.4　天线结构分析与优化序列程序 OAS 介绍

6.4.1　简介

近年来作者为使本书提出的理论与方法研究成果应用于天线结构保型及优化计算实践，并反过来使之得到检验和考验，进行大量的计算实践. 为此，笔者陆续研制了一系列以天线结构为主的结构分析、保型与优化计算程序 OAS1～OAS12 共 12 个计算程序. 其中 OAS5、OAS8、OAS9、OAS10、OAS11 程序为电子工业部科研基金资助的“天线结构优化程序包”的一部分，本节介绍这方面的工作概况. 重点放在程序研制、程序结构与特点上，OAS 的源程序在本专著的附录中.

天线结构计算一般都较繁杂，因为它构件多、工况多、计算项目多. 对这样的结构计算，由于工况多、计算项目多、计算量大，程序研制工作就特别重要. 要一丝不苟，不能有任何差错，有时往往为查一个字母的错误而花费一两天时间，因为稍有差错会导致结果不会理，就会前功尽弃；同时还要注意程序编制技巧，使它通用性强，适用范围广，计算效率高，结构清晰、合理，易读易用.

本 FORTRAN 语言系列程序 OAS1～OAS12 是在文献[36]提供的程序基础上改进、补充、发展起来的. 原来的程序仅为 500 句左右的圆抛物面天线主力骨架静分析 Algol 语言程序，现发展为可以计算各种类型天线甚至一般结构的包括静力分析（位移、应力计算）、保型计算、特征应力计算、动力基频计算和多性态约束的结构多目标模糊优化程序. 为使本程序具有较强的通用性，在各子程序里采用了可调界数组，主程序里采用了将尽可能大的一维常界数组分段提供给可调界虚拟数组的办法，使程序对于任何不同结构都能由程序自动分配相应大小的数组存贮单元. 对于圆截面天线，本程序可通过柱坐标到直角坐标转换自动生成节点坐标，对于典型的 M8M 型结构还能自动生成杆单元节点编号，还可自动形成各单元自重载荷和按曲面面积分配的面板载荷以及天线总重量和重心位置，自动生成按口面面积分配的节点风力载荷以及温度载荷. 对一般天线和其他结构则可按任意方式输入以上数据. 为节省存贮单元及提高计算效率，在总刚度矩阵存贮上采用了一维变带宽存贮方式. 在方程组解法上采用了文献[57]提供的大型线性方程集的直接解法，把具有相同总刚阵、相同边界约束条件的多个方程组组集起来同时求解，并可利用天线结构的对称性，只计算四分之一结构而得到整个结构的反应.

6.4.2　载荷模式

本程序只对天线指平自重、仰天自重、正向 1 米 / 秒风力、侧向 1 米 / 秒风力及 1 度温差五种载荷模式进行结构分析，求得其结构反应，然后就可按各工况的载荷因子线性组合成任意多种工况作用下的结构反应.

自重载荷的基本模式有指平自重和仰天自重两种[图 6-12（a)，（b）]，当天线在任意仰角 α 时[图 6-12（c）]，其自重 P 可分解为

$$P_1 = P\cos\alpha$$

$$P_2 = P\sin\alpha$$

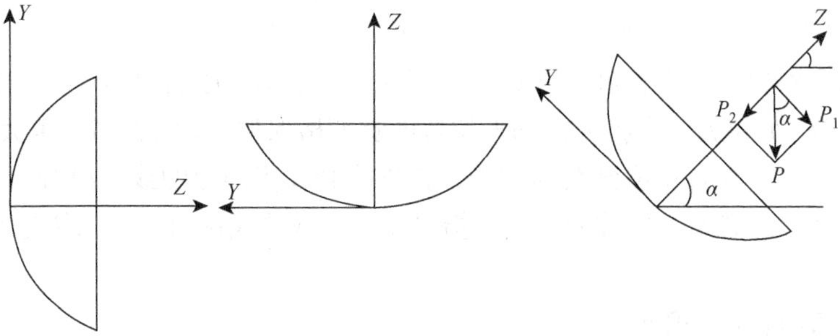

(a) 指平　　(b) 仰天　　(c) 一般

图 6-12　天线自重载荷

两个分量分别对应于指平和仰天两种情况. 由于结构是小变形线性弹性系统，位移与载荷成正比而可迭加. 所以处于 α 仰角下的自重位移 δ_W 可由对应于指平的 P_1 自重分量引起的位移与对应于仰天的 P_2 自重分量引起的位移叠加而得，由于前者为指平时全部自重产生的位移 δ_1 乘以 $\cos\alpha$，后者为仰天时全部自重产生的位移 δ_2 乘以 $\sin\alpha$，因而天线结构在任意仰角 α 位置，自重载荷引起的位移可表示为

$$\delta_W = \delta_1\cos\alpha + \delta_2\sin\alpha\ .$$

其中，δ_1，δ_2 分别为指平与仰天自重两种载荷模式引起的结构位移；$\cos\alpha$、$\sin\alpha$ 分别为 α 仰角下的自重工况下对应于指天自重和仰天自重两载荷模式的载荷因子. 这样只要求得

指天位移δ_1和仰天位移δ_2，即可以其载荷因子为系数线性组合成任何仰角下的自重位移.

同样从任何方位来的斜吹风引起的位移也可由正向 1 米/秒风力引起的位移和侧向 1 米/秒风力引起的位移合成：

$$\delta_F = v^2 \cos\theta \delta_3 + v^2 \sin\theta \delta_5 .$$

其中，v为风速，风力载荷及位移与风速的平方成正比，θ 为斜吹风方位角，δ_3，δ_5 分别为 1 米/秒的正向与侧向风力载荷模式引起的位移，$v^2\cos\theta$ 、$v^2\sin\theta$ 为风速为v、风向为θ 的工况下相应的载荷因子.

天线在正晒引起的温差载荷作用下的位移 δ_T 则与 1 度温差载荷模式引起的位移 δ_4 成正比：

$$\delta_T = \Delta T \delta_4$$

式中，ΔT 为正晒引起的实际温差，可视为相应工况下的载荷因子. 于是只要有了天线指平自重、仰天自重、1m/s 正向风力、1m/s 侧向风力、1℃正晒温差 5 种载荷模式作用下的位移 δ_1、δ_2、δ_3、δ_4、δ_5，便可合成任意工况下的位移：

$$\delta = \delta_W + \delta_F + \delta_T = \cos\alpha\delta_1 + \sin\alpha\delta_2 + v^2\cos\theta\delta_3 + v^2\sin\theta\delta_5 + \Delta T\delta_4$$

其中，$\cos\alpha$ 、$\sin\alpha$ 、$v^2\cos\theta$ 、$v^2\sin\theta$ 、ΔT 便是任意工况对应于五种载荷模式的载荷因子. 例如，可以合成 31° 仰角自重、28° 方位角、28m/s 风力及 5℃温差同时作用下的结构位移等等. 这样的组合工况显然有无数多种. 这就省去了每种工况都要解刚度方程的巨大工作量，而 δ_1、δ_2、δ_3、δ_4、δ_5 也只要解一次刚度方程便可求得.

有了任何工况下的位移便可计算相应的精度、应力、内力、各构件等效应力及结构特征应力等. 对于保型天线结构吻合精度计算也可分别计算 δ_1、δ_2、δ_3、δ_4、δ_5 五种载荷模式下位移的吻合参数与吻合精度，任意工况下的吻合参数与吻合精度也为其按各工况载荷因子的线性组合. 如果天线在指天及仰天位置能够严格保型，即吻合精度函数值均为零，则在任意仰角位置由于吻合精度函数为仰天、指平吻合精度函数的线性组合，也必为零，即一定能严格保型，而其吻合参数为仰天、指平吻合参数的线性组合，当然是不为零的.

6.4.3 OAS 系列程序介绍

OAS 系列程序是作者研制的一系列天线结构分析、保型设计与优化设计计算程序. OAS 为 Optimization of Antenna Structure 的词首字母组合，共有 OAS1～OAS12 十二个程序，均以 FORTRAN 语言写成. 近年来在各种计算机上成功运行，进行了大量的计算. 下面简单介绍各程序，各程序相同部分不再重复赘述.

【OAS1】 圆抛物面天线静力分析与吻合精度计算程序

本程序约 800 句，是 OAS 序列程序的静力分析与吻合精度计算的基础，本程序计算步骤框图为图 6-13，OAS1 程序所用的主要标识符的意义和子程序的功能见表 6-4.

【OAS2】 天线结构优化虚功准则法计算程序

本程序约 1 200 句，静力分析部分与 OAS1 基本相同，优化部分采用国内外流行的虚功法，目标为吻合精度，重量作为性态约束. 本程序框图见图 6-14.

【OAS3】 天线结构优化导重法程序

本程序约 1 500 句，静力分析部分同 OAS1，优化部分采用作者创立的导重法，目标函数为吻合精度，性能约束为重量. 本程序框图见图 6-15，在 OAS1 基础上 OAS3 新增加的标识符的意义符和子程序的功能见表 6-5.

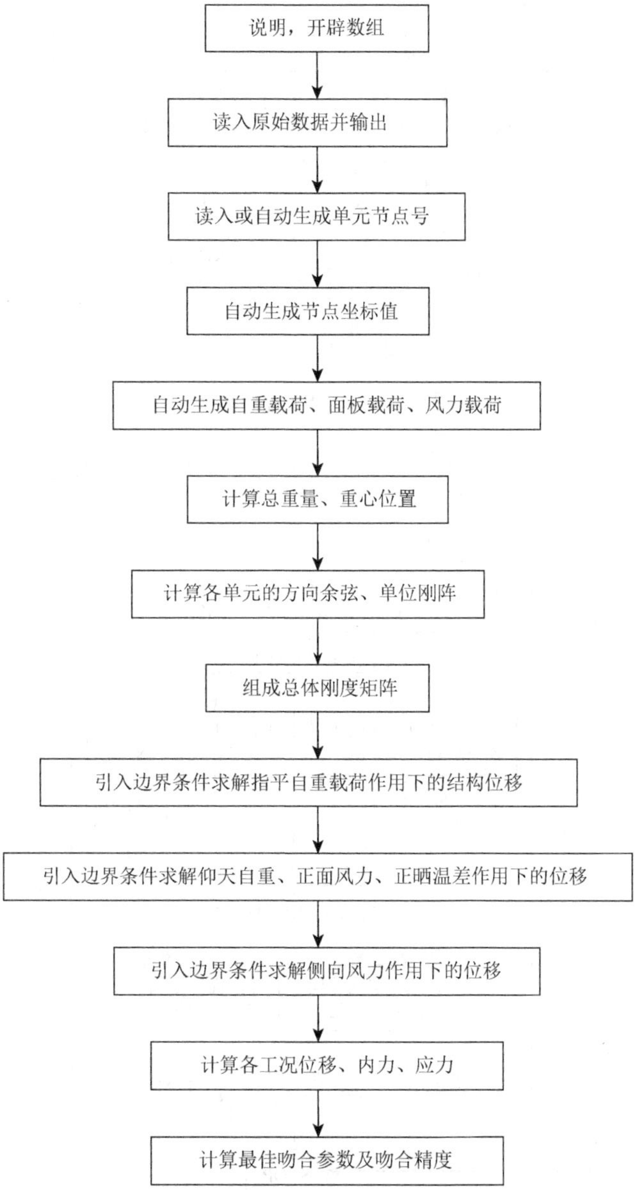

图 6-13 OAS1 计算步骤框图

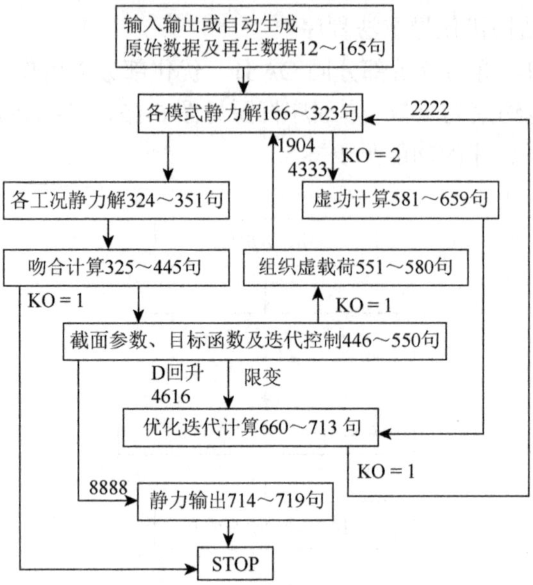

图 6-14　OAS2 程序框图

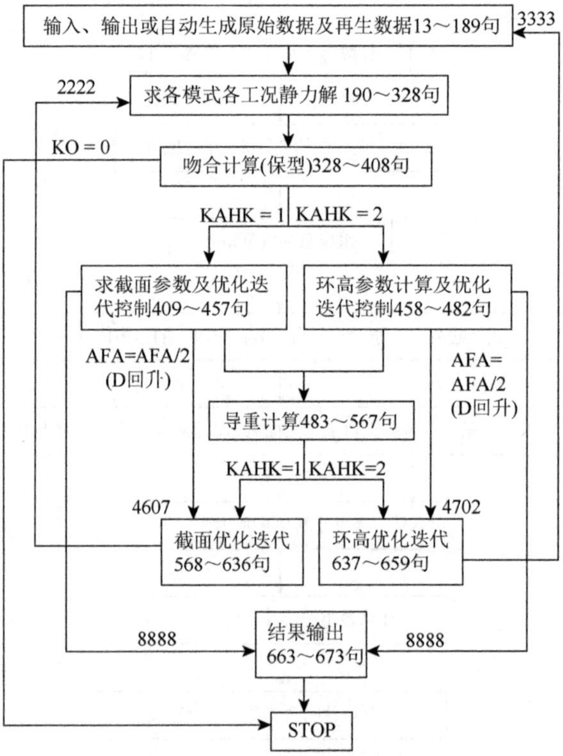

图 6-15　OAS3 程序框图

表 6-4 OAS1 程序标识符意义

标识符	意义	标识符	意义
NC	环总数	NL2N	1/2 反射体梁总数
NLN	辐射梁总数	PP（N3N，KM）	各模式载荷阵
NLN1	1/4 反射体梁总数	PU（N3N，KM）	各模式位移阵
NN	1/4 反射体节点总数	HH（6，KN）	各工况吻合参数
NNH	反射体表面节点总数	A（LDMAX）	刚阵一维存储数组
NRH	1/4 反射体全固节点总数	LDMAX	一维存储元素总数
NRPX	1/4 反射体 X 轴上全固节点数	X（NN）	1/4 体节点 X 坐标
NRP	1/4 反射体边界节点总数	Y（NN）	1/4 体节点 Y 坐标
NE	1/4 反射体杆单元总数	Z（NN）	1/4 体节点 Z 坐标
NA	1/4 反射体杆界面总类数	XX（NNH）	反射面节点 X 坐标
NC1	倍梁环数	YY（NNH）	反射面节点 Y 坐标
DD	反射体外径	ZZ（NNH）	反射面节点 Z 坐标
RO	反射体内径	U（NNH，KM）	表面点各模式 X 位移
FF	反射面焦距	V（NNH，KM）	表面点各模式 Y 位移
TP	反射面厚度	W（NNH，KM）	表面点各模式 Z 位移
EE	弹性模量	LD（NN3）	总刚各行第一元素位置
GAMMA1	桁架杆材料比重	AKM（KM，KN）	载荷因子
GAMMA2	面板材料比重	DH（N3N，KN）	各工况位移
RC（NC）	环半径数组	U1（NNH，KN）	表面点各工况 X 位移/FF
HC（NC）	环高度数组	V1（NNH，KN）	表面点各工况 Y 位移/FF
AREA（NC）	环面积数组	W1（NNH，KN）	表面点各工况 Z 位移/FF
GSITA（NLN1）	梁位置角数组	P3（NN）	各节点风力载荷
INRH（NRH）	全固节点号数组	BB（NNH，KN）	表面点半光程差
INRP（NRP）	边界节点号数组	QA（NC）	各环加权系数阵
IN（NE）	杆端节点小号数组	IABC	半带宽
IP（NE）	杆端节点大号数组	UA，VA，WA，FIX，FIY，H	吻合系数
B（NE）	杆折减系数数组	GW	天线总重量
BLL（NE）	杆长数组	WD	轴向位移均方根
GLMN（NE，3）	杆方向余弦数组	DELTA	吻合精度
GKE（NE，6）	杆单元刚度元素数组	SΦ1LLD	确定 LD，LDMAX 子程序
IA（NE）	杆截面类数组	SΦ2XYZ	节点坐标形成子程序
AK（NA）	杆截面数组	SΦ3KMN	载荷因子行成子程序
BNF（NE）	杆内力数组	SΦ4LMB	计算 GLMN，BBL 子程序
ST（NE）	杆应力数组	SΦ5SPW	计算 P2 子程序
P1（NN）	各节点桁架重力载荷数组	SΦ6PP3	计算 P3 子程序
P2（NN）	各节点面板重力载荷数组	SΦ7GKE	形成单元刚阵子程序

续表

标识符	意义	标识符	意义
P12（NN）	各节点重力载荷数组	SΦ8WP1	计算 P1 子程序
ALFA	热胀系数	SΦ9FZH	计算天线重心子程序
KEY	打印详细程度控制	SΦ10HNX	形成总刚与求解子程序
KO	分析取 0	SΦ12QQA	计算各环 QA 子程序
KM	载荷模式数	SΦ13HNU	形成表面点位移子程序
KN	载荷工况数	SΦ14BHH	求解吻合系数子程序
N3N	节点自由度总数		

表 6-5　OAS3 程序新增标识符意义

标识符	意义	标识符	意义
AFA	步长因子	GAH	主动环高总导重
ABK	设计变量最大变化率	GG	所有截面总导重
AFHO	环高优化步长因子初值	GH	各环高导重
AHB	环高总等效重量	GK	各截面导重
AKDW	优重系数	HB	上次迭代环高
AM	界面积下限	INAP	截面主动见信息
BK	上次迭代截面积	KAH	优化环高、截面选择信息
BLK	各类杆长		（1-截面，2-环高，12-截面＋环高）
BTA	截面变化率上限	KDW	优重、保重控制信息
BTAK	BTA 折减系数		（1-优重，2-保重）
BTH	环高变化率上限	KO	分析、优化控制 xx
BTHK	BTA 折减系数		（0-分析，1-优化）
NA	截面变量数	WM	被动件重量
NH	环高变量数	WMO	迭代前被动件重量
NR	环半径变量数	DHA	各截面导重载荷形成子程序
WAD	各次迭代前主动件重量	DHH	各环高导重载荷形成子程序
WA1	各次迭代后主动件重量	KIK	迭代次数
WAK	各类杆重量	KIKO	迭代次数上限
GA	主动截面总导重		

【OAS4】　某 20 米天线专用静分析与优化导重法程序

本程序 1 600 句，与 OAS3 程序基本相同，编制技巧上有所改进，并增加了一些 20 米工程天线专用的计算.

【OAS5】　任意天线的导重优化法程序

本程序约 1 600 句，与 OAS3 程序基本相同，但不限于优化圆抛物面天线. OAS505 输出文件名 OAS555. 当 LAN = 0 时，优化圆抛物面保型天线，目标为吻合精度；当 LAN = –1 时，优化圆抛物面非保型天线，目标为相对设计面精度；当 LAN = 1 时，优化任意一般反射面天线，目标为射向位移的均方根. 当 KO = 0 时，仅静分析；当 KO = 1 时，进行优化.

【OAS6】 天线结构严格保型优化程序

本程序约 1 400 句，静分析部分同 OAS1. 程序基本步骤为：

1）由初始结构求位移和吻合参数.

2）预定保型位移：表面点沿原位移方向位移到原最佳吻合面上，背面点位移使背面点与对应表面点相对位移不变.

3）排出设计方程.

4）加最小截面约束，排出最轻保型设计的线性规划阵.

5）解线性规划求出最轻严格保型设计方案.

6）静分析检验该保型方案.

【OAS7】 按预定位移设计桁架及其优化程序.

本程序含 OAS7D、OAS7U、OAS7A 三个分程序，三程序共 800 句.

OAS7D 为按预定结构所有点位移，排出设计方程，约当变换求数学解，人工寻找非负解，可用于任何结构.

OAS7U 为一般结构严格保型设计的位移相程序，即求解位移，使变形能最大化，满足严格保型方程、应力及其符号约束.

OAS7A 为一般结构严格保型设计的结构相程序，即求解结构各截面变量、最小化结构重量，满足设计方程和最小截面约束.

【OAS8】 作为组合结构的分块式面板圆抛物面天线静分析及吻合精度计算程序，输入文件名 OAS808，输出文件名 OAS888.

本程序共 2 050 句，包括杆单元、梁单元、半刚半铰单元、平面应力板单元、薄板弯曲单元、壳单元六种单元. 可计算其位移、最佳吻合参数、相对最佳吻合面的加权半光程差的均方根值，程序基本步骤与 OAS1 相同.

【OAS9】 具有动力基频计算的天线结构导重法优化程序，输入文件名 OAS909，输出文件名 OAS999. 本程序共 2 450 句，是在 OAS5 程序基础上增加动力基频计算而发展起来的程序，动力基频计算采用子空间迭代法.

【OAS10】 具有静动力约束采用导重法的天线结构最轻重量设计程序.

本程序共约 2 950 句，程序功能与主控标识符意义为变量：KAH = 1 为杆截面，KAH = 2 为环高，KAH = 12 为截面加环高.

优化目标：重量；优化约束：动力基频 KSD = 2；静力精度 KSD = 1；精度 + 基频 KSD = 12；变量范围约束；强度校核.

LAN = 0：精度为保型圆抛物面天线相对最佳吻合抛物面的半光程差均方根误差；LAN = –1：精度为不保型圆抛物面天线半光程差均方根误差；LAN = 1：精度为一般天线的轴向位移的均方根误差.

【OAS11】 天线结构具有精度、基频、安全度约束的最轻重量设计的导重法程序，输入文件名 OAS101，输出文件名 OAS111. 本程序约 3 200 句，是在 OAS10 的基础上发展起来的，增加了结构各构件等效应力（STR 数组）、结构特征应力（STRMX）计算和结构特征应力约束. 当 KSD＝123 时，优化同时具有精度、基频和特征应力三个性态约束.

【OAS12】 天线结构多目标模糊优化程序，本程序共 3 333 句，为天线结构多目标模糊优化的最优约束水平法程序，输入文件名 OAS102，输出文件名 OAS12. 其非模糊规划族的求解使用 OAS11 程序，故比 OAS11 程序增加了各满意度、满足度的计算和总制约满意度、总非制约满意度、满足满意度的计算以及最优约束水平的搜索计算等内容. 表 6-6 给出了 OAS12 新增加的标识符的意义符和子程序的功能. 天线结构模糊优化的理论与方法见文献[72]第四篇.

以上 OAS 序列程序的主要源程序和输入、输出文件样例可在本专著附件中找到.

表 6-6　OAS12 程序新增标识符意义

标识符	意义	标识符	意义
S17SEK	建立总刚度矩阵子程序	DELTO	结构精度工程最低要求
S18RKK	附加剖面边界约束子程序	EIGMINO	结构重量工程最低要求
S19RAD	动力分析总刚转换子程序	STO	结构特征应力工程最低要求
S20SPA	模态分析子程序	AWG	结构重量目标满意度
S21GFA	计算基频截面导重子程序	DDFR	质量目标（非制约）满意度
S22RLP	线性互补问题矩阵子程序	BLAM	约束总满意度
S23SLP	求解线性互补问题子程序	CWDFR	满足满意度
S24GFH	计算基频环高导重子程序	ALAMUM	最优约束水平
S25RLH	求环高线性互补矩阵子程序	GWDFRMX	最大满足满意度
S26GRA	求特征应力截面导重子程序	AWG	不同约束水平结构重量
S27GRH	求特征应力环高导重子程序	HDELTA	不同约束水平精度
SRT	各杆等效应力	HEIGMIN	不同约束水平最低基频
HSTRMX	不同约束水平特征应力	GFHG	最低基频对环高总导重
WGO	结构重量工程最低要求	GRA	特征应力对各截面导重
STSF	结构特征应力	GRAG	特征应力对截面总导重
STRMX	最大等效应力	GRAA	特征应力对主动截面总导重
STS	各工况结构特征应力	GRH	特征应力对环高的导重
IEM	最大等效应力单元号	GRHG	特征应力对环高总导重
BM	各节点等效重量	BDFR	求库恩-塔克乘子系数矩阵
LS	剖面边界约束类型	GDFR	求库恩-塔克乘子常数列阵
KDFR	约束种类（1-精度，2-基频，		（迭代后为库恩-塔克乘子阵）
	3-特征应力，12-精度＋基频…	GDA	精度对各截面导重
EIGMIN	结构最低特征值	GDH	精度对各高导重
FREMIN	最低基频	GDAG	精度对截面总导重
RM	最低动力振型	GDAA	精度对主动截面总导重
GFA	最低基频对截面导重	GDHG	精度对环高总导重
GFAG	最低基频对截面总导重	ALAM	约束水平值
GFAA	最低基频对主动截面总导重	NROOT	要求的动力基频数目
GFH	最低基频对环高的导重	NCD	动力分析迭代模态数目

第四篇　结构优化设计导重法在机械产品设计中的应用

7　机械产品结构分析与机械结构优化导重法程序

§7.1　机械产品结构分析技术

7.1.1　机械系统与机械系统分析

1. 机械系统的定义与基本组成

作者认为，任何机械系统都是由若干具有一定质量与刚度的零部件组成，通过可控运动利用机械能（动、势能）完成其特定功能的整体. 现代机械系统是由结构系统、机构系统以及控制、液压或气动、动力、电气等多学科系统成的机电光磁液气一体化系统. 作为一个机械系统，必不可缺的是结构系统和机构系统，其他系统都是辅助系统. 结构系统是起承载作用的几何不变体系，机构系统是完成可控运动的几何可变体系. 运动到任何位置的机构系统，由于可以承受包括动力载荷、工作载荷、惯性力、约束力在内的平衡力系的作用，故可视为结构系统.

2. 机械系统设计中有以下四种不同的力学分析计算

1）结构系统的结构力学分析：结构系统是几何不变的弹性体系. 结构系统的力学分析就是分析计算结构系统在工作载荷、自重、约束力等构成的平衡力系作用下的变形与应力. 结构模态（自振频率与振型）分析与载荷随时间变化的结构力学分析称为结构动力学分析，载荷不随时间变化的结构力学分析称为结构静力学分析.

2）机构系统的运动学分析：机构系统被视为多个刚体组成的几何可变体系. 机构系统运动学分析就是分析计算机构系统的运动轨迹、速度、加速度等运动性态，不涉及引起运动的力. 运动学分析中，需要给定机构系统中一个或多个构件的运动性态，通过求解非线性运动方程组计算其余构件的运动性态.

3）机构系统的动力学分析：机构系统的动力学研究的是机构系统外力系与机构系统运动性态的关系. 机构系统的动力学分析是运用动力学与运动学微分方程、代数方程联合求解，计算机构系统在外力系作用下的运动性态或系统完成给定运动所需要的外力系.

4）结构系统与机构系统耦合的动力学分析：将机构系统视为由多个弹性体组成的几何可变体系，则它既有作为机构系统的运动学与动力学分析问题，又有作为结构系统的结构力学分析问题，构件质点的位移则为机构运动位移与结构变形位移之和.

7.1.2　机械结构分析技术

机械的结构力学分析简称结构分析是机械产品结构优化与设计综合的前提. 近年来，

作者在将本书理论与方法的研究成果应用于精密天线、土木工程、航空航天器、通用机械、工程机械、专用汽车等工程结构的优化设计过程中，利用自研的一系列天线结构、航空航天器结构分析程序和国际流行的 SAP5、ALGOR、NASTRAN、ANSYS 等结构有限元分析软件，进行了大量的结构有限元分析计算实践，本章介绍作者在结构分析方面的创新性研究和对一些结构分析关键问题的思考.

目前，人们尤其是制造业政府主管部门与企业人员将产品结构的计算机辅助设计 CAD 狭义地理解为使用计算机进行产品的造型——俗称“甩图板”，而将产品结构有限元分析与结构优化设计归于计算机辅助工程 CAE. 实际上，因为分析与优化也属于设计的重要环节，所以产品结构有限元分析与结构优化设计也应属于 CAD，即属于 CAD 的高端技术. 无论如何理解，与狭义的 CAD——“甩图板”相比，产品结构有限元分析与结构优化设计具有更大的难度. 仅仅对商用软件进行结构有限元分析是远远不够的，决定结构分析结果合理与准确程度的关键在于所建分析模型、载荷、约束与实际情况的符合程度. 对于同一产品结构分析的实际问题，由于不同力学功底的人在建模时，对模型、载荷、约束有不同的认识和不同的处理，结构分析计算结果会产生很大差异，处理不当，分析结果会与实际情况严重不符，这将会使企业丧失对产品结构进行有限元分析的信心，反而败坏了结构有限元分析技术的名声.

机械产品结构有限元分析过程中应予特别关注的问题有：

1. 结构模型的合理性

根据构件受力特点、相对尺寸与对构件分析结果要求的精确程度，合理地选择不同类型的单元：杆、梁、板、体单元. 如专用车的罐体结构、车厢结构一般选为板壳单元，机床机器的机身、工程机械的构件选为实体单元，整机分析中的液压缸结构可简化为杆单元，但单独对液压缸进行结构分析时就应取为实体单元.

2. 结构载荷的合理性

要仔细研究结构载荷的合理性与正确性. 作用于同一结构的包括载荷在内所有外力（工作载荷、支反力、自重、惯性力）的合力应为零. 在自重与惯性力比例不大的情况下通过液压缸传递的载荷合力方向应当与液压缸轴向一致. 常常可用这些原则检验载荷数据的正确性.

3. 结构约束的合理性

结构的边界约束（或称边界条件）可分为承载约束与定位约束，承载约束是结构实际存在的为维持结构平衡必不可少的约束，其约束力不为零. 通过考察分析计算结果中各向约束力代数和的数值是否等于欲施加的各向载荷的代数和数值可以验证输入的载荷数据是否正确. 而定位约束是使用计算机进行结构分析时为防止结构平动、转动等刚体位移而施加的辅助约束. 当数目恰当时，定位约束的约束力为零，定位约束不够会造成结构有刚体运动，定位约束过多会产生自身平衡的定位约束力，从而影响结构的真实变形. 在不利用计算机的结构分析中不需要定位约束.

4. 结构对称性的利用

仔细研究整机结构的对称性，利用结构对称性可通过对部分结构进行分析获得整个结构的位移、应力、谐振频率与振型等结构性态，这对减少结构数据的准备、输入与计算工作量及保证分析结果的正确性具有重要意义. 有些貌似不对称的结构，通过深入考察结构特点仍可发现其对称性的实质而可按对称结构进行计算. 本章后面将对此作深入论述.

5. 结构分析的类型

大部分机械结构分析问题都是线性分析问题，对于结构线性分析问题应特别注意小变形假设：结构变形与结构尺寸相比是可以忽略的高阶小量. 对小变形假设的理解不能停留于变形很小，而要特别注意变形是忽略不计的. 对此，后面再做深入剖析. 结构的非线性分析包括结构材料的物理非线性、结构大变形的几何非线与构件的接触非线性，前两者大多发生于对机械加工对象的结构分析，后者大多发生于对具有组装式结构的机械产品本身的结构分析.

6. 部分结构分析与整机结构分析

实际工程中，常有只对整个机械产品结构的某一部分结构单独进行分析与优化的问题. 将相邻分结构的一方视为基础，将相互连接视为对另一方的边界约束. 在工作载荷的作用下，如果约束力通过静力平衡方程即可确定，则它们的连接称为静定连接. 由于静定连接分结构间的相互作用力是唯一确定的，静定连接的各个分结构可以单独地进行结构分析. 而且，由于各分结构构件尺寸（杆截面积、杆厚度等）的改变不会影响与其静定连接之分结构的相互作用力，静定连接的各个分结构可以单独地进行结构分析与优化设计.

遗憾的是，实际工程中的大多数机械产品的分结构之间的连接都是静不定的. 静不定连接之分结构间的相互作用力不仅与工作载荷有关，其相互作用力分布还与各分结构的变形刚度有关，无法通过静力平衡方程唯一确定，因而不能将各个静不定连接之分结构分离开来，单独、准确地进行结构分析. 而且，由于分结构构件尺寸的改变会造成分结构间相互作用力的重新分布，也不能对各个静不定连接之分结构单独地进行优化设计.

对于具有静不定连接之分结构的机械产品，应当进行整机结构分析优化才能得到各分结构正确的分析优化结果，如果整机结构过于庞大，计算机或分析软件计算能力有限，则应采用参考文献[72]之严格考虑相互影响的各分结构静动力分析技术分别对各分结构进行结构分析. 对于具有静不定连接之分结构的机械产品结构的优化设计，则应当采用参考文献[72]第五篇之结构系统全局协调优化技术才是合理正确的解决途径.

7. 组装式机械结构分析

很多机械结构往往是由多个零部件、分结构通过带螺栓的法兰盘、轴承、销轴与支座等组装起来的组合结构，如车辆驱动桥、汽油发动机、变速箱等. 在对这种组装式结构进行的结构分析中，存在大量的接触非线性问题、螺栓预紧力问题、过盈配合问题、轴承等效问题等. 而且，它们之间都是静不定连接，对他们进行单独的结构分析与优化设计不能得到准确有效的结果. 如何正确、简便、合理地考虑它们之间的相互作用，必须根据实际问题的性质采用相应的分析技术.

如果由于计算机或分析软件计算能力有限，对这种组装式结构进行的整机结构分析规模过于庞大，而采用全局协调优化的分析方法[72]又较难掌握，则可采取如下繁简结合、连接真实的组合结构分析方法：对欲详细分析的零部件分结构建立较详细的结构模型，划分较精细的有限元网格，而对它周围的零部件分结构，则建立粗略的模型，划分粗大的有限元网格，而后将它们组合起来进行结构分析与优化设计，并尽可能真实地反映它们之间接触、预紧力等连接关系，以真实反映它们之间相互作用力的分布，才能得到准确有效的结构分析优化结果.

7.1.3 对线性小变形假设的理解

结构的线性静力分析与动力模态分析的方程分别为：

$$\boldsymbol{K}\boldsymbol{U}=\boldsymbol{P},$$

$$(\boldsymbol{K}-\omega^2\boldsymbol{M})\boldsymbol{U}=0.$$

将结构位移 $\boldsymbol{U}$ 视为未知向量，这两个方程都是关于未知向量 $\boldsymbol{U}$ 的线性方程，即所有系数阵 $\boldsymbol{K}$、$\boldsymbol{M}$ 都与未知向量 $\boldsymbol{U}$ 无关，都不随 $\boldsymbol{U}$ 变化，基频 ω 只与 $\boldsymbol{K}$、$\boldsymbol{M}$ 有关，也与 $\boldsymbol{U}$ 无关.

对结构进行线性分析的前提是小变形假设. 线性小变形假设的设定为：与结构尺寸相比，结构位移是忽略不计的高阶小量.

基于线性小变形假设，才能成立载荷-位移叠加原理：结构在两组载荷一起作用下的位移等于同一结构在两组载荷分别作用下位移的叠加. 这就意味着：在结构已承受前一组载荷作用产生位移的基础上，再给结构施加后一组载荷，后一组载荷作用下结构产生的位移，不会因前一组载荷作用已使结构发生位移而受到影响，也就是说，结构位移与加载顺序无关. 因为结构在前一组载荷作用下产生的位移相对结构尺寸是忽略不计的，所以结构的刚度矩阵 $\boldsymbol{K}$ 没有发生任何改变. 只有如此才有结构位移与载荷成正比的线性关系.

这就意味着，尽管实际情况是结构在载荷作用下发生位移后，载荷的作用点也随之改变到新的位置，但由于线性小变形假设认为结构位移相对结构尺寸忽略不计，所以载荷的作用点永远在结构发生位移之前的位置，不会有任何改变. 想一想我们在结构线性分析施加载荷时，从来不用考虑是将载荷施加于结构发生位移前的位置还是将载荷施加于结构发生位移后的新位置就会明白以上论述. 如果一定要考虑载荷作用点位置改变带来的影响，就得进行结构大变形非线性分析.

这也意味着，结构在载荷作用下产生位移后，由于线性小变形假设认为结构位移相对结构尺寸忽略不计，所以结构的刚度矩阵 $\boldsymbol{K}$、质量矩阵 $\boldsymbol{M}$ 与基频 ω 就不会发生任何改变. 在线性分析的前提下，对承载结构进行动力模态线性分析时，决不会因为结构已在载荷作用下发生了位移，而对模态分析的结果即谐振频率与振型产生任何影响，发生变化的仅仅是振动的中心位置. 因为结构的位移并不影响决定结构模态的结构刚度矩阵 $\boldsymbol{K}$ 与结构质量矩阵 $\boldsymbol{M}$. 例如，在线性分析的前提下，由于离心力引起的小变形不会影响转轴的刚度与质量，转轴的谐振频率不会因它是否旋转而发生任何变化.

以上是作者对线性小变形假设的理解，欢迎读者提出不同意见，深化对线性小变形假设的理解. 作者认为，线性小变形假设是含义深刻的很重要的基本概念，绝不能仅仅理解为变形很小. 如果理解不当，会在结构静动力分析中发生错误或带来不必要的麻烦. 相反，如果对线性小变形假设有深刻、正确的认识，会给结构分析带来很多方便，例如§ 6.3 中对于具有俯仰驱动天线结构的分析，正是由于对线性小变形假设有深刻正确的认识，才能只分析四分之一即可得到完美的计算结果.

7.1.4 组装式机械结构分析

1. 组装式机械结构分析的特点

很多机械产品的结构系统往往是由原本分离的多个零部件通过带螺栓的法兰盘、螺栓、过盈配合、轴承、销轴与支座等组装起来的组合结构. 如图 7-1～图 7-3 所示为几种典型的组装式机械结构. 这种组装式结构零部件分结构的连接是非静定的，在确定外载作用下各分结构、零部件之间的相互作用力分布不仅与工作载荷有关，还与各零部件、分结构的变形刚度密切有关. 对这种组装式结构的各个分结构、零部件，如果孤立地进行结构分析，就无法准确考虑相邻分结构变形刚度对相互作用力分布的影响，分析计算结果会有很大的误差. 另外，这种组装式结构分析存在大量接触非线性分析问题、螺栓预紧力问题、过盈配合问题、轴承等效刚度问题等，必须根据实际问题的性质采用相应的分析技术才能得到正确的结果.

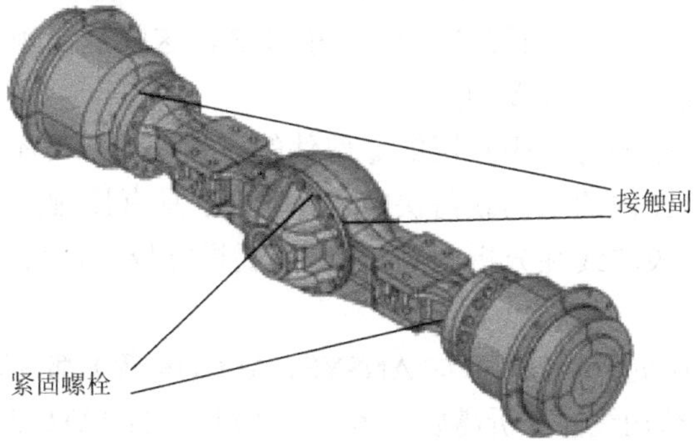

图 7-1 驱动桥 1

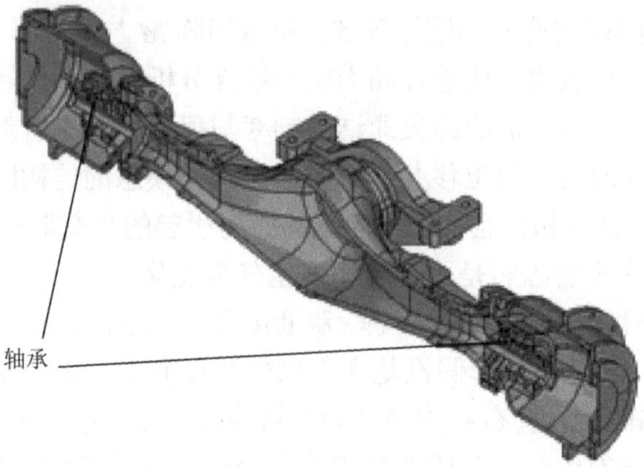

图 7-2　驱动桥 2

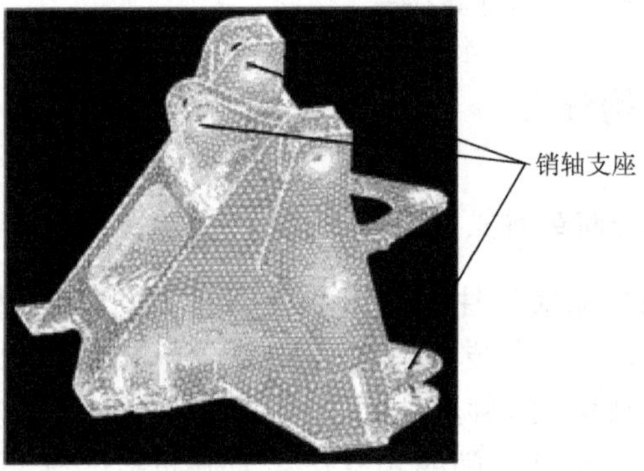

图 7-3　装载机车架结构

2. 接触非线性分析问题

组装起来的机械产品零部件之间往往是通过紧固螺栓、轴承、销轴与支座等方式相互连接. 这与一般结构构件之间的连接方式完全不同：相互接触的两个构件之间既非可以传递力矩的刚接，又非可以传递拉力的铰接，两接触表面间只能传递压力和摩擦力，不能传递拉力，相邻零部件要么分离，要么接触，不能穿透，这就是接触问题. 一对存在接触可能零部件相邻的点、线、面构成接触副.

由于接触副之间的接触力随相互接触零部件的压紧变形程度不同而变化，而结构的变形位移又由包括接触力在内的结构载荷决定，所以对于具有接触副的结构，通过载荷求位移的结构分析不再是一般的线性分析问题，而是需要进行反复迭代计算的接触非线性分析问题.

一些较好的结构有限元分析软件（如 ANSYS、ALGOR 等）都具有接触非线性分析功能. 接触非线性分析比一般结构线性分析需要更多（7～10 倍）的计算机时和存储空间. 因此，对具有接触副的组装式机械结构分析，必须正确选用接触副，对受力较小不重要的接触副可进行适当简化，以减少计算机时并节省存储空间.

3. 螺栓预紧力问题

螺栓连接是利用螺牙接触面间的静摩擦实现连接功能的. 严格地说，螺牙间也存在面接触问题，但若在大型组装式机械结构分析中，以接触副处理螺纹连接，必然导致接触副太多，难以实现分析计算. 对此可以适当简化，处理为固结.

为提高螺栓连接的疲劳强度和连接刚性、紧密性和可靠性，螺栓连接均预先施加紧固力，即螺杆截面均存在与结构载荷无关的预紧拉力，这种拉力必须在结构分析之前施加在螺杆上. 施加的方法除已知的低温法外，还可采用作者提出的螺帽法与预穿透法相结合的处理方法：按照螺帽法先将一对预紧力施加在螺帽与相应构件的接触面上，求得螺帽与相应构件接触面在预紧力作用下的变形总量. 而后，在结构建模时，预先使螺帽-构件接触副涉及的两个接触表面之间存在一个预先给定的穿透，并使预穿透量等于螺帽法求得的总变形量，这样，随着接触非线性分析迭代计算的进行，两接触表面间穿透逐渐减少，计算收敛后，两接触表面穿透完全消失，成为正常接触，螺杆截面内受到的拉力恰好等于预紧力. 实际应用本方法的计算结果表明：螺杆内拉应力的计算数值与理论值（预紧拉力除以螺杆截面积）的误差均小于3%.

4. 过盈配合问题

过盈配合是在小于构件实际尺寸的空间内置入构件，所以过盈配合既有置入构件与周围构件的接触问题，又有置入构件变形引起的预紧力问题. 按照前述预穿透法，只要在建模时，将置入构件与周围构件的接触面取为接触副，并按照构件的实际尺寸，让置入构件与周围构件预先穿透，即可随着接触非线性分析迭代的进行，接触表面间穿透逐渐减少，计算收敛后，穿透完全消失，成为正常接触，置入的构件就紧紧地镶嵌在周围的构件中了.

5. 轴承等效弹性模量

轴承是机械产品中普遍使用的标准件. 轴承整体尺寸不大，但内部含有许多复杂实体，因此存在很多接触问题，较难对其进行精确的有限元分析，尤其是在大型组装式机械结构分析中，参加分析的零部件较多，必须对轴承进行合理简化，只考虑轴承对其他零部件的影响，不计算轴承内部实体的变形与应力.

对于主要承受径向力（或轴向力）的轴承，轴承对其他零部件的影响体现为轴承的径向刚度（或轴向刚度）. 轴承径向刚度（或轴向刚度）与轴承外径、厚度、滚动体数目、有效接触面积等因素有关. 我们的简化方法是根据轴承传统计算的有关资料，求得轴承在工作载荷作用下的径向刚度（或轴向刚度），根据径向刚度（或轴向刚度）再求出与该轴承具有相同外形尺寸、相同径向刚度（或轴向刚度）之均匀实体的弹性模量，在有限元分析结构建模时，将轴承处理为具有该弹性模量的匀质实体. 此法既准确又合理，可大大减少建模工作量和分析工作量.

6. 单独分析与组合分析

如前所述，对于由多个零部件、分结构通过法兰盘、螺栓、过盈配合、轴承、销轴与支座等组装起来的组合结构，由于其零部件、分结构的连接是非静定的，各分结构、零部件之间的相互作用力分布不仅与工作载荷有关，还与各零部件、分结构的变形刚度等密切有关. 对这种组装式结构的各个分结构、零部件，如果孤立地进行结构分析，就无法准确考虑相邻分结构变形刚度对相互作用力分布的影响，结构分析计算结果就会有很大误差. 例如，人们通常将轴销连接的零部件分开来单独分析，将他们之间的作用力处理为 120 度弧面内余弦分布的作用力，这当然与实际情况有很大差异：因为轴销连接的实质是接触问题，他们之间的作用力与接触变形有关，如果两者都很硬，传递的合力又不太大，则接触变形就很小，传递作用力的接触面就很小，反之，如果两者都很软，传递的合力又不很大，则接触变形就很大，传递作用力的接触面就很大，岂是 120 度弧面内余弦分布力所能处理得了的.

组装式结构必须按照它们之间的连接方式组合起来进行整机结构分析才能获得准确的分析结果. 如果计算机或分析软件计算能力有限，对这种组装式结构进行整机结构分析过于庞杂，也可采取如下较实用的繁简结合、真实连接的组合结构分析方法：对欲详细分析的零部件分结构建立较详细的结构模型，划分较精细的有限元网格，而对其周围零部件分结构，则建立粗略的模型，划分粗大的有限元网格，而后将它们组合起来进行结构分析，并要尽可能真实地反映它们之间接触、预紧力等连接关系，以真实反映它们之间相互作用力的分布，才能得到真实准确的结构分析结果.

例如，汽油发动机整机结构是由图 7-4 所示的机体和缸盖、活塞、连杆、曲轴、机油盒等通过螺栓、过盈配合、销轴与支座等组装起来的组合结构. 要想得到发动机各个零部件、分结构在燃气压力、惯性力、温度等工作载荷作用下的真实变形与应力分布，必须将它们组装起进行整机结构分析. 而当前的大多数有关文献是将机体、缸盖、活塞、连杆、曲柄分离开来，孤立地进行结构分析，这样得到的结构分析结果与这些零部件在发动机工作时的实际情况是有很大差别的，有关企业的技术人员已经通过实践认识到这种差别，特别希望提高分析技术，进行更真实的结构分析. 按照上述较实用的繁简结合、真实连接的组合结构分析方法，可对欲详细分析的图 7-4 所示的发动机机体结构建立较详细的结构模型，划分较精细的有限元网格，而对它周围的零部件：缸盖、机油盒、曲轴、活塞等建立粗略的模型，划分粗大的有限元网格，并按照前述方法建立机体与缸盖、机油盒、活塞、曲轴之间接触副、紧固螺栓预紧力等，将它们组合起来进行结构分析，以真实反映它们之间相互作用力的分布，才能得到真实准确的结构分析结果.

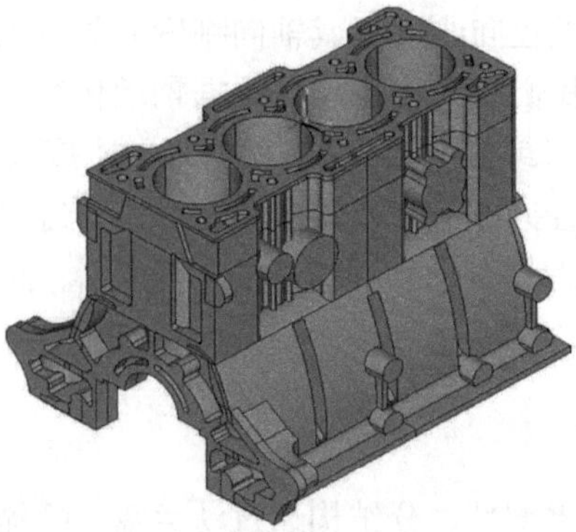

图 7-4　发动机机体结构

§ 7.2 以 ANSYS 为分析器导重法为优化器的机械结构优化程序开发

7.2.1 结构优化设计工程实用程序开发

1. 概述

结构优化设计工程实用软件是将结构优化理论与方法应用于工程结构设计过程的桥梁. 作者以本书理论与方法为基础开发了大量用于电子机械精密天线结构优化设计、航空航天器结构全局协调优化设计的程序软件，本书前面已经对这些程序软件作过介绍，但以上软件具用一定的专用性，不便在一般的工程结构设计中直接应用. 为此，作者及其指导的研究生开发了一种具有广泛通用性与工程实用性的工程结构优化设计实用软件——以 ANSYS 为分析器、以导重法为优化器的结构优化软件 SOGA（Structural Optimization Software Based on Guide-weight Method and ANSYS Analyzer）. 本章介绍该软件的开发工作.

结构优化设计理论与方法的发展与计算机技术的发展紧密联系，好的优化设计理论与方法，只有通过程序软件才能充分发挥其作用. 程序软件的不完善，也会影响人们对优化理论方法本身的认识，结构优化设计发展的每个阶段，随着新的优化设计理论方法的提出，都会开发出相应的结构优化设计程序，结构优化理论与方法的提出者往往也参与相应软件的开发. 但这些软件大多属于专用程序的性质，与工程实际尚有一段距离，工程实践中的应用也不广泛，究其原因主要有：程序开发的目的多是为了进行科学研究，没有完全针对实际工程问题，或仅针对某一特定工程问题，应用范围不广；各种优化方法都有各自的特点，解决不同的优化问题的效果各不相同. 这就使得结构优化技术远未像结构分析技术那样在工程设计中得到广泛应用. 从事结构优化的研究人员大多只注重新理论新方法的研究与探索，不注重已经成熟的结构优化设计方法的推广，使得结构优化软件设计思想仍停留在软件工程的初期水平，缺乏相应的二次开发工具，许多工作都要从最底层做起，所以机械-结构优化设计工程实用软件开发具有较大的难度.

2. 结构分析商用软件之结构优化功能的缺陷

早期的结构优化软件往往是独立于结构有限元分析商用软件的. 而结构有限元分析商用软件如 SAP5、ALGOR、ANSYS、ADINA、NASTRAN、PATRAN 等则很少考虑结构优化的需要. 这主要是因为这些软件的研制者是结构分析的专家，而不是结构优化的专家. 现在 ANSYS、NASTRAN 等虽然也具备了一定的简单结构优化功能和敏度分析功能，但对实际机械产品工程结构进行优化设计的功能却很薄弱.

结构分析商用软件结构优化功能差的关键在于：这些结构分析商用软件采用的优化方法是求解一般优化问题的通用方法——数学规划法，而不是专门用于结构优化设计的先进方法. 一般的数学规划法主要用来求解经济管理、生产存储、物流调度、计划决策等运筹学优化问题以及具有少变量显函数的小规模优化设计问题，例如材料力学涉及的单个构件优化设计问题. 而实际工程中的机械-结构优化设计问题中，作为目标函数或约束函数的结构静动力性态函数是结构设计变量的高次非线性隐函数，与一般优化设计问题相比，结构优化设计具有规模大、变量多、函数关系复杂的特点，如果用求解一般优化问题的通用方法——数学规划法求解结构优化问题，必然出现优化效率低、优化效果差的缺点. 因此，结构优化设计（尤其是大型复杂工程结构优化设计）必须采用结构优化专家研究发展起来的结构优化设计的先进方法（理性准则法或序列数学规划法等）才能收到应有的优化效果，我们的导重法是结构优化优秀方法. 大量的工程应用表明：对同一大型工程结构优化设计问题直接采用结构分析商用软件 ANYSY 等自带的数学规划法的优化效果与优化效率与采用导重法的优化效果与优化效率相差甚远：采用导重法往往经过 5～7 次优化迭代即可使结构重量下降 25%～35%，采用 ANSYS 软件自带的数学规划法（无论是不利用梯度的零阶方法还是利用梯度的一阶方法），往往要经过几十次迭代才能使重量下降 10%～15%，而且对结构单元数量上千的较大型工程结构优化问题，还无法进行正常的优化迭代计算.

3. 结构分析商用软件 ANSYS 的优势

ANSYS 软件是美国 ANSYS 公司开发的集结构、热、流体、电磁、声学多物理场于一体的大型通用有限元分析软件. ANSYS 软件主要包括三个主要模块：前处理、分析计算和后处理.

前处理模块提供了上百种的单元类型，可模拟工程中的各种结构和材料，提供了强大的实体几何建模及网格划分工具，用户可以方便地构造任何工程结构三维几何模型及有限元分析模型；分析计算模块包括结构的线性与非线性分析、接触分析、流体力学分析、电磁场分析、声场分析、压电分析以及多物理场耦合分析，并具有灵敏度分析及简单的结构优化能力；后处理模块可以用彩色云图、梯度、矢量、粒子流迹、立体切片、透明及半透明（可看到结构内部）等方式将计算结果可视化地显示出来，也可以用图表、曲线形式显示或输出计算结果.

ANSYS 由于功能强大、分析计算结果可信度高、使用方便，在工程中获得了广泛应用和好评，具有很好的用户基础，可作为机械-结构优化设计工程实用软件较理想的分析工具. 另外，ANSYS 软件具有结构优化设计所必需的参数化建模功能，使软件可以方便地实现对不同结构设计方案的再分析；ANSYS 自带的优化设计数学规划法还具有以差分方式计算结构静动力性态函数梯度的功能，可利用它完成结构优化设计中的差分敏度分析；还有 ANSYS 软件提供了参数化程序设计语言（APDL）和大量数据文件，为开发结构优化工程实用软件提供了便利.

4. ANSYS 与导重法结合的优势

综上所述，在结构分析商用软件的基础上开发工程实用的结构优化软件是十分必要的. 近年来，在已有结构有限元分析商用软件的基础上开发结构优化软件已成趋势，例如，以

NASTRAN 为基础已开发出 ADS/NASOPT、CSAR/OPTIM 等结构优化软件.

我们以 ANSYS 为分析器，以导重法为优化器开发的具有广泛通用性与工程实用性的机械-结构优化设计工程实用软件 SOGA 是著名结构有限元分析软件 ANSYS 和优秀结构优化方法导重法相结合的产物.

将著名的结构有限元分析软件 ANSYS 和优秀的结构优化导重法相结合具有以下优势：

1）可利用 ANSYS 强大的结构有限元分析建模与分析计算功能，提高结构优化软件的通用性、实用性、可靠性与可信度.

2）可利用 ANSYS 前后处理中强大的可视化用户界面，实现结构分析时的人机交互.

3）可利用 ANSYS 的以差分方式计算结构静动力性态函数梯度的功能，完成结构优化设计中的差分敏度分析.

4）利用导重法可以克服数学规划法用于结构优化的缺陷，可成功地对各类大型复杂机械-结构优化问题进行优化设计.

5）利用导重法可以克服虚功法准则不准的缺陷. 用于优化天线结构、航空航天飞行器结构与高速运转的机械结构等时，显著改善优化效果.

6）可充分发挥结构优化导重法设计变量范围广、单元类型多、可考虑的结构性态函数形式适用范围广的优势，保证该结构优化软件的实用性与通用性.

7）可利用导重法中步长因子等迭代算法可靠的理论基础，保证结构优化设计迭代计算的收敛性.

8）可利用导重法中对各类结构优化问题解析敏度的表达和 ANSYS 的分析功能实现基于解析敏度的各类工程结构优化设计.

7.2.2 工程结构优化设计通用数学模型的规范化处理

为加强 SOGA 软件的通用性与实用性，避免由于数量级差异造成的病态运算和便于对优化计算的控制，须对一般的结构优化设计数学模型进行规范化处理.

实际工程中的绝大多数机械-结构静动力优化设计数学模型可表达为如下形式：

求各种设计变量

$$\boldsymbol{X}=[x_1,x_2,\cdots,x_n,\cdots,x_N]^{\mathrm{T}}\in\mathbf{R}^N \tag{7-1}$$

最小化重量目标

$$W(\boldsymbol{X}) \tag{7-2}$$

并满足：位移约束

$$u_m(\boldsymbol{X})\leqslant[u]^U \quad (m=1,2,\cdots,M) \tag{7-3}$$

动力基频约束

$$\omega^2(\boldsymbol{X})\geqslant\omega_0^2 \tag{7-4}$$

应力约束

$$\sigma_j(\boldsymbol{X}) \leqslant [\sigma_j]^U \quad (j=1,2,\cdots,J_e) \tag{7-5}$$

$$\sigma_j(\boldsymbol{X}) \geqslant [\sigma_j]^L \quad (j=1,2,\cdots,J_e) \tag{7-6}$$

变量范围约束

$$\boldsymbol{X}^L \leqslant \boldsymbol{X} \leqslant \boldsymbol{X}^U \tag{7-7}$$

其中，$\boldsymbol{X}=[x_1,x_2,\cdots,x_n,\cdots,x_N]^{\mathrm{T}}$ 可包括构件尺寸变量，也可包括几何形状变量；$\omega(\boldsymbol{X})$ 为结构最低固有频率对应的角频率，ω_0 为其约束限；$\sigma_j(\boldsymbol{X})$ 为构件 j 的应力，$[\sigma_j]^U$、$[\sigma_j]^L$ 分别为其许用拉、压应力.

利用§ 2.5 给出的方根包络函数，引进特征应力强度函数 $R(\boldsymbol{X})$ 与特征位移精度函数 $D(\boldsymbol{X})$，可将式（7-1）～式（7-7）所示结构优化数学模型表达为如下简洁形式：

$$\begin{cases} \text{Find} & \boldsymbol{X}=[x_1,x_2,\cdots,x_n,\cdots,x_N]^{\mathrm{T}} \in \mathbf{R}^N & (7\text{-}8) \\ \min & W(\boldsymbol{X}) & (7\text{-}9) \\ \text{s.t.} & g_1(\boldsymbol{X})=D(\boldsymbol{X})-D_0 \leqslant 0 & (7\text{-}10) \\ & g_2(\boldsymbol{X})=\omega_0^2-\omega^2(\boldsymbol{X}) \leqslant 0 & (7\text{-}11) \\ & g_3(\boldsymbol{X})=R(\boldsymbol{X})-R_0 \leqslant 0 & (7\text{-}12) \\ & \boldsymbol{X}^L \leqslant \boldsymbol{X} \leqslant \boldsymbol{X}^U & (7\text{-}13) \end{cases}$$

式（7-8）～式（7-13）是仅具有 3 个性态约束的结构优化问题，按照式（2-110），其求解迭代格式为

$$x_n^{(k+1)}=\alpha\left[\left(\lambda_1 G_{x_n}^1+\lambda_2 G_{x_n}^2+\lambda_3 G_{x_n}^3\right)\Big/H_{x_n}\right]^{(k)}+(1-\alpha)x_n^{(k)} \quad (n=1,2,\cdots,N) \tag{7-14}$$

其中库恩–塔克乘子λ_1、λ_2、λ_3可通过线性不等式方程组

$$\begin{bmatrix} \sum\limits_{n=1}^{N} G_{x_n}^1 G_{x_n}^1 \Big/ \mathring{W}_{x_n} & \sum\limits_{n=1}^{N} G_{x_n}^1 G_{x_n}^2 \Big/ \mathring{W}_{x_n} & \sum\limits_{n=1}^{N} G_{x_n}^1 G_{x_n}^3 \Big/ \mathring{W}_{x_n} \\ \sum\limits_{n=1}^{N} G_{x_n}^2 G_{x_n}^1 \Big/ \mathring{W}_{x_n} & \sum\limits_{n=1}^{N} G_{x_n}^2 G_{x_n}^2 \Big/ \mathring{W}_{x_n} & \sum\limits_{n=1}^{N} G_{x_n}^2 G_{x_n}^3 \Big/ \mathring{W}_{x_n} \\ \sum\limits_{n=1}^{N} G_{x_n}^3 G_{x_n}^1 \Big/ \mathring{W}_{x_n} & \sum\limits_{n=1}^{N} G_{x_n}^3 G_{x_n}^2 \Big/ \mathring{W}_{x_n} & \sum\limits_{n=1}^{N} G_{x_n}^3 G_{x_n}^3 \Big/ \mathring{W}_{x_n} \end{bmatrix} \times \begin{Bmatrix} \lambda_1 \\ \lambda_2 \\ \lambda_3 \end{Bmatrix} \geqslant \begin{Bmatrix} G^1+g_1/\alpha \\ G^2+g_2/\alpha \\ G^3+g_3/\alpha \end{Bmatrix} \tag{7-15}$$

化为相应的线性互补问题，采用莱姆克算法即可求得.

通过结构性态函数的归一化处理，可将式（7-8）～式（7-13）所示结构优化模型表达为

$$\begin{cases} \text{Find} & \boldsymbol{X}=[x_1,x_2,\cdots,x_N]^{\mathrm{T}} & & (7\text{-}16) \\ \min & f_k(\boldsymbol{X}) & k\in\{1,2,3,4\} & (7\text{-}17) \\ \text{s.t.} & f_i(\boldsymbol{X}) \leqslant 1 & (i=1,2,3,4;\ i\neq k) & (7\text{-}18) \\ & \boldsymbol{X}^L \leqslant \boldsymbol{X} \leqslant \boldsymbol{X}^U & & (7\text{-}19) \end{cases}$$

其中，结构重量归一化函数

$$f_1(\boldsymbol{X}) = W(\boldsymbol{X}) / W_0 \tag{7-20}$$

特征位移精度归一化函数

$$f_2(\boldsymbol{X}) = D(\boldsymbol{X}) / D_0 \tag{7-21}$$

动力基频归一化函数

$$f_3(\boldsymbol{X}) = \omega_0^2 / \omega^2(\boldsymbol{X}) \tag{7-22}$$

特征应力强度归一化函数

$$f_4(\boldsymbol{X}) = R(\boldsymbol{X}) / R_0 \tag{7-23}$$

式（7-20）～式（7-23）中，W_0、D_0、ω_0^2、R_0可为对结构重量、特征位移精度、动力基频、特征应力强度的最低要求，也可为优化前结构初始设计方案的相应数值.

再将式（7-1）所示原结构优化设计模型中的设计变量，进行如下归一化处理：

$$X_n = x_n / x_n^{(0)} \quad (n = 1, 2, \cdots, N) \tag{7-24}$$

其中，$x_n^{(0)}$为优化前结构初始设计方案原设计变量x_n的初值. 可得到如下规范化的机械-结构静动力优化设计数学模型：

$$\begin{cases} \text{Find} & \boldsymbol{X} = [X_1, X_2, \cdots, X_N]^{\mathrm{T}} & & (7\text{-}25) \\ \min & f(\boldsymbol{X}) = f_k(\boldsymbol{X}) & k \in \{1,2,3,4\} & (7\text{-}26) \\ \text{s.t.} & g_j(\boldsymbol{X}) = f_i(\boldsymbol{X}) - 1 \leqslant 0 & (j = 1,2,3)\ (i = 1,2,3,4;\ i \neq k) & (7\text{-}27) \\ & \boldsymbol{X}^L \leqslant \boldsymbol{X} \leqslant \boldsymbol{X}^U & & (7\text{-}28) \end{cases}$$

其中，$\boldsymbol{X}^L$、$\boldsymbol{X}^U$为$X_n (n = 1, 2, \cdots, N)$取值范围的下限与上限构成的向量.

式（7-25）～式（7-28）所示结构优化模型具有设计变量范围广、单元类型多、可考虑的结构静动力性态函数形式范围广的优势，可保证该结构优化软件的实用性与通用性；该模型的归一化处理，使设计变量、目标函数、约束函数在优化迭代中的取值总为 1 附近的无量纲值，便于观察各次迭代中其数值与初始值或最低要求的相对变化比例，也可避免由于不同结构优化问题有关数值具有不同量纲、不同数量级带来的病态运算问题；该模型可适应不同结构优化问题优化目标不同、约束条件不同的需要，甚至可实现优化目标与约束条件的灵活转换；以该模型为基础还可很容易地转化为结构多目标模糊优化设计模型.

式（7-25）～式（7-28）是具有三个性态约束的结构优化问题，可参照式（7-14）与式（7-15）推得其求解公式

$$X_n^{(k+1)} = \alpha \left[\left(\lambda_1 G_{X_n}^1 + \lambda_2 G_{X_n}^2 + \lambda_3 G_{X_n}^3 \right) \Big/ H_{X_n} \right]^{(k)} + (1 - \alpha) X_n^{(k)} \quad (n = 1, 2, \cdots, N) \tag{7-29}$$

$$\begin{bmatrix} \sum_{n=1}^{N} G_{X_n}^1 G_{X_n}^1 \Big/ \overset{\circ}{W}_{X_n} & \sum_{n=1}^{N} G_{X_n}^1 G_{X_n}^2 \Big/ \overset{\circ}{W}_{X_n} & \sum_{n=1}^{N} G_{X_n}^1 G_{X_n}^3 \Big/ \overset{\circ}{W}_{X_n} \\ \sum_{n=1}^{N} G_{X_n}^2 G_{X_n}^1 \Big/ \overset{\circ}{W}_{X_n} & \sum_{n=1}^{N} G_{X_n}^2 G_{X_n}^2 \Big/ \overset{\circ}{W}_{X_n} & \sum_{n=1}^{N} G_{X_n}^2 G_{X_n}^3 \Big/ \overset{\circ}{W}_{X_n} \\ \sum_{n=1}^{N} G_{X_n}^3 G_{X_n}^1 \Big/ \overset{\circ}{W}_{X_n} & \sum_{n=1}^{N} G_{X_n}^3 G_{X_n}^2 \Big/ \overset{\circ}{W}_{X_n} & \sum_{n=1}^{N} G_{X_n}^3 G_{X_n}^3 \Big/ \overset{\circ}{W}_{X_n} \end{bmatrix} \times \begin{Bmatrix} \lambda_1 \\ \lambda_2 \\ \lambda_3 \end{Bmatrix} \geqslant \begin{Bmatrix} G^1 + g_1/\alpha \\ G^2 + g_2/\alpha \\ G^3 + g_3/\alpha \end{Bmatrix} \tag{7-30}$$

其中，$G_{X_n}^j \quad (j=1,2,3)$ 分别为式（7-27）所示三个约束函数对归一化设计变量 X_n 的导重

$$G_{X_n}^j = -X_n \frac{\partial g_j}{\partial X_n} = -x_n \frac{\partial g_j}{\partial x_n} \quad (j=1,2,3) \tag{7-31}$$

式（7-29）中的容重为

$$H_{X_n} = \frac{\partial f_k}{\partial X_n} = \frac{\partial f_k}{\partial x_n} x_n^{(0)} \tag{7-32}$$

式（7-30）中的广义重量为

$$\overset{\circ}{W}_{X_n} = H_{X_n} X_n = \frac{\partial f_k}{\partial x_n} x_n \tag{7-33}$$

第 j 约束总导重为

$$G^j = \sum_{n=1}^{N} G_{X_n}^j \tag{7-34}$$

式（7-31）～式（7-33）中目标函数与约束函数的敏度为

$$\frac{\partial f_1(\boldsymbol{X})}{\partial x_n} = \frac{\partial W(\boldsymbol{X})}{\partial x_n} / W_0 \tag{7-35}$$

$$\frac{\partial f_2(\boldsymbol{X})}{\partial x_n} = \frac{\partial D(\boldsymbol{X})}{\partial x_n} / D_0 \tag{7-36}$$

$$\frac{\partial f_3(\boldsymbol{X})}{\partial x_n} = \omega_0^2 \frac{\partial (1/\omega^2(\boldsymbol{X}))}{\partial x_n} = (-\omega_0^2/\omega^4(\boldsymbol{X})) \frac{\partial \omega^2(\boldsymbol{X})}{\partial x_n} \tag{7-37}$$

$$\frac{\partial f_4(\boldsymbol{X})}{\partial x_n} = \frac{\partial R(\boldsymbol{X})}{\partial x_n} / R_0 \tag{7-38}$$

式（7-35）～式（7-38）中的 $\frac{\partial W(\boldsymbol{X})}{\partial x_n}$、$\frac{\partial D(\boldsymbol{X})}{\partial x_n}$、$\frac{\partial \omega^2(\boldsymbol{X})}{\partial x_n}$、$\frac{\partial R(\boldsymbol{X})}{\partial x_n}$ 敏度计算已在第 2 章给出.

按照第 3 章给出的敏度表达公式，可进行解析敏度分析，但由于解析敏度表达复杂，还要涉及结构单元刚度矩阵等，从商用软件中提取有关信息并非易事，所以作为 SOGA 软件开发的第一步，可先利用 ANSYS 以差分形式计算梯度的功能，完成上述结构性态函数的差分敏度计算：

$$\partial W(\boldsymbol{X})/\partial x_n \approx [W(x_n+\Delta x_n)-W(x_n)]/(\Delta x_n) \quad (n=1,2,\cdots,N) \tag{7-39}$$

$$\partial D(\boldsymbol{X})/\partial x_n \approx [D(x_n+\Delta x_n)-D(x_n)]/(\Delta x_n) \quad (n=1,2,\cdots,N) \tag{7-40}$$

$$\partial \omega^2(\boldsymbol{X})/\partial x_n \approx [\omega^2(x_n+\Delta x_n)-\omega^2(x_n)]/(\Delta x_n) \quad (n=1,2,\cdots,N) \tag{7-41}$$

$$\partial R(\boldsymbol{X})/\partial x_n \approx [R(x_n+\Delta x_n)-R(x_n)]/(\Delta x_n) \quad (n=1,2,\cdots,N) \tag{7-42}$$

7.2.3 以 ANSYS 为分析器导重法为优化器的工程结构优化设计软件研制

1. SOGA 软件研制的两个阶段

（1）差分敏度阶段——SOGA1 软件

1）利用 ANSYS 的参数化建模与分析计算功能完成产品结构的初分析.

2）利用 ANSYS 的函数梯度计算功能，完成产品结构性态函数的差分敏度分析.

3）利用导重法进行优化迭代计算，产生新的结构设计方案.

4）利用 ANSYS 对新的结构设计方案进行再分析，与上次分析结果比较，检验优化迭代是否收敛. 如不收敛，转（2）；收敛则转（5）.

5）后处理，输出，停机.

优点：程序简单，计算可靠；可对 ANSYS 所能分析的任何结构进行优化设计.

缺点：计算工作量大.

目前，SOGA1 软件已研制成功，并成功地应用于大量机械产品的结构优化设计实践，第八章将给出一些应用案例.

（2）解析敏度阶段——SOGA2 软件

1）利用 ANSYS 结构参数化建模与分析计算功能完成结构的初分析.

2）利用 ANSYS 的刚度矩阵输出文件，形成解析敏度载荷.

3）利用 ANSYS 的再启动分析功能，求结构在解析敏度载荷作用下的响应，完成结构的各种解析敏度计算.

4）利用导重法进行优化迭代计算，产生新的结构设计方案.

5）对新的结构设计方案进行再结构分析，与上次分析结果比较，检验优化迭代是否收敛. 如不收敛，转 2）；否则转 6）.

6）后处理，输出，停机.

优点：计算工作量小.

缺点：软件研制工作量大、难度高；所能完成的结构优化设计问题须逐步扩展.

2. SOGA 软件的总体设计

SOGA 软件是按机械-结构优化通用软件研制的，软件总体设计主要考虑以下方面.

1）模块化设计：SOGA 由相互独立的前处理输入模块、结构分析模块、敏度分析模块、优化模块、后处理模块等主要模块组成. 模块间通过磁盘数据文件或数据公用区交换数据和信息，软件还留有各种接口，采用模块化设计便于维护、修改和进一步开发.

2）优化方法：本软件目前仅提供一种高效的结构优化方法——导重法，该方法可解决大多数常见的机械-结构优化问题. 但作为结构优化设计通用软件，须提供多种优化方法以解决不同的优化问题. 为此，本软件也提供了接口，便于增加更多优秀的结构优化方法，如基于显式近似函数的序列非线性规划法[51]等. 这些优化方法都将比 ANSYS 所带的一般数学规划法更优越、更适合于结构优化.

3）优化功能的扩展：经过几年的努力，本 SOGA2 优化软件已逐步实现了杆单元、梁单元、平面应力板单元、弯板单元、板壳单元的构件尺寸优化. 优化的目标和约束可以是重量、精度、节点位移、单元应力、特征应力和动力基频等，为增加软件的适用范围，还需增加更多的单元类型，软件预留了不同类型的单元接口.

4）用户界面：本软件有一个良好的用户界面，可输入和确定设计变量、目标和约束函数及其上下界，选择优化方法、定义收敛准则等.

§ 7.3 采用结构优化导重法 SOGA1 软件进行机械结构优化设计的数学模型

7.3.1 机械结构性能约束最轻化设计

最常用机械产品结构优化设计问题为式（2-111）所示的机械结构单性态约束最轻化设计：

$$\begin{cases} \text{Find} & \boldsymbol{X}=\left[x_1,x_2,\cdots,x_n,\cdots,x_N\right]^{\mathrm{T}} \\ \min & W(\boldsymbol{X}) \\ \text{s.t.} & g(\boldsymbol{X})\leqslant 0 \\ & \boldsymbol{X}^L\leqslant \boldsymbol{X}\leqslant \boldsymbol{X}^U \end{cases} \tag{7-43}$$

其中，设计向量 $\boldsymbol{X}$ 可包括构件尺寸变量及几何形状变量等，$\boldsymbol{X}^L$ 与 $\boldsymbol{X}^U$ 分别为由设计向量各分量的下限与上限构成的向量；优化目标为使结构重量 $W(\boldsymbol{X})$ 最小化，优化目标函数 $W(\boldsymbol{X})$ 还可以是其他对提高结构动静力特性有利的设计资源；式中约束函数 $g(\boldsymbol{X})$ 可以是结构的任意静动力性态约束，如精度、基频、安全度等，它可以是机械产品结构优化最常用的特征应力约束，即 $g(\boldsymbol{X})=R(\boldsymbol{X})-R_0\leqslant 0$.

上式中约束 $g(\boldsymbol{X})$ 还可以是§ 7.2 中构造的精度、基频、强度等归一化性态约束函数的 k 次均方根包罗函数，即设：

特征应力强度归一化函数

$$g_1(\boldsymbol{X}) = R(\boldsymbol{X}) / R_0 \tag{7-44}$$

特征位移精度归一化函数

$$g_2(\boldsymbol{X}) = D(\boldsymbol{X}) / D_0 \tag{7-45}$$

动力基频归一化函数

$$g_3(\boldsymbol{X}) = \omega_0^2 / \omega^2(\boldsymbol{X}) \tag{7-46}$$

而令

$$g_M(\boldsymbol{X}) = \left(\sum_{j=1}^{3} g_j^k(\boldsymbol{X}) / 3 \right)^{1/k} \times \xi \tag{7-47}$$

其中

$$\xi = \max_j \left\{ g_j(\boldsymbol{X}) \right\} / C_R(\boldsymbol{X}) \tag{7-48}$$

$$C_R(\boldsymbol{X}) = \left(\sum_{j=1}^{3} g_j^k(\boldsymbol{X}) / 3 \right)^{1/k} \tag{7-49}$$

关于 k 次均方根包罗函数及 k 的取值可对参照§ 2.5，则式（7-43）中的性态约束即为

$$g(\boldsymbol{X}) = g_M(\boldsymbol{X}) - 1 \leqslant 0 \tag{7-50}$$

式(7-43)所示机械结构单性态约束最轻化设计数学模型可按本书第一篇的式(2-112)～式（2-115）求解.

7.3.2 机械结构重量约束性能最优化设计

另一常用机械结构优化设计问题为重量（或其他设计资源）约束下的结构性能优化设计，即§ 1.4 中式（1-75）所示的最基本的结构优化设计数学模型：

$$\begin{cases} \text{Find} & \boldsymbol{X} = [x_1, x_2, \cdots, x_n, \cdots, x_N]^{\mathrm{T}} \\ \min & f(\boldsymbol{X}) \\ \text{s.t.} & W(\boldsymbol{X}) \leqslant W_0 \\ & \boldsymbol{X}^L \leqslant \boldsymbol{X} \leqslant \boldsymbol{X}^U \end{cases} \tag{7-51}$$

其中设计向量 $\boldsymbol{X}$ 可包括杆构件尺寸变量及几何形状变量等，$\boldsymbol{X}^L$ 与 $\boldsymbol{X}^U$ 分别为由设计向量各分量的下限与上限构成的向量；W、W_0 分别为结构重量和重量约束上限；目标函数 $f(\boldsymbol{X})$ 可为任意结构性态函数，如精度、基频、安全度等，例如在机械产品设计中常见的优化目标是提高结构强度，即最小化 $R(\boldsymbol{X}) / R_0$.

当然，上式中目标函数 $f(\boldsymbol{X})$ 还可以是§7.2 中构造的精度、基频、强度等归一化性态约束函数的 k 次均方根包罗函数，即设：

特征应力强度归一化函数

$$f_1(\boldsymbol{X}) = R(\boldsymbol{X}) / R_0 \tag{7-52}$$

特征位移精度归一化函数

$$f_2(\boldsymbol{X}) = D(\boldsymbol{X}) / D_0 \tag{7-53}$$

动力基频归一化函数

$$f_3(\boldsymbol{X}) = \omega_0^2 / \omega^2(\boldsymbol{X}) \tag{7-54}$$

而令

$$f(\boldsymbol{X}) = \left(\sum_{j=1}^{3} f_j^k(\boldsymbol{X}) \Big/ 3 \right)^{1/k} \times \xi \tag{7-55}$$

其中

$$\xi = \max_j \left\{ f_j(\boldsymbol{X}) \right\} \Big/ C_R(\boldsymbol{X}) \tag{7-56}$$

$$C_R(\boldsymbol{X}) = \left(\sum_{j=1}^{3} f_j^k(\boldsymbol{X}) \Big/ 3 \right)^{1/k} \tag{7-57}$$

式(7-51)机械结构重量约束性能最优化设计数学模型可按本书第一篇的式(1-116)求解.

7.3.3　SOGA1 软件数学模型的广泛适用性

可以看出，上述两个机械产品结构优化的数学模型形式上都只具有一个目标一个约束，但实际上通过 K 方根包络函数可以囊括本专著涉及的所有结构优化数学模型，因而具有广泛的工程适用性；还可以看出，两个模型中的目标函数与约束函数都是一个是结构性能，一个是设计资源，所不同者仅为两者发生了互换而已，它们都是为了完美解决机械产品结构性能与设计资源之间的矛盾，而这也正是结构优化导重法的宗旨所在.

第八章所列应用案例采用的优化软件均为 SOGA1 软件.

§ 7.4　结构优化导重法 SOGA1 软件的核心程序

7.4.1　SOGA1 软件核心源程序 SOGWM

以下为 SOGA1 软件的核心源程序 SOGWM，是 FORTRAN 语言程序，其中 KWF = 1 对应上节结构性能约束最轻化设计，KWF = 2 时对应上节重量约束性能最优化设计：

```
      PROGRAM SOGWM

CCCCCCCCCCCCCCCCCCCCCCCCCCCCCCCCCCCCCCCCCCCCCCCCCCCCCCCCCCCCCCCCCCCCCCC
C                                                                     C
C       THIS PROGRAM IS USED TO STRUCTURAL OPTIMIZATION OF MECHANICAL   C
C   PRODUCTS USING GUIDE-WEIGHT METHOD CREATED BY PROF. CHEN SHUXUN     C
C     ( KWF=1--TO MIN WEIGHT WW; KWF=2--TO MIN PERFORMANCE FUNCTION DR  C
C       KAC=1--STEP LENGTH ITERATION; KAC=2 -- ATKIN-CHEN ITERATION     C
C                                                                     C
C234567890123456789022345678903234567890423456789052345678906234576789072
        IMPLICIT REAL *8 (A-H,O-Z)
        DIMENSION HI(30),WI(30),XI(30),DI(30),GI(30),XXI(30),DXI(30)
      DIMENSION X0(30),F0(30),FI(30)
        OPEN (1,FILE='IO\IN.TXT',STATUS='UNKNOWN')
        OPEN (2,FILE='IO\OUT.TXT',STATUS='UNKNOWN')
        OPEN (4,FILE='IO\ANSYS.TXT',STATUS='UNKNOWN')
CCCCCCCCCCCCCCCCCCCCCCCCCCCCCCCCCCCCCCCCCCCCCCCCCCCCCCCCCCCCCCC
        READ  (1,*) K
        WRITE (*,*) K
        WRITE (2,*) 'ITERATION NO. K= ',K
        READ  (1,*) N
        WRITE (2,*) 'TOTAL NUMBLE OF VARIABLES N= ',N
        READ  (1,*) DR
        WRITE (2,*) 'STRUCTURAL PERFORMACE  DR=',DR
        READ  (1,*) DR0
        WRITE (2,*) 'LIMIT OF STRUCTURAL PERFORMACE  DR0=',DR0
        READ  (1,*) KWF
      WRITE (2,*) 'KWF=1 -- TO MIN WEIGHT; KWF=2 -- TO MIN PERFORMACE'
        WRITE (2,*) 'KWF= ',KWF
      READ  (1,*) KAC
      WRITE (2,*) 'KAC=1 STEP LENG ITERATION, =2 ATKIN-CHEN ITERATION'
        WRITE (2,*) 'KAC=',KAC
        READ  (1,*) AFA
        WRITE (2,*) 'STEP LENGTH AFA = ',AFA
      WRITE (2,*) 'IF KAC=2, AFA STEP LENGTH = 0.0 '
CCCCCCCCCCCCCCCCCCCCCCCCCCCCCCCCCCCCCCCCCCCCCCCCCCCC
CCCCCC K=0, STEP...STEP;  K>0, STEP...STEP,A-C CCCCCCCCC
CCCCCCCCCCCCCCCCCCCCCCCCCCCCCCCCCCCCCCCCCCCCCCCCCCCC
        DO 1 I=1,N
1       READ  (1,*) XI(I)
      WRITE (2,*) 'THE PRESENT (K) DESIGN VARIABLES'
        WRITE (2,*) 'I=, XI(I)='
        WRITE (2,*) (I,XI(I),I=1,N)
CCCCCCCCCCCCCCCCCCCCCCCCCCCCCCCCCCCCCCCCCCCCCCCCCCCCCC
        DO 2 I=1,N
2       READ  (1,*) HI(I)
      WRITE (2,*) 'THE CHANGE RATE OF WEIGHT (容重) = DWW/DXI '
```

```
        WRITE (2,*) 'I=, HI(I)='
        WRITE (2,*)  (I,HI(I),I=1,N)
CCCCCCCCCCCCCCCCCCCCCCCCCCCCCCCCCCCCCCCCCCCCCCCCCCCC
        DO 3 I=1,N
3       READ  (1,*) DI(I)
      WRITE (2,*) 'THE CHANGE RATE OF PERFORMANCE(敏度) = DDR/DXI'
        WRITE (2,*) 'I=,DI(I)='
        WRITE (2,*) (I,DI(I),I=1,N)
CCCCCCCCCCCCCCCCCCCCCCCCCCCCCCCCCCCCCCCCCCCCCCCCCCCC
        IF ( KAC.EQ.1) GOTO 4
        AFA=0.0
        DO 6 I=1,N
6       READ  (1,*) X0(I)
      WRITE (2,*) 'THE LAST (K-1) DESIGN VARIABLES'
        WRITE (2,*) 'I=, X0(I)='
        WRITE (2,*) (I,X0(I),I=1,N)
        DO 7 I=1,N
7       READ  (1,*) F0(I)
      WRITE (2,*) 'THE LAST (K-1) STEPLENGH ITERATION VALUE'
        WRITE (2,*)'I=, F0(I)='
        WRITE (2,*) (I,F0(I),I=1,N)
CCCCCCCCCCCCCCCCCCCCCCCCCCCCCCCCCCCCCCCCCCCCCCCCCCCC
4       WW=0.0D0
      DO 5 I=1,N
      WI(I)=HI(I)*XI(I)
5       WW=WW+WI(I)
        WRITE (2,*) '( THE PRESENT (K)  WW=', WW, 'I=, WI(I)='
        WRITE (2,*) (I,WI(I),I=1,N)
CCCCCCCCCCCCCCCCCCCCCCCCCCCCCCCCCCCCCCCCCCCCCCCCCCCC
        GG=0.0D0
        G2W=0.0D0
        DO 8 I=1,N
        GI(I)=-XI(I)*DI(I)
      GG=GG+GI(I)
8     G2W=G2W+GI(I)*GI(I)/WI(I)
        WRITE (2,*) '导重: I= ,  GI(I)='
        WRITE (2,*) (I,GI(I),I=1,N)
        WRITE (2,*) '总导重: GG= ',GG, 'G2W= ',G2W
        WRITE (2,*)  'THE PRESENT (K)  GG/WW=',GG/WW,'GI(I)/WI(I)'
        WRITE (2,*) (I,GI(I)/WI(I),I=1,N)
CCCCCCCCCCCCCCCCCCCCCCCCCCCCCCCCCCCCCCCCCCCCCCCCCCCCCCCCCCCCC
CCCCCCCCCCCC  收敛性  CCCCCCCCCCCCCCCCCCCCCCCCCCCCCCCCCCCCCCC
CCCCCCCCCCCCCCCCCCCCCCCCCCCCCCCCCCCCCCCCCCCCCCCCCCCCCCCCCCCCC
      VD=0.0
        DO 9 I=1,N
9       VD=VD+(WI(I)/WW)*(GI(I)/WI(I)-GG/WW)**2
```

```
      VD=SQRT(VD)
      WRITE (2,*) 'GI(I)/WI(I) 均方差: VD=', VD
        WRITE (2,*) '********************************'
CCCCCCCCCCCCCCCCCCCCCCCCCCCCCCCCCCCCCCCCCCCCCCCCCCCCCCCCCCCCCCCC
      IF (KWF.EQ.2)  GO TO 22
CCCCCCCCCCCCCCCCCCCCCCCCCCCCCCCCCCCCCCCCCCCCCCCCCCCCCCCCCCCCCCCC
CCCCC WEIGHT TO MIN CCCC KWF = 1 CCCCCCCCCCCCCCCCCCCCCCCCCCCCCCC
CCCCCCCCCCCCCCCCCCCCCCCCCCCCCCCCCCCCCCCCCCCCCCCCCCCCCCCCCCCCCCCC
11      ALAM=(GG+(DR-DR0)/AFA)/G2W
        WRITE (2,*) 'K-T FACTOR  ALAM= ',ALAM
        IF (ALAM.GT.0.0) GOTO 12
CCCCCCCC 射线步  CCCCCCCCCCCCCCCC
      ALAM=0.0
        WRITE (2,*) 'LET K-T FACTOR  ALAM= ', ALAM
        DO 13 I=1,N
13      FI(I)=XI(I)*DR/DR0
      GO TO 33
CCCCCCCCCCCCCCCCCCCCCCCCCCCCCCC
12      DO 30 I=1,N
30      FI(I)= AFA*(ALAM*GI(I))/HI(I) + (1.0D0-AFA)*XI(I)
      GO TO 33
CCCCCCCCCCCCCCCCCCCCCCCCCCCCCCCCCCCCCCCCCCCCCCCCCCCCCCCCCCCCCCCC
CCCCCC DR TO MIN CCCCCC KWF = 2  CCCCCCCCCCCCCCCCCCCCCCCCCCCCCCC
CCCCCCCCCCCCCCCCCCCCCCCCCCCCCCCCCCCCCCCCCCCCCCCCCCCCCCCCCCCCCCCC
22    ALAM=GG/WW
      WRITE (2,*) 'K-T FACTOR  ALAM= ',ALAM
      DO 31 I=1,N
31      FI(I)= AFA*(WW*GI(I))/(GG*HI(I)) + (1.0-AFA)*XI(I)
CCCCCCCCCCCCCCCCCCCCCCCCCCCCCCCCCCCCCCCCCCCCCCCCCCCCCCCCCCCCCCCC
CCCCCCCCCCCCCCCCCCCCCCCCCCCCCCCCCCCCCCCCCCCCCCCCCCCCCCCCCCCCCCCC
CCCCCCCCCCCCCCCCCCCCCCCCCCCCCCCCCCCCCCCCCCCCCCCCCCCCCCCCCCCCCCCC
33    IF (KAC.EQ.2) GOTO 32
      DO 36 I=1,N
36    XXI(I)=FI(I)
      GOTO 34
CCCCCCCCCCCCCCCCCCCCCCCC A-C ITERATION CCCCCCCCCCCCCCCCCCCCCCCCCCC
32    DO 38 I=1,N
      XXI(I)= X0(I)*FI(I)-XI(I)*F0(I)
38    XXI(I)= XXI(I)/(FI(I)-F0(I)+X0(I)-XI(I))
CCCCCCCCCCCCCCCCCCCCCCCCCCCCCCCCCCCCCCCCCCCCCCCCCCCCCCCCCCCCCCCC
CCCCCCCCCCCCCCCCCCCCCCCCCCCCCCCCCCCCCCCCCCCCCCCCCCCCCCCCCCCCCCCC
CCCCCCCCCCCCCCCCCCCCCCCCCCCCCCCCCCCCCCCCCCCCCCCCCCCCCCCCCCCCCCCC
34    WW=0.0D0
        DO 35 I=1,N
      WI(I)=HI(I)*XXI(I)
35    WW=WW+WI(I)
```

```
      DO 40 I=1,N
40    DXI(I)=XXI(I)-XI(I)
      WRITE (2,*) 'I=, THE NEW (K+1) VARIABLES, XXI(I)='
      WRITE (2,*) (I,XXI(I),I=1,N)
      WRITE (2,*) 'THE NEW (K+1)  WW=',WW
      WRITE (2,*) 'THE NEW (K+1)  I=, WI(I)='
      WRITE (2,*) (I,WI(I),I=1,N)
C     WRITE (2,*)  'THE NEW (K+1) GG/WW=',GG/WW,'GI(I)/WI(I)'
C     WRITE (2,*) (I,GI(I)/WI(I),I=1,N)
      WRITE (2,*) 'I=, DXI(I)=XXI(I)-XI(I)'
      WRITE (2,*) (I,DXI(I),I=1,N)
CCCCCCCCCCCCCCCCCCCCCCCCCCCCCCCCCCCCCCCCCCCCCCCCCCCCCCCCCCCCCCCC
      WRITE (2,*) '********************************************'
      WRITE (2,*) 'I= , XI(I)= , -- WILL BE THE LAST VARIABLES X0(I))'
      WRITE (2,*)  (I,XI(I),I=1,N)
      WRITE (2,*) 'I=, (FI(I)=, WILL BE LAST DIRECT ITERATION  F0(I))'
      WRITE (2,*)  (I,FI(I),I=1,N)
39    WRITE (2,*) 'END'
      WRITE (*,*) 'END'
CCCCCCCCCCCCCCCCCCCCCCCCCCCCCCCCCCCCCCCCCCCCCCCCCCCCCCCCCCCCCCCC
      WRITE (4,*) '*SET,X1 ,',  XXI(1)
      WRITE (4,*) '*SET,X2 ,',  XXI(2)
      WRITE (4,*) '*SET,X3 ,',  XXI(3)
      WRITE (4,*) '*SET,X4 ,',  XXI(4)
      WRITE (4,*) '*SET,X5 ,',  XXI(5)
      WRITE (4,*) '*SET,X6 ,',  XXI(6)
      WRITE (4,*) '*SET,X7 ,',  XXI(7)
      WRITE (4,*) '*SET,X8 ,',  XXI(8)
      WRITE (4,*) '*SET,X9 ,',  XXI(9)
      WRITE (4,*) '*SET,X10,',  XXI(10)
      WRITE (4,*) '*SET,X11,',  XXI(11)
      WRITE (4,*) '*SET,X12,',  XXI(12)
      WRITE (4,*) '*SET,X13,',  XXI(13)
      WRITE (4,*) '*SET,X14,',  XXI(14)
      WRITE (4,*) '*SET,X15,',  XXI(15)
      WRITE (4,*) '*SET,X16,',  XXI(16)
      WRITE (4,*) '*SET,X17,',  XXI(17)
      WRITE (4,*) '*SET,X18,',  XXI(18)
      WRITE (4,*) '*SET,X19,',  XXI(19)
      WRITE (4,*) '*SET,X20,',  XXI(20)
      CLOSE (1)
      CLOSE (2)
      CLOSE (4)
      STOP
      END
CCCCCCCCCCCCCCCCCCCCCCCCCCCCCCCCCCCCCCCCCCCCCCCCCCCCCCCCCCCCCCCC
CCCCCCCCCCCCCCCCCCCCCCCCCCCCCCCCCCCCCCCCCCCCCCCCCCCCCCCCCCCCCCCC
CCCCCCCCCCCCCCCCCCCCCCCCCCCCCCCCCCCCCCCCCCCCCCCCCCCCCCCCCCCCCCCC
```

在本书附件中可找到程序 SOGWM 的电子版.

7.4.2 SOGWM 的输入输出文件

1. SOGWM 的输入文件

SOGWM 的输入数据文件名为 IN. TXT，其中输入数据由使用者根据具体优化问题采用自由格式写成，数据顺序为：

K——迭代次数；

N——设计变量总数；

DR——结构性能函数；

DR0——结构性能约束上限；

KWF——优化目标标识符（KWF = 1 时最小化结构重量，KWF = 2 时最优化性能；

KAC——迭代方法标识符（KAC = 1 采用步长因子法，KAC = 2 采用埃特金-陈法）；

AFA——步长因子；

XI（N）——第 *K* 次迭代中设计变量数值；

HI（N）——各设计变量的容重数值；

DI（N）——结构性能函数对各设计变量的差分敏度.

本书附录中可找到 IN. TX 文件的样例.

2. SOGWM 的输出文件

SOGWM 的输出数据文件名为 OUT. TXT，由 SOGWM 的执行程序生成，文件内容依次为：

```
'ITERATION NO.   K
'TOTAL NUMBLE OF VARIABLES  N
'STRUCTURAL PERFORMACE  DR
'LIMIT OF STRUCTURAL PERFORMACE  DR0
'KWF=1--TO MIN WEIGHT;     KWF=2--TO MIN PERFORMACE'
'KWF=',KWF
'KAC=1 STEP LENG ITERATION,=2 ATKIN-CHEN ITERATION'
'KAC=',KAC
STEP LENGTH,'IF KAC=2,STEP LENGTH=0.0',AFA
XI(N)        'THE PRESENT(K)DESIGN VARIABLES'
HI(N)        'THE CHANGE RATE OF WEIGHT(容重)=DWW/DXI '
DI(N)        'THE CHANGE RATE OF PERFORMANCE(敏度)=DDR/DXI'
```

以上输出内容均为显示输入数据的含义与数值，用于核对输入数据的正确性，以下输出内容为 SOGWM 的执行程序计算生成的数据：

```
WW,WI(N)                'THE PRESENT(K)   WW = ',WI(N) = '—第 K 次
                         迭代中结构重量和各设计变量对应的(广义)重量,
GI(N)                   '导重: GI(N)='—各设计变量的导重,
```

```
 GG 与 G2W               '总导重: GG=';'G2W=',G2W 为式(2-114)的
                          分母,
GG/WW 与 GI(I)/WI(I)   'THE PRESENT(K)=,    GI(I)/WI(I)
GI(I)/WI(I)与:VD       'GI(I)/WI(I)  的均方差:VD
*******************************
ALAM                    '  K-T FACTOR  ALAM='  —库恩-塔克乘子
XXI(N)                  ' THE NEW(K+1)VARIABLES   XXI(I)=' —
                          设计变量新值,
WW                      ' THE NEW(K+1)WW=',
WI(N)                   ' THE NEW(K+1)WI(I)='
DXI(N)                  'XI(I)  changing rate'
```

在本书附件中可找到 OUT. TX 文件的样例.

SOGWM 的另一输出数据文件名为 ANSYS. TXT，由 SOGWM 的执行程序生成供 ANSYS 软件使用的数据，文件内容为各设计变量的更新数值，在本书附件中也可以找到 ANSYS. TX 文件的样例.

7.4.3　使用 SOGWM 程序的前提

可以看出，使用 SOGWM 程序的前提是必须提供设计变量的当前值数组 XI(N)，结构性能对设计变量的敏度 DI(N)，结构重量对设计变量的敏度 HI(N)，结构性能的当前值与约束限值 DR 与 DR0 等，这些信息只有通过结构分析与敏度分析才能获得. 对于简单结构算例的结构分析与敏度分析，用户不难自行编程；而大型机械产品结构的结构分析与敏度分析则需利用 ANSYS 等商用软件.

§ 7.5　采用 SOGA1 软件进行机械产品结构优化设计的操作

7.5.1　使用步骤

1）在计算机中创建子目录 dzf，将 SOGA1 软件的核心源程序 SOGWM 拷入子目录 dzf，利用 FORTRAN 编译器生成执行文件 sogwf. exe；

2）令 $K=0$，利用 ANSYS 通过用户界面操作（GUI）和（或）参数化语言 APDL 对产品结构进行参数化建模与结构初分析；

3）利用 ANSYS 通过用户界面操作和（或）参数化语言 APDL 形成对本产品进行结构优化数学模型命令流文件：指定设计变量、优化目标和约束，编写目标函数与约束函数计算式；

4）利用 ANSYS 计算目标函数与约束函数的梯度（即敏度）；

5）给定步长，形成 SOGWM 的输入文件 IN. TXT 置于 dzf 的下级子目录 IO；

6）运行 sogwf. exe，对产品结构进行导重法优化迭代，在子目录 IO 中自动生成输出

文件 OUT. TXT，ANSYS. TXT，产生新的结构设计方案；

7）对新设计方案进行结构再分析，判断优化是否收敛，如未收敛，则 $K=K+1$，转 4；

8）在 ANSYS 中显示优化后的结构设计方案，优化结束.

7.5.2 关键命令流

结构优化的数学模型命令流文件的内容因不同产品和不同优化问题而异，下面给出一些关键命令流段落，可通过 ANSYS 界面操作(GUI)在后台生成命令流文件或利用 ANSYS 参数化语言 APDL 直接在后台编写命令流文件.

1. 设计变量的选取

GUI： Main Menu＞Design Opt＞Design Variables…
点击 ANSYS 用户界面的[Add…]，进入 Define a Design Variable 对话框，选择要设为第一设计变量的参数，并设置其上下限和误差值，点击[Apply]依次设置其他变量.

命令流：

OPVAR，BL，DV，40，300，0.01，——设置参数 BL 为设计变量

OPVAR，GH，DV，35，335，0.01，——设置参数 GH 为设计变量

……

2. 优化目标的选取

GUI： Main Menu＞Design Opt＞Objective…

进入 Define Objective Function 对话框，选择要设为优化目标的参数，并设置其误差值，点击[OK].

命令流：

OPVAR，WT，OBJ，，，0.01，——设置结构重量 WT 为优化目标

3. 约束的选取

GUI： Main Menu＞Design Opt＞State Variables…

点击[Add…]进入 Define a State Variable 对话框，选择要设为约束的参数，并设置其上下限和误差值，点击[Apply].

命令流：

OPVAR，MISES，SV，，180，0.01，——设置特征应力 MISES 为约束

4. 结构重量的提取

GUI：

1）Main Menu＞General Postproc＞Element Table＞Define Table＞add…

定义单元表（如 EVOL），选择 Geometry 和 Elem volume VOLU，OK

2）Main Menu＞General Postproc＞Element Table＞Sum of Each Item…
3）Utility Menu＞Parameters＞Get Scalar Data…
选择 Results data 和 Elem table sums，OK，设定单元表加和值为 VTOT，
4）Utility Menu＞Parameters＞Scalar Parameters…
将密度设为参数，如 DENS = 7.85E-6，
5）定义重量等于提取数据乘以密度，WT = VTOT* DENS

命令流：

ETABLE，EVOL，VOLU，
SSUM
*GET，VTOT，SSUM，，ITEM，EVOL
*SET，DENS，7.85E-6
*SET，WT，VTOT*DENS

5. 应力的提取

（1）最大应力的提取

GUI： Utility Menu＞Parameters＞Get Scalar Data…
选择 Results data 和 Global measures，OK；
选择 Stress 和 von Mises SEQV，设定最大应力为 VONM，OK

命令流：

NSORT，S，EQV
*GET，VONM，SORT，MAX

（2）某节点应力的提取

GUI： Utility Menu＞Parameters＞Get Scalar Data…
选择 Results data 和 Nodal results，OK；
设定节点应力（如 VN1），输入节点编号，选择 Stress 和 von Mises SEQV，OK

命令流：

*GET，VN1，NODE，1，S，EQV

6. K 次均方根特征应力 MISES 的设置（如 K = 6）

GUI： Utility Menu＞Parameters＞Scalar Parameters…
假设已经提取五个应力值 VN1、VN2、VN3、VN4、VN5，输入：
VN16 = （VN1）**6
VN26 = （VN2）**6
VN36 = （VN3）**6
VN46 = （VN4）**6
VN56 = （VN5）**6
VNA = VN16 + VN26 + VN36 + VN46 + VN56
MISES = （VNA/5）**（1/6）

命令流：

```
*SET，VN16，（VN1）**6
*SET，VN26，（VN2）**6
*SET，VN36，（VN3）**6
*SET，VN46，（VN4）**6
*SET，VN56，（VN5）**6
*SET，VNA，VN16 + VN26 + VN36 + VN46 + VN56
*SET，MISES，（VNA/5）**（1/6）
```

7.5.3 ANSYS 的参数化语言 APDL

APDL 是 ANSYS Parametric Design Language 的缩写，即 ANSYS 参数化设计语言. 它是一种类似 FORTRAN 的解释性语言，提供一般程序语言功能，如设定参数、宏、标量、向量及矩阵运算、分支、循环、重复及访问 ANSYS 有限元数据库等，另外还提供简单界面定制功能，实现参数交互输入、界面驱动和运行应用程序等.

利用 APDL 的程序语言与宏技术组织管理 ANSYS 的有限元分析命令，实现参数化建模、施加参数化载荷与求解以及参数化后处理结果的显示，从而实现参数化结构有限元分析的全过程. 在 ANSYS 的有限元分析过程中，运用 APDL 语言几乎所有的设计量，如厚度、长度、半径等几何尺寸、材料特性、载荷位置与大小等都可以用变量参数表示. 只要改变这些变量参数的赋值，就能获得不同设计方案的分析过程，极大地提高分析效率.

实际上，ANSYS 的所有运行都是按 APDL 语言的命令流文件进行的. 该命令流文件可通过两种方式生成，一种是在用户通过 ANSYS 界面与菜单操作时 ANSYS 后台会自动生成相应的命令流，另一种是用户直接在 ANSYS 后台用 APDL 语言编写命令流文件. 当然，后者需要用户较好地掌握 ANSYS 操作、对应的 APDL 语言以及命令流编写技术.

APDL 是 ANSYS 与导重法结合进行结构优化设计的基础，只有创建了参数化的分析优化命令流文件，参数化设计变量、优化目标、约束及其函数表达，才能对结构参数进行优化，达到结构优化设计的目的.

8　结构优化导重法在机械产品设计中的应用

§ 8.1　双模轮胎硫化机结构的有限元分析与优化设计

8.1.1　硫化机结构优化设计问题

某型号双模轮胎硫化机结构简图如图 8-1 所示，横梁 1 和底座 2 通过齿轮 3、连杆 4 相连，在齿轮传动机构处于如图位置时，施加于轮胎硫化模的定型压力可达 175t，优化前横梁与底座中点 5、6 的挠度过大，造成橡胶流出轮胎飞边等生产质量问题，企业对该硫化机的横梁与底座结构提出了提高结构刚度以改善产品质量，减少结构重量以降低材料成本的优化设计任务.

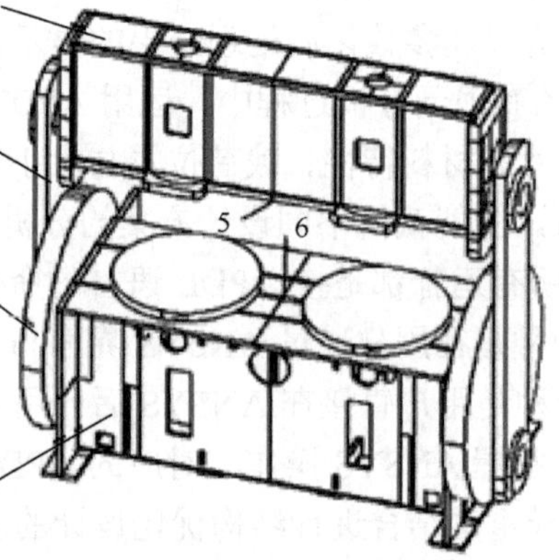

图 8-1　双模轮胎硫化机的结构简图

该硫化机结构优化设计的两种对偶提法如下：

1）在横梁、底座结构重量不超过其原结构重量的前提下，使横梁、底座中点 5、6 挠度最小化，相应的结构优化设计数学模型为

$$
\begin{cases}
\text{Find} \quad \boldsymbol{X}=[x_1,x_2,\cdots,x_N]^{\mathrm{T}} \\
\min \quad f(\boldsymbol{X}) \\
\text{s. t.} \quad W(\boldsymbol{X})\leqslant W_0 \\
\qquad\quad x_{i\ \min}\leqslant x_i\leqslant x_{i\ \max} \quad (i=1,2,\cdots,N)
\end{cases}
$$

2）在保证横梁、底座挠度不超过允许挠度的前提下，使硫化机的结构重量最轻化，相应的结构优化设计数学模型为

$$\begin{cases} \text{Find} & \boldsymbol{X}=[x_1,x_2,\cdots,x_N]^{\mathrm{T}} \\ \min & W(\boldsymbol{X}) \\ \text{s. t.} & f(\boldsymbol{X})\leqslant f_0 \\ & x_{n\ \min}\leqslant x_n\leqslant x_{n\ \max} \quad (n=1,2,3,\cdots,N) \end{cases}$$

其中，$x_1,x_2,\cdots,x_N$ 为结构优化设计变量，由于硫化机结构为板结构，设计变量取为可变化的板构件厚度 t_i 和外形尺寸，$W(\boldsymbol{X})$为重量，$f(\boldsymbol{X})$为挠度，W_0为结构初始重量，f_0为允许挠度.

下面给出该硫化机横梁结构的优化设计过程.

8.1.2 横梁初始结构的有限元分析

1. 结构有限元分析模型

采用 ANSYS 软件对横梁初始结构进行有限元分析，图 8-2 为横梁初始结构有限元分析模型. 由于该结构左右对称，分析时可只剖取二分之一进行计算，根据承受对称载荷的对称结构位移必然对称的特点，可求得整个结构的位移. 二分之一结构共有 22 530 个节点，12 254 个单元，轴体采用 8 节点六面体单元，横梁体采用 10 节点四面体单元. 横梁结构分析模型简化了一些对整体强度、刚度影响很小的倒角、小孔、小凸台. 将施加于轮胎硫化模的 175t 定型压力简化为施加于模板的均布压力，要真实地模拟连杆轴承与横梁轴的实际连接情况，应采用接触副进行接触非线性分析. 为简化计算，将轴承对轴的作用等效为轴外径向受压弹簧元对轴的作用，弹簧元的刚度由连杆刚度求得.

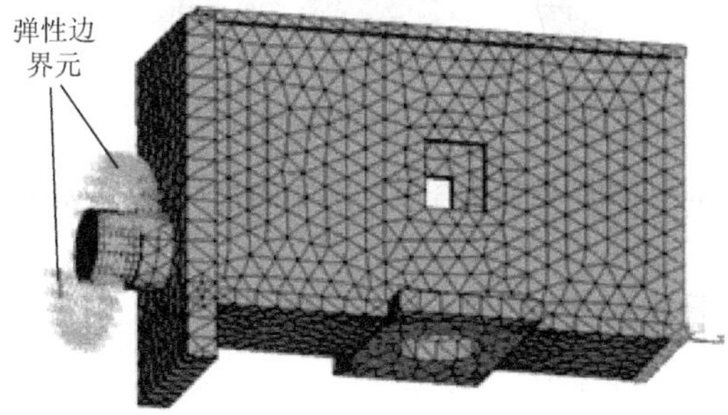

图 8-2 横梁初始结构有限元分析模型

2. 横梁初始结构有限元分析

使用上述结构有限元分析模型，对横梁初始结构进行有限元分析计算.

图 8-3、图 8-4 分别为结构外部与内部垂直位移分布云图. 可以看出，横梁下中点的最大挠度值达到 1.799mm.

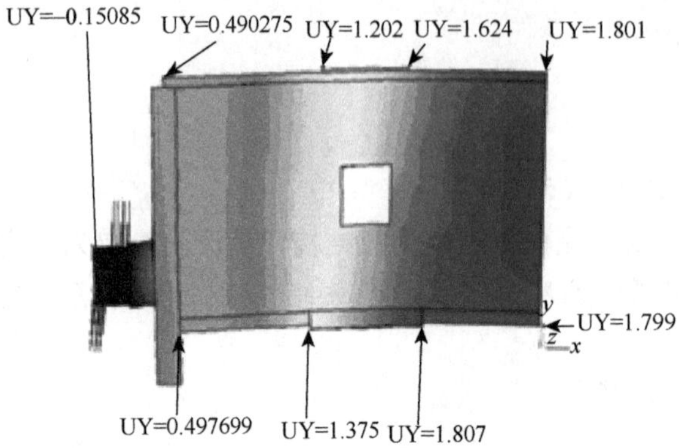

图 8-3 横梁外部垂直位移分布云图（单位：mm）

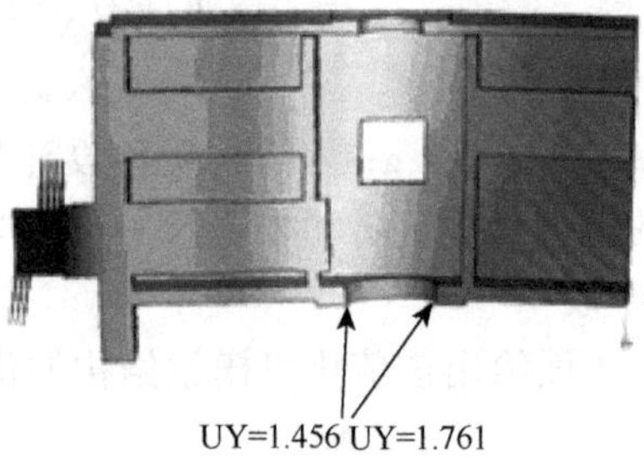

图 8-4 横梁内部垂直位移分布云图（单位：mm）

图 8-5 为横梁结构复合应力（第四强度理论等效应力）分布云图. 可以看出，由于横梁受到定型压力与连杆拉力构成的弯矩作用发生弯曲变形，上下板从两边到中间所受的拉应力与压应力越来越大，前后腹板从两边到中间所受的剪应力越来越小.

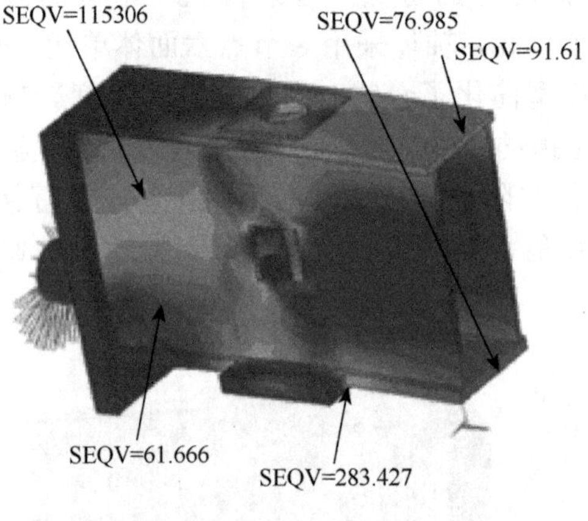

图 8-5 横梁结构复合应力分布云图（单位：MPa）

8.1.3 横梁结构挠度最小化优化设计

1. 设计变量

横梁结构优化设计的设计变量取为顶板厚度、腹板厚度、底板厚度、筋板厚度、隔板厚度、侧板厚度、轴直径、横梁宽度、横梁高度等 20 个构件尺寸与结构几何外形设计变量.

2. 优化目标

横梁结构梁挠度最小化优化设计的优化目标为使横梁对称截面下方中点 5 的 Y 向位移，即横梁挠度最小化.

3. 约束条件

横梁结构优化设计的约束条件为：

1）结构重量不超过初始结构重量；

2）板厚下限为12mm. 板厚数值只能取材料手册给出的钢板厚度序列离散数值：

12、13、14、15、16、17、18、19、20、21、22、25、26、28、30、32、34、36、38、40、42、45、48、50、52、55、60、65、70、75、80……

3）横梁高度、厚度变化不大于20%.

4. 优化设计方法

采用基于导重法和 ANSYS 的结构优化软件 SOGA1，利用 ANSYS 进行结构分析与差分敏度分析计算，利用导重法进行结构优化迭代计算，在 SOGWM 的输入文件中令 KWF = 2 进行结构性能优化设计.

5. 横梁挠度最小化迭代计算

求横梁构件板厚、轴径与横梁外形尺寸设计方案，最小化横梁挠度，满足结构重量不超过初始结构总重量约束和板厚与外形尺寸取值范围约束.

横梁初始结构总重量 2.52t，二分之一总重量 1.26t；横梁挠度指横梁对称截面下面中点 5 垂直向上的位移.

表 8-1 给出横梁结构挠度最小化迭代计算历程，u_y 为挠度，W 为二分之一结构重量. 其中，$K = 0$ 列为初始设计，$K = 1$～5 为迭代过程的中间设计，它们都满足主要约束，可作为产品设计的参考方案.

$K = 6$ 列为挠度最小化迭代的最优设计，该设计方案二分之一结构总重量为 1.252t，满足不超过初始重量 1.26t 的约束要求；该最优设计方案的挠度从初始结构的 1.799mm 减少为 0.995 8mm，优化效果十分显著.

表 8-1　横梁结构挠度最小化迭代历程　　（单位：mm）

K	0	1	2	3	4	5	6
x_1	45	36.09	29.13	28.66	23.51	24.54	25
x_2	60	57.85	59.50	64.37	63.02	65.76	65
x_3	45	57.72	66.35	75.59	71.74	74.88	80
x_4	32	26.17	23.74	23.24	21.25	22.18	22
x_5	32	37.36	45.43	53.91	59.29	61.87	65
x_6	32	46.84	58.32	65.11	72.88	76.06	75
x_5	32	25.23	22.59	0	0	0	0
x_8	32	23.96	18.75	0	0	0	0
x_9	20	22.54	25.60	28.59	29.90	31.20	35

续表

K	0	1	2	3	4	5	6
x_{10}	20	22.44	25.10	26.86	26.34	27.48	30
x_{11}	20	17.97	16.29	15.20	11.99	12.51	12
x_{12}	80	71.17	69.24	72.08	70.75	73.83	80
x_{13}	80	65.82	49.66	0	0	33.40	32
x_{14}	32	43.21	36.01	33.29	25.37	26.46	25
x_{15}	32	27.54	22.32	19.53	14.16	14.77	15
x_{16}	382	382	382	382	363.7	363.7	360
x_{17}	774	774	774	774	882.65	882.65	915
x_{18}	204	204	204	204	186.92	190.96	185
x_{19}	225	225	225	225	260.73	266.36	290
x_{20}	225	225	225	225	216.80	221.48	150
u_y	1.799	1.577 8	1.452 5	1.356 2	1.145 2	1.107 6	0.995 8
W/t	1.260	1.253 6	1.256	1.249 7	1.259 9	1.255 2	1.252 0

6. 横梁最小挠度设计方案的有限元分析

(1) 优化后横梁结构特点

表 8-1 中 $K=6$ 为横梁结构最小挠度设计方案，其结构形状如图 8-6、图 8-7 所示. 该方案的结构特点为顶板与底板从两边到中间厚度增加，前后腹板从两边到中间厚度减少，水平筋板退化消失，横梁中段腹板开孔，横梁体加高.

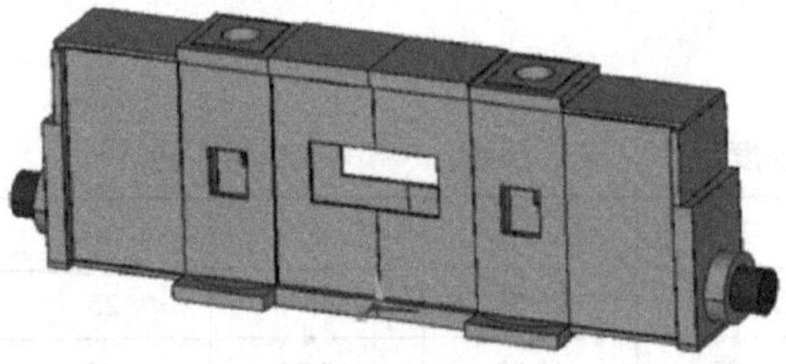

图 8-6 横梁最小挠度设计结构外形

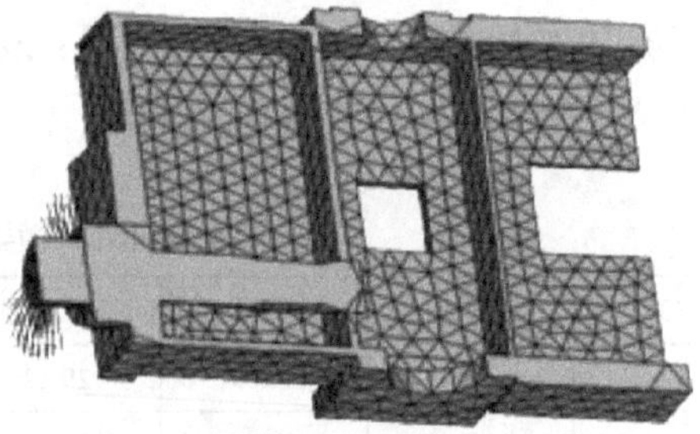

图 8-7 横梁最小挠度设计结构内部

根据优化前初始结构的应力分布，不难理解优化前后结构的变化：由于优化前横梁上下板从两边到中间的应力越来越大，为充分利用材料，优化设计后横梁上下板的中段加厚，两边减薄；由于优化前横梁前后腹板从两边到中间应力越来越小，优化设计后横梁腹板两边加厚，中段减薄，横梁正中间甚至可以开孔，开孔处用企业铭牌封盖，既不影响美观，又减轻了结构重量；由于优化前横梁内部加强筋板应力很小，优化后横梁内部水平加强筋板退化消失；由于优化前横梁轴外部应力大于内部应力，优化后梁轴外部直径大于内部直径. 可见，结构优化设计的实质就是结构材料的自动合理分配.

（2）横梁结构最小挠度设计的位移分布

图 8-8、图 8-9 分别为横梁结构最小挠度设计外部与内部的位移分布云图. 可以看出，横梁挠度普遍减小，横梁下中点的最大挠度值从初始设计的 1.799mm 减小为 0.996mm.

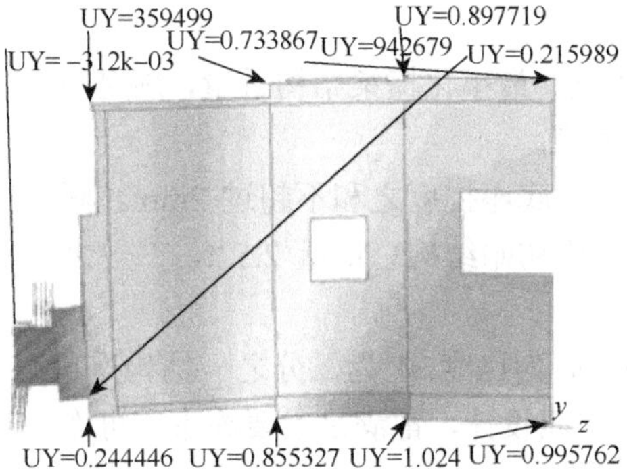

图 8-8　横梁最小挠度设计结构外部位移分布云图（单位：mm）

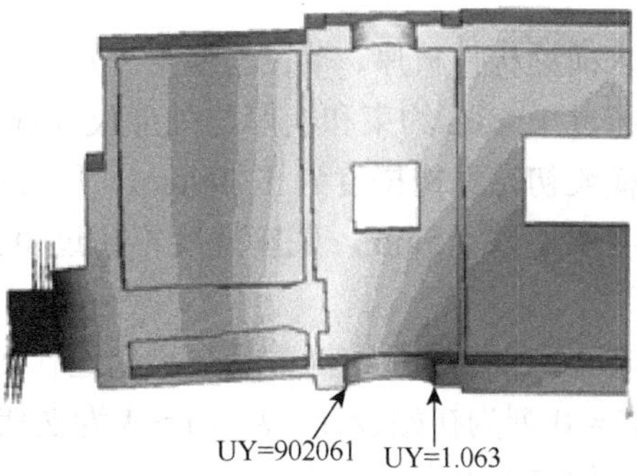

图 8-9　横梁最小挠度设计结构内部位移分布云图（单位：mm）

（3）横梁结构最小挠度设计的应力分布

图 8-10 为横梁结构最小挠度设计的复合应力（第四强度理论等效应力）分布云图. 可以看出优化后横梁结构的复合应力普遍减小，并趋于均匀分布.

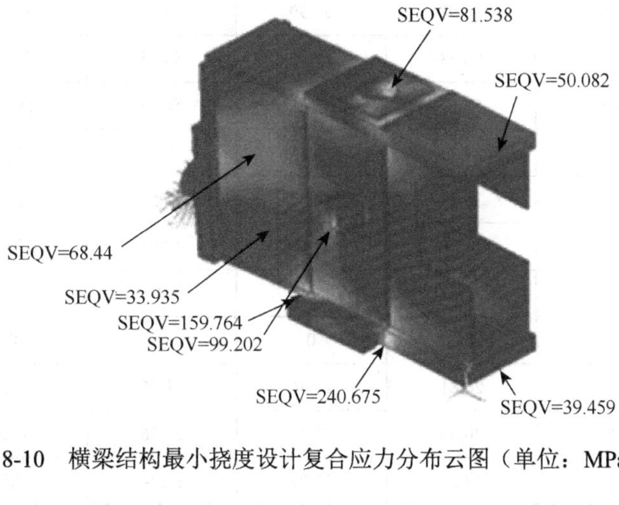

图 8-10　横梁结构最小挠度设计复合应力分布云图（单位：MPa）

8.1.4　横梁结构重量最小化优化设计

1. 横梁结构重量最小化优化设计

设计变量与挠度最小化的设计变量相同，优化目标为使横梁结构总重量最小化；约束条件为横梁下方中点的挠度不超过 1.5mm，还有板厚下限 12mm 和板厚取离散值以及横梁高度、厚度变化范围约束与前挠度最小化设计相同；优化工具仍采用基于导重法和 ANSYS 的结构优化软件 SOGA1，在 SOGWM 的输入文件中令 KWF = 1 进行轻量化优化设计.

2. 横梁重量最小化迭代计算

求横梁构件板厚、轴径与横梁外形尺寸设计方案，最小化横梁结构重量，满足横梁挠度不超过 1.5mm 约束和板厚与外形尺寸取值范围约束.

横梁初始结构挠度为 1.799mm，厂方要求横梁与底座挠度之和不超过 2mm，限定横梁挠度不超过 1.5mm，底座挠度不超过 0.5mm. 横梁初始结构总重量 2.52t，二分之一总重量为 1.26t.

表 8-2 给出横梁结构重量最小化迭代计算历程，u_y 为挠度，W 为二分之一结构重量. 其中，$K = 0$ 列为初始设计，$K = 1 \sim 4$ 为迭代过程的中间设计，都满足主要约束，可作为产品设计的参考方案.

$K = 5$ 为重量最小化的最优设计方案. 最优设计方案的挠度为 1.479 9mm，满足横梁挠度不超过 1.5mm 的约束条件，该设计方案二分之一结构总重量从初始方案的 1.26t 减少到 0.939 6t，减少重量 25.4%，优化效果十分显著.

表 8-2　横梁结构重量最小化迭代历程　（单位：mm）

K	0	1	2	3	4	5
x_1	45	34.98	33.90	28.16	26.21	22
x_2	60	56.63	59.43	50.85	47.80	45
x_3	45	52.59	58.32	56.09	59.56	60
x_4	32	24.73	24.15	19.42	17.86	15
x_5	32	35.44	40.22	43.56	46.01	45
x_6	32	41.06	47.99	49.05	50.08	50
x_5	32	25.27	0	0	0	0
x_8	32	24.50	0	0	0	0
x_9	20	20.81	22.86	21.56	21.58	25
x_{10}	20	20.69	22.37	20.56	20.10	22
x_{11}	20	17.24	17.07	13.74	12.33	12
x_{12}	80	67.35	66.06	68.99	71.60	70
x_{13}	80	56.27	0	49.38	42.35	25
x_{14}	32	25.68	24.64	20.25	17.94	18
x_{15}	32	23.58	22.11	16.83	14.85	12

续表

K	0	1	2	3	4	5
x_{16}	382	330.0	300.3	350	380	380
x_{17}	774	872.2	900	900	875	875
x_{18}	204	193.77	178.44	158.87	166.21	165
x_{19}	225	237.44	259.84	238.55	259.26	260
x_{20}	225	174.64	157.71	113.85	104.66	100
u_y	1.799 5	1.608 8	1.511 5	1.546	1.506 1	1.479 9
W/t	1.26	1.093 3	1.007 9	0.942 8	0.952 2	0.939 6

3. 横梁最小重量设计方案的有限元分析

（1）优化后横梁结构特点

表 8-2 中 $K = 5$ 为横梁结构最小重量设计方案，其二分之一结构外形与网格划分、约束加载如图 8-11、图 8-12 所示. 该方案的特点是顶板与底板从两边到中间厚度增加，前后腹板从两边到中间厚度减少，水平筋板退化消失，横梁中段腹板开孔，横梁体加高.

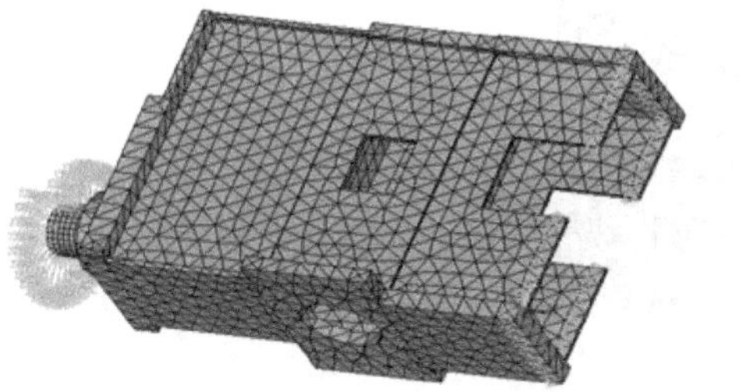

图 8-11 横梁最小重量设计结构外形

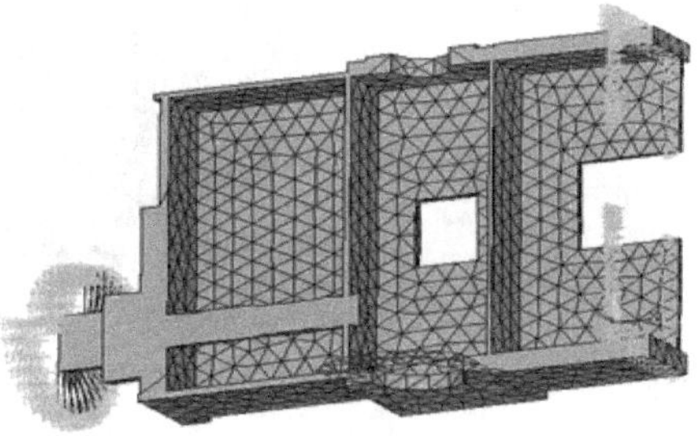

图 8-12 横梁最小重量设计结构内部

将图 8-12 与图 8-7 比较可以看出，横梁最小重量设计与横梁最小挠度设计优化前后结构的变化规律相同：也是上下板的中段加厚，两边减薄；腹板两边加厚，中段减薄，横梁正中间可以开孔，水平加强筋板退化消失；梁轴外部直径大于内部直径，这是由优化设计前结构的应力分布相同决定的. 所不同者仅为横梁最小重量设计同一位置的板厚、直径等构件尺寸均小于横梁最小挠度设计的构件尺寸，这是由最小重量设计具有更小的结构重量决定的.

由此可见，虽然结构优化设计的两种对偶模型优化目标与主要约束发生了对调，但二者的实质都是结构材料的合理分配.

（2）横梁结构最小重量设计的位移分布

图 8-13 为横梁结构最小重量设计的位移分布云图. 可以看出，横梁下中点的最大挠度值等于 1.48mm，满足横梁挠度不超过 1.5mm 约束条件.

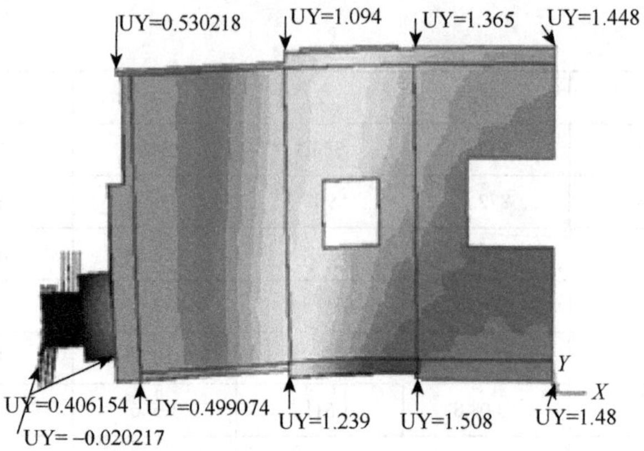

图 8-13　横梁结构最小重量设计位移分布云图（单位：mm）

（3）横梁结构最小重量设计的应力分布

图 8-14 为横梁结构最小重量设计的复合应力分布云图. 可以看出，优化后横梁结构的复合应力趋于均匀分布.

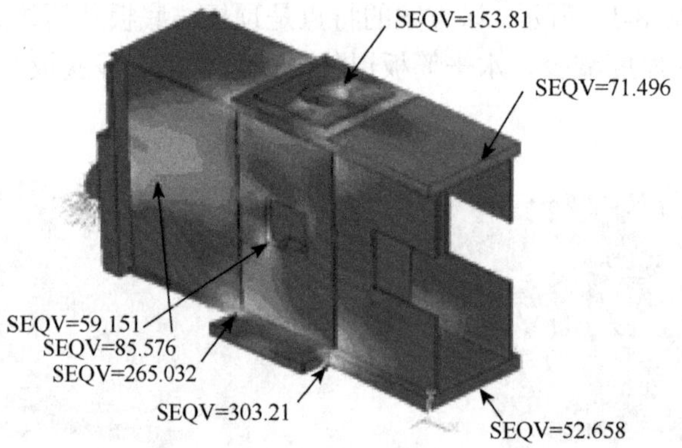

图 8-14　横梁结构最小重量设计的复合应力分布云图（单位：MPa）

8.1.5　结语

我们也对底座结构进行了最小挠度与最小重量优化设计，取 14 个设计变量分别使挠度减少了 71%，重量减少了 23%，优化效果也十分显著. 此外，还对该企业的其他型号轮胎硫化机进行了优化设计，同样取得了显著的优化效果. 限于篇幅，不再赘述.

本例生动地说明了结构优化是利用现代结构优化设计理论和计算机自动寻求最优结构设计方案的现代设计方法. 结构优化设计实质是结构材料的合理分配.

实践证明，ANSYS 与导重准则结合法是一种很实用的工程结构高效优化方法，其优越性在于：充分发挥了 ANSYS 软件建模、求解、输出方便和导重法收敛快、优化效率高的优点，一般只需 5 到 7 次迭代即可求得满足工程实际的优化设计方案.

只有数学理论意义上的最优设计，实际工程中不存在最优设计. 这是因为工程中要考虑多种目标和各种客观条件限制，这些目标和限制往往是相互制约的. 给出的最优设计方案具有理论指导意义，厂方根据本文给出的最优设计方案并综合考虑各种因素提出了更加符合工程实际的设计方案，对该方案我们又采用 ANSYS 进行了分析计算，与原来的初始结构方案相比，仍取得了很好的优化效果.

§ 8.2 散装水泥车结构的有限元分析与优化设计

8.2.1 概述

随着国家有关限制使用袋装水泥规定的实施，业内专家预测，散装水泥运输车辆的需求将在近几年内保持每年 30%以上的增长速度. 由于散装水泥运输车生产厂家多，导致利润很低，因此生产厂家要在“全面治理超载”的环境下增加效益和竞争力，必须降低产品成本，提高产品设计质量. 某企业生产的半挂式圆锥马鞍形双轴散装水泥车如图 8-15 所示，结构剖面如图 8-16 所示，罐体内部由滑料板和筛形板及帆布隔开的气室与料仓组成. 散装水泥由罐体顶部的进料口装入料仓，运到工地卸载时，将 2 个大气压的空气由罐外管道充入气室，高压空气穿过筛形板及铺设于其上的帆布层，使水泥在气流作用下呈半流体状顺滑料板流下，从出料口泻出，输出到水泥塔内. 滑料板与罐壁间有加强筋支撑，料仓内左右有六根拉杆固定在左右罐壁间（图 8-16 圆圈处）.

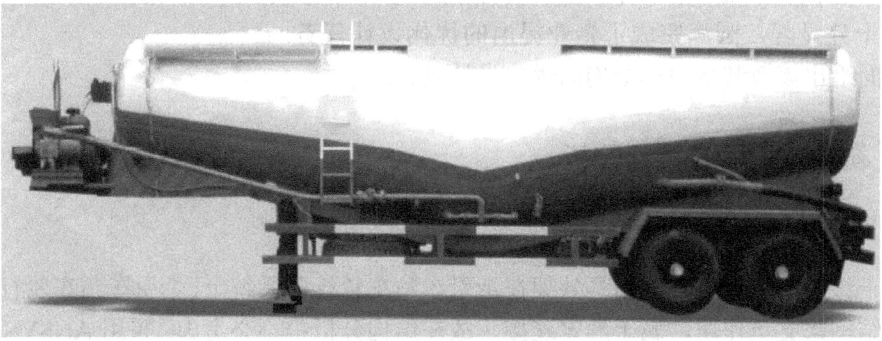

图 8-15 二轴散装水泥车

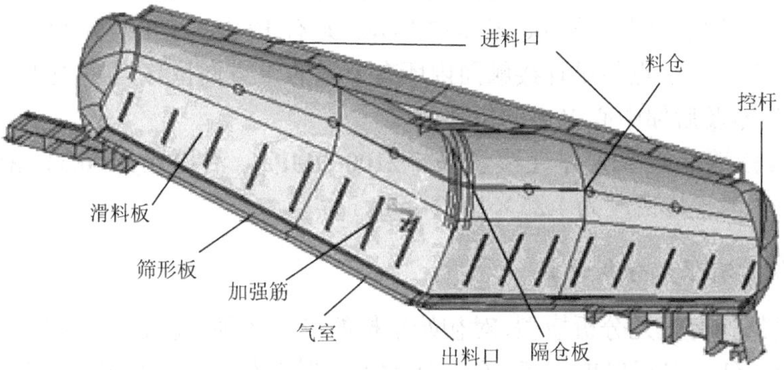

图 8-16 二轴散装水泥车结构剖面

结构承受的主要载荷为水泥的自重载荷、卸载时气压和水泥自重的共同作用以及运输时的惯性载荷.

优化设计前该散装水泥车结构重量重于其他企业产品，结构强度差，常产生局部破坏，产品市场竞争力差. 该企业希望通过结构优化设计，在保证结构强度的条件下，减轻结构重量，以节省材料成本，提高产品市场竞争力.

首先，测试了该散装水泥车在满载、充压两种工况下的结构应力. 接着使用 ANSYS 对该散装水泥车结构进行参数化建模和 4 种工况的有限元分析，分析计算结果的应力数据与测试结果数据基本一致. 计算结果表明：原始结构不但自重偏大，而且有关工况下的变形位移与应力均很大，在最常见的水泥静载与充压两种重要工况下，最大（集中）应力均为许用应力的 1～3 倍. 说明原始设计未能合理使用材料，很有必要进行优化设计.

其次，对该散装水泥车进行了罐体形状布局调优，给出了既可减少自重、又能减少应力集中的罐体形状，增加了滑料板纵向筋板. 通过形状与布局优化，不但使罐体容积从 $33m^3$ 上升到 $36.56m^3$，自重从 7.166t 下降为 6.834t，而且两种主要工况的最大（集中）应力从 383MPa 减少到 254.4MPa.

最后采用以 ANSYS 为分析器的结构优化导重法软件 SOGA1，进行了结构构件尺寸自动优化，使结构自重与两种主要工况应力大幅度下降. 与结构优化前的原散装水泥车相比，在两种主要工况最大（集中）应力从 383MPa 减少到许用应力 180MPa 范围内的同时，容积从 $34m^3$ 上升到 $36.56m^3$，自重从 7.166t 下降到 4.7t，减轻重量 34.4%，优化效果十分显著，圆满完成了企业提出的优化设计任务.

下面给出该散装水泥车结构的优化设计过程.

8.2.2 初始结构的有限元分析

1. *初始结构有限元分析模型*

由于该结构在牵引点与吊耳处架在牵引车与车轮行驶系统上，牵引车与车轮行驶系统只对该结构起支承作用，属于静定连接，故在结构分析中不必考虑. 采用 ANSYS 软件对该散装水泥车结构进行有限元分析. 由于罐体由钢板焊接而成，相对整体尺寸板厚很小，因此采用板壳单元（Shell 63）；行走板支柱和罐内拉杆，则采用梁单元（Beam 18）. 其节点单元划分后的离散网格结构如图 8-17 所示. 共有 12 883 个节点，27 597 个板壳单元. 结构的承载约束为牵引点与吊耳接触面内所有节点的 Y 方向位移为零，定位约束为牵引点 X、Z 向位移为零及后部中心 X 方向位移为零.

钢板材料特性参数取为弹性模量 $E = 210000\text{MPa}$，泊松比 $\mu = 0.3$，密度 $\rho = 7.85\times10^{-6}\text{kg/mm}^3$，水泥平均密度为 $1.25\times10^{-6}\text{N/mm}^3$.

2. *初始结构有限元分析计算*

使用上述结构有限元分析模型，对初始结构的以下 4 种工况进行有限元分析计算：(a) 结构自重载荷；(b) 水泥自重载荷；(c) 运动中的惯性载荷；(d) 罐内气室充 2 个大气压时的气压与水泥自重的合成载荷. 下面给出以下两种主要工况的分析计算结果.

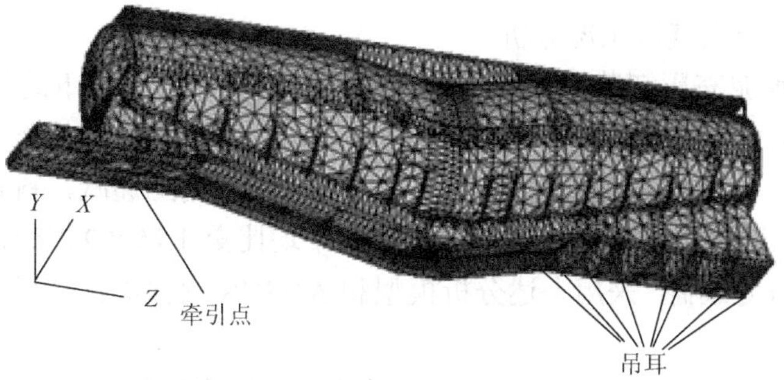

图 8-17　初始结构有限元分析模型

（1）水泥静载工况分析

水泥静载工况指罐内装满水泥，车体静止不动时，结构只承受水泥重力载荷的作用. 采用上述分析模型和 ANSYS 软件进行分析，计算结构的位移和应力，结果如下：

结构最大位移值为 10.47mm，发生在滑料板上，位移分布云图见图 8-18，该图滑料板位移变形已突出到罐体外，这是由于图中位移比例设置过大所致.

结构最大复合应力值为 383.852MPa，发生在滑料板与筋板接触点，复合应力分布云图见图 8-19. 该结构 Y 方向支反力之和为 4.1704×10^{-7}N，由水泥比重可求得罐体容积为 34.044m^3，所装水泥重量为 42.56t.

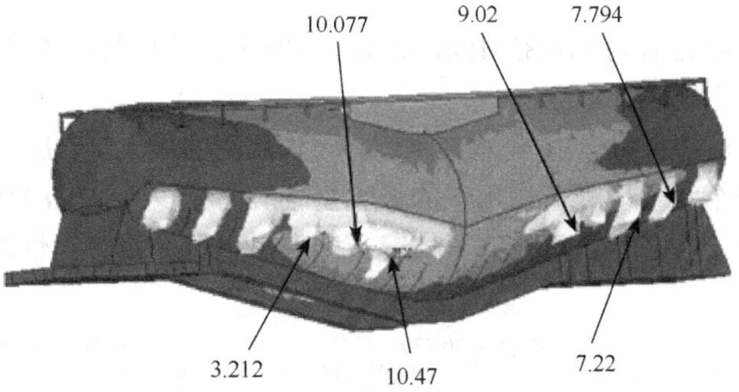

图 8-18　水泥静载工况位移分布云图（单位：mm）

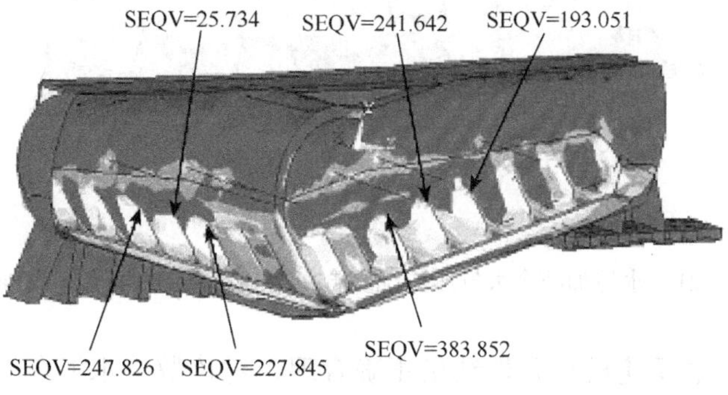

图 8-19　水泥静载工况复合应力分布云图（单位：MPa）

（2）水泥加两个大气压工况分析

本工况模拟水泥充压卸载时的载荷情况. 滑料板与筛形板之下的气室内加压两个大气压 0.2MPa，当气体从气室经帆布进入料仓时，由于筛形板帆布的阻隔，滑料板与筛形板上面压力降为 0.185MPa，料仓内由于水泥自重，压力向上递减，料仓内上下压力差正好托起水泥重量，即料仓内气压梯度应等于水泥平均比重 $1.25\times9.8\times10^{-6}\text{N/mm}^3$，由此可计算出料仓内壁压力载荷. 采用上述分析模型和 ANSYS 软件进行分析，计算结构的位移和应力，结果如下：

结构最大位移值为 4.825mm，发生在滑料板上，位移分布云图见图 8-20.

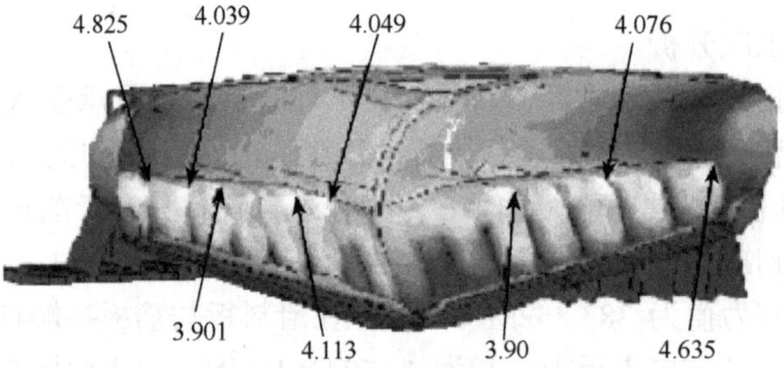

图 8-20　水泥加两个大气压工况位移分布云图（单位：mm）

结构最大复合应力值为 176.85MPa，较大应力发生在拉杆与罐体接触点——隔仓板内沿. 复合应力分布云图见图 8-21.

由图 8-19 和图 8-21 可以看出，结构在水泥自重作用下的最大复合应力值为 383.852MPa，而结构在水泥加两个大气压载荷作用下的最大复合应力减少为 176.84MPa. 这是由于二轴车罐体中间截面为正圆形状，可在充压情况下表现出更好的抗张力性能.

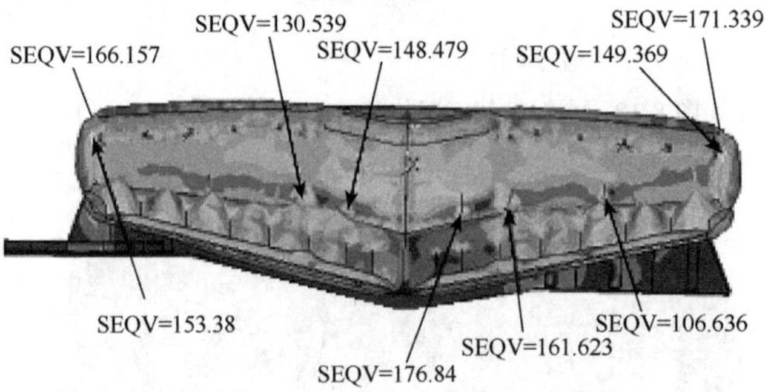

图 8-21　水泥加两个大气压工况复合应力分布云图（单位：MPa）

为确保结构有限元建模与分析结果正确合理，对该散装水泥车在水泥自重和 2 个大气压＋水泥自重载荷两种工况下的变形进行测试，测试结果与计算结果相比，80%

测试点的测试结果与有限元分析结果基本吻合，误差在合理范围内. 少数测试点误差较大，主要是由于被测车是旧车，测试点位置有明显损伤所致.

8.2.3　结构优化设计

结构优化设计分两步进行. 第一步，形状优化. 在罐体容积达到厂方要求，外形尺寸不超过限制的前提下，优化罐体外形尺寸，使其重量最小化. 第二步，构件尺寸优化. 在保证强度的前提下优化构件钢板厚度，使结构重量最轻.

1. 形状优化

形状优化的数学模型为

$$\begin{cases} \text{Find} \quad \boldsymbol{X}=[x_1,x_2,\cdots,x_N]^{\mathrm{T}} \in \mathbf{R}^N \\ \min \quad W(\boldsymbol{X}) \\ \text{s.t.} \quad V(\boldsymbol{X}) \geqslant V_0 \\ \qquad x_{i\,\min} \leqslant x_i \leqslant x_{i\,\max} \quad (i=1,2,\cdots,N) \end{cases}$$

其中，$W(\boldsymbol{X})$为结构重量，$V(\boldsymbol{X})$为罐体容积，V_0为厂方期望值，$x_1,x_2,\cdots,x_N$为罐体外形尺寸设计变量.

该散装水泥车罐体形状优化后新的结构形状如图 8-22 所示，形状优化后增加了隔仓板翼板和滑料板纵向筋板，马鞍形罐体中部 V 形槽补平，原来的碟形封头变成半球形封头，中间截面形状由圆形变为长轴向上的椭圆形，既增大容积达到厂方期望值，又提高了罐体抗弯特性. 长度从 10.32m 缩短到 8.38m，自重从 7.17t 下降到 6.83t，容积从 33m^3 上升，并达到厂方要求的 36.56m^3.

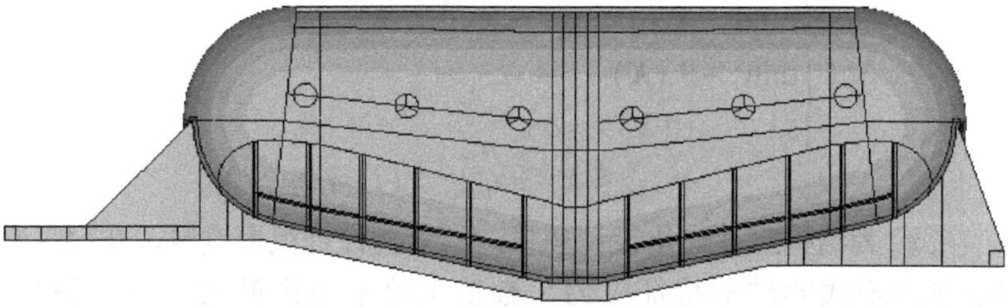

图 8-22　优化后的罐体形状

形状优化后再次进行有限元分析计算，整车应力分布有显著改善. 由于长轴向上的椭圆形截面提高了罐体抗弯特性. 水泥自重工况最大应力下降为 175.8MPa，已小于许用应力，见图 8-23；两个大气压 + 水泥自重工况最大复合应力为 254.354MPa，复合应力云图见图 8-24.

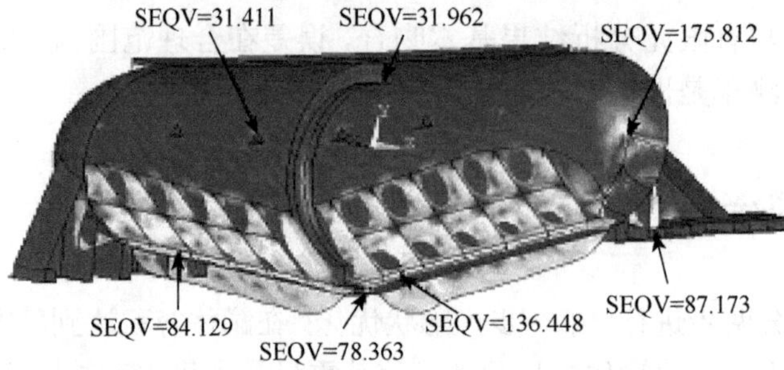

图 8-23　形状优化后水泥静载工况复合应力分布云图（单位：MPa）

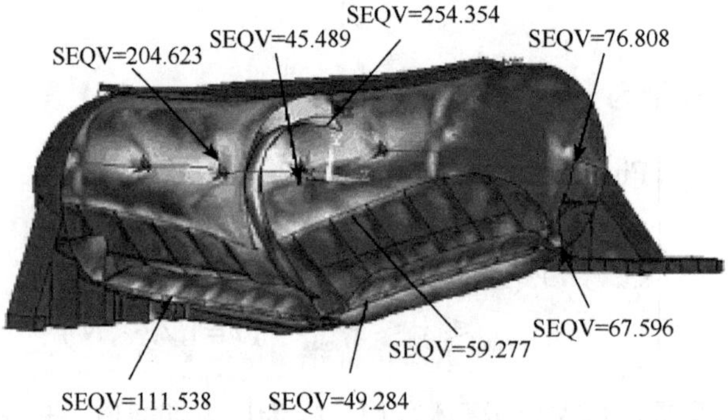

图 8-24　形状优化后水泥加两个大气压工况复合应力分布云图（单位：MPa）

由分析结果可知：对类似形状的水泥车，车身越短，中间越高，水泥引起的弯曲应力越小；圆形截面比椭圆形截面罐体在充压时，张应力较小.

2. 构件尺寸优化

1）优化模型. 构件尺寸优化的数学模型为

$$\begin{cases}\text{Find} & \boldsymbol{X}=[x_1,x_2,\cdots,x_N]^{\mathrm{T}}\in\mathbf{R}^N\\ \min & W(\boldsymbol{X})\\ \text{s.t.} & \sigma(\boldsymbol{X})\leqslant[\sigma]\\ & x_{i\min}\leqslant x_i\leqslant x_{i\max}\quad(i=1,2,\cdots,N)\end{cases}$$

其中，$x_1,x_2,\cdots,x_N$ 为结构尺寸优化设计变量，取为构件钢板厚度等，$W(\boldsymbol{X})$ 为结构重量，$\sigma(\boldsymbol{X})$ 为方根包络形式的结构特征应力，数值上等于结构最大应力，$[\sigma]$ 为许用应力 180MPa.

2）使用软件 SOGA1，采用 ANSYS 与导重法相结合的结构优化方法进行优化设计：利用 ANSYS 进行结构分析与再分析、应力与重量对设计变量的差分敏度计算，利用优秀的结构优化导重法进行优化迭代计算，在 SOGWM 的输入文件中令 KWF = 1，进行了轻量化优化设计，收到了十分显著的优化效果.

3）优化迭代历程. 经过形状优化，罐体形状尺寸不再改变，取罐体不同构件的钢板厚度作为优化设计变量（x_1～x_{20}）. 按工程实际要求，板厚设计变量的优化设计结果应取为钢材厂供应的板厚序列数值，约束为最大复合应力必须小于钢材许用应力 180MPa. 优化迭代数据结果见表 8-3.

表 8-3 构件尺寸优化迭代历程

K	0	1	2	3	4	5	圆整
x_1	140	119.5	103.4	97.79	86.15	81.84	80
x_2	85	273.6	236.2	221.3	335.0	335.0	335
x_3	200	173.3	178.5	171.1	153.1	145.5	125
x_4	25	21.56	19.92	18.68	16.78	15.94	14
x_5	6	5.166	5.199	4.986	4.427	4.206	3.5
x_6	6	5.107	4.511	4.262	3.762	3.573	3.5
X_7	6	5.245	4.499	4.272	3.749	3.562	3.5
x_8	6	5.135	4.499	4.258	3.755	3.568	3.5
X_9	10	8.490	8.084	7.595	6.835	6.494	6
x_{10}	10	8.510	7.636	7.223	6.396	6.077	6
x_{11}	5	8.978	8.730	8.196	7.896	7.549	9
x_{12}	5	4.282	4.062	3.870	3.429	3.258	3
x_{13}	5	6.666	6.058	5.718	5.186	4.933	5
x_{14}	4	3.429	3.409	3.264	3.796	3.607	5
x_{15}	10	8.533	7.620	7.237	6.356	6.038	5
x_{16}	12	10.23	9.260	8.759	7.778	7.390	7
x_{17}	5	4.412	4.626	4.306	4.488	4.264	4
x_{18}	5	4.775	5.254	5.016	6.472	6.149	6
x_{19}	5	4.259	3.824	3.621	3.206	3.045	3
x_{20}	5	4.234	3.835	3.608	3.217	3.056	3
σ	254.4	145.4	151.8	159.2	153.3	163.9	184.8
W	6.834	6.023	5.544	5.280	4.938	4.707	4.700

经过结构构件尺寸优化，结构总重量下降到 4.70t，与厂方初始方案的 7.17t 相比，降重 34.4%; 水泥自重工况最大应力为 127.27MPa，小于许用应力(图 8-25); 2 个大气压 + 水泥自重工况最大复合应力则为 184.4MPa，见图 8-26，稍大于许用应力，但在工程上仍为可用结果.

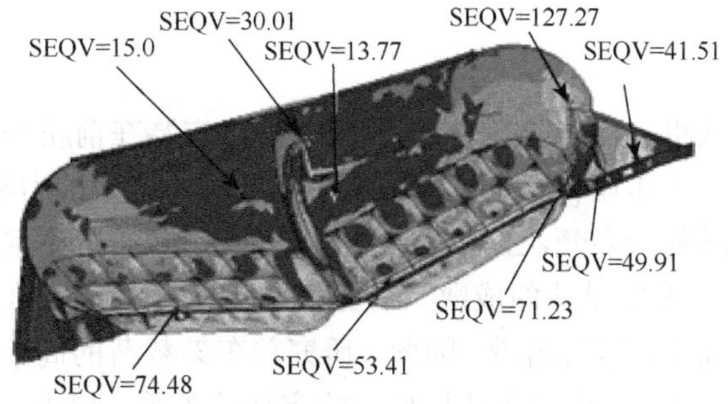

图 8-25 结构优化后水泥静载工况复合应力分布云图（单位：MPa）

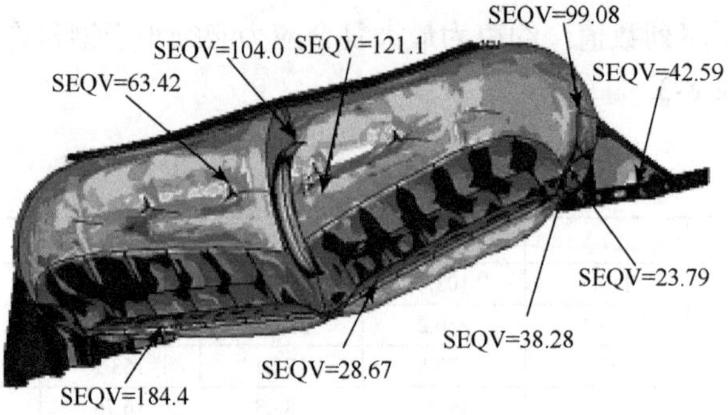

图 8-26　结构优化后水泥 + 2 个大气压工况复合应力分布云图（单位：MPa）

8.2.4　结语

我们还对该企业生产的半挂式圆锥马鞍形三轴散装水泥车（三个车轮轴）进行了有限元分析和优化设计，与结构优化前的原散装水泥车相比，在两种主要工况最大应力从 489MPa 减少到许用应力 172.8MPa 的同时，容积从 $49m^3$ 上升到 $49.56m^3$，自重还从 8.101t 下降到 6.083t，减轻重量 24.9%，同样取得了显著优化效果.

双轴车罐体截面为圆形，结构抗张力性能好，水泥自重引起的结构弯曲应力较大，水泥加气压引起的结构应力较小；三轴车罐体截面为长轴向上的椭圆形，结构抗弯性好，水泥自重应起的结构应力较小，水泥加气压引起的结构应力较大. 所以结构形状优化的结果自然是双轴车罐体截面为向长轴向上的椭圆形发展，三轴车罐体截面则向圆形发展. 结构优化设计不仅是依靠数学模型和计算机自动寻优过程，更要求设计者有清晰的数学力学分析与推理能力，方能在设计中处于主动，设计出更合理的结构.

经过优化设计后的散装水泥车强度高、重量轻，一开始企业感到优化后的结构过于薄弱，后到国外考察后发现，我们给出的结构优化设计方案的确是更合理、更先进的结构设计方案，目前企业已按优化设计方案定型、投产，创造了很好的经济效益.

§ 8.3　装载机前车架的载荷计算、结构有限元分析与优化设计

8.3.1　概述

前车架是轮式装载机（图 8-27）的重要部件，它安装在前桥与后车架之间，是支撑作业机构的基础结构，在作业和行走过程中承受作业机构传来的力和力矩（图 8-28）.

装载机的作业工况复杂多变，工况考虑得是否周全，各工况下前车架载荷计算是否正确对前车架结构分析和优化设计的成败具有至关重要的作用. 目前企业技术人员多采用人工方法计算前车架载荷，容易出错，因此，研究前车架载荷的高效可靠自动计算方法具有重要的意义. 本文根据前车架与作业机构的静定连接关系，提出一种等效结构法，利用作业机构的等效结构可快速可靠地求出各工况下前车架承受的载荷. 而后对前车架结构

进行有限元分析，得出了 15 种工况下的变形和应力分布. 再采用以 ANSYS 为分析器的导重法进行结构优化设计，使所有工况最大复合应力从 356MPa 下降到 218MPa，小于材料许用应力 220MPa，同时结构总质量下降 11.45%，圆满完成了厂方提出的优化设计降重 5%以上的要求.

图 8-27 装载机外形图

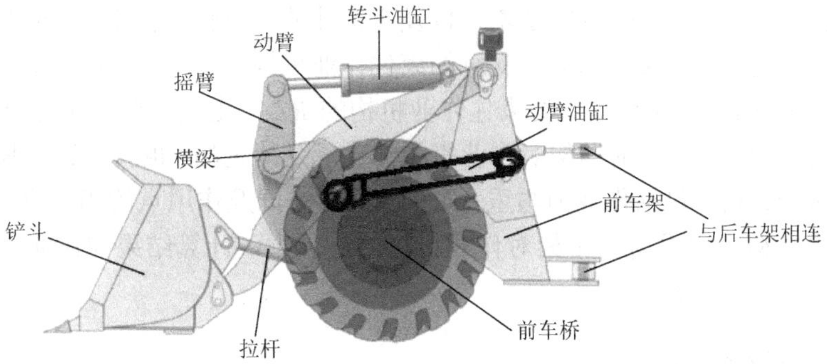

图 8-28 前车架与作业机构连接关系

8.3.2 车架载荷计算的等效结构法

1. 前车架

前车架与其他部件连接点如图 8-29 所示. 其中 A、C、D 各有左右两个点：A_1、A_2、C_1、C_2 和 D_1、D_2. 前车架通过 A_1、A_2、B、C_1、C_2 共 5 个铰接点与作业机构连接，其中 A_1、A_2 为两动臂铰接处，B 为转斗液压缸铰接处，C_1、C_2 为两动臂液压缸铰接处；前车架通过 E、F 铰接点与后车架连接，通过 D_1、D_2 铰接点与转向液压缸连接，G 点是前桥转动中心. 在对前车架进行载荷分析时，E、F、G 点作为固支约束点，D 点的载荷由转向油缸的转向力确定，而 A_1、A_2、B、C_1、C_2 点的载荷与各工况作业机构的姿态、作业力的大小相关. 因此，前车架载荷计算的关键就是确定与作业机构相连的 A_1、A_2、B、C_1、C_2 点由作业机构传来的载荷.

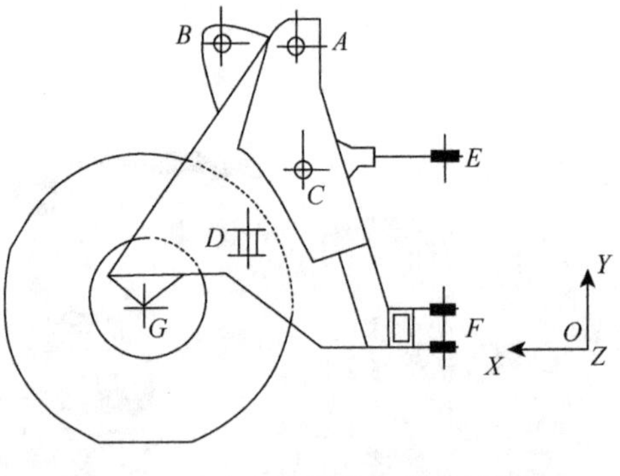

图 8-29　前车架与其他部件的连接点

2. 作业机构对前车架的静定支承

1）由于作业机构仅与前车架连接，作业力施加于作业机构时，前车架对作业机构支承力的反力就是作业机构作用于前车架 A_1、A_2、B、C_1、C_2 点的载荷.

2）作业机构共有 7 个自由度，即沿三个坐标轴的平动自由度（*UX，UY，UZ*），绕三个坐标轴的转动自由度（*RX，RY，RZ*），以及有铲斗的一个转动自由度. 前车架对作业机构的支承包括：对 A_1 与 A_2 点的对称支承约束住作业机构 *UX*、*UY*、*UZ*、*RX*、*RY* 五个自由度，对 C_1、C_2 两点的对称支承约束住作业机构的 *RZ* 自由度，对 *B* 点的支承约束住了铲斗的转动自由度. 因此，前车架对作业机构的支承是静定的. 也就是说，只要给出作业机构各构件所受载荷（包括作业力与重力）的大小、方向及作用点的相对位置，就可由作业机构的静力平衡方程求得前车架对作业机构的支承力，计算结果与作业机构构件的形状、尺寸、材料、变形无关.

3. 作业机构的等效结构

根据作业机构对前车架的静定支承特点，可构造作业机构的一种等效结构，采用该等效结构使用计算机可简便、可靠地计算作业机构对前车架的作用载荷.

该作业机构等效结构的关键在于反映作业机构各构件载荷作用点、各构件质心点、铰接点以及约束力作用点的相对位置，与作业机构的材料特性及实际尺寸的数值无关. 该等效结构可以是连接以上点的任何几何不变结构，可以是实体结构，也可以是桁架结构. 该等效结构不需要对作业机构进行详细完整的建模，它只能用于计算作业机构对前车架的作用载荷，不能用于作业机构的变形与应力强度计算. 图 8-30 为作业机构的一个等效实体结构图，图中给出了相应的各构件名称. α，h 是描述各工况姿态的参数. 给 α，h 赋予不同的数值，即可描述作业机构作业过程中的任何姿态.

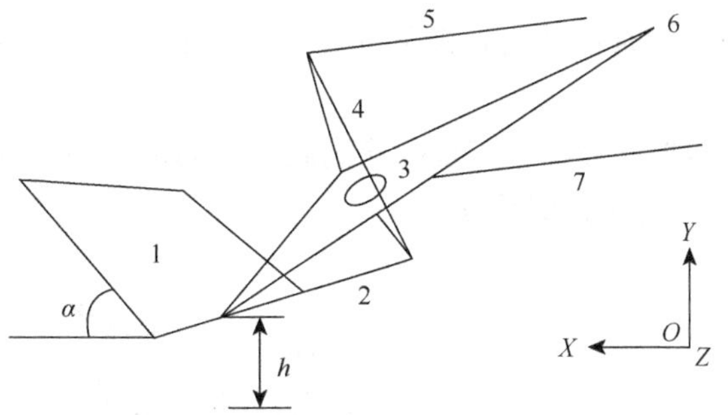

图 8-30　作业机构等效实体结构

1. 铲斗；2. 拉杆；3. 横梁；4. 摇臂；5. 转斗液压缸；6. 动臂；7. 动臂液压缸
α为铲斗底面与水平地面夹角；h 为铲斗与动臂铰接点离地面高度

4. 前车架载荷计算的等效结构法

利用任何结构分析软件（如 ANSYS）均可完成作业机构等效结构的建模，在如图 8-30 所示的等效结构模型中，拉杆和液压缸等效为杆单元，其他构件等效为实体单元. 约束住 A_1、A_2、B、C_1、C_2 点的三向位移，将工作载荷、自重载荷施加于相应点处，进行结构静分析计算，即可求出 A_1、A_2、B、C_1、C_2 点约束支承力，该约束支承力的反力就是工作机构对前车架的作用载荷.

如果采用 ANSYS 结构分析软件，利用其自带的 APDL 语言，编写上述模型的建模与求解程序，可实现前车架作用载荷求解的程序化. 用户只需输入装载机作业机构的工作载荷、物料重力，和各工况的姿态参数（α、h），即可快速求出各工况下作业机构对前车架的作用载荷（图 8-31）.

5. 装载机工况

1）倾覆掘起工况：装载机在挖掘作业中，当铲斗受作业力较大时，后轮离地，前轮着地，装载机前倾，由掘起力与整机重力对前桥力矩和为零，确定铲斗所受掘起力. 动臂缸主动发力，转斗缸闭锁.

2）水平前插工况：铲斗水平插入物料，插入力由轮胎产生的最大牵引力决定. 动臂缸与转斗缸均闭锁.

3）最大掘起力工况：转斗缸主动发力，在最大工作压力下，后轮离地，前轮与铲斗底部同时着地. 最大掘起力由转斗缸最大输出力决定，动臂缸闭锁.

4）最大掘起力 + 剩余牵引力工况：在最大掘起力工况基础上再增加剩余牵引力，发生在铲斗完全插入料堆同时收斗时，转斗缸主动发力，动臂缸闭锁.

5）动臂缸掘起工况：铲斗收斗，半高作业，动臂缸主动发力，转斗缸闭锁.

6）刮雪作业工况：铲斗为卸料状态，斗尖接触地面，牵引力作用下向前刮铲. 铲斗如碰到路面障碍，铲斗拉杆常被拉断，刮雪属于不常用危险工况，动臂缸与转斗缸均闭锁.

7）对直转向冲击工况：满斗物料时，先顺时针转向，突然反转，冲击系数为 0.5，即侧向冲击力为 0.5 倍重力.

8）转向极限工况：顺时针转向到极限位置，由于限位块作用转向突然停止，动臂缸与转斗缸均闭锁.

9）颠簸、刹车、斜坡作业综合工况：除满载行驶的重力外，再在 X、Y、Z 三方向叠加 0.5 倍重力，动臂缸与转斗缸均闭锁.

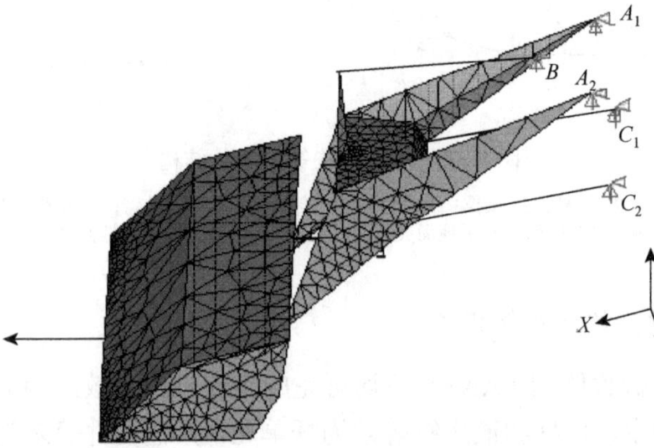

图 8-31　正载工况前车架载荷求解模型

6. 作业机构对前车架作用载荷的计算

装载机铲斗的作业载荷可简化为两种情况：一是认为载荷在铲斗前沿均匀分布，以作用在铲斗中部的集中载荷来代替，称为正载；二是由于铲斗偏铲，使载荷偏于铲斗一侧，将其简化为施加于铲斗侧边第一斗齿上的集中载荷，称为偏载. 与企业商定计算装载机如下 15 种工况：①倾覆掘起正载；②倾覆掘起偏载；③水平前插正载；④水平前插偏载；⑤最大掘起力正载；⑥最大掘起力偏载；⑦最大掘起力 + 剩余牵引力正载；⑧最大掘起力 + 剩余牵引力偏载；⑨动臂最大掘起正载；⑩动臂最大掘起偏载；⑪刮雪正载；⑫刮雪偏载；⑬对直转向冲击；⑭转向极限位置冲击；⑮刹车、颠簸行驶和斜坡作业综合. 采用等效结构法，使用 ANSYS 软件对以上 15 种工况下的前车架载荷进行了计算，出于为厂家保密的目的，计算结果不再详细给出.

在对作业机构的等效结构进行加载时，可把工作载荷和各构件的重力反向施加，这样计算出的前车架对作业机构的约束反力就是作业机构对前车架的作用载荷. 例如，如果三种常用工况如表 8-4 描述的那样，则对应的前车架载荷计算结果如表 8-5 所示.

表 8-4　三种常用工况的描述

工况名称	工况描述	铲斗工作载荷/kN	姿态
水平插入正载	铲斗水平插入物料，工作载荷由最大牵引力决定	$PX = -160$	= 0 $h = 331$mm
水平插入偏载	铲斗水平偏插物料，工作载荷由最大牵引力决定	$PX = -160$	= 0 $h = 331$mm
最大掘起力 + 剩余牵引力偏载	铲斗完全插入料堆，同时铲斗收斗	$PX = -76$ $PY = 87.5$	= 0 $h = 331$mm

注：PX 是装载机向前的牵引力，PY 是物料重力

表 8-5 三种常用工况的前车架载荷计算结果

工况名称	车架各铰接点载荷值/kN					
	铰接点	*FX*	*FY*	铰接点	*FX*	*FY*
水平插入正载	A_1 A_2 B	230.71 230.71 −117.27	−62.13 −62.13 5.14	C_1 C_2	−232.07 −232.07	40.19 40.19
水平插入偏载	A_1 A_2 B	65.998 395.42 −117.27	−73.89 −73.89 5.14	C_1 C_2	−232.07 −232.07	40.19 40.19
最大掘起力＋剩余牵引力偏载	A_1 A_2 B	550.82 759.45 −508.00	−274.25 −34.050 −27.283	C_1 C_2	−439.13 −439.13	−77.38 −77.38

（1）正载工况的计算

对图 8-31 所示的模型，按表 8-4 输入结构姿态与载荷数据，约束点 A_1、B、C_1、C_2 的 UX、UY、UZ 和点 A_2 的 UX、UY，分析计算求得工作机构对前车架的作用载荷数值如表 8-5 所示. 正载情况下，由于模型、载荷和约束都是关于 XOY 坐标平面对称的，所以算出的两个动臂液压缸（C_1、C_2 点）的反力必相等.

（2）偏载工况的计算

计算偏载工况的关键是保证偏载情况下计算出两动臂液压缸反力仍相等. 这是因为两动臂油缸的油路相通，所以无论是正载还是偏载，两液压缸输出压力相等. 计算步骤如下：

1）在正载约束的基础上，去掉其中一个动臂油缸的约束，并把相应的杆单元删去.

2）在删去的杆单元与动臂铰接处，把由正载工况计算出的单个动臂油缸反力作为载荷施加于该点. 修改后的分析模型如图 8-32 所示. 利用该模型便可求出偏载工况下工作机构对前车架的作用载荷.

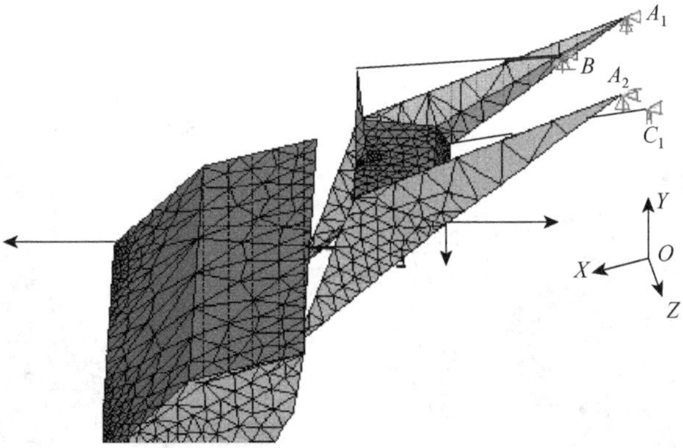

图 8-32 偏载工况前车架载荷求解模型

8.3.3 优化前前车架结构有限元分析

求得前车架 15 种工况下的工作载荷后，即可对前车架进行结构有限元分析. 前车架

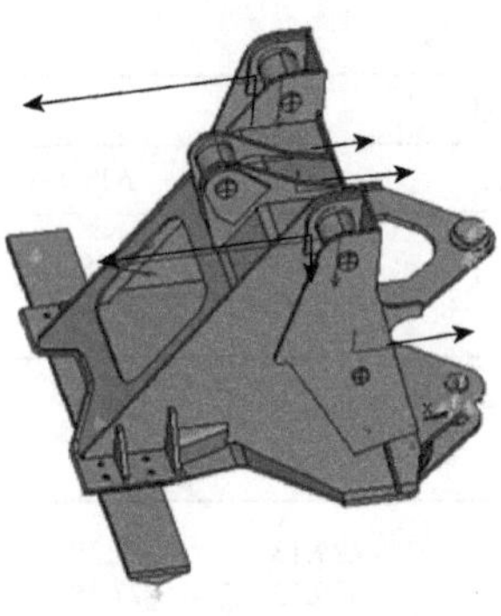

图 8-33　前车架有限元分析的载荷与约束

有限元模型的载荷与约束如图 8-33 所示，左下角的三棱柱模拟与前车架相连的前桥结构；E、F 两个轴销模拟后车架对前车架的约束；其余 5 个轴销 A_1、A_2、B、C_1、C_2 用于施加作业机构传来的工作载荷. 要保证分析计算符合实际，所有轴销与前车架均应以接触副相连. 将 15 种工况载荷值和相应的约束施加于图 8-33 所示的前车架的有限元模型上，即可分别求得各工况下，前车架变形与应力的分布.

图 8-34～图 8-39 分别为：①倾覆掘起正载；④水平插入偏载；⑧最大掘起剩余牵引偏载；⑫刮雪偏载；⑭转向极限；⑮颠簸刹车 6 种工况下前车架结构有限元分析结果的复合应力分布云图.

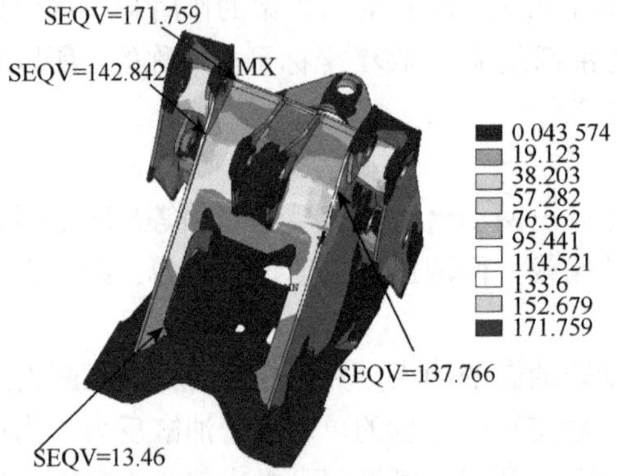

图 8-34　倾覆掘起正载工况复合应力分布云图（单位：MPa）

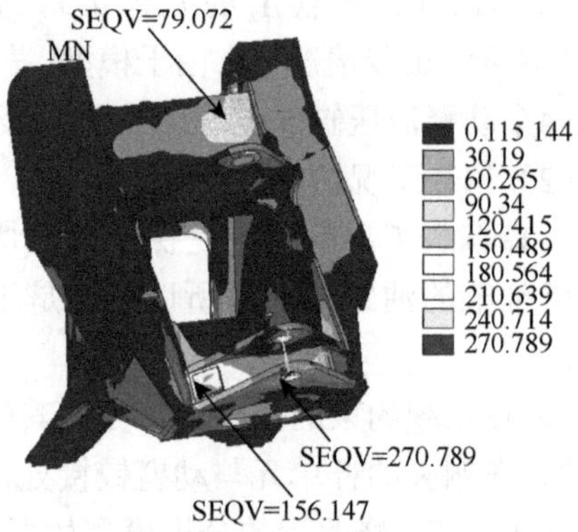

图 8-35　水平插入偏载工况的复合应力分布云图（单位：MPa）

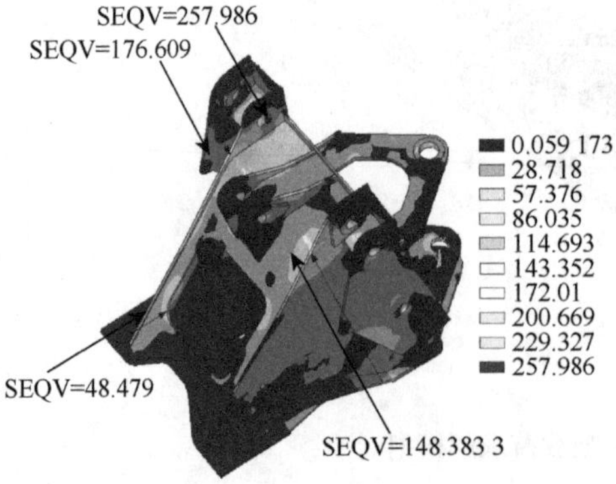

图 8-36　最大掘起剩余牵引偏载工况的复合应力分布云图（单位：MPa）

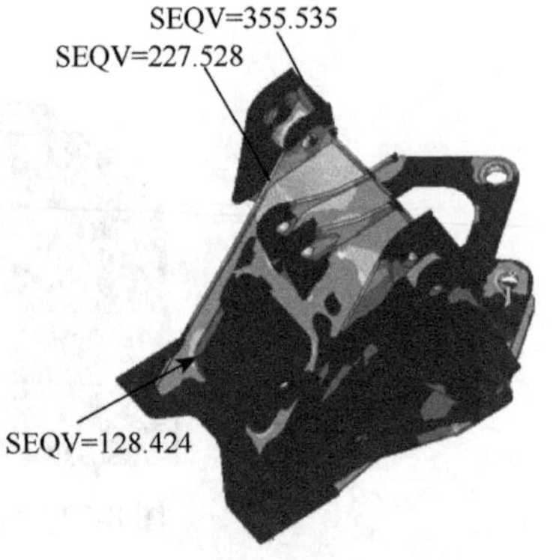

图 8-37　刮雪偏载工况的复合应力云图（单位：MPa）

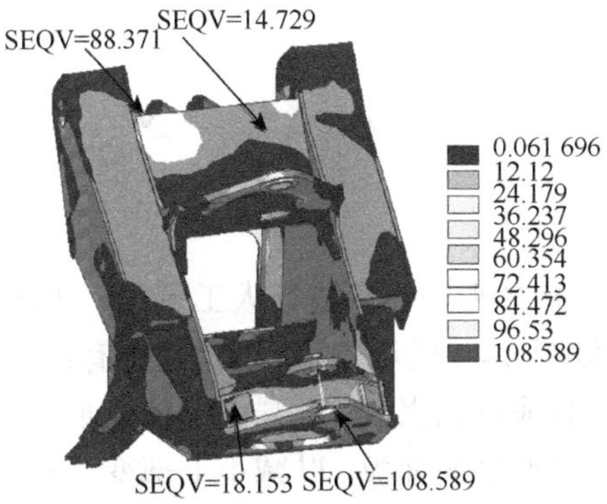

图 8-38　转向极限工况的复合应力云图
（单位：MPa）

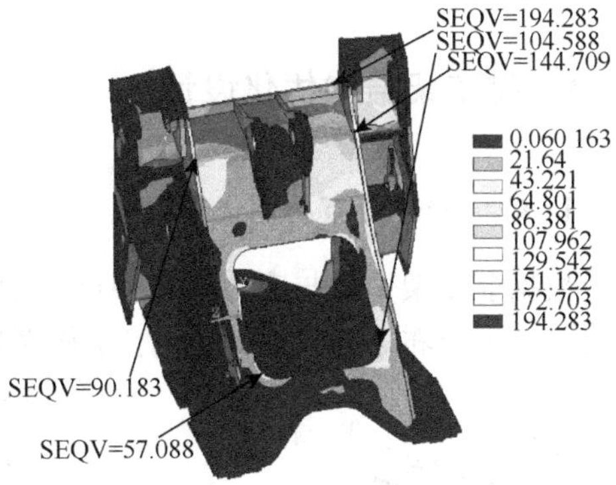

图 8-39　颠簸刹车工况的复合应力云图
（单位：MPa）

根据前车架 15 种工况的结构有限元的分析结果，列出其最大位移、最大复合应力及发生部位，如表 8-6 所示.

表 8-6　15 种工况的最大位移与最大复合应力

工况	最大位移/mm	最大应力/MPa	最大应力部位
①倾覆掘起正载	1.257	171.759	翼箱与后背板上沿交点
②倾覆掘起偏载	1.428	175.162	翼箱与后背板上沿交点
③水平插入正载	0.669 2	79.729	翼箱上销孔外侧
④水平插入偏载	4.057	270.789	限位块边沿
⑤最大掘起力正载	1.466	211.025	翼箱与后背板上沿交点
⑥最大掘起力偏载	1.604	214.178	翼箱与后背板上沿交点
⑦最大掘起剩余牵引正载	1.517	212.597	翼箱与后背板上沿交点
⑧最大掘起剩余牵引偏载	3.239	257.986	翼箱与后背板上沿交点
⑨动臂最大掘起正载	0.952 6	159.318	翼箱与后背板上沿交点
⑩动臂最大掘起偏载	1.034	160.417	翼箱与后背板上沿交点
⑪刮雪正载	1.208	255.263	翼箱与后背板上沿交点
⑫刮雪偏载	4.522	355.535	翼箱与后背板上沿交点
⑬转向对直	0.779 3	86.579	翼箱与后背板上沿交点
⑭转向极限	1.745	108.589	限位块边沿
⑮颠簸刹车	1.433	194.283	翼箱与后背板上沿交点

15 种工况中复合应力最大的是刮雪偏载工况，复合应力次大的是水平前插偏载工况.在 15 种工况载荷作用下，前车架结构的应力分布有如下特点.

1）结构上半部应力与变形较大，下半部应力与变形较小.

2）复合应力最大点主要出现在：①两侧翼箱与后背板交接处；②前额板与翼箱内侧板交接处；③后车架铰接处.

3）偏载工况最大复合应力较对应的正载工况增大 20%左右.

8.3.4 前车架结构优化设计

1. 结构外形与布局调优

根据前车架变形与应力分布特点，对前车架结构外形与布局进行人工调优，以改善其变形与应力分布，降低最大应力. 结构调优情况如图 8-40 所示. 主要调优措施有：

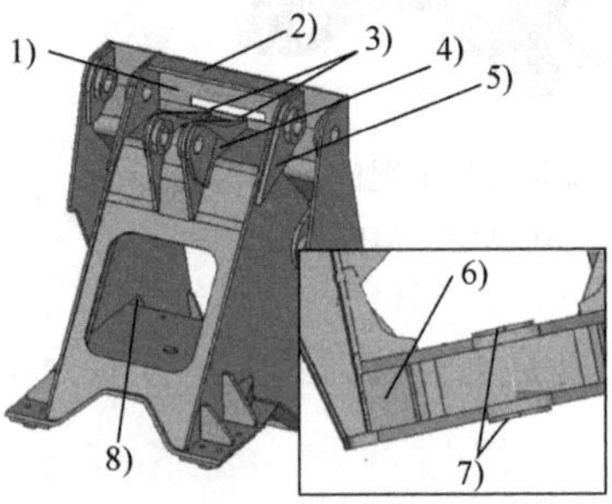

图 8-40 前车架结构局部调整

1）上部增加垂直加强板，以减小上部变形与应力.

2）上部增加水平加强板，以减小上部变形与应力.

3）转斗油缸支座的后部上沿改内凹曲线为直线，以减小局部大应力.

4）转斗液压缸支座板垫下部扩大与前额板连接以减小局部大应力.

5）动臂支撑支座板垫下部扩大以减小局部大应力.

6）限位板扩大，消除边沿缝隙.

7）与后车架连接销孔 F 处增加上下凸台，以减少销孔边缘的集中应力.

8）转向油缸支座平板与车架侧板间增加圆弧过渡.

经外形与结构局部调整后，再次进行有限元分析，得到改善了的前车架变形与应力分布. 从外形与结构局部调整后 15 种工况的分析结果来看，结构重量虽然从 1.537t 增加到 1.6t，但整个车架的变形与应力分布有显著改善，应力的分布趋于均匀，15 种工况的最大应力从 355.5MPa 下降到 205MPa，达到了外形与结构局部调整的预期效果. 图 8-41 为刮雪偏载工况的复合应力云图. 可以看出，该工况最大复合应力从 355.5MPa 下降到 205MPa，应力分布明显趋于均匀.

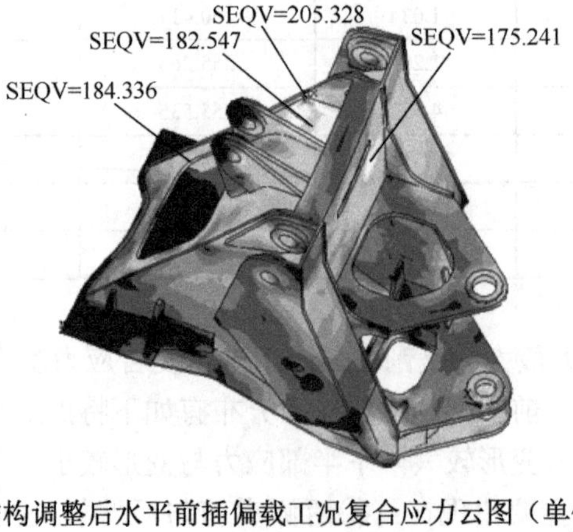

图 8-41 结构调整后水平前插偏载工况复合应力云图（单位：MPa）

2. 构件尺寸优化

前车架由不同厚度钢板焊接而成. 在保证车架强度的前提下，合理设计各板厚度，使车架的总质量最小化，达到使用钢材用量最少的目的.

（1）优化模型

前车架结构尺寸优化的数学模型为

$$\begin{cases} \text{Find} & \boldsymbol{X}=[x_1,x_2,\cdots,x_N]\in\mathbf{R}^N \\ \min & W(\boldsymbol{X}) \\ \text{s.t.} & \sigma(\boldsymbol{X})\leqslant[\sigma] \\ & x_{\min}\leqslant x_i\leqslant x_{\max} \quad (i=1,2,\cdots,N) \end{cases}$$

其中，$x_1,x_2,\cdots,x_N$ 为前车架不同构件的钢板厚度，仅 x_5 为前矩形开口四个直角的过渡半径；$W(\boldsymbol{X})$ 是前车架总质量，$\sigma(\boldsymbol{X})$ 是所有构件特征应力的包络函数[100]，$[\sigma]$ 是钢材的许用应力，取 $[\sigma]=220\text{MPa}$.

（2）优化方法

使用软件 SOGA1，采用 ANSYS 与导重法相结合的结构优化方法进行优化设计：利用 ANSYS 进行结构分析与再分析、应力与重量对设计变量的差分敏度计算，利用优秀的结构优化导重法进行优化迭代计算，在 SOGWM 的输入文件中令 KWF = 1，进行轻量化优化设计.

（3）优化迭代结果

采用导重法，经过 4 次优化迭代计算，取得了很好的优化效果，表 8-7 为优化结果数据. 按工程实际要求，钢板厚度优化结果圆整为钢材厂提供的钢板厚度序列数值.

表 8-7 前车架结构优化结果

K	0	1	2	3	4	5	5^*
x_1	30	27.768	27.211	24.661	22.831	22.528	22
x_2	11	13.484	13.967	8.742 6	15	12.4	13
x_3	14	13.467	13.238	12.756	13.58	15.094	15
x_4	20	18.339	18.273	16.627	22.408	24.122	24
x_5	100	94.391	96.456	83.801	136.4	192.32	150
x_6	16	14.754	14.456	13.154	12.042	11.881	12
x_7	16	14.732	14.467	12.947	12.473	12.343	12
x_8	14	13.172	12.934	12.01	12.667	12.013	12
x_9	14	12.984	12.768	11.518	11.151	11.248	11
x_{10}	14	12.873	12.695	11.003	12.956	13.1	13
x_{11}	16	14.729	14.417	13.768	17.654	18.365	18
x_{12}	20	18.374	18.081	15.382	15.036	15.09	15
x_{13}	14	12.751	12.495	11.706	11.133	10.831	11
x_{14}	12	11.045	10.855	9.789 8	10.355	10.355	11

续表

K	0	1	2	3	4	5	5*
x_{15}	14	13.023	12.827	11.216	11.079	11.138	11
x_{16}	14	12.903	12.689	11.42	11.057	11.278	11
x_{17}	14	12.756	12.484	11.312	12.96	13.623	14
x_{18}	16	15.042	14.781	13.92	13.517	13.373	13
x_{19}	16	15.635	15.325	13.49	16.404	17.131	16
x_{20}	24	24.439	23.828	22.138	32.054	36.282	36
σ/MPa	205.33	213.84	217	229.18	221.39	210.91	218
W/kgf	1 600.5	1 510	1 488.7	1 381.2	1 368.4	1 368.6	1 361

8.3.5 优化后的车架结构有限元分析

构件尺寸优化后再次进行有限元分析，得到 15 种工况下的变形与应力分布，表 8-8 列出了 15 种工况的最大复合应力及发生部位. 图 8-42 为复合应力最大的水平插入偏载工况复合应力分布云图.

表 8-8 优化设计后 15 种工况的最大复合应力

工况	最大应力/MPa	最大应力部位
①倾覆掘起正载	119.353	翼箱上销孔边
②倾覆掘起偏载	125.029	前额板与侧板交接处
③水平插入正载	65.156	前额板与侧板交接处
④水平插入偏载	218.027	前额板与侧板交接处
⑤最大掘起正载	145.983	前额板与侧板交接处
⑥最大掘起偏载	148.909	前额板与侧板交接处
⑦最大掘起剩余牵引正载	150.168	前额板与侧板交接处
⑧最大掘起剩余牵引偏载	180.699	翼箱上销孔边
⑨动臂最大掘起正载	99.917	前额板与侧板交接处
⑩动臂最大掘起偏载	102.408	前额板与侧板交接处
⑪刮雪正载	160.916	额板与转斗缸座侧板交接处
⑫刮雪偏载	216.34	F 点下销孔边
⑬转向对直	71.271	正面板挖空矩形的倒圆角处
⑭转向极限	83.934	限位块处
⑮颠簸刹车	128.958	前额板与侧板交接处

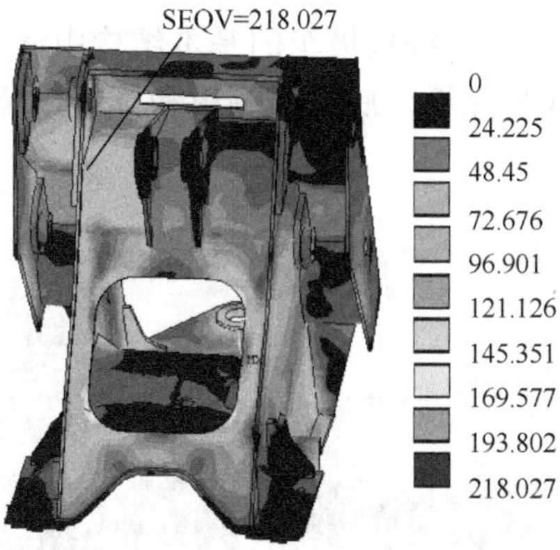

图 8-42　优化后水平插入偏载工况复合应力云图（单位：MPa）

由于是企业生产多年的成熟产品，企业认为能降重 5%就很不错了. 而我们经过结构调整和尺寸优化后，不但使各工况最大复合应力从 355.5MPa 下降到 218MPa，在不超过许用应力 220MPa 的前提下，前车架结构自重从最初的 1.537t 下降到 1.361t，减轻重量 176 公斤，降重 11.45%，圆满完成了厂方提出的优化降重 5%以上的任务.

8.3.6　结语

利用前车架对作业机构的静定支承特点，建立作业机构的等效结构模型，可简便、准确地计算工作机构对前车架的作用载荷，方便了企业技术人员对装载机各种工况下前车架载荷的计算，为前车架结构有限元分析与自动优化设计创造了先决条件. 载荷求解方法与前车架分析与优化结果对同类工程机械产品的分析与优化具有重要参考价值.

工程结构的实用优化设计策略往往是分两步进行：结构形状局部人工调优和构件尺寸自动优化. 这主要是因为构件尺寸自动优化对解决结构全局性材料合理分配问题十分有效，而解决结构应力集中以及从初分析中发现的局部设计不合理等局部性问题，只要人工局部调整就可以很容易地收到降低应力的效果，无须参加自动优化迭代. 当然，人工局部调优需要设计者具有清晰的力学分析能力.

前车架优化设计的成功再次表明：ANSYS 与导重法结合的方法是一种实用的工程结构优化设计方法，具有目标函数迭代前几步下降显著、收敛快的特点.

§ 8.4　后装式压缩垃圾车结构的载荷表达、有限元分析与优化设计

8.4.1　概述

在国内外环卫工程中获得了广泛应用的后装式压缩垃圾车具有容量大、密封性好、装

卸自动化程度高等优点. 后装式压缩垃圾车的基本结构由汽车底盘、车厢、填料器等组成，如图 8-43 所示，车厢包括顶板、底板、侧板和推板，填料器包括破碎板和挤入板，如图 8-44 所示.

图 8-43　车厢与填料器结构

各种散装垃圾由填料器破碎、压缩、填入车厢，在填入、卸出及运输过程中，车厢内壁和填料器内壁承受由压缩垃圾施加的各种载荷，要对压缩垃圾车结构进行有限元分析与优化设计，必须搞清垃圾车结构在各种工况下所承受载荷的数学表达，这些载荷是由压缩垃圾对结构的作用力产生的，压缩垃圾是一种力学性质很不确定的混合物质，目前尚未见到对压缩垃圾力学性质及其对车厢与填料器作用载荷的研究资料，因此研究工作具有较大难度. 要准确确定车厢内压缩垃圾对车厢内壁的压力分布，可采用压力敏感器对车厢内壁压力进行实际测试. 但采用压力敏感器测试成本过高，只好先对车厢结构的变形应力进行测试，而后对垃圾力学性质与自重、惯性、压缩、挤入、推出等基本工况下压缩垃圾载荷分布规律进行变参数基本假设. 根据这些假设给出各种实际综合工况压缩垃圾载荷的数学表达，将其施加于车厢结构进行有限元分析. 通过对分析计算应力与实际测试应力数值的比较，对载荷数学表达中的变参数进行修正，将参数修正后的载荷施加于车厢结构，再次进行有限元分析，直到计算应力与测试应力基本相符，从而保证了利用 ANSYS 软件对该压缩垃圾车结构在满载挤入、满载推出、满载平稳行驶、满载颠簸行驶等工况下有限元分析计算的正确性，获得了该结构在以上工况下的变形与应力分布.

国内生产如图 5 所示的压缩垃圾车结构具有强度差、质量大，材料利用率低的缺点，企业亟需对其进行优化设计，以达到“减肥”即减轻结构质量，增加结构强度的目的. 为此，在上述压缩垃圾载荷数学表达与结构有限元分析的基础上，采用作者创立的工程实用的结构优化方法——ANSYS 与导重法相结合的优化方法对该型压缩垃圾车结构的外形与构件尺寸成功地进行了优化设计，得到了一种外形新颖的压缩垃圾车结构设计方案. 在保证垃圾装载量相同的前提下，结构最大应力从 504MPa 下降到 176MPa，结构质量减少了 29.3%.

8.4.2　压缩垃圾载荷密度的数学表达

后装式压缩垃圾车车厢内压缩垃圾对车厢与填料器的作用力由以下几种力组成：垃圾

自重力、惯性力、压缩力、挤入力、推出力和摩擦力，在填入、卸出及运输过程中的各种实际工况下垃圾车结构承受的载荷为以上几种力的组合. 下面给出以上几种力的载荷密度在车厢内随位置变化的函数表达. 为此，必须先给出压缩垃圾外形曲面函数作为载荷数学表达的辅助函数.

1. 垃圾外形曲面函数

由于满载时后装式压缩垃圾车车厢内的压缩垃圾一般并不能充满整个箱体的边角部位，将垃圾曲面形状描述为由半个前后不对称的椭球面与车厢板相切割共同围起来的形状，该形状的车厢内部分模拟车厢内压缩垃圾实际形状，车厢外部分模拟无车厢时的垃圾堆的虚拟形状，如图 8-44 所示.

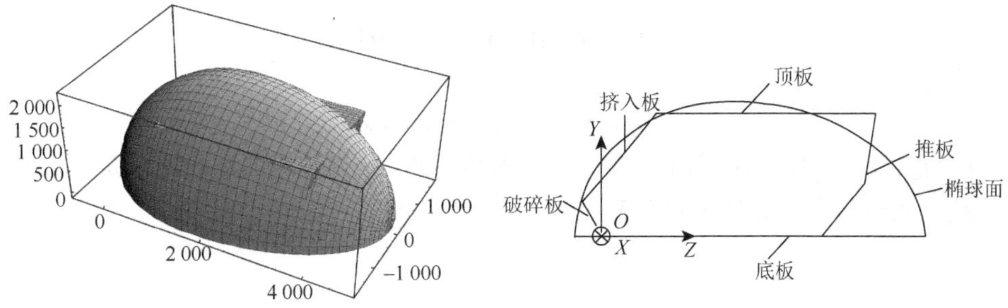

图 8-44 车厢与车厢内垃圾堆形状（单位：mm）

垃圾椭球面的数学表达如下：

前半椭球（推板端）

$$(x/a)^2+(y/b)^2+[(z-z_c)/c_1]^2=1$$

后半椭球（填料器端）

$$(x/a)^2+(y/b)^2+[(z-z_c)/c_2]^2=1$$

其中 a、b 为 XOY 截面上椭圆的长短半轴长；c_1、c_2 为前后半椭球的 Z 向半轴长；z_c 为前后半椭球接合处的 Z 向坐标. 由椭球方程可以推得各坐标平面内不同位置节点对应的椭球表面点坐标：

前半椭球

$$x_s(y,z)=\pm a\left\{1-[y/b]^2-[(z-z_c)/c_1]^2\right\}^{0.5}$$

$$y_s(x,z)=+b\left\{1-[x/a]^2-[(z-z_c)/c_1]^2\right\}^{0.5}$$

$$z_s(x,y)=+c_1\left\{1-[x/a]^2-[y/b]^2\right\}^{0.5}+z_c$$

后半椭球

$$x_s(y,z)=\pm a\left\{1-[y/b]^2-[(z-z_c)/c_2]^2\right\}^{0.5}$$

$$y_s(x,z) = +b\left\{1-[x/a]^2-[(z-z_c)/c_2]^2\right\}^{0.5}$$

$$z_s(x,y) = +c_2\left\{1-[x/a]^2-[y/b]^2\right\}^{0.5}+z_c$$

2. 垃圾自重载荷密度

$$p_0 = \rho \times \max[\min\{y_s(x,z), y_m\} - y, 0]$$

其中，x、z 为车厢板的节点坐标；y_s 为（x, z）点对应的垃圾曲面点高度；y_m 为（x, z）点对应的垃圾箱高度，ρ 为压缩垃圾平均比重，取 7.5kN/m^3. 上式表示车厢内结构水平面上某点承受的压缩垃圾自重载荷密度与压缩垃圾密度及该点以上压缩垃圾实际高度成正比.

自重载荷对推板、挤入板与破碎板等斜板的法向力载荷密度与切向力载荷密度分别为

法向载荷密度

$$p_f = p_0 \times [1-(1-\mu)\sin^2\alpha]$$

切向载荷密度

$$p_q = p_0 \times (1-\mu)\sin\alpha\cos\alpha$$

其中，α 为斜板的角度，水平时为 0°，垂直时为 90°；μ 为垃圾的泊松比，是待定的可变参数，经比较结构分析计算与试验测试结果，μ 为 0.5.

3. 斜板的载荷密度

自重载荷对车厢内非水平板的法向力载荷密度与切向力载荷密度可由垂直向下的载荷密度图解得出，如图 8-45 所示.

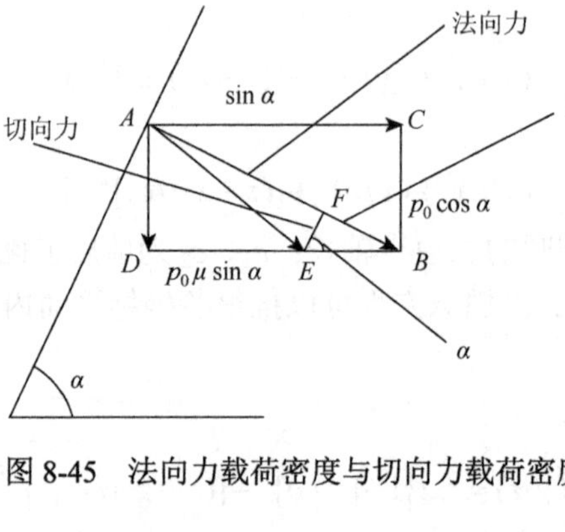

图 8-45　法向力载荷密度与切向力载荷密度

设垃圾自重引起的水平面垂直载荷密度为 p_0，引起的垂直面水平载荷密度为 $p_0\mu$. 由于斜面面积是其水平投影面积的 $1/\cos\alpha$，是其垂直投影面积的 $1/\sin\alpha$，斜面上垂直载荷密度减少为 $p_0\cos\alpha$（图中 CB 矢），斜面上水平载荷密度减少为 $p_0\mu\sin\alpha$（图中 DE 矢）. 垂直载荷密度 $p_0\cos\alpha$ 与水平载荷密度 $p_0\mu\sin\alpha$ 的合力即为斜面载荷密度 $p_0[\cos^2\alpha+\mu^2\sin^2\alpha]$（图中 AE 矢）. 它在斜面法线方向上的投影即斜面法向载荷密度为 $p_f = p_0\times[1-(1-\mu)\sin^2\alpha]$（图中 AF 矢），它在斜面切向方向的投影即斜面切向载荷密度为 $p_q = p_0\times(1-\mu)\sin\alpha\cos\alpha$（图中

FE 矢）. 当 $\alpha = 0°$ 与 $\alpha = 90°$ 时，切向力载荷密度为零，法向力载荷密度分别等于 p_0 与 μp_0.
可以证明：

1）该斜面所受的全部垂直力密度等于该斜面的水平投影面所受垂直力密度：

$$\begin{aligned} p &= (1/\cos\alpha)\times(p_f\cos\alpha + p_q\sin\alpha) \\ &= (1/\cos\alpha)\times\{p_0\times[1-(1-\mu)\sin^2\alpha]\cos\alpha + p_0\times(1-\mu)\sin\alpha\cos\alpha\sin\alpha\} \\ &= (1/\cos\alpha)p_0\cos\alpha = p_0 \end{aligned}$$

2）该斜面所受的全部水平力密度等于该斜面的垂直投影面所受水平力密度：

$$\begin{aligned} p &= (1/\sin\alpha)\times(p_f\sin\alpha - p_q\cos\alpha) \\ &= (1/\sin\alpha)\times\{p_0\times[1-(1-\mu)\sin^2\alpha]\sin\alpha - p_0\times(1-\mu)\sin\alpha\cos\alpha\cos\alpha\} \\ &= (1/\sin\alpha)p_0\mu\sin\alpha = p_0\mu \end{aligned}$$

4. 垃圾惯性力载荷密度

根据垃圾自重载荷密度数学表达可推得运输过程中压缩垃圾各向惯性力的数学表达：

1）Y 向惯性力载荷密度. 由上下颠簸引起，Y 向加速度与重力加速度之和取为 1.5g，Y 向惯性力载荷密度与自重载荷密度成正比，前者为后者的 1.5 倍.

2）X 向惯性力载荷密度. 由侧向冲击晃动引起，X 向加速度取 0.5g，左右两侧板其中一侧压力最大，另一侧压力为零.

$$p_0 = 0.5\times\rho\times\max[\min\{x_{s+}(y,z),x_m\} - \max\{x_{s-}(y,z),x\},0]$$

法向载荷密度

$$p_f = p_0\times[1-(1-\mu)\sin^2\alpha_x]$$

切向载荷密度

$$p_q = p_0\times(1-\mu)\sin\alpha_x\cos\alpha_x$$

其中，x_m 为车厢侧板最大 x 坐标；x_{s+}、x_{s-}分别为（y, z）点垃圾曲面 X 向正负坐标；α_x 为与侧板夹角，对侧板 α_x 等于 0°，对其他板，α_x 等于 90°.

3）Z 向惯性力载荷密度. 由刹车与冲击引起，Z 向加速度取 0.5g，推板处压力最大.

$$p_0 = 0.5\times\rho\times\max[\min\{z,z_{s+}(x,y)\} - \max\{z_{s-}(x,y),z_m\},0]$$

法向载荷密度

$$p_f = p_0\times[1-(1-\mu)\sin^2\alpha_z]$$

切向载荷密度

$$p_q = p_0\times(1-\mu)\sin\alpha_z\cos\alpha_z$$

其中，z_m 为（x, y）点垃圾箱最大 z 坐标；z_{s+}、z_{s-}为（x, y）点垃圾曲面 Z 向正负坐标；α_z 为与 $z = 0$ 平面的夹角，顶板、侧板为 90°.

5. 垃圾压缩力载荷密度

设车厢内垃圾由于被压缩而对结构的反作用力与压缩程度成正比，而压缩程度又与前面给定的垃圾外形曲面与车厢板的间距成正比，由此可得垃圾压缩力载荷密度.

1）顶板压缩力载荷密度

$$p = K_y \times \rho \times [\max\{y_s(x,z) - y_m, 0\}]$$

y_s、y_m 意义同前，K_y 为可调参数，调整其大小使应力计算值与测试值相符.

2）底板压缩力载荷密度

$$p = \lambda \times K_y \times \rho \times [y_s(x,z)]$$

其中，λ 为可调参数，调整 λ 值使车厢的 Y 向支反力为零.

3）两侧板压缩力载荷密度

$$p = K_x \times \rho \times [\max\{x_{s+}(y,z) - x, 0\}]$$

x_{s+}为（y, z）点垃圾曲面 X 向正坐标，K_x 为可调参数，调整其大小使应力计算值与测试值相符.

4）推板压缩力载荷密度

$$p_0 = K_{z1} \times \rho \times \max[z_{s+}(x,y) - z, 0]$$

法向载荷密度

$$p_f = p_0 \times [1 - (1-\mu)\sin^2 \alpha_z]$$

切向载荷密度

$$p_q = p_0 \times (1-\mu)\sin \alpha_z \cos \alpha_z$$

z_{s+}为（x, y）点对应的垃圾曲面前半椭球面 Z 向坐标，α_z 为推板与 $z = 0$ 平面的夹角，K_{z1} 为可调参数，调整其大小使应力计算值与测试值相符.

5）破碎板挤压板压缩力载荷密度

$$p_0 = K_{z2} \times \rho \times \max[z - z_{s-}(x,y), 0]$$

法向载荷密度

$$p_f = p_0 \times [1 - (1-\mu)\sin^2 \alpha_z]$$

切向载荷密度

$$p_q = p_0 \times (1-\mu)\sin \alpha_z \cos \alpha_z$$

z_{s-}为（x, y）点对应的垃圾曲面前半椭球面 Z 向坐标，α_z 为与 $z = 0$ 平面的夹角，K_{z2} 为可调参数，调整其大小可使应力计算值与测试值相符.

6. 垃圾挤入力载荷密度

根据填料器挤入板、破碎板的驱动油缸测试压力可以求出在破碎板处的工作挤压力 p，其垂直与水平分量分别等于 $p\sin\beta$ 和 $p\cos\beta$，β 为破碎板与水平面的夹角. 在垃圾被挤入车厢的过程中，由于垃圾与车厢板之间的摩擦以及垃圾之间的摩擦作用，挤压力将沿着车厢的长度和高度方向衰减，其衰减规律可用衰减函数 $T(y)$、$R(z)$ 和 $S(z)$ 描述. 于是，车厢内部挤压力的水平与垂直压强可表达为

$$p_y = p\sin\beta \times T(y) \times R(z)$$

$$p_z = p\cos\beta \times T(y) \times S(z)$$

衰减函数 $T(y)$ 、 $R(z)$ 、 $S(z)$ 设为

$$T(y) = [\max(y_s - y, 0) / y_s]^m$$

$$R(z) = \{0.5 \times [1 + \cos(z / z_m - 0.5y / y_m)\pi]\}^n$$

$$S(z) = \left[\frac{1+\eta}{2} + \frac{1-\eta}{2} \times \cos\frac{z}{z_m}\pi\right]^k$$

y_s、y_m、z_m 意义同前；m、n、k、η 均为可调参数，调整参数可使其计算应力值与测试应力相符.

考虑到水平与垂直压力的相互影响，得到三向综合挤入力载荷密度公式为

$$\begin{bmatrix} p_x \\ p_y \\ p_z \end{bmatrix} = p \begin{bmatrix} \mu\,[T^2(y)R^2(z)\cos^2\beta + S^2(z)T^2(y)\sin^2\beta]^{0.5} \\ [T^2(y)R^2(z)\cos^2\beta + \mu^2 S^2(z)T^2(y)\sin^2\beta]^{0.5} \\ [\mu^2 T^2(y)R^2(z)\cos^2\beta + S^2(z)T^2(y)\sin^2\beta]^{0.5} \end{bmatrix}$$

顶板、底板的挤入力载荷密度为 p_y，两侧板挤入力载荷密度为 p_x，各推板处挤入力载荷密度为：

法向载荷密度

$$p_f = p_z \times [1 - (1-\mu)\cos^2\alpha]$$

切向载荷密度

$$p_q = p_z \times (1-\mu)\sin\alpha\cos\alpha$$

7. 垃圾推出力载荷密度

根据推板驱动油缸测试压力可求出推板水平推力的最大压强 p_m，继而求出由其引起的三向压强最大值分别为 μp_m、μp_m 和 p_m. 同理，推出力也因摩擦而沿着车厢长度和高度方向衰减，于是可得垃圾推出力的三向载荷密度为

$$\begin{bmatrix} p_x \\ p_y \\ p_z \end{bmatrix} = \begin{bmatrix} \mu p_m \\ \mu p_m \\ p_m \end{bmatrix} \times T(y) \times C(z)$$

其中衰减函数 $T(y)$ 、 $C(z)$ 设为

$$T(y) = [\max(y_s - y, 0) / y_s]^l$$

$$C(z) = \left[\frac{1+\upsilon}{2} + \frac{1}{2}\cos\left(1 + \frac{z}{z_m}\right)\pi\right]^j$$

z_m、y_s 意义同前，l、j、υ 为可调参数，调整参数可使其计算应力值与测试应力相符. 在车

厢顶板与底板处推出载荷密度为 p_y，两侧板处推出载荷密度为 p_x，各斜板推出载荷密度为：

法向载荷密度

$$p_f = p_z \times [1-(1-\mu)\cos^2\alpha]$$

切向载荷密度

$$p_q = p_z \times (1-\mu)\sin\alpha\cos\alpha$$

式中各符号意义同前.

8.4.3 压缩垃圾车优化前结构有限元分析

1. 有限元分析模型

使用 ANSYS 软件对后装式压缩垃圾车的车厢与填料器结构进行有限元分析. 车厢与填料器主要由钢板焊接而成，故采用 6 自由度板单元 SHELL63，对于少量较厚的板，采用 6 自由度实体单元 SOLIDE72. 液压缸简化为 6 自由度梁单元 BEAM4 单元，相互挤压的轨道——滑块接触，滑块简化为单向抗压弹性元 COMBIN14. 为施加切向力还引入了表面效应单元 SURF154. 整车结构共划分 35 841 个节点，57 727 个单元. 单元网格划分后的箱体与填料器结构如图 8-46 所示.

2. 约束与加载

车厢与填料器架在牵引车大梁上，通过 8 个垫板、2 个叉板及 2 个定位销与大梁定位相连. 设车前进方向为 Z 向，车轴方向为 X 向，车高方向为 Y 向，车厢与牵引车大梁的连接处理为如下约束：垫板处为 Y 向位移约束，叉板处为 X 向与 Z 向位移约束，定位销处为 Y 向与 Z 向位移约束，如图 8-47 所示.

在各种实际工作状态下，压缩垃圾车结构所承受的实际载荷工况主要有以下四种.

工况 1　满载静止与平稳行驶工况：结构承受结构与垃圾自重、垃圾压缩力等载荷.

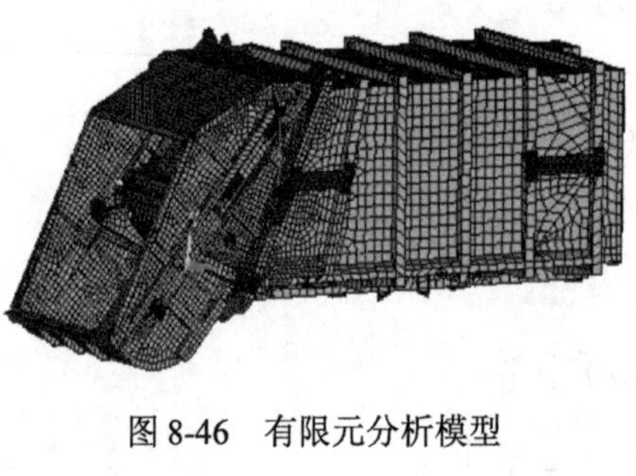

图 8-46　有限元分析模型

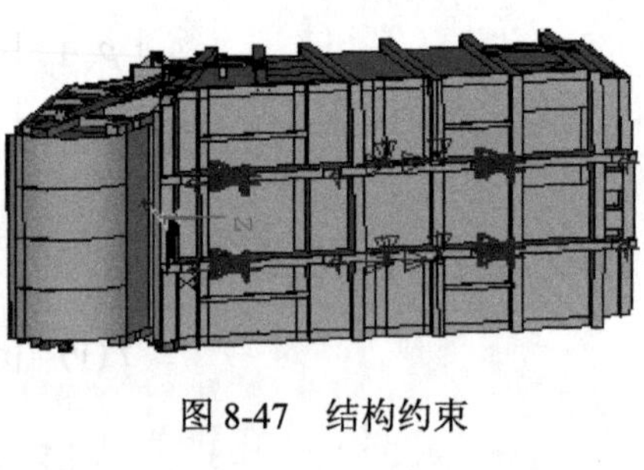

图 8-47　结构约束

工况 2　满载挤入工况：结构承受结构与垃圾自重力、垃圾压缩力、垃圾挤入力、摩擦力等载荷.

工况 3 满载推出工况：结构承受结构与垃圾自重力、垃圾压缩力、垃圾推出力、摩擦力等载荷.

工况 4 满载颠簸行驶与刹车工况：结构承受结构与垃圾自重、垃圾压缩力、结构与垃圾各方向惯性力等载荷.

根据前面给出的各种载荷密度分布公式，利用 ANSYS 的函数加载功能仔细输入各种载荷密度分布公式，软件即可自动根据节点坐标与载荷密度分布函数施加节点载荷，完成各种工况的加载.

3. 分析计算结果

图 8-48～图 8-51 给出上述四种实际载荷工况下的车厢与填料器结构有限元分析计算结果的 Von-Mises 复合应力分布云图，颜色越浅处表示应力越大，图 8-48～图 8-51 中还标出了结构主要关键点的 Von-Mises 复合应力数值.

1）满载静止与平稳行驶工况应力云图见图 8-48.

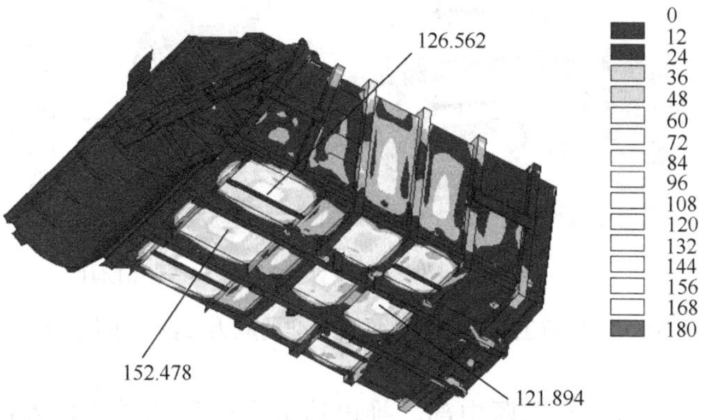

图 8-48 优化前工况 1 底板应力云图（单位：MPa）

2）满载挤入工况应力云图见图 8-49.

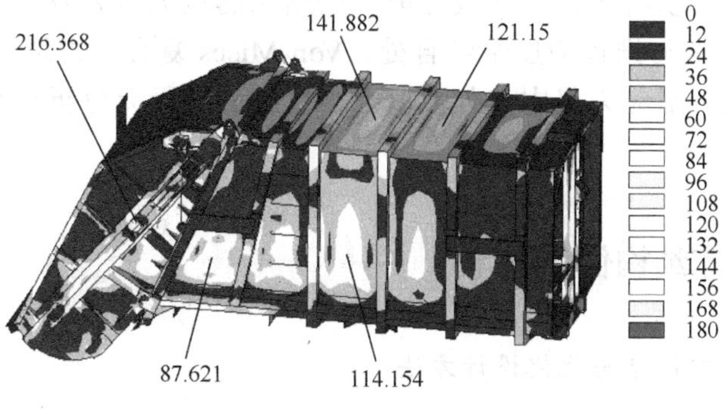

图 8-49 优化前工况 2 顶板和侧板的应力分布云图（单位：MPa）

3）满载推出工况应力云图见图 8-50.

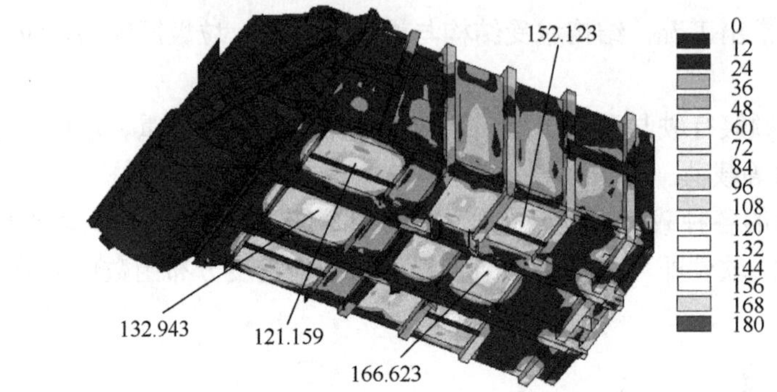

图 8-50　优化前工况 3 底板的应力云图（单位：MPa）

4）满载颠簸行驶与刹车工况应力云图见图 8-51.

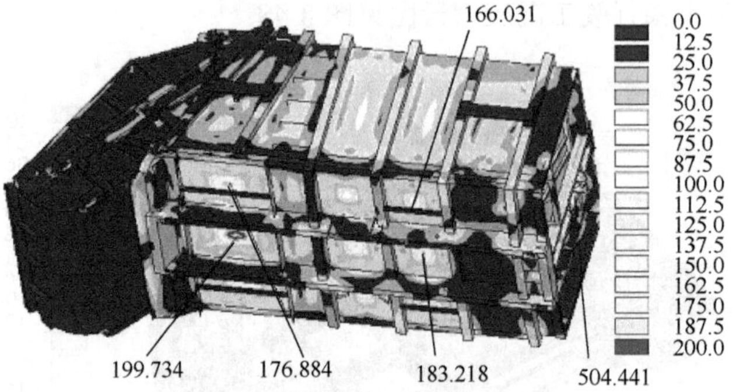

图 8-51　优化前工况 4 底板、推板支架的应力云图（单位：MPa）

结构整体大应力出现在车厢中部、推出油缸支架和填料器挤入板处. 在挤入板与填料器连接的轨道处，推板和车厢连接的轨道处和车厢梁上存在应力集中现象. 这主要是由于矩形车厢结构不适合承受垃圾的压缩力和结构设计不合理造成的；填料器轨道结构也造成了该处大的应力集中. 整车结构大部分板的应力均小于 150.0MPa. 由工况 4 的图 8-50 可以看出，优化设计前原始结构的最大应力发生在满载颠簸行驶与刹车工况的推板支架与推板液压缸结合处，Von-Mises 复合应力达到 504.441MPa，很容易发生损坏. 除个别应力集中点外，以上 ANSYS 有限元分析计算结果与应力测试结果相符.

8.4.4　压缩垃圾车结构优化设计

1. 优化设计数学模型与优化设计方法

压缩垃圾车结构“减肥”优化的数学模型表示为

$$\begin{cases} \text{Find} \quad \boldsymbol{X}=[x_1,x_2,\cdots,x_N]^{\mathrm{T}} \\ \min \quad m(\boldsymbol{X}) \\ \text{s.t.} \quad V(\boldsymbol{X})=V_0 \\ \qquad \sigma(\boldsymbol{X})\leqslant[\sigma] \\ \qquad x_{i\min}\leqslant x_i\leqslant x_{i\max} \quad (i=1,2,\cdots,N) \end{cases}$$

式中，$x_1,x_2,\cdots,x_N$ 为结构优化设计变量，包括结构外形尺寸变量及板厚等构件尺寸变量；$m(\boldsymbol{X})$ 为结构质量；$V(\boldsymbol{X})$ 为垃圾车容积；V_0 为垃圾车优化前容积；$[\sigma]$为许用应力；$\sigma(\boldsymbol{X})$ 为结构特征应力，$\sigma(\boldsymbol{X})$ 在数值上等于所有构件应力的最大值，在表达上为所有构件应力的 k 次均方根包络函数.

优化分两步进行：结构外形优化与构件尺寸优化. 经结构外形优化后，压缩垃圾车的车厢截面从传统的矩形转变为切割椭圆形，既可减少结构质量和集中应力，又使整车外形时尚新颖，如图 8-52（即书封面图）所示.

图 8-52 优化后压缩垃圾车外型效果图

对于结构构件尺寸优化，ANSYS 虽自带有优化模块，但其采用的数学规划法对于求解大型工程结构优化问题的优化效果与优化效率很差. 这里采用根据自创的工程实用结构优化方法——ANSYS 与导重法相结合法编制的软件 SOGA1 进行优化迭代计算：利用 ANSYS 进行结构分析与再分析以及特征应力等结构特性对设计变量的差分敏度计算，利用导重法进行结构优化迭代计算，在 SOGWM 的输入文件中令 KWF = 1，进行轻量化优化设计，收到了十分显著的优化效果.

2. 优化设计迭代历程

按企业生产实际要求，结构外形尺寸设计变量取值不得大于行业设计规范限制，钢板厚度设计变量的优化设计结果应圆整为钢材厂供应的板厚序列数值，最大 Von-Mises 复合应力数值不得大于钢材许用应力 180MPa. 经过 6 次迭代，优化计算收敛.

表 8-9 给出优化迭代历程中原始结构和第 1、3、5 次迭代后以及优化收敛板厚圆整后结构的 20 个板厚设计变量、结构总质量与复合应力的数值. 表中 K 为迭代次数，x_1～x_{20} 为设计变量，质量 m 单位取 kg，应力σ单位为 MPa，板厚变量单位为 mm.

表 8-9 优化设计迭代计算历程

迭代次数	K	0	1	3	5	圆整
设计变量	x_1	4	5.716	8.760	9	9
	x_2	4	4.678	6.281	6	6
	x_3	4	3.462	2.925	3.5	3.5
	x_4	4	3.399	2.750	2.5	2.5
	x_5	4	3.400	2.751	2.204	2.5
	x_6	4	3.400	2.751	2.200	2.5
	x_5	4	3.404	4.285	6.638	6
	x_8	4	3.400	2.754	2.218	2.5
	x_9	4	3.400	2.826	2.480	2.5
	x_{10}	4	3.400	2.760	2.214	2.5
	x_{11}	4	3.400	2.759	2.213	2.5
	x_{12}	4	3.400	2.751	2.197	2.5
	x_{13}	4	3.400	3.000	3.490	4
	x_{14}	4	5.100	4.124	3.294	3.5
	x_{15}	4	3.400	2.750	2.066	2.5
	x_{16}	4	3.400	2.754	2.315	2.5
	x_{17}	4	3.400	2.751	2.207	2.5
	x_{18}	4	3.400	2.829	5.386	3.5
	x_{19}	4	3.400	2.756	2.312	2.5
	x_{20}	4	3.400	2.749	6.024	7
最大应力	σ/MPa	504.4	382	254	186	176
结构质量	m/kg	3.960	2 912	2 786	2 986	2 800

从表中可以看出，经过优化后，车厢与填料器结构质量从 3.96t 减少为 2.8t，减少质量 1.160t，减少质量 29.3%，最大应力从原始结构的 504.4MPa 下降到 176MPa，满足了许用应力约束，圆满实现了企业的“减肥”目标.

3. 优化后结构的应力分布

图 8-53～图 8-56 分别为优化后车厢与填料器结构在上述四种实际载荷工况下（满载静止与平稳行驶工况、满载挤入工况、满载推出工况、满载颠簸行驶与刹车工况）有限元分析计算结果的 Von-Mises 复合应力分布云图. 颜色越浅处表示应力越大，图中还标出了结构主要关键点的 Von-Mises 复合应力数值. 由以下应力云图可以看出：优化设计后的最大应力发生在图 8-55 所示工况 3 即满载推出工况的推板支架与推板液压缸结合处，Von-Mises 复合应力为 175.8MPa.

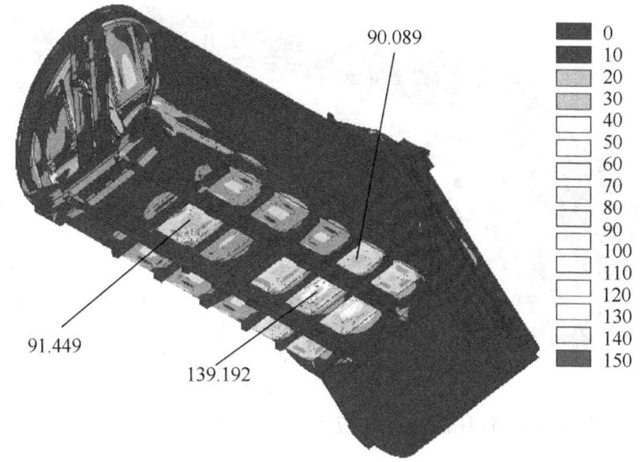

图 8-53 优化后工况 1 应力分布云图（单位：MPa）

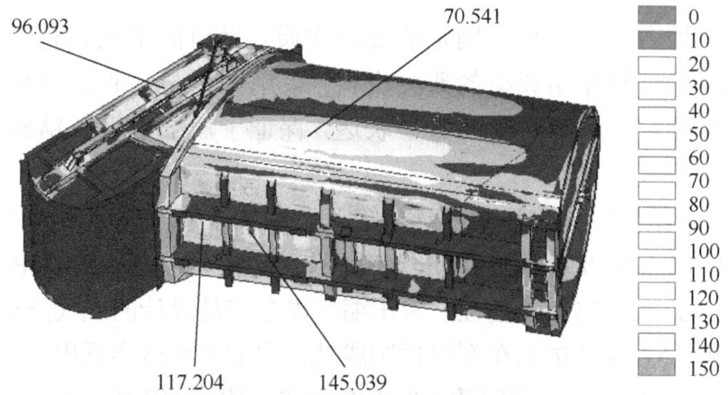

图 8-54 优化后工况 2 应力分布云图（单位：MPa）

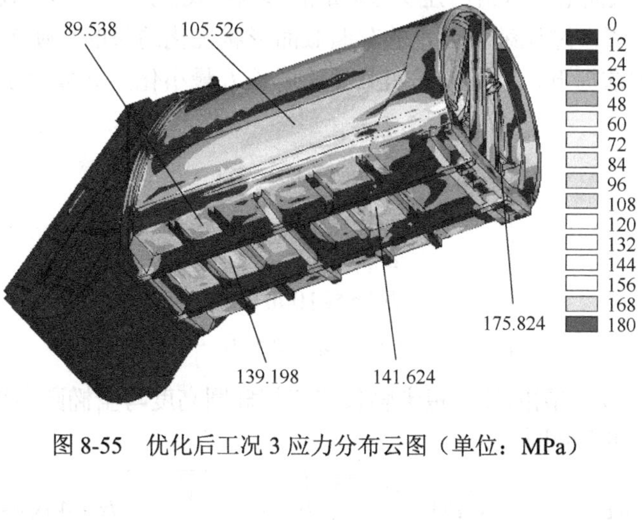

图 8-55 优化后工况 3 应力分布云图（单位：MPa）

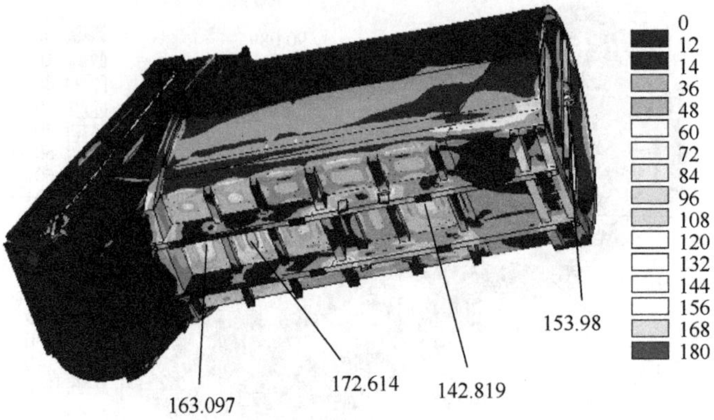

图 8-56　优化后工况 4 应力分布云图（单位：MPa）

8.4.5　结论

压缩垃圾是一种力学性质很不确定的混合物质，目前尚未见到有关压缩垃圾力学性质以及对压缩垃圾车结构作用载荷的研究资料. 采用假设与试验调整相结合的方法，给出了各种工况下压缩垃圾载荷密度的数学表达，保证了压缩垃圾车结构有限元分析计算的正确性.

利用高效实用的结构优化方法——导重法对后装式压缩垃圾车结构外形和构件尺寸成功地进行了优化设计，在垃圾装载量相同的前提下，结构最大应力从504MPa下降到176MPa，结构质量减少 29.3%. 工作富有原创性，为压缩垃圾车产品设计的现代分析与优化提供了有效方法和成功范例. 经过优化的新车型已试制成功，参加了南博会展出，申报了专利.

为提高车厢结构强度，减少车厢截面曲率突变造成的应力集中，减轻车厢结构质量，压缩垃圾车厢的截面形状应由带加强筋平板组成的矩形向光滑曲面板组成的截面形状发展. 为进一步探索车厢截面形状对结构强度与重量的影响，我们进行了车厢截面形状优化研究.

具有切割椭圆类车厢压缩垃圾车的车厢截面形状优化的目的是使车厢壁板面积最小，在车厢长度不变的前提下，就是使车厢截面的周长 L 最小化，其数学模型可表示为

$$\begin{cases}\text{Find} & a,b,c \\ \min & L(a,b,c) \\ \text{s.t.} & S(a,b,c)-S_0=0 \\ & a\leqslant 1250 \\ & b*c\leqslant 1000 \\ & -a<0,\ -b<0,\ -c<0\end{cases}$$

其中设计变量 a,b,c 为椭圆的长、短半轴长和切割椭圆高度与全椭圆高度之比；最小化目标函数 $L(a,b,c)$ 为切割椭圆周长：

$$L=\pi[1.5(a+b)-\sqrt{ab}]-\int_{-2a\sqrt{c-c^2}}^{2a\sqrt{c-c^2}}\sqrt{1+\frac{b^2x^2}{a^2\times(a^2-x^2)}}dx+4a\sqrt{c-c^2}$$

主要约束为

1）车厢截面积 $S=\pi ab-ab\times\arctan\dfrac{\sqrt{c-c^2}}{(c-0.5)}+4ab(c-0.5)\sqrt{c-c^2}$ 应保持不变，并等于原车厢截面积 $S_0=2150\times1652\text{mm}^2$.

2）整车高度和宽度满足行业规范，车厢宽不大于 2 500mm，高不超过 2 000mm；

采用罚函数法进行优化迭代可得 $a=1130.5$，$b=1000$，$c=1$. 由于同等截面积的全椭圆周长小于切割椭圆周长，所以在车厢高度和宽度满足行业规范的前提下，全椭圆车厢重量小于切割椭圆车厢；与切割椭圆车厢相比，全椭圆车厢截面周边曲率连续，变化更少，这就更有利于降低集中应力，达到提高结构强度，减轻结构重量的目的.

国际流行的压缩垃圾车厢的截面形状多为分段弧线型，为了比较各种不同车厢截面形状对优化效果的影响，我们还采用本节类似的步骤优化设计出一种具有椭圆截面车厢的新型后装式垃圾车和一种具有分段弧线形状截面车厢的新型后装式垃圾车[107, 108, 109]. 与未经优化的原矩形截面车、优化后的分段弧线截面车和切割椭圆截面车相比，在满足结构最大应力不超过许用应力的前提下，新设计的椭圆截面后装式垃圾压缩车的结构重量最小，应力分布更均匀，外形时尚新颖美观大方. 它是这 4 种车型的最优者. 具体数据比较见表 8-10.

表 8-10 几种不同车厢截面的后装式压缩垃圾车比较

车厢截面形状	重量/kg	减重比例/%	最大应力/MPa
原矩形截面车	3 960	（未优化）	504
分段弧线截面车	3 050	23	214
切割椭圆截面车	2 800	29.3	176
全椭圆截面车	2 633	33.5	173

§ 8.5 拉臂式压缩垃圾车的动力学仿真分析与结构优化设计

8.5.1 概述

拉臂式压缩垃圾车是近几年出现的新型环卫车辆，它由汽车底盘、拉臂和压缩车厢构成，如图 8-57 所示. 在垃圾中转站通过拉臂使空箱下车，利用填料器将各种散装垃圾压缩装入车厢，再通过拉臂使空箱上车，运到垃圾处理场后，通过拉臂在车上顶起车厢倾卸垃圾.

在车厢上下车及倾卸垃圾的过程中，拉臂车可视为实现可控运动的多刚体机构系统；而在运动过程中的不同瞬间，拉臂车各部件间的相对位置姿态不同、约束不同，又被视为不同的承受载荷的弹性结构系统. 对拉臂车结构系统进行结构分析的载荷数值来自对拉臂车机构系统的动力学分析.

国内生产的拉臂式压缩垃圾车强度差、质量大、材料利用率低，急需对其进行优化设计，以达到减轻质量、增加强度的目的. 为对拉臂车进行分析设计，首先使用 ADAMS 软件对整个拉臂车进行多刚体动力学分析，得出运动过程中拉臂、车厢与汽车底盘之间包括重力、惯性力、冲击力等在内的相互作用力，再使用 ANSYS 软件分别对拉臂结构与车厢结构进行参数化建模，进行结构有限元分析，得出拉臂结构与车厢结构的位移、应力分布. 根据结构分析得到的位移、应力分布特点，对拉臂车结构进行结构布局调优，然后建立拉臂与车厢结构的构件尺寸优化数学模型，采用以 ANSYS 为分析器的导重法分别对拉臂与车厢进行结构自动优化设计，在满足强度要求的前提下，使拉臂结构与车厢结构总重量分别减少了 28%和 31%.

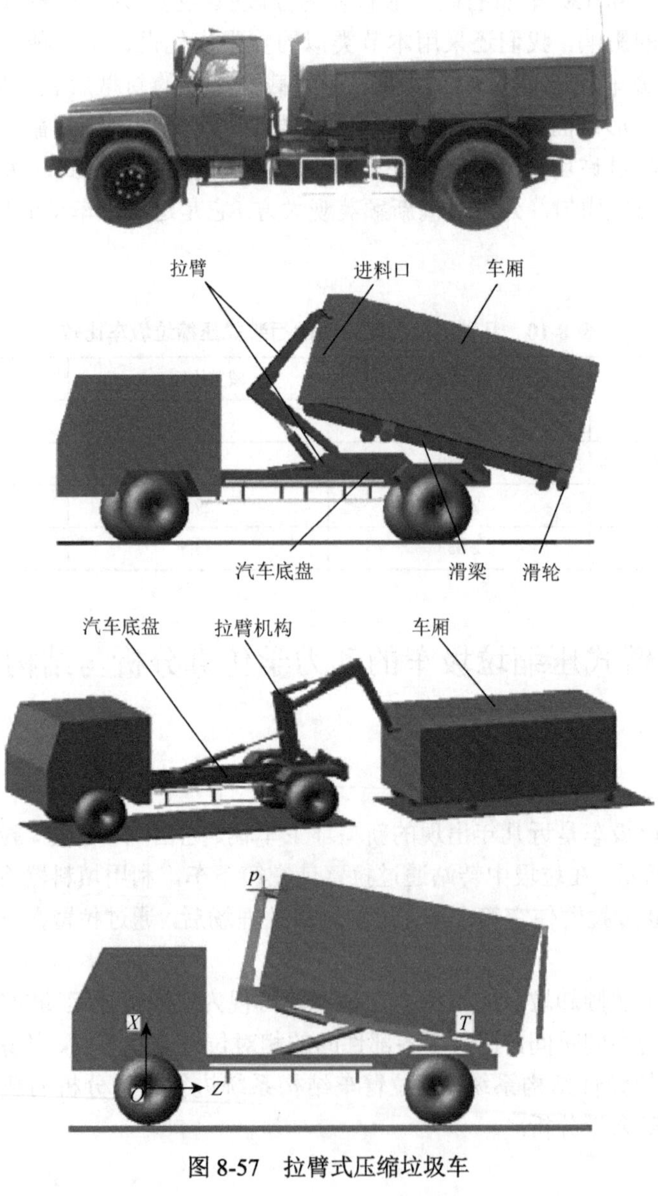

图 8-57　拉臂式压缩垃圾车

8.5.2　拉臂车的动力学仿真分析

1. 建模

拉臂如图 8-58 所示，它主要由①倾卸液压缸；②副车架；③联动架；④钩臂液压缸；⑤钩臂五个构件组成. 副车架、联动架、钩臂是由钢板焊成的结构. 各构件间通过铰销连接，倾卸液压缸的底座、副车架尾端汽车底盘铰销连接. 钩臂顶部有一吊钩，用于钩起车厢. 操作人员通过控制两个液压缸的伸缩达到使车厢上下车与倾卸垃圾的目的.

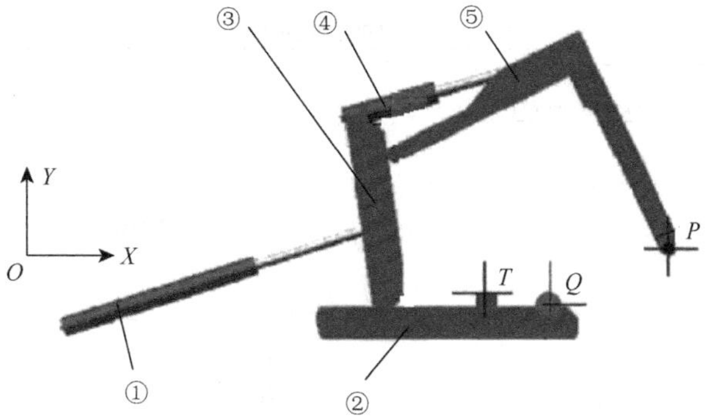

图 8-58　拉臂机构结构简图

利用 ADAMS 软件对整个拉臂车进行运动仿真与动力学分析：仿真分析模型由汽车底盘、车厢、拉臂机构三部分组成. 利用 ADAMS/View 中的造型功能，完成各刚体的造型. 由于刚体的属性（重心、质量、惯性矩）可另行输入，造型中的各刚体外形可根据实际情况作适当的简化，但为确保运动仿真的准确性，必须保证各刚体间连接点的距离与实际相符.

2. 运动仿真和动力学分析

各刚体几何造型完成后，利用 ADAMS 的各种约束功能限制刚体间的某些相对运动，将其连接起来组成拉臂车操作运动机构，对其进行运动仿真和动力学分析：输入两个液压缸伸缩运动与时间的函数，即可确定拉臂车的操作运动规律，以动画的形式实现拉臂车的运动仿真，并可进行动力学分析计算，得出操作过程中拉臂、车厢与汽车底盘的相互作用力数据随时间的变化曲线. 仿真分析结果存在 ADAMS 的数据库中，利用 ADAMS/PostProcessor，可给出这些数据随时间变化的函数图线.

主要对以下两种构件应力较大的操作过程进行仿真分析：

1）车厢上车过程：拉臂将置于地面的车厢拉上汽车底盘放平的过程. 该过程持续时间 45 秒，120 个子步.

2）倾卸垃圾过程：拉臂将位于车底盘上的车厢顶起倾卸垃圾的过程. 该过程持续时间 30 秒，100 个子步.

拉臂结构有限元分析需要由拉臂机构动力学分析提供以下作用力：

1）车厢对拉臂吊钩 P 点的作用力.

2）车厢对副车架尾轮 Q 点的作用力.

3）车厢对拉臂副车架凸台 T 点的作用力.

结构有限元分析时，可从 ADAMS 的数据库或这些曲线上直接提取 P、Q、T 点的作用力. 下面的图 8-59 为上车过程中 P 点作用力的分析结果函数曲线.

采用 ADAMS 仿真分析软件进行动力学分析所得到的相互作用力除包括重力外还包括瞬时加速度惯性力、冲击力、动摩擦力等，这是静力分析无法做到的，也是进行拉臂车动力学仿真分析对于保证拉臂车结构分析与优化设计正确性的重要意义所在.

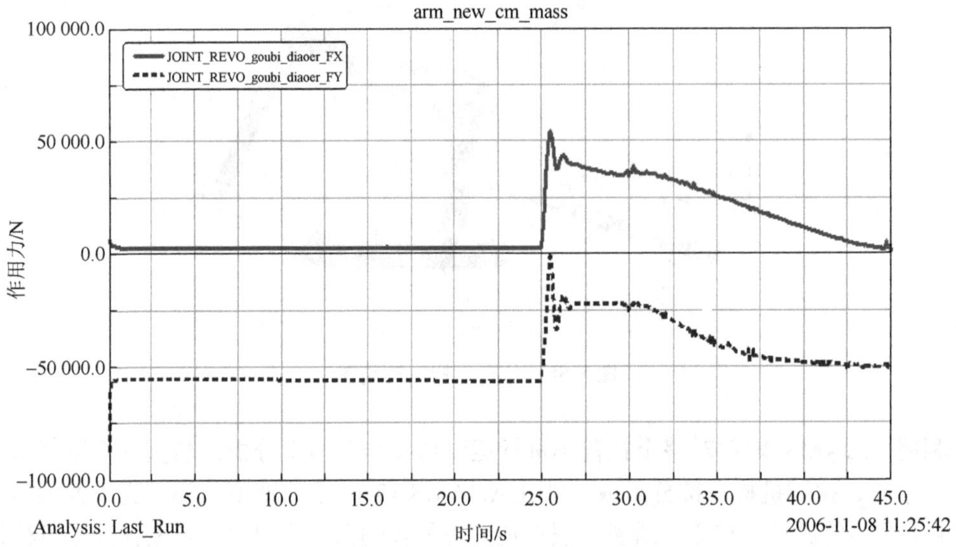

图 8-59　上车工况 P 点力的曲线

8.5.3　优化前拉臂结构的有限元分析

在操作过程中的不同瞬间，拉臂各构件间的相对位置姿态不同、约束不同，构成了不同的承受载荷的弹性结构. 根据操作过程中拉臂构件的危险程度，选取以下 9 种典型工况（表 8-11），对拉臂结构进行有限元分析.

表 8-11　拉臂机构的 9 种工况

垃圾箱上车过程	
工况 1	车厢前轮离地开始状态（$t = 0$s）
工况 2	车厢前轮离地中间状态（$t = 9.8$s）
工况 3	车厢前轮离地结束状态（$t = 25$s）
工况 4	车厢后轮离地开始状态（$t = 25.3$s）

续表

垃圾箱上车过程	
工况 5	车厢后轮离地中间状态 1（$t = 27.5s$）
工况 6	车厢后轮离地中间状态 1（$t = 36.8s$）
工况 7	车厢后轮离地结束状态（$t = 45s$）
垃圾箱倾卸过程	
工况 8	倾卸时顶起瞬间（$t = 0s$）
工况 9	顶起后垃圾未倒出（$t = 4.5s$）

1. 拉臂初始结构有限元分析

使用 ANSYS 软件对拉臂进行结构有限元分析. 根据拉臂构件的结构特点和受力特征，拉臂构件的钢板采用板壳单元 Shell63，拉臂构件的各铰接孔和铰销轴采用实体单元 Solid45，液压缸采用杆单元 Link8. 整个拉臂结构共划分 53 599 个单元，16 668 个节点，单元网格划分后的有限元分析模型如图 8-60 所示.

根据实际连接情况，对倾卸液压缸在汽车底盘上的端点 C_1 施加三向平动位移约束，对副车架与汽车底盘支撑处 C_2 施加 y 向平动位移约束，对副车架在汽车底盘上的支座 C_3 的所有位移施加约束. 从 ADAMS 仿真曲线或相应的数据库中提取拉臂结构承受的载荷：车厢对拉臂吊钩的作用力 L_1 和垃圾箱滑梁对副车架滑轮的作用力 L_2 等. 为更真实地模拟拉臂构件间的连接关系，对图 8-60 的 A_1、A_2、…、A_7 处的所有铰销连接，应建立销轴外表面与销孔内表面接触副，以反映铰销连接的接触非线性性质.

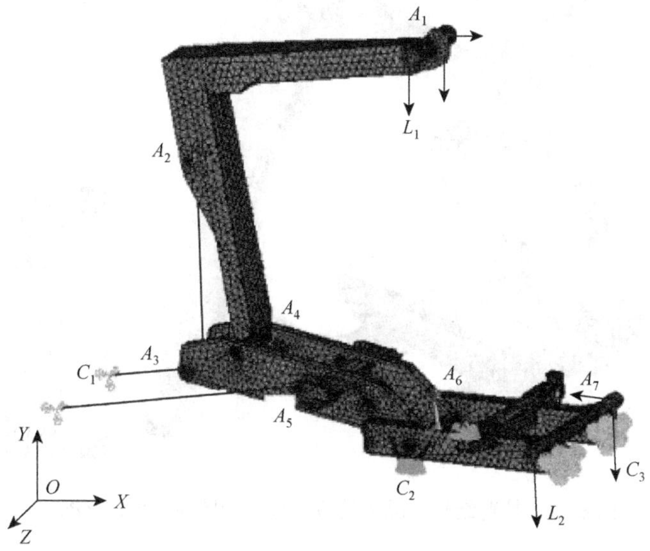

图 8-60 拉臂结构有限元分析的模型、约束与加载

利用 ANSYS 对 9 种工况的拉臂结构进行考虑接触非线性的有限元分析，获得拉臂结构构件变形与应力分布，发现绝大部分构件应力在材料许可应力范围内（见表 8-12），只有工况 1 钩臂联动架连接两端处和工况 8 联动架的倾卸液压缸支撑处出现了较大应力.

表 8-12　拉臂初始结构各工况的最大应力数值与部位

工况	最大应力/MPa	最大应力部位
1	212.347	钩臂与联动架铰接两端处
2	138.695	钩臂与联动架铰接两端处
3	175.981	钩臂的直角拐角处
4	172.963	联动架的倾卸液压缸支撑处
5	145.342	钩臂的直角拐角处
6	135.674	钩臂的直角拐角处
7	133.226	钩臂与联动架铰接两端处
8	318.527	联动架的倾卸液压缸支撑处
9	132.678	钩臂的直角拐角处

图 8-61 和图 8-62 分别为工况 1 和工况 8 的应力云图，图中标出了最大应力发生的位置及最大应力值.

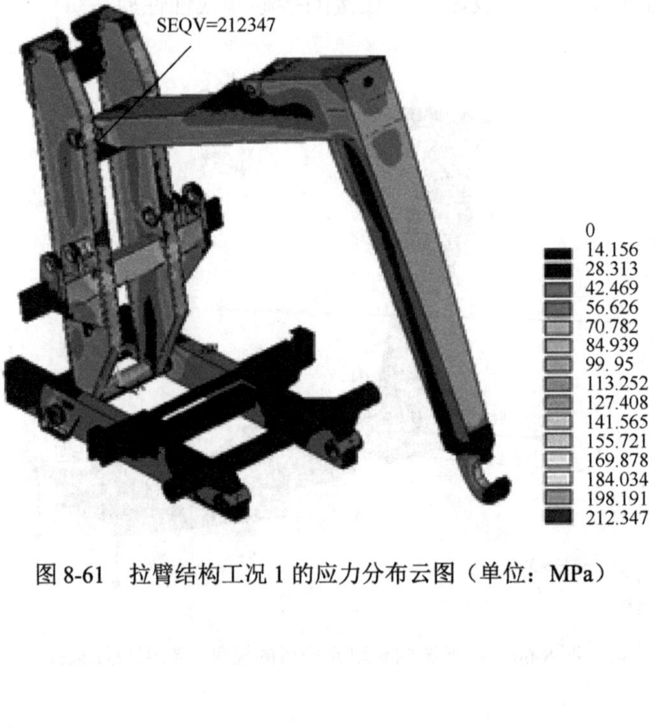

图 8-61　拉臂结构工况 1 的应力分布云图（单位：MPa）

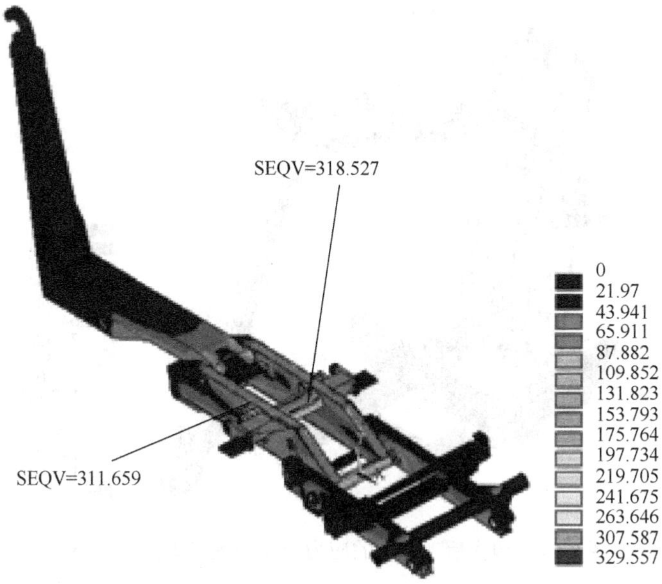

图 8-62 拉臂结构工况 8 的应力分布云图（单位：MPa）

2. 拉臂结构布局调优

根据上述拉臂结构的应力分布特点，对拉臂布局进行人工调优，以减小联动架梁的承受的弯曲应力和其他集中应力，主要布局调优措施为：

1）倾卸油缸在联动架上的支座向前移动，使之尽可能与钩臂的铰接支座接近，以减小车厢重力引起联动架承受的力矩.

2）钢板连接加强倾卸油缸支座与钩臂支座.

3）倾卸油缸支座的后支撑板下移.

4）删掉联动架前后横梁的三块板，只留底板.

改进后的拉臂结构如图 8-63 所示.

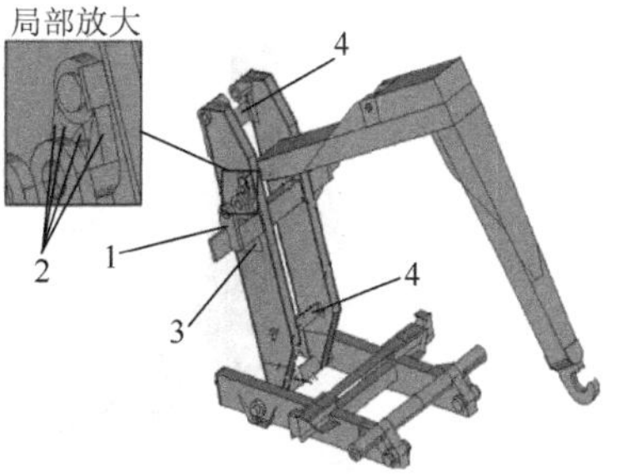

图 8-63 布局调优后的拉臂机构简图

3. 布局调优后拉臂机构动力学分析和结构有限元分析

由于倾卸油缸在联动架上的支座前移，倾卸液压缸加长，布局调优后的垃圾车操作运动轨迹发生变化，拉臂受力情况也发生改变，必须再次进行动力学分析，并再次对表 8-11 的 9 种工况进行拉臂结构有限元分析，得到改进后拉臂机构 9 种工况变形与应力分析结果（表 8-13）. 这里仍然只给出构件应力较大的工况 1 与工况 8 的复合应力云图，如图 8-64 和图 8-65 所示.

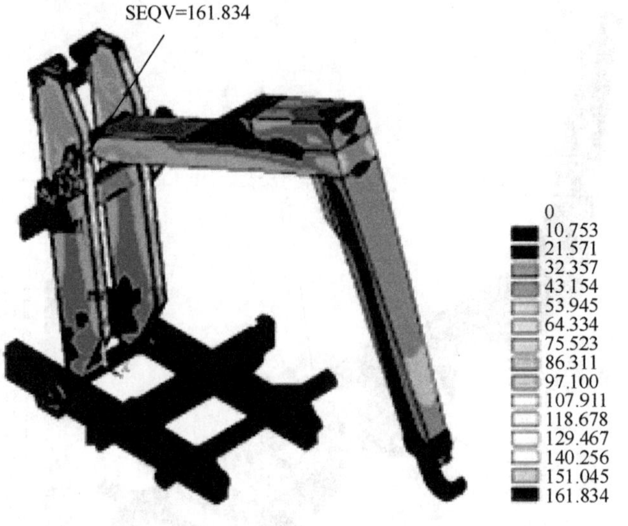

图 8-64 调优后工况 1 的应力分布云图（单位：MPa）

对比布局调优前后的应力分布可以看出：联动架上封板的应力大小与分布区域有明显改善，结构的最大应力由 318.527MPa 下降到 167.5MPa. 结构构件的主要应力普遍下降，且分布趋于均匀.

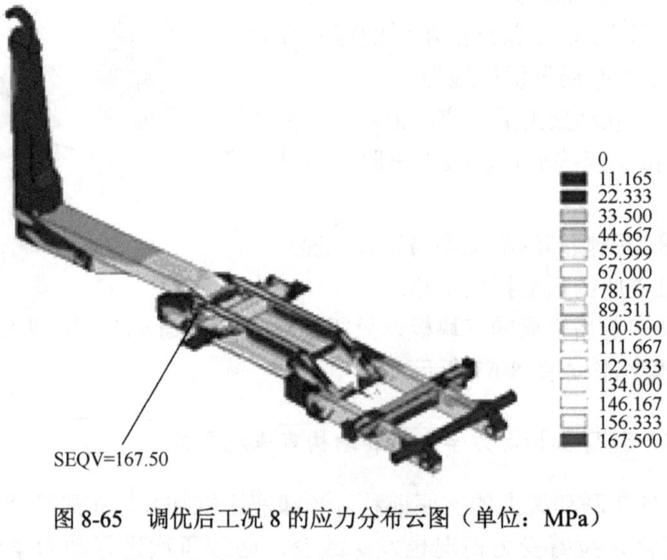

图 8-65 调优后工况 8 的应力分布云图（单位：MPa）

表 8-13 优后拉臂各工况的最大应力数值与部位

工况	最大应力/MPa	最大应力部位
1	161.834	联动架底板处
2	149.642	联动架底板处
3	156.350	钩臂的直角拐角处
4	150.523	联动架的倾卸液压缸支撑处

续表

工况	最大应力/MPa	最大应力部位
5	153.869	钩臂的直角拐角处
6	155.697	钩臂的直角拐角处
7	112.778	钩臂与联动架铰接两端处
8	167.501	联动架的倾卸液压缸支撑处
9	132.074	钩臂的底部拐角处

8.5.4 拉臂结构优化设计

1. 优化设计数学模型与优化设计方法

从拉臂结构有限元分析结果看出，工况 1 与工况 8 应力较大，是危险工况. 在工况 1 中主要受力部件是联动架与钩臂，副车架受力较小，但在工况 8 中副车架又是主要的承载部件. 而且这两种工况拉臂构件间相对位置不同、约束不同，是两个不同的承载结构. 故须针对这两种工况，建立两个不同的结构优化设计数学模型.

工况 1 的结构优化设计数学模型：

$$\begin{cases} \text{Find} & \boldsymbol{X}_1 = [x_1, x_2, \cdots, x_{15}]^{\mathrm{T}} \\ \min & W(\boldsymbol{X}_1) \\ \text{s.t.} & R(\boldsymbol{X}_1) \leqslant 0 \\ & x_i^L \leqslant x_i \leqslant x_i^U \quad (i = 1, 2, \cdots, 15) \end{cases}$$

工况 8 的结构优化设计数学模型：

$$\begin{cases} \text{Find} & \boldsymbol{X}_2 = [x_{16}, x_{17}, \cdots, x_{21}]^{\mathrm{T}} \\ \min & W(\boldsymbol{X}_2) \\ \text{s.t.} & R(\boldsymbol{X}_2) \leqslant 0 \\ & x_i^L \leqslant x_i \leqslant x_i^U \quad (i = 16, 17, \cdots, 21) \end{cases}$$

其中设计变量 $x_1 \sim x_{15}$ 为主要与工况 1 有关的联动架与钩臂板厚，设计变量 $x_{16} \sim x_{21}$ 为主要与工况 8 有关的副车架板厚，W 为结构总质量，R 为结构特征应力，它在数值上等于各自工况的最大应力.

由于工况 1 与工况 8 是两个不同的结构，须在同一次优化迭代中分别对工况 1 与工况 8 的设计变量进行优化，即须保持工况 8 设计变量 $(x_{16}, x_{17}, \cdots, x_{21})$ 不变，对工况 1 涉及的设计变量 $(x_1, x_2, \cdots, x_{15})$ 进行优化，得到新的 $(x_1', x_2', \cdots, x_{15}')$，再按新的 $(x_1', x_2', \cdots, x_{15}')$ 与原 $(x_{16}, x_{17}, \cdots, x_{21})$ 重新建模，保持设计变量 $(x_1', x_2', \cdots, x_{15}')$ 不变，对工况 8 涉及的设计变量 $(x_{16}, x_{17}, \cdots, x_{21})$ 进行优化迭代，如此交替地对工况 1 与工况 8 涉及的变量进行优化迭代，直至收敛. 最后再对优化后的新结构进行所有工况下的有限元分析校核.

采用工程实用的结构优化高效设计方法——以 ANSYS 为分析器的导重法编制的软件 SOGA1 进行结构优化设计计算，在 SOGWM 的输入文件中令 KWF = 1，进行轻量化优化设计. 经过 4 次迭代，优化计算收敛. 表 8-14 给出优化迭代历程中原始结构、4 次迭代后结构以及优化收敛板厚圆整后结构的 21 个变量、结构总质量与复合应力 R 的数值，表中 K 为迭代次数，$K = 0$ 为经过布局调优后的设计方案，$x_1 \sim x_{21}$ 为设计变量，质量 W 单位为 kg，最大应力 R 单位为 MPa，板厚变量单位为 mm.

表 8-14　拉臂结构优化迭代历程

K	0	1	2	3	4	圆整
x_1	10	8.53	7.79	8	8	8
x_2	15	12.77	11.07	11	11	11
x_3	11	8.54	7.65	4.88	4.51	5
x_4	10	8.87	8.12	8	8	8
x_5	10	7.77	6.80	5.08	4.82	5
x_6	10	8.70	7.32	7	7	7
x_7	8	6.21	5.59	6.70	7.86	8
x_8	10	7.54	6.81	7.44	7.74	8
x_9	8	6.05	5.43	5.23	5.02	5
x_{10}	10	7.65	6.85	2.99	2.48	2.5
x_{11}	10	7.55	6.89	5.10	4.64	5
x_{12}	10	7.61	6.83	5.19	5.26	5
x_{13}	10	7.87	7.00	6.04	5.89	6
x_{14}	8	6.15	5.53	7.87	7.98	8
x_{15}	10	7.55	6.78	7.82	7.74	8
x_{16}	10	8.40	7.15	7.13	7.13	7
x_{17}	22	13.54	10.86	9.88	9.88	11
x_{18}	20	12.51	10.05	9.63	9.63	10
x_{19}	10	8.46	6.83	6.78	6.78	7
x_{20}	10	6.13	6.25	5.40	5.40	6
x_{21}	15	11.54	9.29	9.09	9.09	9
$W(\boldsymbol{X})$	822.82	682.12	628.21	617.53	611.38	615.06
$R(\boldsymbol{X})$	167.50	179.57	180.13	180.04	180.44	178.33

从表中可以看出，优化迭代收到了显著的优化效果（表 8-14）：在使拉臂结构最大应从原始结构的 318.527MPa 降为 178.33MPa，低于材料的许用应力的前提下，使拉臂总重量从原始结构的 854kg 下降到 615kg，减重幅度达 28%. 圆满实现了拉臂结构优化设计的预期目标.

2. 优化后拉臂结构的分析结果

图 8-66 和图 8-67 为优化后拉臂结构的工况 1 和工况 8 的有限元分析应力云图.

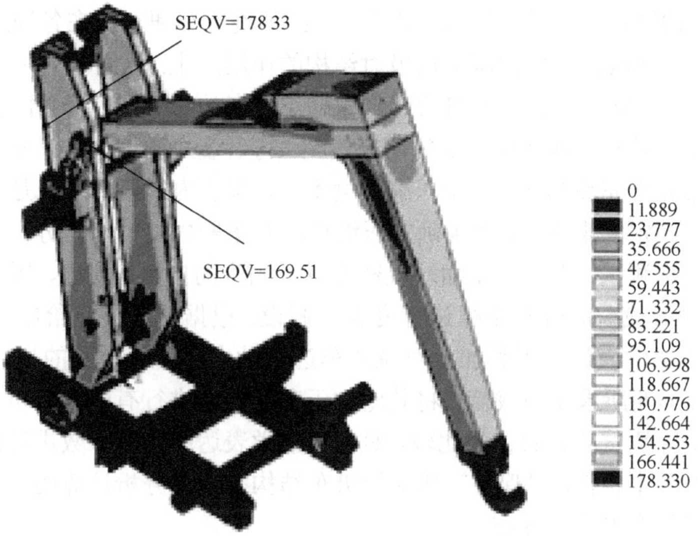

图 8-66 优化后工况 1 的应力分布云图（单位：MPa）

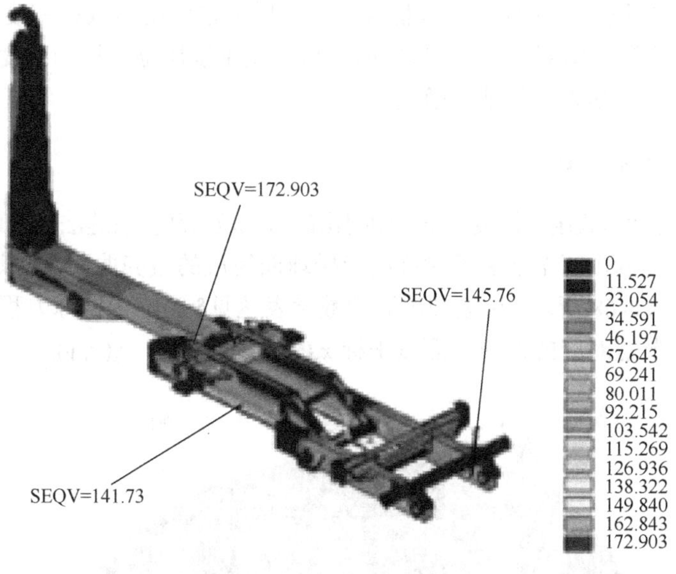

图 8-67 优化后工况 8 的应力分布云图（单位：MPa）

可以看出，在结构重量下降 28%的情况下，拉臂结构三部件的最大应力均未超过材料的许用应力 180MPa.

8.5.5　车厢载荷密度的数学表达

拉臂车在装入、上车、运输及倾卸过程中，车厢承受由压缩垃圾和拉臂施加的各种载荷，要对车厢结构进行有限元分析与优化设计，必须确定车厢结构在各种工况下所承受载荷的数学表达，这些载荷主要由压缩垃圾对结构的作用产生. 压缩垃圾是一种力学性质很不确定的混合物质，除了我们前面对后装式压缩垃圾车的有关研究外，目前尚未见到对压缩垃圾力学性质及其对车厢作用载荷的研究资料. 与后装式压缩垃圾车不同，拉臂式压缩垃圾车内的垃圾并不充满车厢，由于压缩程度不同，车厢内的压缩垃圾是变密度的，这又增加了垃圾载荷确定的难度. 为准确确定压缩垃圾对车厢内壁的压力分布，可先对车厢结构的变形应力进行测试，而后对压缩垃圾密度以及相应的自重、惯性、压缩、挤入等基本工况下的压缩垃圾载荷的分布规律进行变参数假设. 根据这些假设给出各种实际工况下压缩垃圾载荷的数学表达，再叠加上对拉臂车进行动力学分析得到的拉臂对车厢的作用力，组成各工况车厢所承受的载荷，将其施加于车厢结构进行有限元分析. 通过对应力计算结果数值与实际测试应力数值的比较，对载荷数学表达中的变参数进行调整，直到计算应力与测试应力基本相符，以保证该压缩垃圾车结构有限元分析计算的正确性，获得了该结构在各工况下的变形应力分布.

拉臂式压缩垃圾车的车厢所承受的基本作用力有：垃圾自重力、惯性力、压缩力、挤入力、摩擦力和拉臂作用力. 车厢结构在装卸、上下车及运输过程中所承受的载荷为以上几种基本作用力的组合. 下面给出车厢内以上几种基本作用力载荷密度随位置变化的函数表达. 为此，还需给出压缩垃圾外形曲面函数和变密度压缩垃圾的密度函数作为以上几种基本作用力载荷数学表达的辅助函数.

1. 垃圾外形曲面函数

按照作者在对后装式压缩垃圾车研究中提出的压缩垃圾载荷表达法——Eggshell 法，将垃圾堆外形曲面描述为由两个前后不对称的半椭球面组成的蛋壳曲面，模拟无车厢时垃圾堆的虚拟形状，如图 8-68 所示. 垃圾椭球面的数学表达见§ 8.4. 由椭球方程可以推得各坐标平面内不同位置节点对应的椭球表面点坐标 $x_s(y, z)$、$y_s(x, z)$、$z_s(x, y)$.

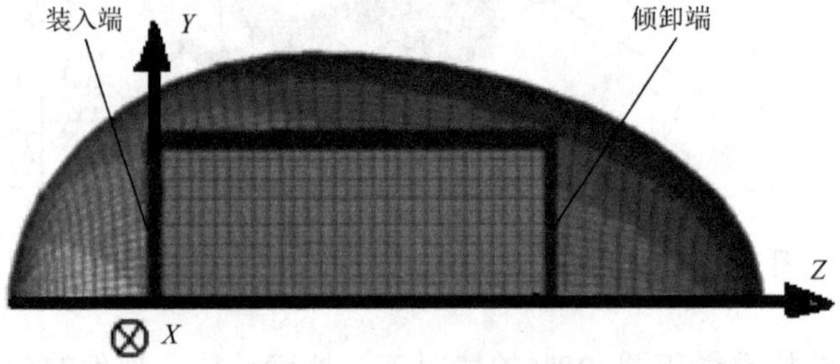

图 8-68　椭球面与车厢剖视图

2. 变密度压缩垃圾的密度函数

与后装式压缩垃圾车不同，拉臂式压缩垃圾车内的垃圾并不充满车厢，垃圾在车厢内不同部位的压缩程度不同，造成压缩垃圾在车厢内的不均匀分布，导致车厢内的压缩垃圾是变密度的，即压缩垃圾密度是位置的函数. 为反映车厢 X 向两侧压缩垃圾密度约为车厢中间垃圾密度 1/3 的实际情况，设压缩垃圾密度在 X 向为余弦函数 $a\cos(x/b)$ 分布；为反映压缩垃圾在车厢 Y 向从上到下越来越密的实际情况，设压缩垃圾密度在 Y 向为指数函数 $c\times[(y_m-y)/y_m]^{0.5}$ 分布. 故可设压缩垃圾密度函数为

$$\rho(x,y)=\rho_0[a\cos(x/b)]\times c[(y_m-y)/y_m]^{0.5}$$

其中，ρ_0 为垃圾平均比重，取 $0.75\times10^{-5}\mathrm{N/mm^3}$；$y_m$ 为（x,z）点车厢高度；（x,y）为车厢内节点的坐标. 待定系数 a、b、c 确定如下：

在车厢中面，$a\cos(0/b)=a$；在车厢两侧，$a\cos(1061.5/b)=a/3$，可求得 $b=862$；为使压缩垃圾密度在 X 向按余弦分布的垃圾总重量与均匀分布的垃圾总重量相等，即

$$\rho_0\times a\times\int_{-1061.5}^{1061.5}\cos(x/862)\mathrm{d}x=\rho_0\times2\times1061.5$$

可求得 $a=1.306$.

又为使垃圾密度在 Y 向按 $c\times[(y_m-y)/y_m]^{0.5}$ 分布的垃圾总重量与 Y 向均匀分布的垃圾总重量相等，即 $\rho_0\times\int_{y_m}^{0}c\times y_m[(y_m-y)/y_m]^{0.5}\mathrm{d}y=\rho_0\times y_m$ 可求得 $c=1.5$.

故可得压缩垃圾密度函数为

$$\rho(x,y)=1.5\rho_0[1.306\cos(x/862)]\times[(y_m-y)/y_m]^{0.5}$$

3. 垃圾自重载荷密度

（1）垃圾 Y 向自重载荷密度

对垃圾变密度函数在 Y 向积分 $\int_{y_m}^{y}\rho(x,y)\mathrm{d}y$，即可得到垃圾 Y 向自重载荷密度函数

$$p_y(y)=\rho_0[1.306\cos(x/862)]\times y_m[(y_m-y)/y_m]^{1.5}$$

对于车厢两端斜板，法向载荷与切向载荷分别为

法向载荷密度

$$p_{yf}=p_y[1-(1-\mu)\sin^2\alpha_y]$$

切向载荷密度

$$p_{yq}=p_y(1-\mu)\sin^2\alpha_y\cos\alpha_y$$

式中 α_y 为加载面与水平面的夹角，压缩垃圾泊松比 μ 为 0.4.

（2）垃圾 Z 向自重载荷密度

车厢倾斜上车时，会产生沿车厢 Z 向的自重分量，对垃圾密度函数在 Z 向进行积分 $\int_{z_{m-}}^{z}\rho(x,y)\mathrm{d}z$，可得垃圾 Z 向自重载荷密度函数

$$p_z(z)=\rho(x,y)(z-z_{m-})$$

法向载荷密度

$$p_{zf}=p_z[1-(1-\mu)\sin^2\alpha_z]$$

切向载荷密度

$$p_{zq}=p_z(1-\mu)\sin^2\alpha_z\cos\alpha_z$$

式中 α_z 为加载面与 $z=0$ 平面的夹角， z_{m-} 为（x,y）点车厢最小 z 坐标.

（3）车厢上车倾斜角为 θ 时的垃圾自重载荷密度

1）Y 向自重载荷密度

法向载荷密度

$$p_{\theta f}(y)=p_{yf}\cos\theta=p_y[1-(1-\mu)\sin^2\alpha_y]\cos\theta$$

切向载荷密度

$$p_{\theta q}(y)=p_{yq}\cos\theta=p_y(1-\mu)\sin\alpha_y\cos\alpha_y\cos\theta$$

2）Z 向自重载荷密度

法向载荷密度

$$p_{\theta f}(y)=p_{zf}\sin\theta=p_y[1-(1-\mu)\sin^2\alpha_y]\sin\theta$$

切向载荷密度

$$p_{\theta q}(z)=p_{zq}\sin\theta=p_z(1-\mu)\sin\alpha_z\cos\alpha_z\sin\theta$$

4. 垃圾惯性载荷密度

（1）Y 向惯性载荷密度

由颠簸冲击引起，Y 向加速度与重力加速度之和取 1.5g，载荷密度与自重载荷密度成正比，前者为后者的 1.5 倍.

（2）X 向惯性载荷密度

由侧晃冲击引起，X 向加速度取 0.5g，即认为 X 向惯性载荷等于 0.5 倍 X 向的自重载荷. 对垃圾密度函数在 X 向积分 $\int_{x_{m-}}^{x}\rho(x,y)\,\mathrm{d}x$，乘以 0.5 倍，即可得到垃圾 X 向惯性载荷密度：

$$p_{gx}=844.329\times\rho_0\times[(y_m-y)/y_m]^{0.5}\times[\sin(x/862)-\sin(x_{m-}/862)]$$

法向载荷密度

$$p_{gxf}=p_{gx}[1-(1-\mu)\sin^2\alpha_x]$$

切向载荷密度

$$p_{gxq}=p_{gx}(1-\mu)\sin\alpha_x\cos\alpha_x$$

其中 α_x 为加载面与 $x=0$ 平面的夹角， x_{m-} 为（y,z）点车厢最小 x 坐标.

（3）Z 向惯性载荷密度

由刹车冲击引起，Z 向加速度取 1.0g，装入端压强最大，倾卸端压强为零. 对垃圾密度函数在 Z 向进行积分 $\int_{z}^{z_m}\rho(x,y)\,\mathrm{d}z$，可得垃圾 Z 向惯性载荷密度函数

$$p_{gz}=\rho(x,y)(z_m-z)$$

法向载荷密度

$$p_{gzf}=p_{gz}[1-(1-\mu)\sin^2\alpha_z]$$

切向载荷密度

$$p_{gzq} = p_{gz}(1-\mu)\sin\alpha_z \cos\alpha_z$$

其中，z_m 为（x，y）点车厢最大 z 坐标（mm）；α_z 为加载面与 $z=0$ 面的夹角.

5. 垃圾压缩载荷密度

设车厢内垃圾由于被压缩而对车厢内壁产生的反作用力与压缩程度成正比，而压缩程度又与垃圾外形曲面与车厢板的间距成正比，由此可得垃圾压缩力载荷密度.

（1）顶板压缩载荷密度

$$p = K_y \times \rho_0 \times [\max\{y_S(x,z) - y_m, 0\}]$$

式中 y_s 为（x, z）点对应的垃圾箱高度；y_m 意义同前；K_y 为可调参数，调整其大小可使应力计算值与测试值相符.

（2）底板压缩载荷密度

$$p = \lambda \times K_y \times \rho_0 \times [y_S(x,z) - 0]$$

式中 y_s 意义同前，λ 为可调参数，调整 λ 值可使车厢的 Y 向支反力为零.

（3）侧板压缩载荷载荷

1）x 坐标为正的右侧板压缩载荷密度

$$p = K_x \times \rho_0 \times \max[x_{S+}(y,z) - x, 0]$$

式中 x_{S+} 为（y, z）点对应的垃圾椭球曲面 X 向正坐标.

2）x 坐标为负的左侧板压缩载荷密度

$$p = K_x \times \rho_0 \max[x - x_{S-}(y,z), 0]$$

式中 x_{S-} 为（y，z）点对应的垃圾椭球曲面 X 向负坐标. 上两式中 K_x 为可调参数，调整其大小可使应力计算值与测试值相符.

（4）装入端板压缩载荷密度

$$p = K_{z1} \times \rho_0 \max[z - z_{S-}(x,y), 0]$$

式中 z_{S-} 为（x, y）点对应的垃圾椭球曲面 Z 向负坐标；K_{z1} 为可调参数，调整其大小可使应力计算值与测试值相符.

（5）倾卸端板压缩载荷密度

$$p = K_{z2} \times \rho_0 \max[z_{S+}(x,y) - z, 0]$$

式中 z_{S+} 为（x, y）点对应的垃圾椭球曲面 Z 向正坐标；K_{z2} 为可调参数，调整其大小可使应力计算值与测试值相符.

6. 垃圾挤入载荷

根据油缸载荷求出挤入板水平推力的最大压强 P_m，由挤入力引起的三向载荷密度最

大值分别为 $P_{zm}=P_m$，$P_{xm}=\mu P_m$，$P_{ym}=\mu P_m$. 由于车厢进料口尺寸小于车厢截面，挤入载荷在车厢截面上的分布是不均匀的，是位置的函数. 设挤入载荷沿 X、Y、Z 方向分别按余弦函数 $S(x)$、$T(y)$、$C(z)$ 变化：

$$S(x)=\cos(x/1\,262)$$

$$T(y)=\cos[(\pi/2)(y-223)/(y_m-223)]$$

$$C(z)=\frac{1+\eta}{2}+\frac{1-\eta}{2}\cos(\pi z/z_m)$$

以上三式中各常数的取值应使最大压强 P_m 作用于 $x=0$，$y=223$ 处（填料口下沿 y 方向坐标值），沿 X、Y 轴的正负两个方向衰减，在车厢侧板（$x=\pm 1\,061.5$）处压强降为中面（$x=0$）处的 2/3，在车厢顶板（$y=y_m$）处降为零；y_m、z_m 意义同前，η 为可调参数，调整参数，使其计算应力值与测试应力相符.

于是可得垃圾挤入力的三向载荷密度函数为

$$\begin{Bmatrix} P_x \\ P_y \\ P_z \end{Bmatrix}=\begin{Bmatrix} \mu P_m \\ \mu P_m \\ P_m \end{Bmatrix}\times S(x)\times T(y)\times C(z)$$

车厢两端斜板挤入载荷密度为

法向载荷密度

$$p_{zf}=p_z\times[1-(1-\mu)\cos^2\alpha]$$

切向载荷密度

$$p_{zq}=p_z\times(1-\mu)\sin\alpha\cos\alpha$$

7. 拉臂对车厢的作用载荷

由本节第二段对拉臂车的动力学分析计算，可得到各种工况下拉臂对车厢的作用载荷，由于可全面考虑瞬时加速度惯性力、冲击力、重力、摩擦力的影响，求出的载荷数值，比通过结构静平衡方程求得的载荷数据更符合实际.

8.5.6 优化前车厢结构有限元分析

1. 有限元分析模型

使用 ANSYS 软件对拉臂式压缩垃圾车的车厢结构进行有限元分析. 车厢主要由钢板焊接而成，故采用 6 自由度板单元 SHELL63，对于少量较厚的板，采用 8 自由度实体单元 SOLIDE45. 整车结构共划分 48 764 个单元，56 499 个节点. 单元网格划分后的车厢结构如图 8-69 所示.

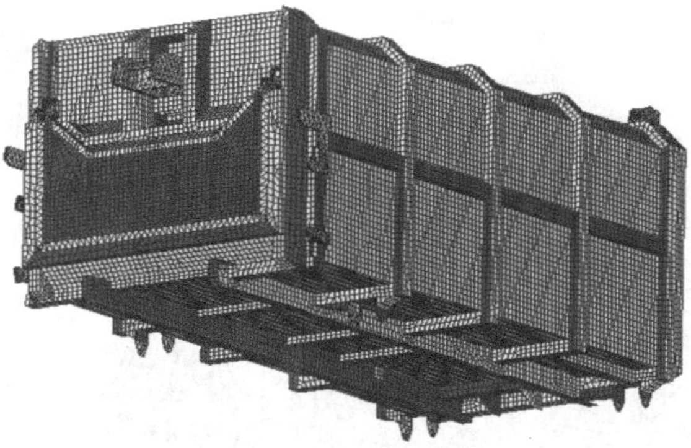

图 8-69　有限元分析模型

2. 约束与加载

拉臂式压缩垃圾车结构的实际载荷工况主要有以下 9 种，下面重点描述最危险工况 1 与工况 8：

工况 1　满载挤入工况：车厢结构所承受的载荷包括 Y 向结构自重、Y 向垃圾自重 + max{压缩力，挤入力}、车厢内壁摩擦力. 承载约束为后轮与插板 Y 向平动约束，与填料器插钩 Z 向平动约束；定位约束为车厢底部 Z 轴原点与 Z 轴后点的 X 向平动约束.

工况 2　满载地面静止工况；

工况 3　满载上车前轮离地起始工况；

工况 4　满载上车前轮离地结束工况；

工况 5　满载上车后轮离地起始工况；

工况 6　满载上车后轮离地结束工况；

工况 7　满载平稳行驶与静止工况；

工况 8　满载颠簸行驶与刹车工况：车厢结构所承受的载荷包括车厢结构与垃圾的 X、Y、Z 向惯性力（其数值分别为 0.5 倍重力加速度、1.5 倍重力加速度、1.0 倍重力加速度）与垃圾压缩载荷；承载约束为车厢 6 个支点 Y 向平动约束、后 2 支点 X 向平动约束及吊钩 Z 向平动约束；定位约束为车厢底板 Z 轴原点 X 向平动约束.

工况 9　满载倾卸顶起起始工况.

根据前面给出的各种载荷密度公式，利用 ANSYS 的函数加载功能仔细输入各种载荷密度公式，软件即可自动根据节点坐标与载荷密度函数施加节点载荷，完成各工况的加载.

3. 分析计算结果

图 8-70～图 8-73 给出工况 1 与工况 8 两种最危险工况有限元分析结果的 Von-Mises 复合应力云图，颜色越浅处表示应力越大. 由分析结果可知，结构整体大应力出现在车厢底部大面积板的中心位置及后门的加强框上. 整车结构大部分应力均小于 100MPa，由工况 8 的应力云图可以看出，优化设计前原始结构的最大应力发生在满载颠簸行驶与刹车工况的车厢底板前部中心点处，Von-Mises 复合应力达到 254.85MPa，很容易发生损坏. 除个别应力集中点外，以上 ANSYS 有限元分析计算结果与测试结果基本相符.

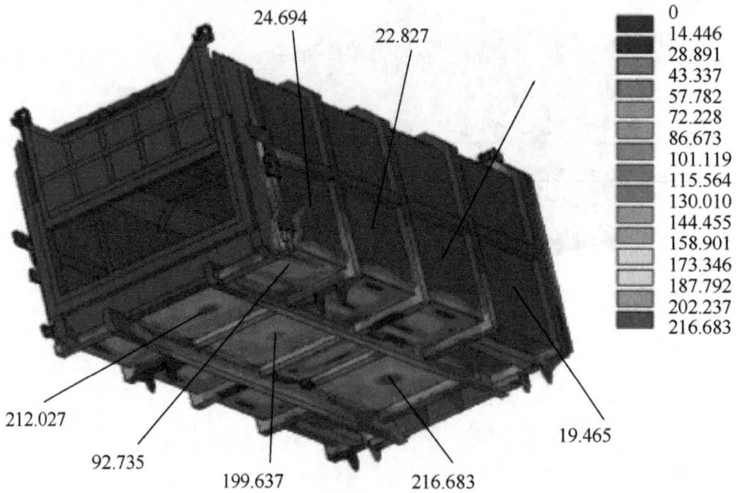

图 8-70　优化前工况 1 底板、侧板的应力云图（单位：MPa）

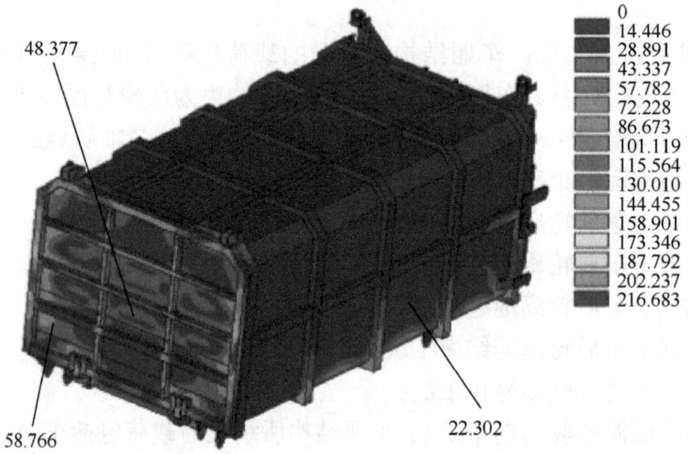

图 8-71　优化前工况 1 后门板和侧板的应力云图（单位：MPa）

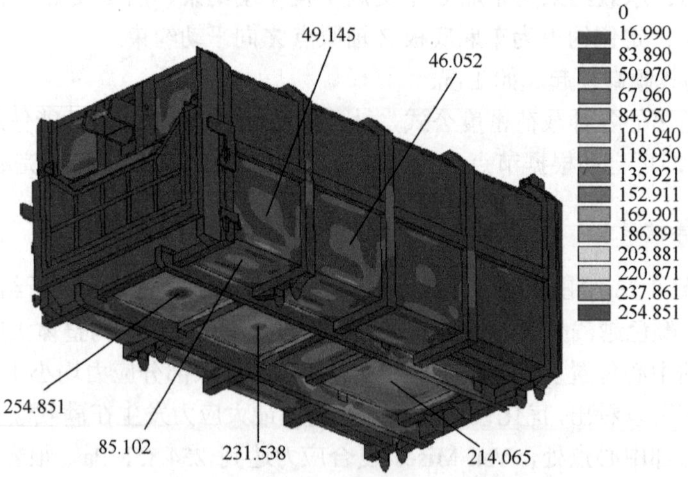

图 8-72　优化前工况 8 底板、侧板的应力云图（单位：MPa）

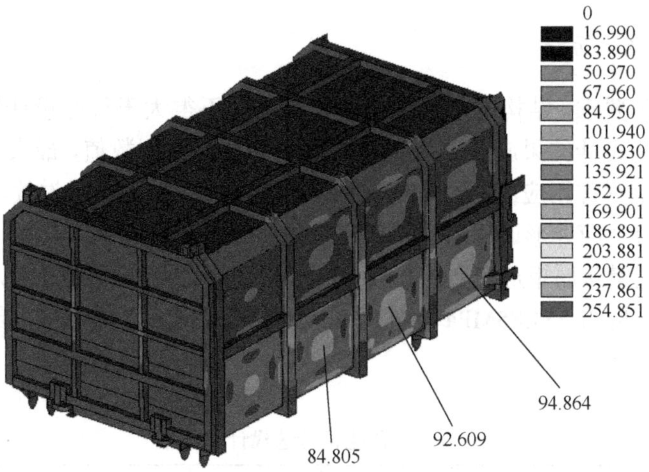

图 8-73　优化前工况 8 后门板和侧板的应力云图（单位：MPa）

8.5.7　车厢结构优化设计

1. 外形优化

为降低车厢结构应力、节省材料，目前压缩垃圾车厢的截面形状已由带加强筋的平板组成的矩形向光滑曲面板组成的形状发展. 根据厂方意见，采用国际流行的分段弧线截面型车厢. 为减小垃圾对后门板的作用力，并使后门下部对垃圾产生向上运动的导向作用，以便使垃圾充满车厢提高车厢利用率，将后门封板由平板改为弧面板结构. 对外形优化后的车厢结构进行的结构有限元分析表明，新型车厢结构重量从原始结构的 2.65t 减少到 2.184t，最大应力从原始结构的 254.85MPa 下降为 196.23MPa.

2. 构件尺寸优化

车厢结构尺寸优化的数学模型表示为

$$\begin{cases}\text{Find} & \boldsymbol{X}=[x_1,x_2,\cdots,x_N]^{\mathrm{T}}\\ \min & M(\boldsymbol{X})\\ \text{s.t.} & V(\boldsymbol{X})=V_0\\ & R(\boldsymbol{X})\leqslant[\sigma]\\ & x_{i\ \min}\leqslant x_i\leqslant x_{i\ \max}\quad(i=1,2,\cdots,N)\end{cases}$$

其中，$x_1,x_2,\cdots,x_N$ 为车厢壁板厚度等设计变量；$M(\boldsymbol{X})$ 为结构质量目标函数；$V(\boldsymbol{X})$ 为垃圾车容积；V_0 为垃圾车优化前容积；$[\sigma]$为许用应力；$R(\boldsymbol{X})$ 为结构特征应力，$R(\boldsymbol{X})$ 在数值上等于所有构件应力的最大值，在表达上为所有构件应力的 k 次均方根包络函数.

采用根据工程实用结构优化高效方法——ANSYS 与导重法相结合法编制的结构优化软件 SOGA1 进行优化设计：利用 ANSYS 进行结构分析以及特征应力等结构特性对设计变量的差分敏度计算，利用结构优化导重法进行优化迭代计算，在 SOGWM 的输入文件中令 KWF = 1，进行轻量化优化设计，收到了十分显著的优化效果.

3. 优化设计迭代历程

根据生产实际要求，结构外形尺寸设计变量取值不得大于行业设计规范限制，钢板厚度设计变量的优化设计结果应圆整为钢材厂供应的板厚序列数值，最大 Von-Mises 复合应力数值不得大于钢材许用应力 180MPa. 经过 4 次迭代，优化计算收敛，迭代计算历程如表 8-15 所示，$K=0$ 对应外形调优后构件尺寸优化前的车厢结构设计方案. 从表中可以看出，优化后车厢结构质量从原矩形车厢的 2.65t 减少到 1.828t，减少质量 0.822t，质量减少了 31%，最大应力从原始结构的 254.85MPa 下降为 167.86MPa，满足了许用应力约束，圆满实现了企业提出的减重目标.

表 8-15　优化设计迭代计算历程

迭代	K	0	1	3	5	4	圆整
设计变量	x_1	4	3.209	3.089	3.298	3.298	3.0
	x_2	4	3.244	3.096	3.028	3.028	3.0
	x_3	4	3.208	2.893	2.372	2.372	2.5
	x_4	4	3.217	2.911	2.392	2.392	2.5
	x_5	4	3.206	2.891	2.891	2.891	3.0
	x_6	4	3.202	2.883	2.364	2.364	2.5
	x_7	4	3.203	2.885	2.367	2.367	2.5
	x_8	4	3.202	2.883	2.883	2.883	3.0
	x_9	4	3.199	2.880	2.361	2.361	2.5
	x_{10}	4	3.200	2.881	2.362	2.362	2.5
	x_{11}	4	3.201	2.882	2.882	2.882	3.0
	x_{12}	4	3.200	2.880	2.362	2.362	2.5
	x_{13}	4	3.200	2.880	2.362	2.362	2.5
	x_{14}	4	3.200	2.880	2.362	2.362	3.0
	x_{15}	4	3.200	2.888	2.371	2.371	2.5
	x_{16}	4	3.201	2.947	2.947	2.947	3.0
	x_{17}	4	3.199	2.878	2.878	3.051	3.0
	x_{18}	6	4.801	4.333	4.333	4.333	4.5
	x_{19}	6	4.798	4.320	4.320	4.320	4.5
	x_{20}	4	5.264	6.617	6.158	6.158	6.0
	x_{21}	4	4	4	4	2.742	3.0
	x_{22}	4	4	4	4	2.720	2.5
	x_{23}	4	4	4	4	2.720	2.5
应力/MPa	σ	196.23	181.11	197.03	177.77	179.88	167.86
质量/kg	M	2 184	1 954	1 875	1 812	1 777	1 828

4. 优化后车厢结构有限元分析

图 8-74～图 8-77 分别为优化后车厢结构工况 1 和工况 8 有限元分析计算结果的 Von-Mises 复合应力分布云图，颜色越浅处表示应力越大. 优化设计后的最大应力发生在图 8-74 所示工况 1 即车厢底板第三横梁处，Von-Mises 复合应力为 167.86MPa.

可以看出，在结构重量下降 31%的情况下，车厢结构的最大应力仅为 167.87MPa，未超过材料的许用应力 180MPa.

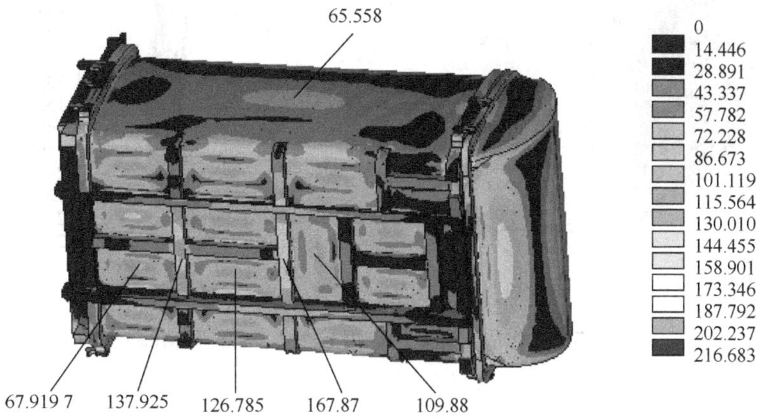

图 8-74 优化后工况 1 的应力云图 1（单位：MPa）

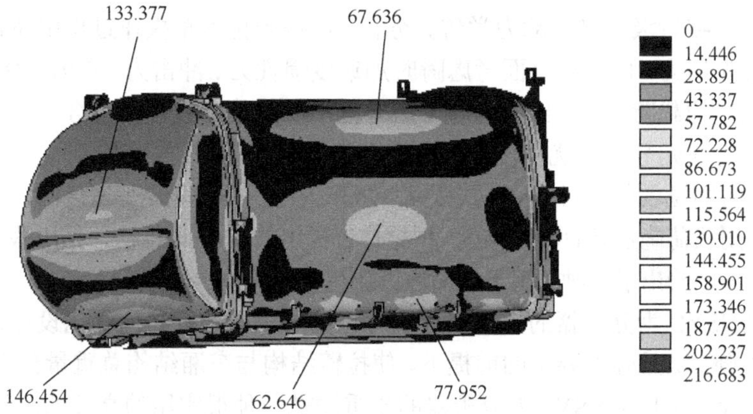

图 8-75 优化后工况 1 的应力云图 2（单位：MPa）

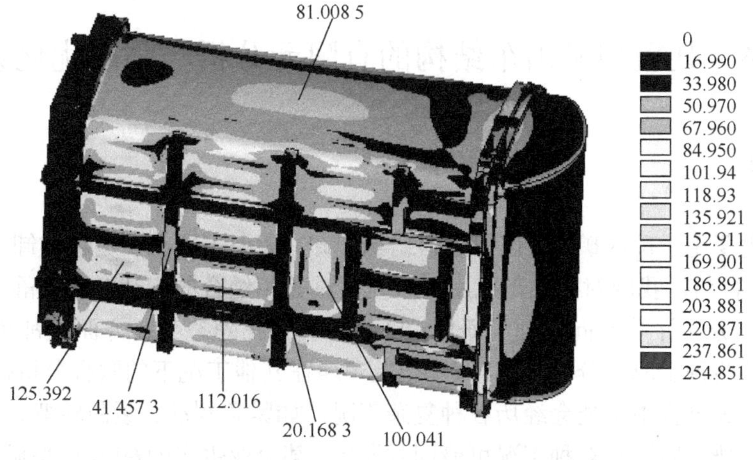

图 8-76 优化后工况 8 的应力云图 1（单位：MPa）

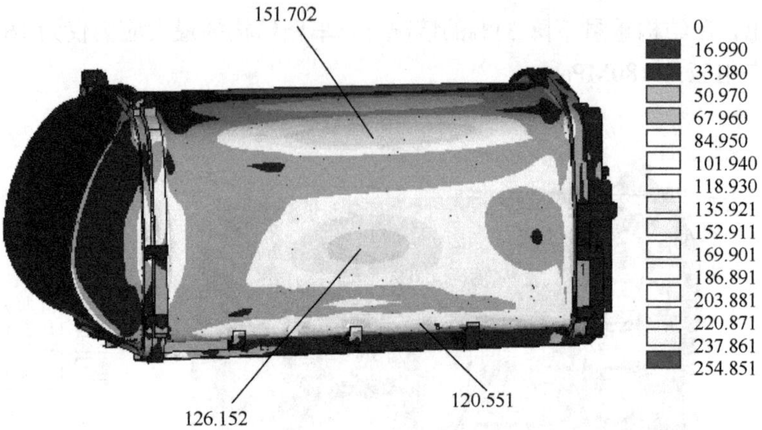

图 8-77 优化后工况 8 的应力云图 2（单位：MPa）

8.5.8 结语

对拉臂式压缩垃圾车进行动力学仿真分析，可得到拉臂车操作过程中拉臂、车厢与汽车底盘的相互作用力，由于可全面考虑瞬时加速度惯性力、冲击力、重力、摩擦力的影响，动力学分析求出的载荷数值，比结构静平衡方程求得的载荷数据更符合实际，为拉臂结构与车厢结构的有限元分析与优化设计提供了可靠的载荷数据.

与后装式压缩垃圾车不同，拉臂式压缩垃圾车内的压缩垃圾是变密度的，变密度压缩垃圾对车厢的作用载荷确定具有较大难度. 根据作者提出的 Eggshell 法，采用假设、试验与调整相结合的方法，给出了各种工况下压缩垃圾载荷密度的数学表达.

采用以 ANSYS 为分析器的导重法分别对拉臂与车厢进行结构优化设计，在使结构最大应力大幅下降，满足强度要求的前提下，使拉臂结构与车厢结构总重量分别减少了 28% 和 31%. 再次验证了以 ANSYS 为分析器的导重法是一种很实用的高效的工程结构优化设计方法，具有优化效果显著、收敛快的特点.

§ 8.6 某重型矿山车结构的有限元分析与强度优化设计

8.6.1 概述

矿用车主要用于矿区矿石、煤等物料运输装卸，大型工地土石运输装卸，水泥厂矿石运输装卸等. 目前，我国对矿山车应用有限元与试验相结合的方法对车架静、动态特性、优化以及抗疲劳设计等方向展开了研究. 以前的研究在静态分析方面大都集中在对车架在弯曲和扭转两种工况下分析计算，对车架及车厢在其他工况下的联合分析研究相对较少. 因为汽车在行驶过程中可能会经历各种复杂工况，如紧急制动、紧急转弯、颠簸、倾斜、一轮悬空、一轮骑高等，且多种工况可能同时发生. 某企业生产的 60 吨重型矿用车 YC3500

由于结构设计的问题，造成该矿用车结构强度差，使用中结构破坏严重，急需进行结构优化设计. 本节给出矿用车在多种危险工况下的载荷、约束及其施加方法，完成该矿用车结构参数化建模、有限元分析，得出了各种工况下车架与车厢结构的应力分布. 采用以ANSYS与导重法相结合方法为基础的SOGA1软件，成功地对该矿用车进行了优化设计，通过结构布局调优与构件尺寸自动优化迭代，得到该矿用车结构的最优设计方案，优化效果十分明显. 在整车结构重量不变的前提下，大幅度提高了该矿用车的结构强度，使车厢各工况最大应力由725MPa下降到296MPa，下降了59%；并使车架最大应力由原来的745MPa下降到276MPa，下降了63%.

8.6.2　YC3500矿用车结构有限元分析

1. 有限元分析模型

某企业生产的YC3500重型矿用车主要由底盘、车架、悬架、车厢、驾驶楼、发动机组成，结构承受的载荷主要是矿物质量与结构本身质量的自重和在多种行驶环境中产生的惯性载荷. 这些载荷主要由车厢与大梁结构承受. 利用ANSYS完成的车架与车厢结构造型如图8-78.

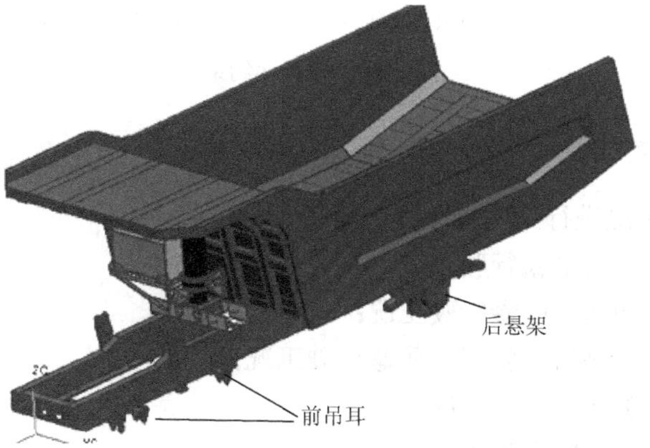

图8-78　车厢车架整体结构图

采用shell63板单元、Solid45实体单元和对其进行单元网格划分如图8-79. 车厢通过铰销与车架后端相连，车厢底部纵梁与车架纵梁建接触副，物料与车厢间建接触副.

采用Combin14弹簧元来模拟车架与前后桥间板簧系统对车架的弹性约束作用：车架分别通过吊耳板簧和悬架板簧与前后车桥相连，故在吊耳底面和悬架上底面施加垂直方向弹簧元以模拟板簧对车架的垂直方向弹性约束作用；同时在吊耳与悬架上施加左右方向弹簧元以模拟车轮通过地面摩擦对车架结构的左右约束作用，如图8-80所示. 车架前后方向的约束则通过与车桥相连的拉杆连接来实现.

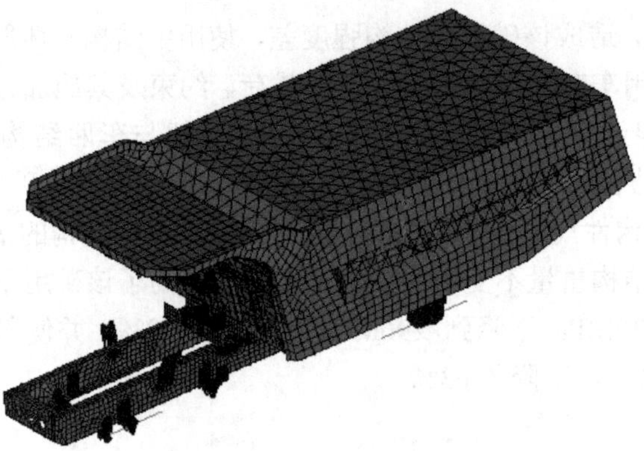

图 8-79　矿用车有限元模型

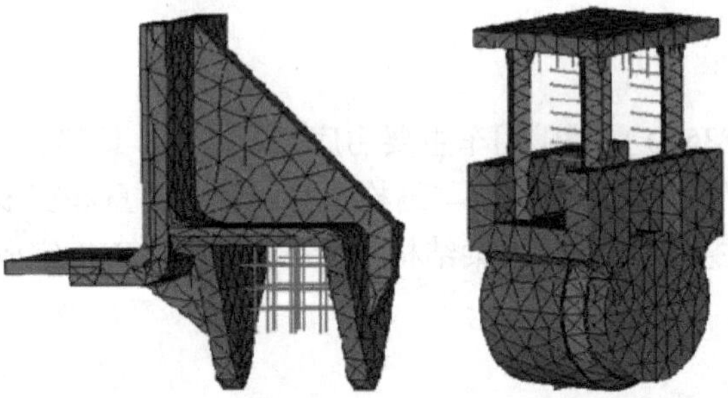

前吊耳板簧模拟　　　　后悬架板簧模拟

图 8-80　弹簧元约束

2. 分析计算结果

共对以下 8 种工况进行结构有限元分析：

工况 1　满载静止与平稳行驶工况；

工况 2　满载、加速、颠簸行驶工况；

工况 3　满载转弯侧斜、刹车、颠簸行驶工况；

工况 4　满载一侧前轮悬空工况；

工况 5　满载一侧后轮下陷工况；

工况 6　满载一侧前轮骑高工况；

工况 7　满载一侧后轮骑高；

工况 8　满载侧斜开始顶起卸料工况.

表 8-16 列出了 8 种工况分析结果的车架与车厢最大复合应力数值和位置. 这与该矿用车产品在实际使用中发生破坏的情况完全吻合.

表 8-16　各工况结构最大应力数值与部位　　（单位：MPa）

工况	车架最大应力值	车厢最大应力部位	车架最大应力值	车厢最大应力部位
1	134	平衡悬架支座弯板	172.456	车厢底部纵梁前端
2	439	平衡悬架支座弯板	394.116	车厢底部纵梁前端

续表

工况	车架最大应力值	车厢最大应力部位	车架最大应力值	车厢最大应力部位
3	416	前吊耳处主纵梁上	544.578	车厢底部纵梁前端
4	180	前吊耳处主纵梁上	207.327	车厢底部纵梁前端
5	740	平衡悬架梁边板	695.319	车厢底部纵梁前端
6	744	平衡悬架梁底板	724.531	车厢底部纵梁前端
7	582	平衡悬架梁边板	388.176	车厢底部纵梁前端
8	498	支撑油缸支座边板	393.893	车厢前面

图 8-81～图 8-84 为应力最大的工况 6——满载一侧前轮骑高情况下结构分析计算结果的主要构件应力分布云图，厂家给出的前轮骑高高度为 200mm，通过设定一侧前吊耳弹簧元约束点 Y 向位移实现.

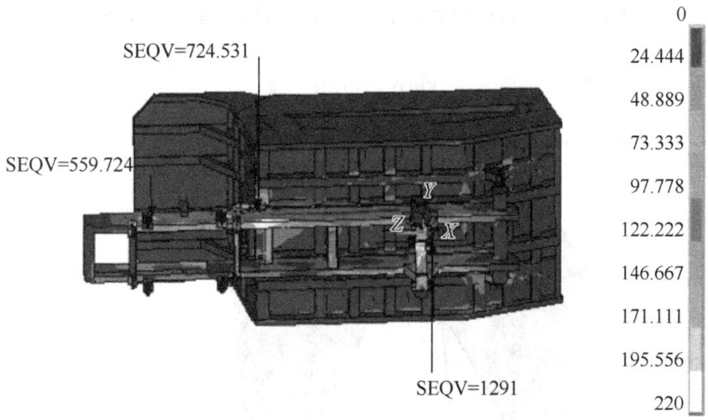

图 8-81 工况 6 全局应力分布云图（单位：MPa）

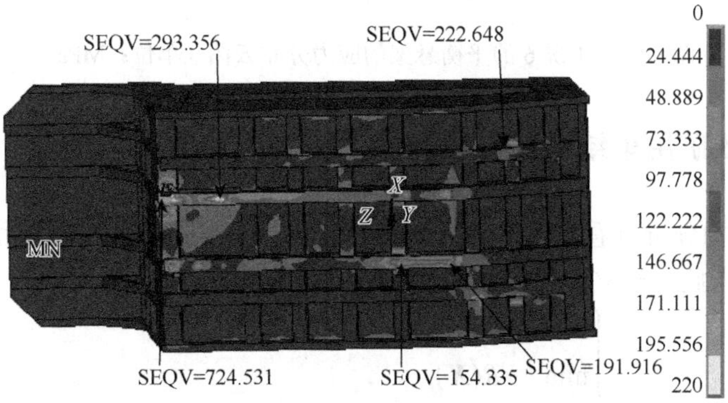

图 8-82 工况 6 的车厢应力分布云图（单位：MPa）

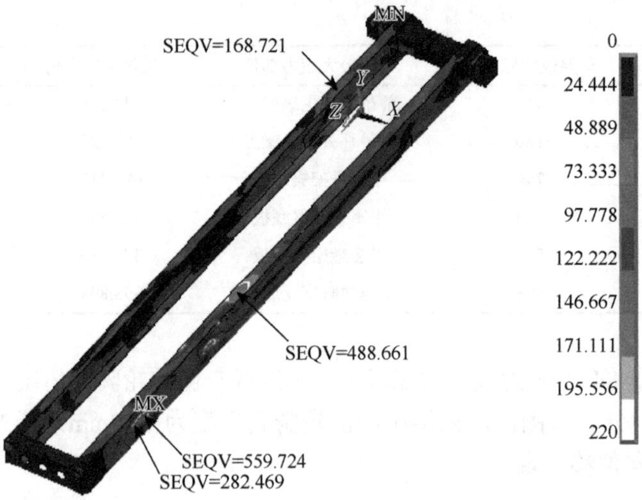

图 8-83　工况 6 的主纵梁应力分布云图（单位：MPa）

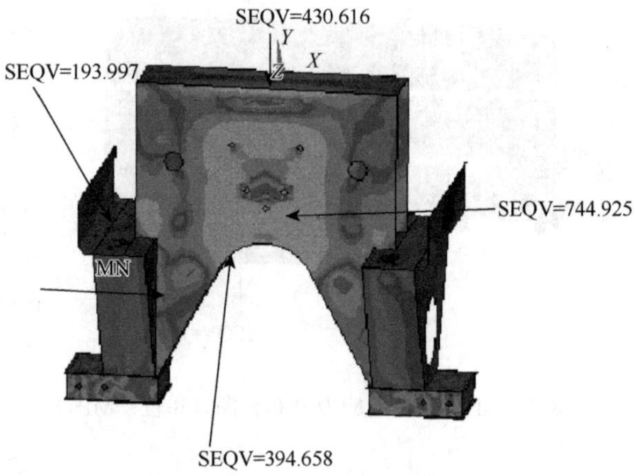

图 8-84　工况 6 的平衡悬架的应力分布云图（单位：MPa）

8.6.3　YC3500 矿用车结构优化设计

从矿用车结构分析可看出，该矿用车应力较大，很容易破坏，结构优化的目的应当是提高结构强度. 为此，建立如下的结构优化设计数学模型：

$$\begin{cases} \text{Find} \quad \boldsymbol{X}=[x_1, x_{18}, \cdots, x_N]^{\mathrm{T}} \\ \min \quad R(\boldsymbol{X}) \\ \text{s.t.} \quad W(\boldsymbol{X}) \leqslant W_0 \\ \qquad\quad x_i^L \leqslant x_i \leqslant x_i^U \quad (i=1,2,\cdots,N) \end{cases}$$

其中，$\boldsymbol{X}=[x_1,x_2,\cdots,x_N]^{\mathrm{T}}$ 为 N 个设计变量组成的向量. 为解决 ANSYS 求敏度时变量数目不能多于 20 且本矿用车变量较多的矛盾，对车架与车厢分别进行优化，车厢部分 18 个设计变量，车架部分 16 个设计变量，共 34 个设计变量. 目标函数 $R(\boldsymbol{X})$ 为构件主要大应力的 k 次均方根包络函数[71]，$W(\boldsymbol{X})\leqslant W_0$ 为结构重量约束，x_i^U 和 x_i^L 分别是 x_i 的上、下限. 生产工艺要求结构外形尺寸设计变量取值不得大于行业设计规范限制，钢板厚度设计变量的优化设计结果应为钢材厂供应的板厚序列数值，结构重量是不大于初始重量.

ANSYS 自带优化模块采用的优化方法是求解一般优化问题的数学规划法，用于求解大型工程结构优化问题的优化效果和优化效率都很差. 本文采用一种工程实用结构优化的高效方法——ANSYS 与导重法相结合法，利用以该方法为基础的软件 SOGA1 进行优化设计，即利用 ANSYS 进行结构分析以及复合应力等结构特性对设计变量的差分敏度计算，利用结构优化导重法进行优化迭代计算，收到了十分显著的优化效果.

1. 优化计算结果

该矿山车结构优化包括布局调优与构件尺寸自动优化迭代两步. 布局调优主要是根据局部大应力的发生部位与结构受力特点直接对结构局部设计进行调优，例如为减少平衡悬架底板处发生的最大应力，可加大该底板的面积.

车架和车厢结构构件尺寸优化采用自动优化迭代软件 SOGA1，在 SOGWM 的输入文件中令 KWF = 2 对该矿用车进行了强度优化设计，分别交替经过 5 次迭代，优化计算收敛. 表 8-17 与表 8-18 分别给出车厢与车架结构优化迭代计算中各构件板厚等设计变量、最大应力目标函数与结构总重量约束函数的数值变化列表.

从表中看出在整车结构重量（单位：kg）不变的前提下，经过布局调优与构件尺寸自动优化，车厢各工况最大应力由 724.5MPa 下降到 296.089MPa，下降了 59.1%，车架最大应力由原来的 745MPa 降到 276.4MPa，下降了 62.9%.

表 8-17 车厢化迭代计算历程列表

K	0	1	2	3	4	5	圆整
x_1	10	14.69	14.92	16.64	19.1	20	20
x_2	10	9.48	9.45	9.53	9.71	9.8	10
x_3	10	8.53	13.77	17.78	17.3	17.98	18
x_4	10	9.9	9.86	9.83	9.64	6.92	7
x_5	10	9.79	9.69	9.8	9.65	7.25	7
x_6	10	10.22	10.16	10.28	10.4	7.33	7
x_7	10	10.8	10.7	10.54	9.08	10.32	10
x_8	10	9.78	9.69	9.76	9.62	7.71	8
x_9	10	7.18	7.08	7.05	6.56	6.45	6
x_{10}	10	8.41	8.32	8.64	8.51	9.21	9
x_{11}	10	9.92	9.87	9.9	9.78	9.42	9
x_{12}	10	5.66	5.73	5.61	5.49	6.78	6
x_{13}	10	5.42	5.49	5.43	5.32	4.65	4.5
x_{14}	10	6.16	5.8	6.4	6.26	7.48	7

续表

K	0	1	2	3	4	5	圆整
x_{15}	10	6.13	6.1	6.1	5.97	5.65	6
x_{16}	10	9.48	9.53	9.38	9.18	6.56	7
x_{17}	20	15.23	15.13	15.16	14.8	16.44	16
x_{18}	10	9.93	9.79	9.41	9.21	8.76	9
$R(X)$	728.2	541.36	449.35	341.22	275.07	262.938	296.089
$W(X)$	12 090	12 095	12 097	12 099	12 108	11 973	12 030

表 8-18　车架化迭代计算历程列表

K	0	1	2	3	4	5	圆整
x_1	12	10.7	10.2	9.68	9.0	8.1	8
x_2	10	9.3	10.7	6.33	5.5	5.21	5
x_3	20	17.6	17.8	17.02	16.0	14.8	15
x_4	10	8.8	8.8	8.09	7.3	6.97	7
x_5	10	8.5	9.5	8.8	7.7	7.5	7
x_6	12	12.6	12.7	13.4	12.6	12.2	13
x_7	10	9.4	8.8	8.48	8.07	7.5	8
x_8	10	6.6	5.9	4.72	5.7	6.2	7
x_9	10	15.8	19.1	16.6	16.3	20.2	20
x_{10}	20	25.7	24.6	25.4	30	35.3	32
x_{11}	20	30.3	30	30	30	38.3	32
x_{12}	12	8.6	11.9	18.8	17.7	19.3	20
x_{13}	12	10.7	12.6	10.8	10.2	13.7	14
x_{14}	12	31.4	30	30	30	27.7	27
x_{15}	12	14.1	16.9	11.7	12.3	13.6	14
x_{16}	12	10.5	16.2	12.3	30	29.9	30
$R(X)$	493.4	462.6	409.5	390.1	323.2	275.2	276.4
$W(X)$	12 094	12 095	12 096	12 096	11 942	11 985	12 030

2. 优化后结构分析

表 8-19 列出结构优化后 8 种工况结构分析结果车架与车厢最大复合应力数值和位置.

表 8-19　各工况结构最大应力数值与部位

工况	大部分构件应力/MPa	最大应力数值/MPa	最大应力部位
1	40	137.8	车厢翻转座处底面
2	120	256.5	车架主纵梁后段
3	120	217.9	平衡悬架支座弯板

续表

工况	大部分构件应力/MPa	最大应力数值/MPa	最大应力部位
4	45	131.4	车厢翻转座处底面
5	140	276.3	平衡悬架支座面
6	140	296.6	车厢底面纵梁前端
7	140	219.0	平衡悬架支座弯板
8	130	286.0	车厢前面

图 8-85～图 8-88 为结构优化后应力最大的工况 6，即满载一侧前轮骑高情况下结构分析计算结果的主要构件应力分布云图.

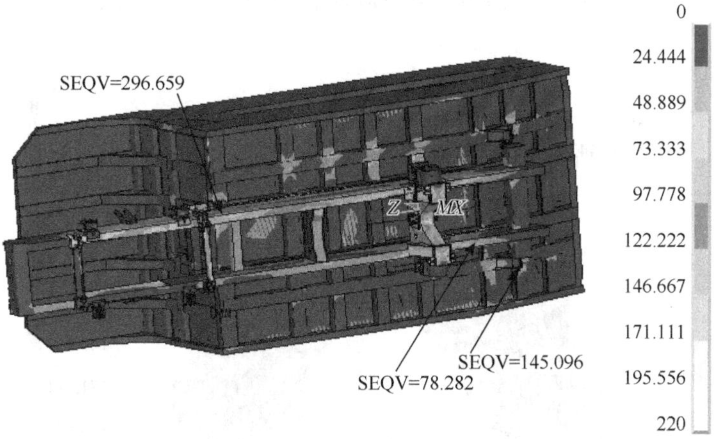

图 8-85 工况 6 全局应力分布云图（单位：MPa）

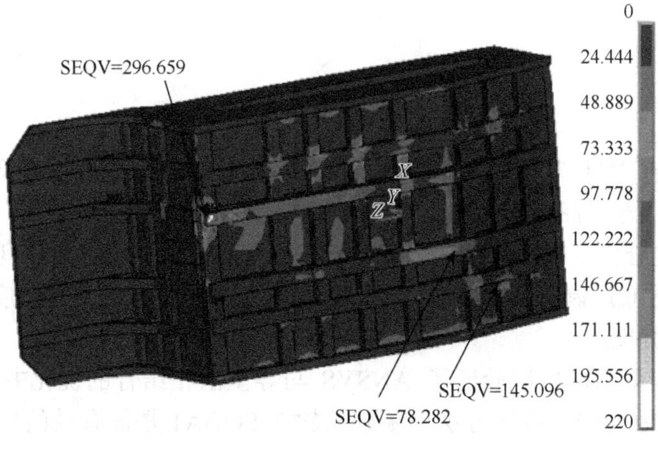

图 8-86 工况 6 的车厢应力分布云图（单位：MPa）

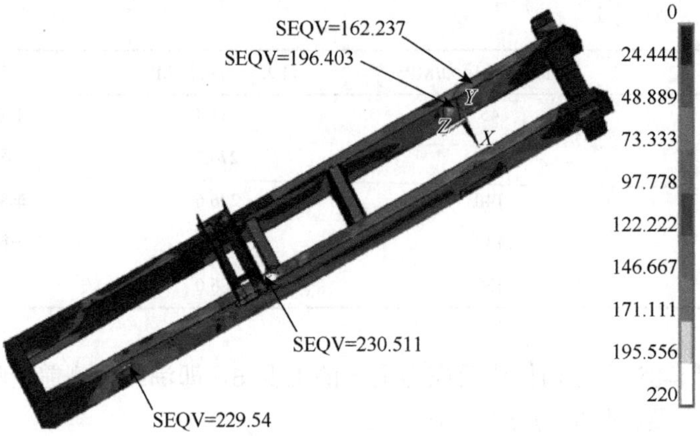

图 8-87　工况 6 的主纵梁应力分布云图（单位：MPa）

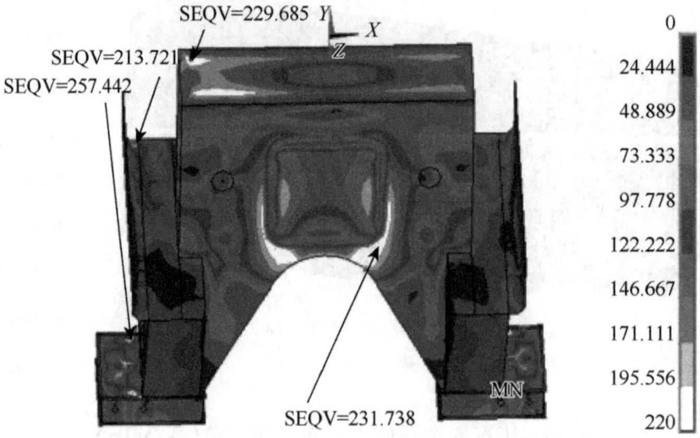

图 8-88　工况 6 平衡悬架的应力分布云图（单位：MPa）

8.6.4　结论

1）通过对 YC3500 重型矿用车多种工况的结构分析，给出了各工况应力最大的数值与部位，与该矿用车产品在实际使用中发生破坏的情况完全吻合.

2）根据结构分析反映出的结构强度较差的特点确定以提高结构强度为目标的结构优化设计模型. 通过布局调优和构件尺寸自动优化时各工况结构应力大幅度下降，显著提高了该矿用车结构强度.

3）本工程应用算例再次验证了 ANSYS 与导重法相结合的优化方法是一种工程实用结构优化的高效方法，以该方法为基础的软件 SOGA1 是很有效的优化软件.

§ 8.7 某自卸矿山车结构的有限元分析与轻量化设计

8.7.1 概述

如图 8-89 所示 YC3600 矿用自卸车主要由车厢、车架、平衡悬架、驾驶楼发动机等部件组成，卸料时由车厢与驾驶楼间的液压缸将车厢倾斜顶起.

图 8-89 YC3600 矿用车整体结构及部件名称图

1. 驾驶楼；2. 平衡悬架；3. 车架；4. 车箱

YC3600 矿用自卸车结构具有较好的强度，对其进行优化设计的目的是降低结构质量，进行轻量化设计. 该重型自卸车在行驶过程中所受到的破坏力主要来自物料质量、车架、平衡悬架、车厢质量、发动机以及驾驶楼的自重及其在不同的运载行驶情况下产生的惯性力，如紧急制动、紧急转弯、颠簸、倾斜、一轮悬空、一轮骑高等，另外，在装料时，物料下落与车厢底板发生冲击碰撞，车厢底板也会产生破坏，矿用车在行驶过程中，各种情况常会叠加出现，本文将矿用车的载荷工况归纳为以下 9 种：

工况 1 矿用车静止或平稳行驶；

工况 2 转弯、加速、颠簸行驶；

工况 3 转弯、刹车、颠簸行驶；

工况 4 前侧一轮下陷；

工况 5 后侧一轮悬空；

工况 6 前侧一轮骑高；

工况 7 后侧一轮骑高；

工况 8 侧斜开始顶起卸料；

工况 9 装载时物料下落对车厢底板冲击碰撞.

我们采用国内外流行的结构有限元分析软件 ANSYS 对该矿用车结构参数化建模，利用该模型不但对前 8 种运载卸料工况载荷作用下的变形与应力分布进行了有限元分析计算，还对工况 9 进行了动力学有限元分析计算，得到了各种工况的该矿用车结构的最大应力与应力分布.

由于本矿用车模型大，变量多，工况复杂，结构轻量化设计分三步进行，首先进行考虑物料与车厢底板落体碰撞的车厢底板及其内外纵横梁优化设计，再进行车厢在运载、卸料条件下的车厢结构优化，最后进行车架与平衡悬架优化，各步优化的结构分析中，均合理考虑了各部分结构的相互影响.

采用以 ANSYS 为分析器的结构优化导重法对该矿用车结构进行了轻量化设计. 结构优化设计后的新方案与原方案相比，在保证结构强度的前提下，不但整车强度安全系数有所提高，而且整车结构重量由 9.324t 减少为 6.862t，结构降重 2.462t，降重幅度达 26.4%，出色地完成了该矿用重型自卸车的轻量化设计任务.

8.7.2　结构有限元分析

1. 结构有限元分析模型

根据矿用车的结构形式和受力特点选用 shell63 板单元、Solid45 实体单元建立车架、平衡悬架和车厢等结构部件的有限元模型，发动机与驾驶楼简化为位移其质心的集中质量，采用梁单元 Beam 4 模拟车架与底盘连接的部件及油缸，采用弹性单元 Combin14 来模拟前后板簧，采用实体单元模拟物料，其等效弹性模量等参数经实验试算获得. 为真实反映部件间的连接关系，装配部件间均建立接触副. 采用自由网格划分的矿用车有限元模型具有 59 384 个节点，137 017 个单元，24 对接触副. 网格划分后的模型如图 8-90 所示.

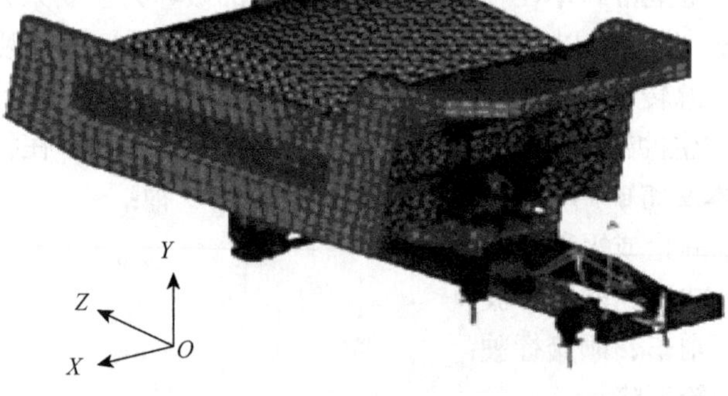

图 8-90　矿用重型自卸车模型的离散结构

该矿用车结构模型进行有限元分析的边界约束条件是在前后桥两侧的板簧支座与板簧接触的板簧支座的 4 个向外和向下的支承面分别施加 X、Y 向弹性约束，在后桥两侧平衡悬架支座的 4 个前后拉杆连接点和后桥平衡悬架梁前后面中心的 2 个拉杆连接点施加 Z 向约束，如图 8-91 所示.

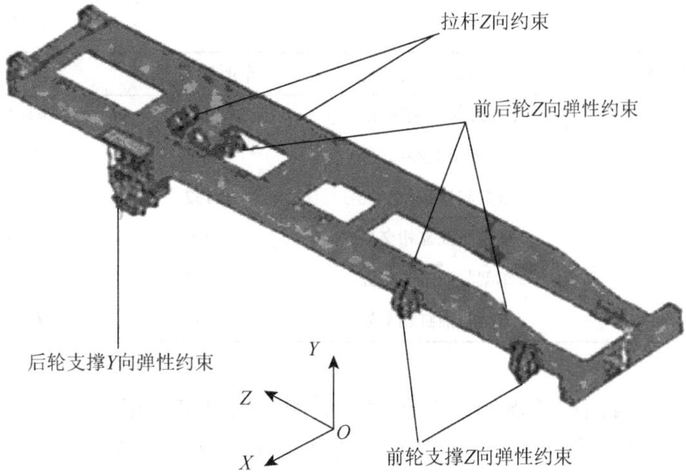

图 8-91　结构分析的边界约束

工况 1～3 的载荷为速度改变造成的惯性载荷，工况 4～7 的主要载荷为支点位移载荷，工况 8 的载荷主要由液压缸推力造成. 各工况的载荷施加途径如表 8-20 所示.

为计算工况 9，即装载时物料下落对车厢底板冲击碰撞工况，还详细分析了不同形状、不同大小的物料从不同高度落下对车厢底板冲击碰撞造成的应力分布与变化规律.

表 8-20　各工况载荷

工况	载荷
1	Y 向 9.8m/s^2 重力加速度
2	X、Y、Z 向的加速度分别为 0.8m/s^2、14.7m/s^2、2.45m/s^2
3	X、Y、Z 向的加速度分别为 0.8m/s^2、14.7m/s^2、−4.9m/s^2
4	Y 向 9.8m/s^2 重力加速度和前一侧车轮 UY = −200mm 的位移
5	Y 向 9.8m/s^2 重力加速度和删除后一侧车轮 Y 向的位移
6	Y 向 9.8m/s^2 重力加速度和前一侧车轮 UY = 200mm 的位移
7	Y 向 9.8m/s^2 重力加速度和后一侧车轮 UY = 200mm 的位移
8	X、Y 向加速度分别为 0.294m/s^2、9.8m/s^2，液压缸推力为 30kN

2. 有限元分析计算结果

对矿用车的前 8 种工况进行结构有限元分析，得到各种工况下的最大应力部位与强度安全系数，如表 8-21 所示.

表 8-21　各种工况下的最大应力及其部位　（单位：MPa）

工况	车架最大应力	车架最大应力部位	车厢最大应力	车厢最大应力部位
1	168	平衡悬架支座加强筋	39	车厢底部纵梁前端
2	262	平衡悬架支座加强筋	76	车厢底部纵梁前端

续表

工况	车架最大应力	车架最大应力部位	车厢最大应力	车厢最大应力部位
3	310	平衡悬架支座加强筋	31	车厢底部第五纵梁处
4	184	平衡悬架支座加强筋	73	车厢底部纵梁前端
5	480	车架与油缸相交处	132	车厢与翻转座相连处
6	371	车架与油缸相交处	95	车厢底部纵梁前端
7	235	车架与油缸相交处	113	车厢底部纵梁前端
8	348	车架与油缸相交处	54	车厢底部纵梁前端

从表 8-21 可以看出：工况 5，即矿用车后侧一轮悬空时车架与车厢的集中应力最大达到 480MPa. 图 8-92～图 8-95 为工况 5 主要结构应力分布云图.

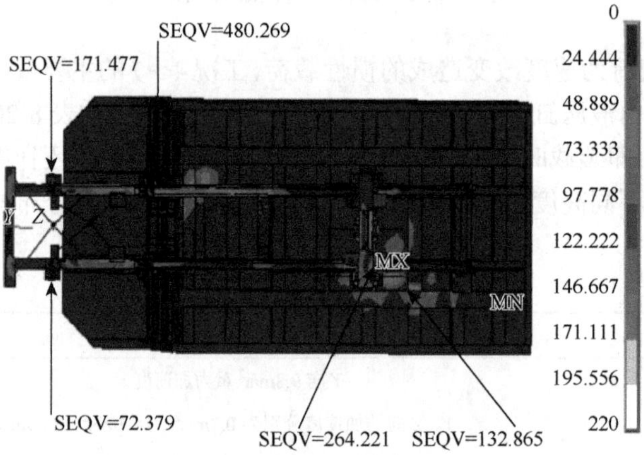

图 8-92　优化前工况 5 全局应力分布云图（单位：MPa）

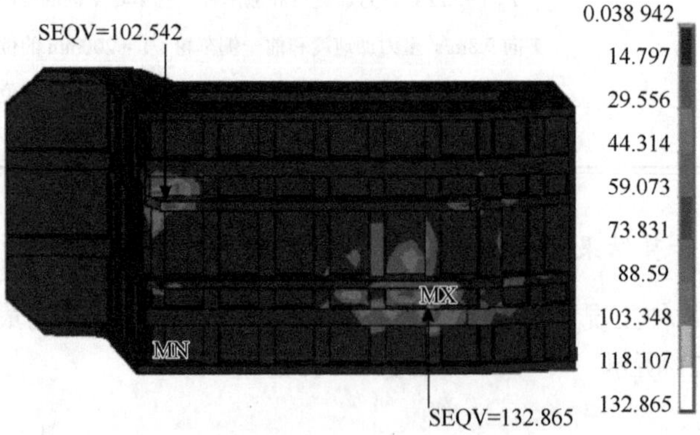

图 8-93　优化前工况 5 的车厢应力分布云图（单位：MPa）

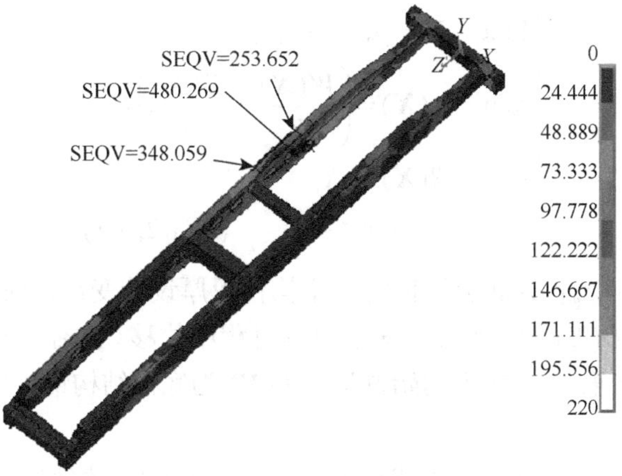

图 8-94 优化前工况 6 的主纵梁应力分布云图（单位：MPa）

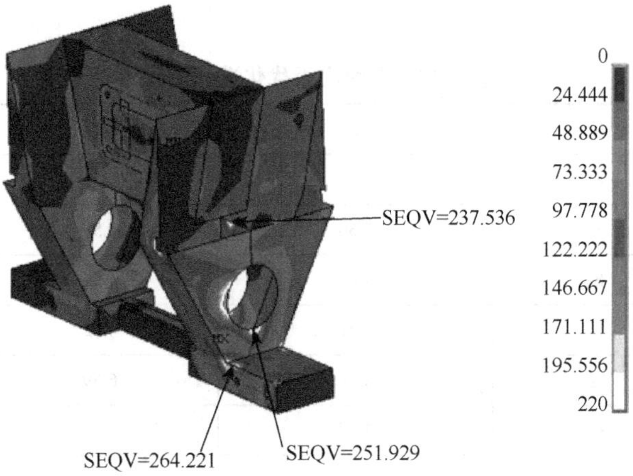

图 8-95 优化前平衡悬架应力分布（单位：MPa）

8.7.3 优化设计

由于本矿用车构件多、需要优化设计的变量多，工况复杂，优化中为方便求敏度计算和突出各部分结构的特点，结构轻量化设计分三步进行，首先进行考虑物料与车厢底板落体碰撞的车厢底板及其内外纵横梁优化设计，再进行车厢在运载、卸料条件下的车厢结构优化，最后进行车架与平衡悬架在运载、卸料条件下优化，各步优化的结构分析中，均合理考虑了各部分结构的相互影响.

1. 车厢底板结构优化

首先进行考虑物料下落冲击破坏的车厢底板优化. 考虑工况 9，即物料下落冲击车厢底板时，最大应力发生车厢底部，容易造成底板破坏，故需专门对工况 9 对应的底板结构进行优化，优化数学模型如下：

$$\begin{cases} \text{Find} & \boldsymbol{X}=[x_1,x_2,\cdots,x_8]^{\mathrm{T}} \\ \min & f(\boldsymbol{X})=\left(\dfrac{W(\boldsymbol{X})}{W_0}+\dfrac{D(\boldsymbol{X})}{D_0}\right)/2 \\ \text{s.t.} & R(\boldsymbol{X})\leqslant R_0 \\ & x_i^L\leqslant x_i\leqslant x_i^U \qquad (i=1,2,\cdots 8) \end{cases}$$

其中 $\boldsymbol{X}=[x_1,x_2,\cdots,x_8]^{\mathrm{T}}$ 为底板结构的 8 个构件板厚设计变量构成的设计向量，$W(\boldsymbol{X})$ 为车厢底板的重量，$D(\boldsymbol{X})$ 为物料在与车厢碰撞过程中位移（包括变形与刚体位移两部分）的最大值，W_0 为初始重量，D_0 为初始位移，$R(\boldsymbol{X})$ 为底板结构最大应力，R_0 为材料许用应力.

采用 ANSYS 与导重法相结合的优化方法，利用 SOGA1 软件进行结构优化迭代计算，在 SOGWM 的输入文件中令 KWF = 1，进行了轻量化优化设计，表 8-22 给出了优化迭代计算历程.

表 8-22 车厢底板优化迭代历程

K	0	1	2	3
x_1	8	5.54	4.51	5
x_2	8	5.66	4.59	5
x_3	8	5.61	4.56	5
x_4	8	5.71	4.62	5
x_5	12	8.79	6.59	7
x_6	6	4.17	3.00	3
x_7	6	4.71	3.00	3
x_8	6	4.23	3.00	3
$W(\boldsymbol{X})$	3.155	2.278	1.913	2.014
$D(\boldsymbol{X})$	48.5	38.4	31.6	27.2

表中除重量单位为 t 外，其余量的单位均为 mm. 可以看出在车厢底板结构最大碰撞应力基本保持不变以保证强度的前提下，优化后车厢底板重量下降了 1.14t，车厢重量下降了 1.194t，底板最大位移也大幅下降.

2. 车厢结构优化

车厢底板优化后再进行车厢结构优化. 车厢结构优化时，车厢底板结构采用前述优化后的设计方案不变，只对两边和前端侧板及前端顶板结构进行优化，车厢结构的优化数学模型为

$$\begin{cases} \text{Find} & \boldsymbol{X}=[x_1,x_2,\cdots,x_{14}]^{\mathrm{T}} \in R^{14} \\ \min & f(\boldsymbol{X})=W(\boldsymbol{X}) \\ \text{s.t.} & R(\boldsymbol{X}) \leqslant R_0 \\ & x_i^L \leqslant x_i \leqslant x_i^U \quad (i=1,2,\cdots,14) \end{cases}$$

其中 $\boldsymbol{X}=[x_1,x_2,\cdots,x_{14}]^{\mathrm{T}}$ 为车厢结构底板以外选取的 14 个板厚设计变量构成的设计向量，$W(\boldsymbol{X})$为车厢除底板外的结构重量，$R(\boldsymbol{X})$ 为这些构件在工况 1～工况 8 情况下的等效最大应力，R_0 为材料许用应力 220MPa. 采用 ANSYS 与导重法相结合的优化方法，利用 SOGA1 软件进行结构优化迭代计算，在 SOGWM 的输入文件中令 KWF = 1，进行了轻量化优化设计，表 8-23 给出车厢结构的优化迭代计算历程.

表 8-23 车厢优化迭代计算历程列表

K	0	1	2	3	4	5
x_1	10	9.78	8.22	7.55	6.69	6
x_2	6	5.87	4.93	4.53	4.02	3.5
x_3	4	3.91	3.39	3.11	2.76	3
x_4	8	7.82	6.58	6.04	5.36	4.5
x_5	10	9.78	8.22	7.55	6.69	6
x_6	10	9.78	8.22	7.55	6.69	6
x_7	6	5.87	5.75	5.27	4.68	4
x_8	6	3.00	3.00	3.00	3.00	3
x_9	6	5.87	4.93	4.53	4.02	3.5
x_{10}	6	5.87	4.93	4.53	4.02	3.5
x_{11}	6	5.87	4.91	4.51	4.00	3.5
x_{12}	6	5.87	4.93	4.53	4.02	3.5
x_{13}	6	5.87	4.93	4.53	4.02	3.5
x_{14}	6	3.00	3.00	3.00	3.00	3
$R(\boldsymbol{X})$	220.0	218.8	211.1	207.8	205.0	203.4
$W(\boldsymbol{X})$	2.794	2.726	2.264	2.055	1.807	1.600

表中除重量 $W(\boldsymbol{X})$单位为 t，设计变量的单位为 mm，等效最大应力 $R(\boldsymbol{X})$单位为 MPa. 可以看出，在保证强度的前提下，优化后车厢重量下降了 1.194t.

3. 车架结构优化

然后进行车架结构优化，车厢结构采用前述优化后的设计方案不变. 车架结构优化的数学模型为

$$\begin{cases} \text{Find} & \boldsymbol{X}=[x_1,x_2,\cdots,x_{15}]^{\mathrm{T}} \in R^{15} \\ \min & f(\boldsymbol{X})=W(\boldsymbol{X}) \\ \text{s.t.} & R(\boldsymbol{X}) \leqslant R_0 \\ & x_i^L \leqslant x_i \leqslant x_i^U \qquad (i=1,2,\cdots,15) \end{cases}$$

其中，$\boldsymbol{X}=[x_1,x_2,\cdots,x_{15}]^{\mathrm{T}}$ 为车架结构构件的 15 个板厚设计变量构成的设计向量，$W(\boldsymbol{X})$为车架结构重量，$R(\boldsymbol{X})$ 为这些构件在工况 1～工况 8 情况下的等效最大应力，R_0 为材料许用应力 260MPa.

采用 ANSYS 与导重法相结合的方法，利用 SOGA1 软件进行结构优化迭代计算，在 SOGWM 的输入文件中令 KWF = 1，进行了轻量化优化设计，表 8-24 给出车架结构的优化迭代计算历程.

表 8-24 车架迭代计算历程列表

K	0	1	2	3	4	5
x_1	12.00	11.89	11.62	11.41	11.28	12.00
x_2	12.00	11.88	11.62	11.41	11.28	12.00
x_3	12.00	11.88	11.61	11.41	11.28	11.00
x_4	12.00	11.88	11.61	11.41	11.28	11.00
x_5	12.00	11.88	11.62	11.41	11.28	11.00
x_6	8.00	7.92	7.74	7.61	7.52	7.00
x_7	10.00	9.90	9.68	9.51	9.40	9.00
x_8	14.00	13.86	13.55	13.31	13.16	12.00
x_9	8.00	7.92	7.74	7.61	7.52	7.00
x_{10}	14.00	13.86	13.55	13.31	13.15	13.00
x_{11}	20.00	19.71	19.27	18.93	18.71	19.00
x_{12}	17.00	16.53	16.45	16.34	16.21	16.00
x_{13}	12.00	11.92	11.65	11.45	11.32	11.00
x_{14}	20.00	19.81	19.37	19.03	18.81	18.00
x_{15}	20.00	19.90	19.45	19.11	18.89	18.00
$R(\boldsymbol{X})$	264.4	262.0	258.1	256.1	254.34	253.7
$W(\boldsymbol{X})$	3.376	3.369	3.333 4	3.289	3.269	3.249

表中除重量 $W(\boldsymbol{X})$单位为 t 外，设计变量的单位为 mm，最大等效应力 $R(\boldsymbol{X})$单位为 MPa. 可以看出，在保证强度的前提下，优化后车厢重量下降了 0.127t.

4. 优化结果总结

通过以上三步优化，结构重量共下降 1.141 + 1.194 + 0.127 = 2.462t，整个矿用车结构总重量从 9.325 1t 下降到 6.862 5t，共下降了 2.463t，下降幅度达 26.4%，圆满完成了该矿用重型自卸车的轻量化设计任务.

8.7.4 优化后结构分析

对优化后的该矿山车整体结构进行了 8 种工况下的结构有限元分析计算，表 8-25 为车架与车厢最大应力部位及其最大应力数值.

表 8-25 各工况结构最大应力部位与最大应力数值 （单位：MPa）

工况	车架最大应力部位	车架最大应力	车厢最大应力部位	车厢最大应力
1	平衡悬架支座加强筋	133	车厢底部纵梁前端	49
2	平衡悬架支座加强筋	228	车厢底部纵梁前端	76
3	平衡悬架支座加强筋	242	车厢底部第五根纵梁	46
4	平衡悬架支座加强筋	150	车厢底部纵梁前端	93
5	车架与油缸相交处	464	车厢与翻转座相连处	137
6	车架与油缸相交处	362	车厢底部纵梁前端	119
7	车架与油缸相交处	418	车厢底部纵梁前端	197
8	平衡悬架支座	252	车厢底部纵梁前端	76

从表中看出：结构优化后仍是工况 5 车架集中应力最大，但已从优化前表 8-21 的 480MPa 下降到优化后表 8-25 的 464MPa，图 8-96～图 8-99 为结构应力最大的工况 5 主要结构应力分布云图.

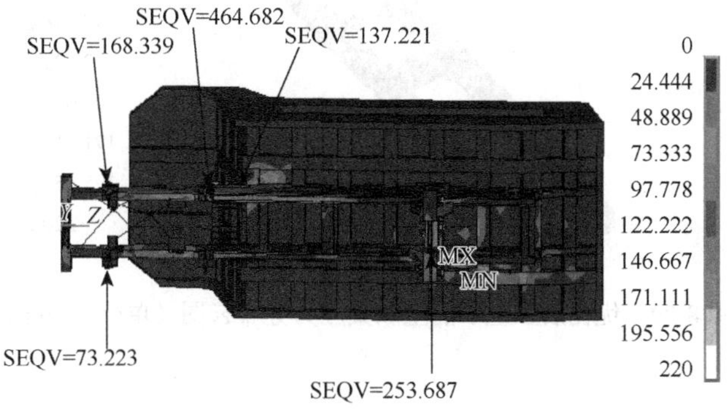

图 8-96 优化后工况 5 全局应力分布云图（单位：MPa）

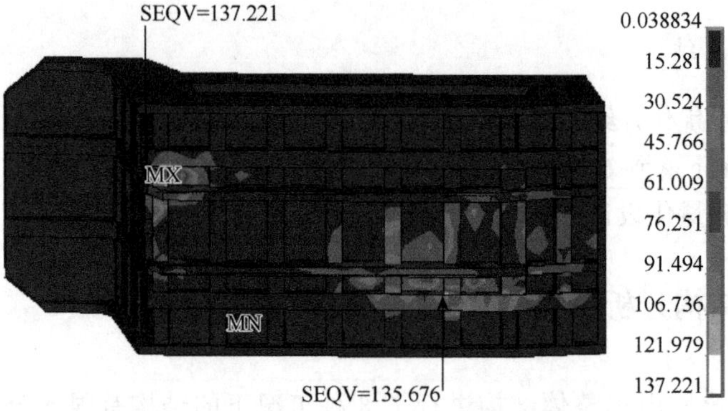

图 8-97　优化后工况 5 的车厢应力分布云图（单位：MPa）

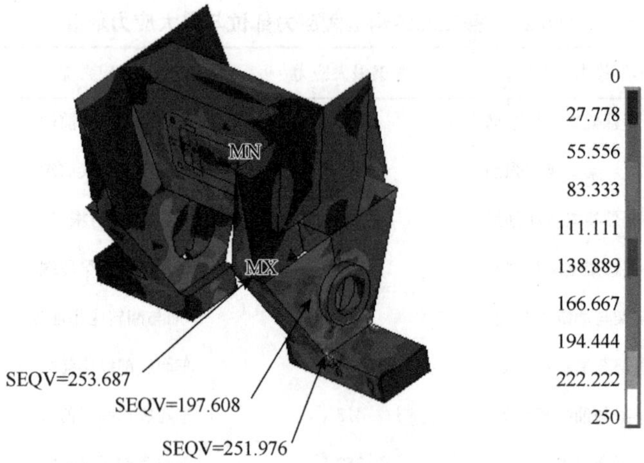

图 8-98　优化后工况 5 平衡悬架应力分布图（单位：MPa）

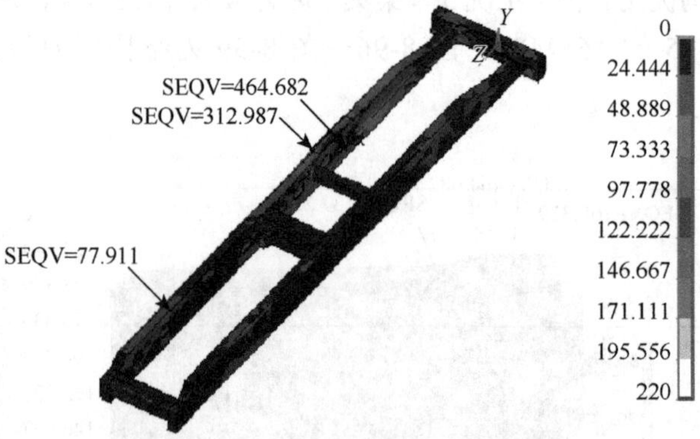

图 8-99　优化后工况 5 的主纵梁应力分布云图（单位：MPa）

8.7.5　结语

1）利用结构有限元分析软件 ANSYS 对 YC3600 矿用自卸车进行结构参数化建模，并对该模型在装料、运载等 8 种工况下的变形与应力分布进行有限元分析. 还对装载过程中物料对车厢底板的落体冲击进行了动力学有限元分析.

2）利用结构优化导重法对该矿用车进行轻量化设计，在结构最大应力满足强度要求并有所增强的前提下，结构总重量比原车结构总重量减少 26.4%.

3）优化设计符合工程实际，优化设计方案已用于生产，该型矿用车的轻量化设计成果已有企业获得省部级奖励.

§ 8.8　拉压弹簧试验机结构的有限元分析与优化设计

8.8.1　概述

拉压弹簧试验机主要用于各种拉压弹簧的强度与弹性系数检测，广泛应用于铁路、工矿企业以及科研院所等部门. 某拉压弹簧试验机采用门式结构，是由上横梁、滚珠丝杠副、导向立柱、导向套、支撑立柱、压盘座、传感器、上下压盘、轴承、轴承盖、螺栓、移动横梁、拉杆、底座、左右支脚等构件组成的组合结构，如图 8-100 所示.

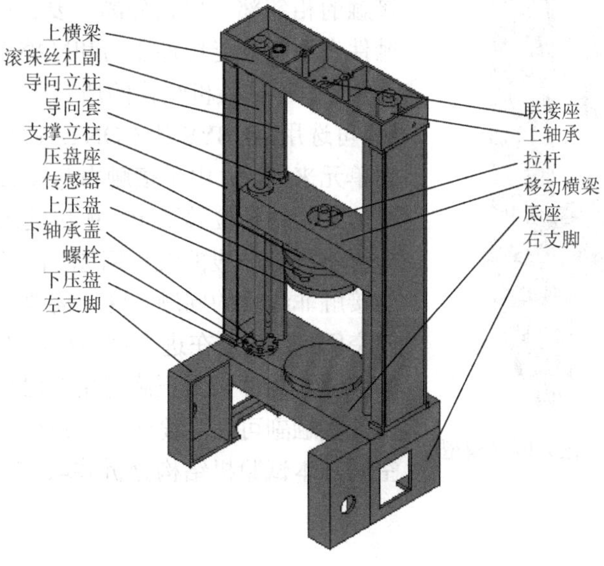

图 8-100　拉压弹簧试验机主机结构图

为提高拉压弹簧试验机的测试精度，降低材料消耗，增加产品的市场竞争力，必须尽可能降低试验机横梁在工作载荷作用下的挠度，这就需要对其进行结构强度刚度有限元分析和优化设计. 对弹簧试验机进行合理、准确的有限元分析的关键在于正确处理部件间的接触非线性、螺栓预紧力及轴承等效弹性模量等问题. 本节选用 ANSYS 的接触副单元来处理试验机部件的面接触问题，采用自创的预穿透法处理螺栓预紧力问题，通过计算轴承等效刚度给出其等效弹性模量处理轴承简化处理问题. 在结构有限元分析的基础上，采用导重法对该试验机结构布局与构件尺寸的优化设计，使其强度和刚度得到很大改善：在保证结构总重量不变且不超过许用应力的前提下，使试验机在拉压试验时横梁结构的挠度分别下降 78.9%与 37.8%.

8.8.2 结构有限元分析

1. 有限元分析模型

采用 ANSYS 软件对弹簧试验机结构进行有限元分析建模. 结构采用实体单元 SOLDE45，共 97 832 个节点，535 506 个单元. 单元网格划分后的试验机结构模型如图 8-101 所示.

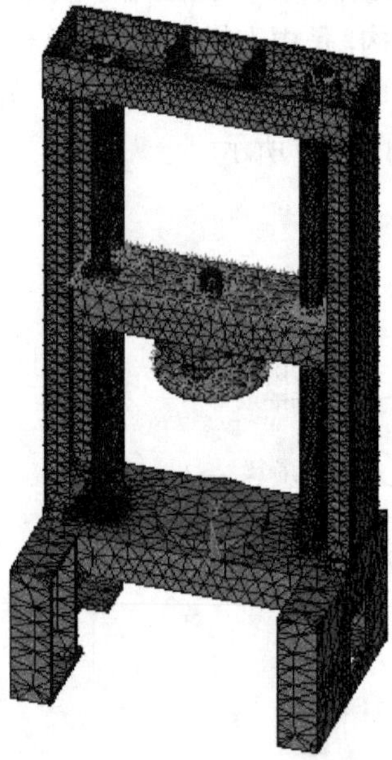

图 8-101 弹簧试验机有限元网格模型

2. 接触副

由于该试验机各部件是通过紧固螺栓、轴承、导轨等方式相互相连，部件之间存在面接触问题：相互接触的相邻部件要么分离，要么接触，不能穿透. 两触件表面间只能传递压力和摩擦力，不能传递拉力和力矩. 由于试验机结构的所有部件间的接触都是面接触，可选用 ANSYS 的 CONTA174 与 TARGE170 接触副单元来处理. 由于接触力与接触件的变形有关，而变形又由结构位移决定，所以通过力求位移的有限元分析不再是一般的线性问题. 而是需要反复迭代计算的接触非线性的问题，这就需要更多的计算机时和存储空间. 因此，在进行试验机结构分析时，对受力大的关键零部件必须正确选用接触副，对受力较小不重要的接触副可适当简化，以减少计算机时和节省存储空间，本试验机结构分析共取 13 个接触副.

3. 螺栓预紧力

为提高螺栓连接的紧密性和可靠性，螺栓连接均需预先施加紧固力，即螺杆截面均存在与结构载荷无关的预紧拉力，这种拉力必须在结构分析之前施加在螺杆上. 采用自创的螺帽法与预穿透法相结合的处理方法来施加预紧力：先将一对预紧力施加在螺帽与相应构件的接触面上，求得螺帽与相应构件接触面在预紧力作用下的变形总量，结构造型时预先使螺帽接触副涉及的两个接触表面间存在一个预先给定的穿透，其预穿透量等于螺帽法求得的总变形量，这样随着接触非线性迭代计算的进行，两接触表面间穿透逐渐减少，计算收敛后，两接触表面穿透完全消失而成为正常接触，螺杆截面内受到的拉力恰好等于预紧力. 计算结果表明，所有螺杆内拉应力的计算值与理论值（预紧拉力除以螺杆截面积）的误差均小于 3%.

4. 轴承等效弹性模量

轴承是机械产品中普遍使用的标准件，其整体尺寸不大内部却含有许多复杂实体，存在很多接触问题，较难对其进行精确的有限元分析. 因此，必须对其进行合理简化：只考虑轴承对相邻零部件的影响，不计算轴承内部各实体的变形与应力. 本试验机采用深沟球轴承 E310 和推力球轴承 E8140，分别承受径向力和轴向力，其刚度与轴承的外径、滚动体个数、滚动体直径等因素有关. 根据轴承计算资料，分别求得这两类轴承在工作载荷作用下的径向刚度与轴向刚度，再求出与该轴承具有相同外形尺寸相同刚度之匀质实体的弹性模量，在有限元分析建模时，将轴承处理为具有该弹性模量的匀质实体. 此法准确合理，大大减少了建模和分析工作量.

5. 约束与加载

由于拉压弹簧试验机是固定在地面上的，故须约束底面支脚节点的位移. 由于试验机工作时所受弹簧力为自身平衡的内力，地面垂直支反力即为弹簧试验机的重力. 弹簧试验机可以进行压力和拉力两种试验，试验最大工作载荷为 300kN. 试验机载荷工况分为最大拉力和最大压力两种工况. 在对结构进行两种工况的有限元分析时，将试验力通过面载荷分别施加到连接座下端面与拉杆上端面以及上下压盘上.

6. 分析计算结果

（1）最大压力工况分析结果

图 8-102 为最大压力工况下试验机的变形挠度 Y 向位移分布云图，上压盘 Y 向总变形量 0.21mm，底座、下压盘 Y 向总变形量 0.11mm，移动横梁的最大应力为 285MPa，底座的最大应力为 124MPa.

（2）最大拉力工况分析结果

图 8-103 为最大拉力工况下试验机的变形挠度 Y 向位移分布云图，拉压试验移动横梁的受力一样，故移动横梁到上压盘的最大挠度和压力试验一样为 0.211mm，上横梁到连接座的最大挠度 1.16mm，说明上横梁特别薄弱，优化后应有较大改善.

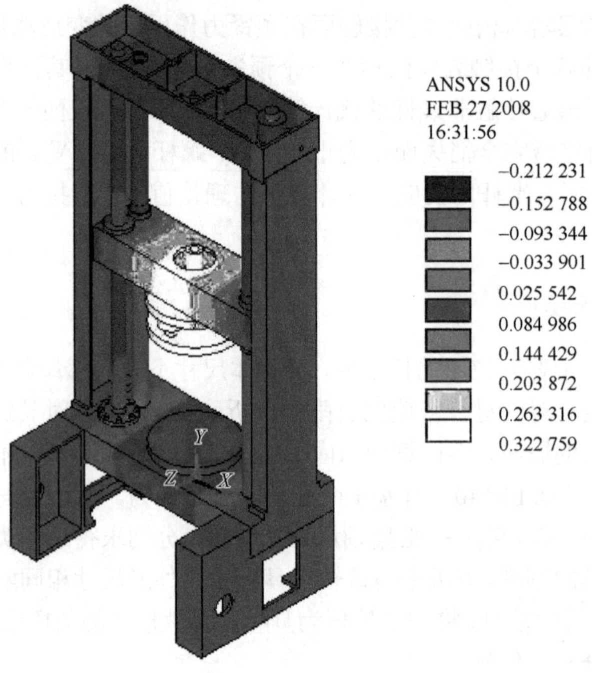

图 8-102　最大压力工况结构 *Y* 向位移云图（单位：mm）

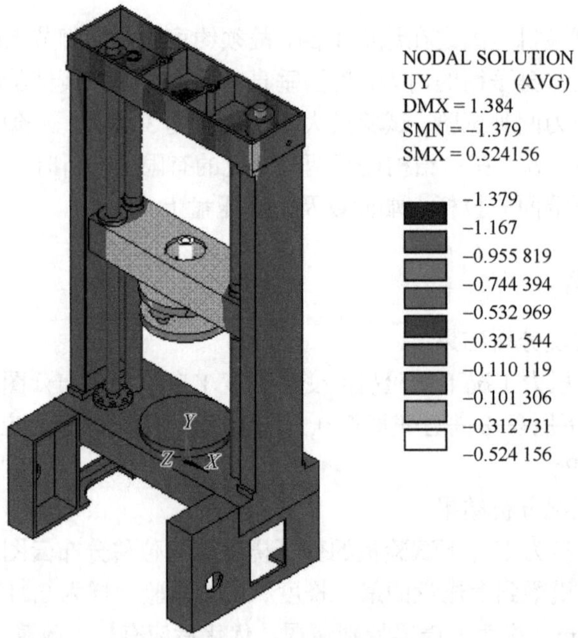

图 8-103　最大拉力工况结构 *Y* 向位移云图（单位：mm）

8.8.3　结构优化设计

1. 结构布局调优

从上横梁的受力分析得知：上横梁的顶板受较大压力，底板受较大拉力. 为提高试验机横梁刚度，将原开放的横梁顶上增加封板；为增加移动横梁刚度，可在上下面板间增加一加强筋板；为提高底座刚度，将原开放的底座下增加封板. 试验机结构布局调优后其强度大幅度提高，移动横梁的最大应力由原来的285MPa下降到69MPa，底座的最大应力由原来的124.4MPa下降到37.7MPa.

2. 结构尺寸优化

（1）结构优化数学模型

试验机结构构件尺寸优化设计的数学模型为

$$\begin{cases} \text{Find} & \boldsymbol{X}=[x_1,x_2,\cdots,x_{20}]^{\mathrm{T}} \\ \min & U_{\mathrm{y}}(\boldsymbol{X})=U_{\mathrm{y}s}(\boldsymbol{X})+U_{\mathrm{y}y}(\boldsymbol{X})+U_{\mathrm{y}d}(\boldsymbol{X}) \\ \text{s.t.} & W(\boldsymbol{X})\leqslant W_0 \\ & x_i^L\leqslant x_i\leqslant x_i^U \qquad (i=1,2,\cdots,20) \end{cases}$$

其中，$\boldsymbol{X}=[x_1,x_2,\cdots,x_{20}]^{\mathrm{T}}$ 是20个结构尺寸变量构成的设计向量；目标函数 $U_{\mathrm{y}}(\boldsymbol{X})$ 为影响试验机测试精度的结构的总挠度；$U_{\mathrm{y}s}(\boldsymbol{X})$ 为上横梁到连接座的挠度；$U_{\mathrm{y}y}(\boldsymbol{X})$ 为移动横梁到上压盘的挠度，$U_{\mathrm{y}d}(\boldsymbol{X})$ 为底座到下压盘的挠度；W_0 为结构原始重量；x_i^U 和 x_i^L 分别为设计变量 x_i 的上下限.

（2）优化方法——导重法

ANSYS虽自带有优化模块，但其采用的数学规划法对于求解大型结构优化问题的优化效果与优化效率很差. 采用自创的工程实用结构优化方法——ANSYS与导重法相结合法进行优化设计，利用ANSYS进行结构分析与再分析和位移、应力对设计变量的差分敏度计算，利用结构优化导重法进行优化迭代计算，在SOGWM的输入文件中令KWF = 2进行结构性能优化设计，收到了十分显著的优化效果.

（3）优化设计迭代历程

表8-26给出了试验机结构总挠度最小化优化设计的迭代计算历程，W 为结构总重量，U_y 为影响试验机测试精度的结构的 Y 向总变形量，x_1～x_{20} 为设计变量，除 x_{12} 为导向立柱半径，x_{20} 为上横梁高外，其他设计变量均为构件的钢板厚度. 表中给出了调优前后的结构重量与有关挠度数值，$K=1$～5为迭代的中间过程，经过圆整最后得到的试验机结构最优设计方案. 最大压力试验时，横梁、压盘 Y 向总变形量 $U_{yy}+U_{yd}$ 由原来的0.320mm下降到0.199mm，下降37%. 最大拉力试验时，横梁、压盘 Y 向变形量 $Uys+Uyd$ 由原来的1.372mm下降到0.231mm，下降83.2%，优化效果十分显著. 由于试验机结构在各工况下

的强度足够，厂方主要关心的是试验机结构刚度改善，所以表 8-26 中未列出各迭代步的最大应力.

表 8-26 横梁挠度最小化迭代计算历程

K	调优前	0	1	2	3	4	5	圆整
x_1	30	30	27.75	33.74	33.99	34.02	28.25	28
x_2	30	30	27.38	25.2	28.06	23.01	42.14	42
x_3	30	30	28.51	27.34	29.46	31.35	39.58	40
x_4	40	40	41.18	47.67	49.14	46.85	49.78	50
x_5	40	40	38.97	41.43	31.08	43.59	49.12	50
x_6	20	20	20.02	31.16	51.61	51.61	51.61	52
x_7	20	20	19.02	20.47	24.26	30.68	59.7	60
x_8	20	20	18.98	15.14	17.42	14.46	20.33	20
x_9	20	20	19.45	21.12	23.24	25.27	29.41	29
x_{10}	20	20	26.26	26.26	26.26	26.26	26.26	26
x_{11}	10	10	9.68	9.87	9.97	6.37	5.23	5
x_{12}	40	40	39.43	33.18	28.83	30.6	29.76	30
x_{13}	15	15	14.08	13.88	13.48	11.64	7.65	8
x_{14}	20	20	19.16	20.92	21.64	16.02	10.18	10
x_{15}	20	20	16.25	22.62	29.27	46.22	46.22	46
x_{16}	20	20	28.11	40.15	33.6	49.87	49.87	50
x_{17}	15	15	22.33	55.08	55.08	55.08	55.08	55
x_{18}	15	15	12.57	10.14	12.32	13.51	13.51	14
x_{19}	20	20	35.44	35.44	35.44	35.44	35.44	35
x_{20}	150	150	175.65	175.65	175.65	175.65	175.65	175
$W(\boldsymbol{X})$	1 316	1 314	1 317	1 330	1 322	1 318	1 317	1 317
$U_y(\boldsymbol{X})$	1.755	0.828	0.546	0.486	0.464	0.377	0.36	0.36
$U_{ys}(\boldsymbol{X})$	1.263	0.461	0.298	0.253	0.234	0.158	0.160	0.161
$U_{yy}(\boldsymbol{X})$	0.211	0.171	0.169	0.161	0.159	0.146	0.129	0.129
$U_{yd}(\boldsymbol{X})$	0.109	0.075	0.079	0.072	0.071	0.073	0.071	0.070

8.8.4 结语

1）按照问题本身的性质，正确处理接触副、螺栓预紧力以及轴承等效等效弹性模量等问题，是对组合式机械结构进行合理建模和有限元分析计算的关键.

2）实践再次证明，ANSYS 与导重准则法结合是一种具有广泛适用性的实用工程结构高效优化方法，为各类大型复杂机械结构的优化设计提供了有力工具.

附件：请与作者联系：csxabc8@126.com;chenshx@gxu.edu.cn.

参 考 文 献

[1] Shafer G A Mathematical Theory of Evidence[M]. New Jersey：Princeton University Press，1976.

[2] Gallagher R H，Zienkiewicz O C. Optimum Structural Design，Theory and Applications[M]. London：John Wiley and Sons，1978.

[3] 冯康. 数值计算方法[M]. 北京：国防工业出版社，1978.

[4] 南京大学数学系计算数学专业编. 线性代数计算方法[M]. 北京：科学出版社，1978.

[5] 李炳威. 结构的优化设计[M]. 北京：科学出版社，1979.

[6] 王德人. 非线性方程组解法及最优化方法[M]. 北京：人民教育出版社，1979.

[7] 中国科学院运筹学室编. 最优化方法[M]. 北京：科学出版社，1979.

[8] K. L. 马吉德. 结构最优化设计[M]. 蓝倜恩，译. 北京：中国建筑工业出版社，1980.

[9] Dubols D. Fuzzy Sets and Systems[M]. Utah：Academic Press，1980.

[10] 运筹学试用教材编写组. 运筹学[M]. 北京：清华大学出版社，1982.

[11] 李为鉴，马文华，周纯铮，等. 杆件结构计算原理及应用程序[M]. 上海：上海科学技术出版社，1982.

[12] Huebner K H，Thornton E A. The Finite Element Method for Engineers[M]. New York：John Wiley and Sons，1982.

[13] Morris A J. Foundations of Structural Optimization[M]. New York：Aunified Approach，1982.

[14] 钱令希. 工程结构优化设计[M]. 北京：水利电力出版社，1983.

[15] 席少霖，赵凤治. 最优化计算方法[M]. 上海：上海科学技术出版社，1983.

[16] 程耿东. 工程结构优化设计基础[M]. 北京：水利电力出版社，1983.

[17] 钟万勰，丁殿明，程耿东. 计算杆系结构力学[M]. 北京：水利电力出版社，1983.

[18] J.M.奥特加，W. C. 莱茵博尔特. 多元非线性方程组迭代解法[M]. 北京：科学出版社，1983.

[19] 朱伯芳，黎展眉，张壁城. 结构优化设计原理与应用[M]. 北京：水利水电出版社，1984.

[20] 魏权龄，王日爽，徐冰，等. 数学规划与优化设计[M]. 北京：国防工业出版社，1984.

[21] 夏人伟，张永顺. 结构优化设计基础[M]. 北京：北京航空航天大学出版社，1984.

[22] 王文亮，杜作润. 结构振动与动态子结构法[M]. 上海：复旦大学出版社，1985.

[23] 陶全心，李著璟. 结构优化设计方法[M]. 北京：清华大学出版社，1985.

[24] 叶尚辉，李在贵. 天线结构设计[M]. 西安：西北电讯工程学院出版社，1986.

[25] 王光远，董明耀. 结构优化设计[M]. 北京：高等教育出版社，1987.

[26] 陈世权. 模糊决策分析[M]. 贵阳：贵州科技出版社，1990.

[27] S. S. 雷欧. 工程优化原理及应用[M]. 祈载康，万耀青，梁嘉玉，译，祈载康，校.北京：北京理工大学出版社，1990.

[28] 魏权龄，王日爽. 数学规划引论[M]. 北京：北京航空航天大学出版社，1991.

[29] 李庆扬，易大义，王能超. 现代数值分析[M]. 北京：高等教育出版社，1995.

[30] 隋允康. 建模 • 变化 • 优化：结构综合方法新进展[M]. 大连：大连理工出版社，1996.

[31] 谢祚水. 结构优化设计概论[M]. 北京：国防工业出版社，1997.

[32] 段宝岩. 天线结构分析、优化与测量[M]. 西安：西安电子科技大学出版社，1998.

[33] 孙靖民. 机械优化设计[M]. 北京：机械工业出版社，1999.

[34] Hoerner S. Homologous Deformations of Tiltuble Telescopes[J]. Journal of Structural Division. Proc. ASCE，1967：148-157.
[35] Levy R，Melosh R. Computer-Aided Design of Antenna Structure and Compo-nents[J]. Computer and Structure，1976（4/5）：6.
[36] 王德满. 圆抛物面天线主力骨架计算程序及说明[J]. 西北电讯工程学院学报，1978（3）：1-31.
[37] 王生洪，蒋琪隆. 天线结构的自动迭代设计[J]. 上海力学，1980（1）：49-60.
[38] 葛人溥. 求出非线性方程全部根的迭代方法[J]. 西安交通大学科研报告，1979.
[39] 王德满. 改进型卡塞格仑天线的最佳吻合[J]. 西北电讯工程学院学报，1980（4）：34-42.
[40] 叶尚辉. 天线结构设计的现状与发展[J]. 西北电讯工程学院，1981.
[41] 王生洪，李志良，汪勤悫，等. 大型天线结构的保型优化设计[J]. 固体力学学报，1981（1）：12-26.
[42] 叶尚辉. 修正曲面天线的保型设计[J]. 西北电讯工程学院，1981（1）：1-9.
[43] Qian L X，Zhong W X，Sui Y K，et al. Efficient optimum design of structures program DDDU[J]. Computer Methods in Applied Mechanics and Engineering，1982，30（2）：209-224.
[44] 刘京生. 天线结构动力优化[J]. 西北电讯工程学院学报，1982.
[45] 谢惠明. 多约束天线结构优化[D]. 上海：上海科技大学，1983.
[46] 隋允康，钟万勰，钱令希.杆-膜-梁组合结构优化的 DDDU-2 程序系统[J]. 大连工学院学报，1983（1）：21-36.
[47] 曾余庚，刘京生. 天线结构的几何优化设计[J]. 西北电讯工程学院学报，1985（3）：37-45.
[48] 霍达. 桁架设计的优化力学准则和两相优化法[D]. 哈尔滨：哈尔滨建筑工程学院，1984.
[49] 钱令希. 关于结构优化设计中的主观信息[J]. 计算结构力学及其应用，1985（2）：69-73.
[50] Duan B Y，Ye S H. A Mixed Method for Shape Optimization of Skeletal Structures[J]. Engineering Optimization，1986，10（3）：16-19.
[51] 黄海. 结构优化的二级多点逼近法及其应用[D]. 北京：北京航空航天大学，1991.
[52] 顾文炯. 结构优化的多点逼近导重法及通用程序研制[D]. 北京：北京航空航天大学，1995.
[53] 丁继斌. 后装压缩式垃圾车机构优化设计[J]. 机械制造与研究，2003（6）：28-31.
[54] 戴文跃，梁昊. 装载机工作装置的动力学仿真与综合优化设计[J]，吉林大学学报（工学版），2004，34（4）：602-605.
[55] 陈立平. 机械系统动力学分析及 ADAMS 应用教程[M]. 北京：清华大学出版社，2005.
[56] 李兴斯. 解非线性规划的凝聚函数法[J]. 科学通报（A 辑），1991（12）：1283-1288.
[57] 曹志浩. 大型线性代数方程集的直接解法[J]. 复旦学报（自然科学版），1974（1）：28-50.
[58] Vanderplaats G N.ADS:A fortran program for automated design synthesis[M]. Santa Barbara：Engineering Design Optimization，Inc.，1985.
[59] Bendsoe M P，Kikuchi N. Generating optimal topologies in structural design using a homogenization method[J]. Computer Methods in Applied Mechanics and Engineering，1988，71（1）：197-224.
[60] Yang R J. Topology optimization analysis with multiple constraints[J]. American society of mechanical engineers，Design engineering division，1995，82（1）：393-398.
[61] Bendsoe M P，Sigmund O. Material interpolation schemes in topology optimization[J]. Archive of Applied Mechanics，1999（69）：635-654.
[62] Xie Y M，Steven G P. A simple evolutionary procedure for structural optimization[J]. Computer and Structures，1993，49（5）：885-896.
[63] Querin OM，Steven G P，Xie Y M. Evolutionary structural optimization (ESO) using bi-directional algorithm[J]. Engineering Computations，1998，15（8）：1031-1048.
[64] Liu X J，Li Z D，Wang L P，et al. Solving topology optimization problems by the guide-weight method[J].

Frontiers of Mechanical Engineering，2011，6（1）：136-150.
[65] Liu X J，Li Z D，Chen X. A new solution for topology optimization problems with multiple loads:the guide-weight method[J]. Science China Technological Sciences，2011，54（6）：1505-1514.
[66] 李枝东，刘辛军. 导重法求解单工况的拓扑优化问题[J]. 机械工程学报，2011，47（15）：108-114.
[67] 陈祥，刘辛军. 基于 RAMP 插值模型结合导重法求解拓扑优化问题[J]. 机械工程学报，2012，48（1）：135-140.
[68] 刘辛军，李枝东，陈祥. 多工况拓扑优化问题的一种新解法：导重法[J]. 中国科学：技术科学，2011（7）：920-928.
[69] Xu H，Guan L，Chen X，et al. Guide-weight method for topology optimization of continuum structures including body forces[J]. Finite Elements in Analysis and Design，2013（75）：38-49.
[70] 张波. 基于导重法的结构拓扑优化方法研究[D]. 长沙：长沙理工大学，2013.
[71] 陈树勋. 精密复杂结构的几种现代设计方法[M]. 北京：北京航空航天大学出版社，1992.
[72] 陈树勋. 工程结构系统的分析、综合与优化设计[M]. 北京：中国科学文化出版社. 2008.
[73] 王光远，陈树勋. 工程结构系统软设计理论及应用[M]. 北京：国防工业出版社，1996.
[74] 陈树勋. 天线结构优化设计[D]. 西安：西北电讯工程学院，1981.
[75] 叶尚辉，陈树勋.天线结构优化设计的最佳准则法[J]. 西北电讯工程学院学报，1982（1）：11-28.
[76] 陈树勋，王德满，戴宝华. 可控天线分析中俯仰驱动齿轮约束的处理[C]//杭州：全国第一届电子机械工程中有限元分析与优化设计学术会议论文集，1982：1-10.
[77] 王德满，陈树勋，戴宝华. 大型天线结构的优化设计（准则法）[C]//西安：陕西力学学会年会论文集，1982.
[78] 陈树勋. 具有俯仰驱动小齿轮的天线结构分析技巧：如何只计算四分之一[J]. 西北电讯工程学院学报，1983（4）：52-59.
[79] 陈树勋. 天线结构静动力优化设计的导重法[C]//成都：全国第二届结构优化会议论文集，1984：1-24.
[80] 陈树勋，叶尚辉.天线结构优化设计的准则法[J]. 固体力学学报，1984（4）：482-498.
[81] Ye S H，Chen S X. A criterion method of antenna structure design of radio telescope[M]. Denmark：Poster of ICTAM，1984.
[82] 陈树勋，叶尚辉，天线结构的严格保型优化设计[J]. 固体力学学报，1986（3）：189-197.
[83] Chen S X，Ye S H. A guide-weight criterion method for the optimal design of antenna structures[J]. Engineering Optimization，1986，10（3）：199-216.
[84] 陈树勋. 结构多目标模糊优化与天线结构保型优化设计[D]. 哈尔滨：哈尔滨建筑工程学院，1987.
[85] 陈树勋. 求解非线性方程组的直接迭代步长因子法[J]. 哈尔滨建筑工程学院学报，1988（3）：1-11.
[86] Chen S X，Wang G Y. Multi-objective optimum design of structures under general fuzzy programming. Applied mechanics，Vol. 3[M]. International Academic Publishers，Beijing University Press，1989：1613-1 618.
[87] 陈树勋. 结构优化中的特征应力约束及相应的安全度目标[J]. 哈尔滨建筑工程学院学报，1989（4）：11-17.
[88] Chen S X，Wang G Y. Multiobjective fuzzy optimum design of antenna structures[M]//Proceedings of the international conference on structural engineering and computation.Oxford：Pergamon Press，1990：938-946.
[89] Chen S X，Wang G Y. Multiobjective fuzzy optimum design of antenna structures[J]. Acta Mechanica Solida Sinica，1990，3（1）： 81-92.
[90] 陈树勋，王光远. 天线结构多目标模糊优化设计[J]. 计算结构力学及其应用，1991（4）：411-420.
[91] 陈树勋. 工程结构大系统设计的全局协调优化[J]. 固体力学学报，1996，17（1）：38-48.

[92] 陈树勋，李威龙. 双模轮胎硫化机结构的优化设计[J]. 机械设计与制造，2002（5）：66-68.
[93] 陈树勋，李威龙，45″双模轮胎硫化机横梁结构的优化设计[J]. 广西大学学报（自然科学版），2002，27（2）：99-104.
[94] 陈树勋. 基于互联网的结构系统协同优化设计[J]. 计算机工程与应用，2002，18（4）：31-33.
[95] 陈树勋，陈伟军. 在互联网上进行结构系统协同优化的信息交流与进程调控[J]. 工程设计学报，2002，19（5）：236-241.
[96] 陈树勋，李威龙. 一种实用的机械结构优化设计方法[J]机械设计，2003（1）：41-43.
[97] 陈树勋. Internet 环境下机械结构系统的分布式全局协调优化[J]. 中国机械工程，2003，14（8）：675-678.
[98] 李威龙，陈树勋. 以 ANSYS 为分析器的结构优化软件 SOGA 研制[J]. 机械设计，2003（10）：108-110.
[99] 陈树勋，喻定新，吴朝生. 结构优化设计的一种自动高效迭代算法[J]. 现代制造工程，2004（4）：77-81.
[100] 陈树勋，裴少帅. 一种简明易用的结构优化的包络函数[J]. 现代制造工程，2004（7）：89-92.
[101] Chen S X. A communication technology of internet-based collaboration optimiz-ation for distributed structural systems[J]. Structural and Multidisciplinary Optimization，2005（5）：391-397.
[102] 陈树勋，王素暖. 一种新型线性化迭代算法及其在结构优化准则方程组求解中的应用[J]. 工程设计学报，2005（5）：270-273.
[103] 陈树勋，白斌. 一种多目标、多约束优化设计的高效包络函数法[J]. 现代制造工程，2005（11）：44-47.
[104] 陈树勋，孙建熙，李会勋，等. 轮式装载机湿式驱动桥结构有限元分析[J]. 现代制造工程，2005（12）：51-54.
[105] 陈树勋，孙建熙，裴少帅. 半挂式散装水泥车结构分析与优化设计[J]. 机械设计，2005（7）：31-34.
[106] 陈树勋，梁光明，李会勋. 轮式装载机前车架结构有限元分析载荷的高效可靠算法[J]. 机械设计，2006 增刊：59-62.
[107] 陈树勋，应鸿烈，汤勇，等. 压缩垃圾车结构载荷的函数表达[J]. 装备制造技术，2006（4）：61-64.
[108] 陈树勋，应鸿烈，汤勇，等. 后装式压缩垃圾车结构有限元分析载荷的数学表达[C]//青岛：第二届中国 CAE 工程分析技术年会论文集，2006：1-5.
[109] 陈树勋，汤勇，应鸿烈，等. 后装式压缩垃圾车结构的有限元分析表达[C]//青岛：第二届中国 CAE 工程分析技术年会论文集，2006：6-9.
[110] 陈树勋，梁光明，李会勋. 轮式装载机前车架结构载荷计算、有限元分析与优化设计[J]. 工程机械，2007（6）：37-42，120.
[111] 陈树勋，杨照刚，汤勇，等. 后装式压缩垃圾车结构有限元分析[J]. 机械设计，2007（5）：58-62.
[112] 陈树勋，王素暖，白斌. 压缩垃圾车结构的载荷描述与优化设计[J]. 机械工程学报，2008（3）：213-219.
[113] 陈树勋，王虎奇. 微机电系统基于敏度分析的按预定性能设计综合直接求解法[J]. 机械设计，2008（8）：
[114] 陈树勋，秦建宁，范长伟，等. 一种新型后装式垃圾车结构优化设计[J]. 计算结构力学学报，2009，26（6）：977-982.
[115] 陈树勋，应鸿烈，王海波. 拉臂式压缩垃圾车车厢结构的载荷表达与优化设计[J]. 机械设计，2010，27（3）：62-67.
[116] 陈树勋，常虹，李从伟. 基于导重法的工程结构自动优化通用软件研发[J]. 机械设计，2010，27（9）：76-81.

[117] 陈树勋，黄宁，刘金禄. 矿用重型自卸车结构分析与轻量化设计[J]. 汽车技术，2011（4）：26-29，33.
[118] 陈树勋，张德华，欧阳天成. 移动式垃圾转运站翻转机构动力学仿真与优化[J]. 广西大学学报（自然科学版），2012（2）：229-234.
[119] 陈树勋，韦齐，黄锦成. 结构优化导重准则及其意义与合理性[J]. 固体力学学报，2013（6）：628-638.
[120] 陈树勋，韦齐峰，黄锦成. 影响结构优化理性准则法优化效果的关键问题研究[J]. 固体力学学报，2014，35（1）：101-107.
[121] 陈树勋，韦齐峰，黄锦成. 利用导重法进行结构拓扑优化[J]. 计算力学学报，2015，32（1）：160-166.
[122] 陈树勋，韦齐峰，黄锦成. 质量对结构优化理性准则法计算结果的影响研究[J]. 计算力学学报，2015，32（1）：33-40.
[123] 陈树勋，韦齐峰，黄锦成，等. 利用导重法进行结构轻量化设计[J]. 工程力学，2016，33（2）：179-187.